谨以此书

献给

山西省林业科学研究院

建院50周年

山西地方森林与生态史丛书之七

山西森林与生态史

翟 旺 米文精 著

中国林业出版社

图书在版编目（CIP）数据

山西森林与生态史/翟旺，米文精著.
—北京：中国林业出版社，2009.10
ISBN 978-7-5038-5710-2
Ⅰ.山…
Ⅱ.①翟… ②米…
Ⅲ.森林-生态系统-山西省-史料
Ⅳ.S718.55

中国版本图书馆 CIP 数据核字（2009）第 167953 号

出版发行	中国林业出版社
地　　址	北京西城区刘海胡同 7 号
责任编辑	刘先银
咨询电话	010－83227226
E - mail	Liuxianyin@263.net
经　　销	全国新华书店
制　　作	北京大汉方圆图文设计制作中心
印　　刷	北京地质印刷厂
版　　次	2009 年 10 月第 1 版
印　　次	2009 年 10 月第 1 次
开　　本	889mm×1194mm　1/32
字　　数	426 千字
印　　张	16
印　　数	1～2000 册
定　　价	69.00 元

若发现印装错误请与中国林业出版社发行部联系
010－83223119/83223120/83223121/83223122
传真：010－83223122

作者简介

翟旺（1932～2009），太原市万柏林区东社村人。

1952年北京林学院毕业。曾任山西省政府参事兼中国林业史学会常务理事及山西省林学会理事、林业史志委员会主任等。无党派民主人士，教授级高工（资格）。

从事营林科技50年，著有《造林学》《干旱阳坡造林技术》《樟子松引种和营林》等专著和200多篇论文，约300多万字。

近30年来，利用业余时间从事山西省地方森林与生态史研究，撰写恒山、阳泉、管涔山、太行山系、太岳山、太原、雁北、五台山区等森林与生态史专著和华北中原森林历史变迁书稿，主编《阳泉林业志》，参编《山西林业志》等。

米文精，男，1958年3月出生，山西左云县人。高级讲师，中央党校在职研究生毕业。

1981年9月参加工作，先后在山西省林业厅科教处、山西省林业技工学校工作。

现任山西省林业科学研究院院长，主要研究方向森林生态学，主持盐碱地植被恢复与造林技术研究等课题，参与了本书的部分资料收集和校验。

内容提要

本书上起地质历史时期，下至当代，分期介绍广义五台山区森林植被与生态环境的变迁，及引起变化的主因和生态灾难，并揉入有关方舆和人文史料，是自然科学与社会科学相结合的专著。

本书广征博引，系统论述。当佛教圣地五台山日益吸引游客，当人们更加关注绿化和生态环境之际，该书的出版发行有助于从另一侧面了解五台山的自然环境史，具有资治、教育、存史价值。

本书可供林业和园林绿化、史志、教育，以及从事生态学、历史地理学、环境学、植物地理学等方面的相关人员参考。

序

森林是陆地最主要的生态系统，并为陆地制造良好的生态环境，它哺育了生灵万物，更哺育了人类文明。但在历史的长河中，由于我们祖先认识的局限性，却有意或无意地消耗森林，以致森林越趋减少，招至生态环境恶性循环，制约人类生存和可持续发展。当人们遭受到破坏森林的苦果后，近代才越来越意识到保护森林、培育和发展森林、恢复和重建生态平衡的重要性。可以说，这个全过程也是一部人类与森林密不可分的关系史。当然，我国也不例外。建国后，我国相当重视林业建设，尤其是改革开放后近三十年来，更加大林业建设力度，成效卓著。近年，国家林业局又提出要建设好三方面的林业体系。即：完备的森林生态体系、发达的林业产业体系，并首次提出建设丰蕴的林业文化体系。

为了汲取历史的经验教训，前事不忘，后事之师，以继承我国林业传统的精华，去其糟粕，很有必要研究总结我国各地森林历史变迁与各种生态因素变化之间密不可分的关系，用历史唯物主义，以科学发展观，进而使我国林业建设更上一层楼，这也是我们林业工作者责无旁贷的历史责任。

山西位于我国黄土高原东部，山峦起伏，河川盆地相间，系中华民族开发最早地区之一，森林与生态历史变迁较为明显，在我国北方具有先趋性、典型性和代表性。翟旺同志从事山西地方森林与生态史研究三十年，他几乎查遍了山西省几百部古方志和有关史籍，并跑遍了全省的山山水水，先后写成数本该省各山系、各地区的森林与生态史，并发表了不少有关论文。他虽年近八旬，仍继续老骥伏枥，最近又和米文精同志合作，写成40多万字的《山西森林与生态史》。该书上迄地质历史时期，下至现代、当代，系统地叙述了山西各历史时期使森林减少的主因和森林分布概况，并纵述摧毁森林后，引起各主要相关生态因素的恶化状况，为林业文化建设添砖加瓦，有一定资治、教育、存史价值。可作为研究林业史和编写林业志之引模，同时也给广大林业工作者，以及历史地理学、生态环境学、地植物学等学者提供了重要的参考资料。

目　录

上篇　森林历史变迁

下篇　生态变化纵述

导 论

一、山西概况

山西省位于华北大平原太行山以西、黄河之东，地处黄河中游、海河上游，属黄土高原东部。北纬34°36′~40°44′，南北长约550公里；东经110°15′~114°32′，东西宽近300公里。总面积156266平方公里，约23440万亩，占全国总面积的1.63%。平面轮廓大致呈东北斜向西南的平行四边形。山河环绕，与邻省界线较为明显。东、东南以太行山与河北、河南为邻，西隔黄河与陕北高原相望，南以黄河和太行山与河南接壤，北以外长城与内蒙古高原为界。

省境山川纵横交错，丘陵起伏跌宕，与东南海拔不足100米的华北大平原相较，显得突然隆高。盆地、阶地、丘陵，以及大多山麓为马兰黄土层广泛覆盖。全省地势大体东北高而西南低，除中南部盆地和某些河谷的海拔低于1000米外，大多地方都在1000米以上。最高为五台山北台顶，海拔3058米；最低为垣曲县东端的黄河滩，海拔仅180米（近年已被小浪底水库淹没）。相对高差达2878米，高低悬殊。

大体上省境东部属广义的太行山系。从北到南有恒山、五台山、太行山中段和南段（北段伸入河北省境）、中条山，以及汾河以东、上党盆地以西的太岳山脉等。省境西部为吕梁山地。北从黑驼山起，向南有管涔山、芦芽山、云中山、黑茶山、紫金山、关帝山（孝文山）、真武山等，再向南延伸，直至汾河入黄河处的龙门山；汾河之南、运城盆地的西北部，仅有峨眉岭及稷王山、孤山等几个小低山岭。此外，雁北东北部的天镇、阳高和大同东北诸山，属阴山余脉；

雁北西北部的右玉、左云和大同、怀仁、山阴西部，以及朔城区、平鲁的部分山地为洪涛山脉，亦系广义的阴山余脉。东、西两大山之间有一条西南走向东北的断陷盆地。有运城盆地、临汾盆地（二者仅隔一条低矮的峨眉岭台地，故有时亦合称晋南盆地）、太原盆地（亦称晋中盆地）、忻定盆地、大同盆地（亦称雁北盆地）。该中部盆地自古就是中原往塞北的“通塞中路”走廊，因之山西的地理位置历史上就十分重要，素有“表里山河”、“襟山带河”之称。此外还有太行山南段与太岳山之间的上党盆地（亦称长治盆地）；以及其他一些山间小盆地。在盆地边缘和大河谷两侧的某些地段，广泛分布着丘陵。其中以晋西北黄土丘陵最为广袤。全省山地共62480平方公里，约占总面积的40%；丘陵62960平方公里，占40.3%；平川阶地30816平方公里，仅占19.7%。山地和丘陵竟占到80%以上，系一山丘广布之省。

省境内大小河流共千多条，全属外流河。其中流域面积大于100平方公里者有240条；大于4000平方公里、长于120公里以上者有汾河、桑干河、漳河、沁河、滹沱河、涑水河、昕水河、三川河8条（不包括黄河）。汾、沁、涑水、昕水、三川等属黄河水系的诸河，在山西省流域面积占总面积的62%；桑干、漳、滹沱等属海河水系的诸河，占38%。全省多年平均河川径流量共114.2亿立方米。其中黄河水系径流量占58%，海河水系占42%。由于降水多集中在夏秋之际，故汛期6～9月的径流量约占全年的50%；而枯水期12月至翌年5月占20%；平水期10～11月占30%。

省境年平均气温4～14℃之间，少数高山区低于4℃。总趋势由北向南升高，由盆地向高山降低。但雨热同步，有利于植物生长。

山西降水的水汽，主要来自东南海洋。因受太行山阻隔，省境降水显然比华北大平原为少，大部分地方年平均400～650毫米之间。大体上自东南向西北递减，由低地向高山递增。因受地形支配，山区（尤其是迎风面）降水通常多于盆地丘陵；高山林区更多，达700毫米以上。年际降水变幅较大，丰雨年达700毫米以上，枯雨年不到

300 毫米。受夏季东南海洋季风影响，年内降水很不均匀。主要集中在 7 ~9 月，通常占全年降水的 60%；冬季降雪稀少，仅占 2 ~3%；春季降水占 15 ~20%；秋季比春季为多，且以 9 月为多，10 月起显著减少；枯雨期延续到翌年 6 月。又由于雨季多暴雨或连阴雨，降水有效利用率低，故旱灾频仍，常出现严重春旱，其次是 6 月的伏旱。有“三年两旱”，甚至“十年九旱”之说。

山西植被属于温带草原地带和暖温带落叶阔叶林地带。其中温带草原又分为温带南部草原亚地带和温带森林草原亚地带；暖温带落叶阔叶林地带又分为北暖温带落叶栎林亚地带和南暖温带落叶阔叶林亚地带。以上系按气候带和主要植物区系大致划分，实际上各地带中都穿插有针叶林、针阔混交林、落叶阔叶林、落叶阔叶灌丛、灌草丛、草丛、草甸、沼泽和水生植被，以及栽培植被等主要类型。由于历史时期人们对植被的破坏越演越烈，省境天然植被越益趋差，森林尤其稀少，灌丛也不茂密；又由于受气候（主要是降水）和地形地势的影响，植被状况大体上也是从东南到西北、由高远深山到低近浅丘越来越差。加之降水集中，雨季大雨时行，汹涌而泻，水土流失严重，常形成局部水害。全省侵蚀模数每平方公里年均 3000 吨，晋西北黄土丘陵沟壑区竟高达 15000 吨，为世界所罕见。全省年均输出泥沙 4.5 亿吨，相当于每年剥蚀表土近 2 毫米，致使山丘土层趋于瘠薄，甚至岩石裸露。

二、政区沿革

山西是中华民族发祥地和华夏文化摇篮的重要组成部分，历史悠久。早在一百数十万年前，我们的祖先已在此生息繁衍。全省已发现旧石器时代文化遗址十多处、二百多个点。如：中条山南麓的芮城西侯度遗址（距今一百八十万年）、匼（kē）河遗址（距今约六十万年）和垣曲沇水岸旧石器点、南海峪洞穴遗址（皆距今数十万年），都属于旧石器时代早期（猿人时期）；旧石器时代中期以襄汾县汾河东岸丁村遗址（距今 20 万年左右）、阳高许家窑遗址（距今约十万年）为代表，已进入古人时期；朔城峙峪遗址（距今 28000 年），是许家窑文化的延续，已进入新人时期。

省境已发现新石器时代文化遗址几百处，几乎遍及全省，已开始步入原始社会的传说时代。原始社会末期，黄帝部落联盟从汾河中下游南下，在今运城盐池一带战败蚩尤。与从渭河东进的炎帝部落联盟逐代融会，在晋南及晋东南一带活动，至今尚留有不少他们的传说和地名踪迹。随后晋南成为华族主要聚居之一。相传尧都平阳（临汾），舜都蒲阪（永济蒲州），禹都安邑（夏县城西北十五里有禹王城），均在晋南盆地。此期，部落联盟逐渐演化为国家机构雏型。大约战国时假托的“禹贡九州”，山西属古冀州之域。

夏王朝仍直接统治着晋南的汾河下游和涑水河流域盆地。省境其他地方为与夏朝并存的戎、翟（音狄）、夷等部族活动范围。

商朝时，晋西南和晋东南一线为王朝直接统治的“邦畿千里”之区；还有唐（翼城）、黎（长治）、虞（平陆）、茅（芮城）、缶（永济北）、冀（河津）、亘（垣曲）等十余个诸侯封国。晋中以北广大区域及其南不少山区，为鬼方、戎方、土方、舌方等部落或方国的活动区域。

西周时，山西笼统为并州。周成王封其弟叔虞于古唐国地（翼城），其子燮父改国曰晋。后几经迁都，皆在晋南盆地。除晋国外，还有霍（霍县）、魏（芮城）、冀、耿（稷山、河津）、郇（临猗）、董（闻喜）、虢（平陆）、虞（平陆东北）、贾（临汾贾村）、杨（洪洞东南）、黎（长治西南）等诸侯小国，也几乎都在晋南。这些小封侯国，大约至春秋初皆陆续被晋国吞并。那时，晋南山区还有不少戎翟（狄）部落，晋东南基本上是各戎翟（狄）部落，晋中以北更全是诸戎翟（狄）部落活动区域。这些戎翟（狄）部落，有些发展为松散的部落联盟，也称王（君）称国。

春秋时，晋献公、文公向外扩张，成为春秋五霸之一，故山西省至今仍简称曰晋。后晋国势力又向北越过灵石口，到达晋中。那时晋北、晋西北等地，为林林胡、楼烦、等部落联盟所据，游猎不定。

韩、赵、魏三国分晋，史称战国时期，故山西省亦称三晋。该三国疆域随国势强弱而常有变动。大体上魏国占据晋西南；韩国先据平阳，后据上党；赵国强大，占有山西省中、东部广大地域。到赵武灵王变法,“胡服骑射”，向北拓地千里，增设雁门、代、云中三郡（魏、韩亦在山西省设有河东郡、上党郡），到此华夏族才统治了山西省全境。

秦朝时，山西省为河东、上党、太原、代、雁门郡地。

西汉时，山西省大部属并州刺史部的上党、西河、太原、代、雁门郡地，晋南为司隶校尉部的河东郡地。东汉时大体同前，但将雁门郡的今右玉及平鲁一部分划属并州新设的定襄郡；将代郡改属冀州，将太原郡的今阳泉、平定划属冀州的常山国。三国时，山西省属于曹魏占领之地。

西晋时，晋南为司州的河东郡、平阳郡地；余为并州的上党郡、太原国、西河国、乐平郡、新兴郡（曹魏时已设）地；因雁北大部已为鲜卑占领，故雁门郡治南迁到代县；幽州在山西省也只剩今广灵一县了。

“五胡乱华”十六国时，山西省是战乱的主要起源地和诸割据政权角逐的重要舞台。省境先后为匈奴族的汉、前赵、羯族的后赵、汉族的冉魏、鲜卑族的代国、前燕、氐族的前秦、羌族的后秦、鲜卑族的西燕、后燕、匈奴族的夏国等长年或短期分别割据。其中在山西省立国建过都者有汉、前赵、前秦（晚期）、西燕、代，而以割据雁北的代国历时最长，达60余年。期间，各割据政权的疆域很不稳定，政区也常有变化，不予列述。

北朝时，山西省属北魏版图，先在平城（大同）建都近百年。后迁都洛阳，不久分裂成东魏、西魏，山西省大部属东魏，西南隅属西魏。北齐取代东魏后，晋阳为其别都；北周取代东魏，两国在山西辖区大体同前。魏晋北朝时，州境逐代变小；郡境更小，已降为二级政区。如北魏迁都洛阳后，在山西省（大体从南到北）就有陵、泰、晋、东雍、建、汾、并、肆、恒九个州的地域，多达36郡；东魏、北齐又增至十二个州，还有西魏占区的两个州；北周灭北齐后，在山西省又增至十六个州。

隋初，州仍为一级政区。后炀帝易州为郡，范围仍小。在山西省有河东、绛、文城、临汾、龙泉、长平、上党、西河、太原、离石、楼烦、雁门、马邑十三个郡。

唐朝时，山西地位极其重要，太原曾为其北京、北都，蒲州一度为其中都。因山西省在黄河之东，故设河东道，逐渐演变成为一级政区。山西省有太原（本并州）、河中（本蒲州）二府及绛、慈、晋、隰、泽、潞、沁、汾、辽（仪）、石、岚、宪（本楼烦监牧）、忻、代、朔、云十六个州等二级政区。另灵丘、广灵一带属蔚州；平陆、芮城一带属河南（都畿）道的陕州。

五代十国时，山西省地位仍极重要，五代中就有后唐、后晋、后汉三代系据太原起家而占领中原。山西省先后被晋王、后梁、后唐、后晋、后汉、后周、北汉，以及契丹等割据。

北宋、辽时，省境大部属河东路，有太原、隆德、平阳三府和泽、绛、隰、慈、汾、辽、石、忻、宪、岚、代十一州，另有威胜、庆祚、平定、晋宁、岢岚、宁化、保德、火山八军。西南隅为永兴军路的河中府、解州、及陕州的芮城、平陆、夏县。雁北为辽国的西京道，有大同府和朔、应二州，及蔚州的灵丘、广陵二县。

金朝时，雁北为西京路，其府、州与辽代同；省中部为河东北路，有太原府和隩、保德、宁化、岢岚、管、代、忻、石、汾、晋、平定十一州；省南部为河东南路，有平阳、河中二府和隰、吉、绛、解、辽、沁、潞、泽八州。到此期，一级政区的路境已大为缩小。

元朝时，省境为中书省地，因其范围广大，故在太行山之西、黄河以东派出河东山西道宣慰使司，这是山西省政区名称由“河东”向“山西”的过渡时期。此期，路已降为二级政区。雁北及神、武一带属大同路，但灵、广一带属上都路的顺宁府。省中部属冀宁路（原称太原路）。省南部为晋宁路（原称平阳路）。

明朝时，置山西承宣布政使司（习惯上称省），从此，山西省已不再名“河东”（仅晋南有时还别称河东），而一直称“山西”至今。现省境有大同、太原、汾州、平阳、潞安五个府，还有辽、沁、泽三个直隶州。此外，各省还设都指挥司，管军政；大同因系边防重镇，又特设山西行都司，其下属卫所有的也兼理民政。

清朝时，山西省正式称山西省。省境有朔平、大同、宁武、太原、汾州、潞安、泽州、平阳、蒲洲九个府，还有忻、代、保德、平定、辽、沁、霍、隰、绛、解十个直隶州。

民国时，仍称山西省。省境初设雁门、冀宁、河东三道，民国十七年废道，省直领县；后又设若干专区，由省派出行政专员公署督察，非二级政区也。抗战期间，省境为日、阎、共分离占据（随后三年内战时，共军逐渐占领全省），政区叠有变更，从略。

建国后仍为山西省。有大同、太原等市和若干专区，变动频繁。到 2003 年 12 月，吕梁地区最后一个变为吕梁市后，全省现有大同、朔州、忻州、太原、阳泉、晋中、吕梁、长治、晋城、临汾、运城十一个市，共一百一十九个县（市、区）。市之名称应用混乱，有的一级、二级、三级政区都称之为“市”，还有些省设副省级市。因系当代之事，为人们所熟知，故亦从略。

必须说明的是：春秋战国时已始有县、郡雏型　到秦朝时实行郡县制，以后县一直系基层最主要的政区。但后来县逐代演变为三级政区，甚至四级政区，故此处不述及县（包括元朝的州和明、清的散州）之情况。

三、撰著缘由

作者爱好史地，大学毕业后虽然从事林业科技工作，但从未间断过阅读文史地书刊，尤其好读古地方志，潜心山西地方森林与生态史的业余研究。二十多年来有计划地查阅了山西省现存明、清、民国的通志、府、州、县、乡、山志以及专志等三百多套，还查阅了许多其他有关史料等，皆予摘录；同期还对山西省每个县的山山水水进行实地考察，先后写成、印刷、出版了阳泉、恒山、管涔山、太行山系

(广义)、太岳山、太原、雁北、五台山等森林与生态变迁等书。

森林是陆地生态系统的主体，与诸生态环境因子间的因果关系相当密切。可是当代多从现实方面研究和阐述，很少从历史变迁方面去探讨。为了不割断历史，试从森林历史变迁角度，追考摧毁森林后引起一系列生态因子的恶化。用历史事实阐述，以增强人们保护森林、保护我们赖以生存环境的观念，并增强绿化意识，起到资治、教育、存史的作用。故无论遇任何困难，始终坚持不懈，为今人和后人留些史料。

四、撰写准则

在漫长的地质历史时期，植被、森林的变迁，主要是受大气环流和地壳变动的长期影响，缓慢而自生自灭地自行演替。到有人类文明以来，由于古人并未意识到森林对维护陆地生态环境的重大作用，故在其维生等活动中，都有意无意地破坏着森林，由于焚林围猎、毁林滥牧、拓坡粗耕、战争破坏和统治阶层大建宫殿陵寝、楼堂阁榭等木结构建筑，以及棺椁厚葬、烧燃用度等，都对森林有所破坏；也即历史时期的森林变迁，主要是受人类活动的影响。撰写本书时，遵循以下准则：

（一）随着时代推移、人口增殖，以及人们需求扩大，就要不断扩展活动地盘，活动程度也逐渐频繁，总不免要毁及周边森林，故森林基本上是逐代减少。但并非直线式下降，某些期段，由于战乱频繁，人口锐减，森林植被还会有所恢复或扩展。因之要结合山西省历史时期的政治、经济、军事等情况，加以分析。其中主要是人口、垦拓、战争，以及其他重大生产和生活等活动。

（二）历史时期，人们对森林的破坏规律，一般是由近及远，由易到难。通常是先平川阶地，而后丘陵边山，继而浅山低山，进而远山中山，最后深远高山，终至向陡峻绝巘处推进。随着人口增殖，又逐渐在山区河谷阶地等处建立一些小城邑和聚邑，又以其为基点和中心，再由近及远、由易到难地扩展活动地盘。在扩拓活动中，为了相互交流和物资运送等需要，也同期在城邑、聚邑间开辟大小道路，又由大道两侧逐渐延伸地破坏森林。加之古代大批量伐木，多系漂流运出。故对城邑附近、大道和河流两侧的森林破坏，要比偏远处早而严重。人进林退，原先遍布的森林逐代被破坏而缩减，且被切割得支离散碎，林相参差。故还要考虑各历史时期的人口分布状况、都邑和重镇等建设、拓坡粗耕，以及道路开辟、水流方向等加以分析。一般地说，如果某个朝代近山、近路、近河等处记载有大片森林的话，那么较其远处无疑有更大片森林存在；同一山区，若前朝缺记，而后朝记载有大片森林的话，则此前理应有大片森林存在。

（三）本省森林变迁，绝非封闭式演变，也与邻省人为活动有关。特别是从中古后，邻省木材缺乏，就会远至山西省采运。又由近及远、由易到难地顺大道、河流延伸，大批砍伐山区的森林。因之要结合各历史时期周边区的政治、经济、军事等重大活动，以及人口、森林等状况，全盘分析。

（四）森林与矿藏不同，是可以再生的活资源。破坏后一段时期内若不再遭连续破坏，还可再生恢复起来。故人们的砍伐、焚烧之类毁林活动，若未摧毁森林环境，对森林的历史变迁无关大局。反之，若遭连续破坏，尤其是焚林滥牧、毁林粗耕，或乱砍滥伐等超过其再生能力，森林得不到休养生息之机，或摧毁了森林环境，就难以再生恢复起来，其分布就明显退缩，林相也随之劣变。

（五）森林可以调节气候、涵养水源、保持水土、防风固沙，是野生动物栖息繁育之所。森林被摧毁后，就引起这些因子的变化；反之，根据它等的变化，又可间接推断森林的变迁。另：当立地条件好时，被破坏之森林易于恢复，恢复历程也较短。若遭连续剧烈的破坏，即失去森林环境，其自然恢复就较为困难，恢复历程很长。若再摧毁植被，致立地条件十分恶劣，其自然恢复就极端困难而漫长，需采取种草、造林等措施，重建绿色植被。因之要结合生态因子的变化，分析森林的变迁。

（六）历史时期，某些有识之士，也提倡过爱林护林和种树，而以栽种桑果等经济树或榆柳桐等速生用材树，以及园林绿化树等稍多。从整体上看，古代对森林的破坏面广而期长，且多系较大规模的连年破坏；护林种树则局部而期短，多系小规模的一时行为。因之，总趋势是森林逐代减少，质量逐期降低，生态逐趋劣化。除必要的将平川阶地或缓坡辟为农用地和建设等其他用地外，原先的茫茫林海，大体沿着茂密的原始森林→再、次生林→残次疏杂林→稀树蓁莽→灌丛（或草原）→草灌→稀矮疏草灌，终至童山濯濯、岩石裸露地逆行演替。但个别朝代、某些地域，也出现过顺行演替现象。

（七）具体到山西省，大体上先是从西南起逐代向东北延伸地破坏着森林（北魏建都平城近百年例外）。到隋唐时，森林资源仍较为丰富，破坏程度基本未超过其再生恢复能力，仍不失山上森林遍布、丘陵草原畅茂的景观。有着气候调匀、水源丰盛、河水清澈、泉泽众多、土地肥美的良好生态环境。金元后，全国政治中心由山西省西南缘外的西安、洛阳一带，移至省东北缘外的北京，又从东北向南延伸，破坏着省境东北部为数已经不多的山林，且破坏程度更趋严重，尤以雁北剧烈。山林植被得不到恢复之机而锐减，质量越趋低劣，甚至摧毁殆尽，致使生态环境严重恶化。又因省南部比北部气温高，降水多，自然环境较好，故植被恢复不像北部那样困难，故形成山西省近代植被和生态环境，大体上由东南向西北越来越劣差的格局。

（八）本书以现省境为主，也不免稍涉及周缘邻省的一些相关情况。本着厚近薄远的原则，分期叙述森林的历史变迁。为使读者对每个历史时期有一轮廓眉目，先概要介绍该期大政沿革和政治、经济、军事等要事，分析引起森林变迁的主因；再大体按山系或自然地理区，简述森林分布及林相概况。森林覆盖率是衡量森林多寡的主要量化标志，但古籍中并无系统关于森林分布的记载，只能是按全省山地、丘陵、平川所占比例，结合各历史时期的人口分布、活动情况，以及有关森林之点滴记载等，斗胆地大体估算，提一数量变迁概念，仅供参考。至于生态环境情况，不便分期、分区详述，故按气、水、土、物种等几大因素，纵述其历史变迁。

（九）本书尊重史实，大量引用古籍史料，尽可能予以考证。有关森林和生态的史料，均注明出处，以便进而深查。一般与森林和生态无直接关系的史料，则不注明，以免过于繁杂冗长。

（十）笔者虽一生爱好史地，但却终身从事林业科技，与史地界交往不多，阅历不深。错误在所难免，恳望提出批评指正意见。

上篇　森林历史变迁

第一章　地质历史时期[①]

在漫长的地质历史时期，气候曾冷热交替，随着地壳变动，山西地形地貌亦发生过沧海桑田变化。当物种进化到有木本植物出现时，曾繁衍着茂密的大森林。省境煤田广布，即源于此。

山西省70%的县市，地下都含有煤层，已探明储量约8700亿吨，约占全国总储量的10%。煤层厚，埋藏浅，易于开采，系全国的重要煤炭能源基地，也是产煤大省。为什么山西省有如此丰富的煤炭资源呢？这要从地史时期的物种进化谈起。

第一节　大森林造煤期

当地质历史时期由太古代、元古代，进入到距今约3.5亿年的古生代石炭纪时，植物已进化到真蕨、木本石松、芦木、种子蕨、科达树等大量繁殖，从此开始了全球性的大森林造煤时期。

一、第一次大森林造煤期

距今约3.5亿~2.85亿年的古生代石炭纪时，满布着十分畅茂的真

① 本章主要据罗保宝信《地质历史时期的山西森林》一文，或《山西森林》第二章第一节，中国林业出版社1992年；并补充以笔者搜集的有关史料和实地考察而写。

蕨、木本石松、科达树等。后来，物种继续进化，到距今约2.85亿~2.3亿年的古生代二叠纪晚期，上述植物趋于衰落，而裸子植物如银杏、松柏类等却发展起来。那时气候暖热，潮湿多雨，到处遍布着极其茂密的森林，在漫长期间，世世代代自生自灭地自行演替，堆积为极厚的腐殖质层。后来由于地壳变动，大陆下沉，海水漫涨，这些茂密森林的遗骸堆积层被水冲浸，埋于泥沙之下腐朽沉积。在缺氧情况下，经漫长期高压，终究成为石炭，即为第一次全球性大森林造煤期。到中生代后期，地壳上升，海底升高，山西高原的雏形露出水面，在太行山东侧形成断裂带，与华北大平原截然区分，含煤层随之抬起。后又在漫长期高温高压下，形成了举世闻名的山西古生代石炭纪以太原西山为代表的太原群煤层，及古生代二叠纪山西组煤层。山西省的诸大煤田，主要是在该地史时期所形成。该期的煤层中，常发现有芦木、松类等化石，即系其物证。如果没有古生代后半期、漫长地史时期广布茂密的大森林世代繁衍，那么山西省也就不会有如今广阔深厚的含煤岩层。

二、第二次大森林造煤期

距今二亿年前后的三叠纪时，气候变干，森林减少，未形成什么煤层。

后到距今约1.95~1.37亿年的中生代侏罗纪时，苏铁、银杏和松柏类等十分繁荣，一直延续到距今约一亿年的白垩纪早期，植物已进化到被子植物大量出现，为全球性第二次大森林造煤期。同样由于地壳变动，形成了含煤20余层、厚约10~17米、适于动力和炼油、著名的大同群大宁（武）煤田。该煤田还有在此以前形成的含煤5~9层、厚约18~32米的石炭纪太原群煤层。

山西省境内发现过多处木化石，多系古生代后期至中生代早期、中期的树木遗骸未被炭化，经硅化作用而形成者。以长子县西南部的树木化石群最为典型。20世纪90年代初，在该县城西南20余里的南陈乡鲞则村、苏村、团城村一带的南松山、北松山、仙翁山等处，涉及两个乡、十几个村、3万多亩的区域内，发现了许多片裸子植物树木化石群，规模之大、数量之多、分布集中，在我国罕见；树皮、残留树枝和年轮依稀可辨；最粗者达1.24米，残存段长数米至20余米不等；其中一截粗0.9米、高18米、重10余吨的柏树化石，移至长治市博物馆，还有一截移至省博物馆。① 榆社、蒲县也是木化石的主要分布之县。吕梁山南端乡宁县潭坪乡南岭村萝卜条沟450亩的范围内，有相当密集的松柏木化石林，露出地面60余厘米，最大直径84厘米，树皮、木纹清晰可辨。② 1987年，在阳泉市郊区燕龛乡北岭山的阳坡发现了松木化石，外露部分长18.5米、直径1.2米，树皮、年轮清晰可辨，惜其中6米已遭人为破坏。③ 另笔者访得，往年在该市城区建市委、市政府等大楼时，曾挖出多截木化石，惜未保留。宁武县也发现过形状各异的树木化石，其中有的保存在东汾煤矿院内，1984年公布为县级文物保护单位。④ 1984年，在怀仁县西的洪涛山麓鹅毛口崖上，发现一长约30米、粗近0.5米的木化石，惜搬运时折断，一段保存在县城公园，另一段在该镇政府院内。此外，在省境东南端陵川、距县城两里处，亦发现数株木化石，外露不多，其中一截移至城内供展；在省境西北缘右玉县杀虎口邓家村，也有成片的松树根化石群；五台山区也发现过落叶松化石。其他一些市县，也有木化石，不再列举。

由上可见，山西省东西南西北都有木化石分布，这些都是古生代后期到中生代，曾有大森林遍布的遗留物证。

三、第三次大森林造煤期

距今约6700万年，进入新生代第三代的古新世。后到距今约6000万~500万年新生代第三代第三纪的始新世、渐新世、中新世，为全球性第三次大森林造煤期。相当于东北抚顺煤层形成期前后，在山西省不及前两次规模大，只形成了垣曲、怀仁、繁峙、天镇等县褐煤层。期间：

距今约6000万~4000万年的始新世时，年平均气温约比现代高

① 据《太原日报》1992年9月24日、《山西日报》1993年4月10日、《山西林学会通讯》1993年1期。

② 据1992年《乡宁县志》卷二十二第六章第一节·历史文物。

③ 据《阳泉市林业志》第四章第一节·木化石。

④ 据《管涔山志》卷七第一章第一节·重点文物保护单位。

4～9℃，亚热带北界曾达到北纬42°、山西省北缘外的内蒙古呼和浩特、阴山一线，山西省属亚热带气候。那时雨量充沛，气候暖湿，全省具有海洋性亚热带森林性质。如省境南端垣曲的褐煤层中有罗汉松、木兰等（现今只分布在长江以南）树种的孢粉。

距今约4000万～2000万年的渐新世时，气温缓慢降低，但仍比现代高3～7℃。如繁峙、怀仁县的褐煤层中，尚有亚热带北部枫杨、紫薇、山核桃、栗等树种的孢粉。

距今约2000万～500万年的中新世，气温又缓慢降低，但仍比现代高2～5℃，湿度仍然较大。此期亚热带北界已向南退至北纬37°、省中部偏南的石楼、介休、榆社与武乡之间一线。从省境北端天镇县褐煤层中孢粉分析，推测雁北高山上生长着茂密的云杉、松类等稍耐寒的针叶树林，低地有铁杉、雪松、罗汉松、山核桃、鹅耳枥、栎、榆、桦等阔叶树和针叶树混交林。从树种看，仍有亚热带成分残留。省境南部亚热带树种成分较多，但高山上则暖温带森林占优势。此期，森林垂直分布带渐趋明显，水平分布有亚热带～暖温带过渡性。草本植物不多，全省仍为茂密的森林所覆盖。

第二节　第三纪上新世森林

距今500万～200万年新生代第三纪末的上新世时，山西高原的地貌已接近于现代。温度继续降低，干燥度渐趋增大，草本植物增多。全球性大森林造煤期至此告终。

上新世前期，温度还比现代高1～4℃，亚热带又向南退至省南部的运城至晋城一线。因之，喜湿热的亚热带树种大减，而较耐冷、耐旱的针叶树和温带落叶阔叶树种增加。例如：上新世较著名的榆社、太谷、武乡植物群，据其植物化石和孢粉分析，共有植物70多属（孢粉只能分析到科、属）。亚热带成分孢粉仅约占总量的10～15%（其中山核桃竟达8%），而松属和暖温带落叶阔叶树如栎、榆等已占相当优势（大于30%），旱生草本占30～50%，水生草本仅占2～3%。基本上已属暖温带、旱生性群落了，树种已接近于现代。另曾用孢粉分析法处理槭叶化石，落叶阔叶树如榆、槭、栎等约占35%，其余65%都是松、云杉等针叶树。说明较耐寒的针叶树占了优势，森林垂直分布带现象更趋明显，已与温湿度较均匀的渐新世显然不同。

以省境中部为例：该期高山上满布着以云杉、冷杉、松类为主的茂密针叶林；低地有榆、柳、榉、古栓皮栎、辽东栎、蒙古栎、栗、槭、鹅耳枥、山核桃、枫杨、木兰、化香，以及蔷薇科、豆科等树木的混交林，或加上雪松、铁杉等针阔混交林。上新世前半期，低地多榆；到后半期，由于温度继续降低到类似现代，干燥度加大，故演替为稍耐低温和干旱的多栎时期了。

上新世前半期，省境中部的断陷盆地多有广阔的湖泽，山间小盆地亦有不少湖沼。湖滨满布着郁郁葱葱的阔叶林或针阔混交林，还有许多草本植物，山清水秀。如榆社山间小盆地的上新世地层中，发现了丰富的哺乳类动物化石。其中有角大唇犀为大唇犀的一个新种，还有河湖鱼相群，极具科研价值。1961年确定为山西省古脊椎动物化石重点保护单位，并设陈列馆。到上新世后半期，亦因雨量减少，干燥度增加，以及水流切蚀，山间小盆地的湖沼逐渐消失，断陷盆地的湖泽也逐渐退缩，草原有所扩展。如晋西北保德至静乐一带，该期地层中的孢粉以蒿、藜、禾本科等耐旱草本为主，有时竟达98%，为草原、森林草原植被，系著名三趾马红土草原的一部分。

距今约250多万年的第三纪上新世末至第四纪初的更新世之交，因气候干旱，我国西北曾发生过较长期的风沙天气，遇东南湿润气流，尘粒沉落，经风积等多种成因，形成了山西省（尤其是西部）疏松深厚的黄土堆积层。

第三节　第四纪森林

当进入距今约200万年的新生代第四纪时，山西省山川大势已近似现代。气温继续降低，亚热带北界更向南退至秦岭、淮河一带，干燥度继续增大，省境属大陆性温带～暖温带气候。第四纪更新世时，冷期和暖期曾多次回旋交替，随之，北半球高纬度和高山区发生过多次冰川进退。如德国斯舒密特赫纳教授于1913年在五台山进行地质考察，首先发现在华北仅见的冰缘地貌；至今，中台顶上仍堆积着大如牛、小如蛙的甚多石头，其色灰白，有棱有角，俗称龙翻（蟠）石，即冰川地貌的遗迹；黛螺顶上的槽谷肩、鱼脊岭、菩萨顶的冰坎等，其冰缘地貌也十分典型。[①] 因之，山西省森林树种的水平分布带随着冷期暖期交替而南移或北进，垂直分布带亦随着下降或上升，周而复始地兴衰更替。但在某些“避难所”偶而保存下少量亚热带树种；全省则发展了不少暖温带、温带，甚至寒温带树种。致使适应不同环境的树种类型更加丰富，成为以后历史时期山西省森林树种的直系祖先。

冷期约比现代低5~11℃。因之，森林树种的水平分布带约向南移好几个至十几个纬度，垂直分布带约下降近千米至一千几百米。如五台山云杉针叶林的上线，由约海拔2500米以上降到1600米以下。从台怀到五台城一带的山丘和山间小盆地，遍布着以云杉为主的阴暗针叶林。省境北部广布着类似如今兴安岭的针叶林和部分高山草原。冬季，全省类似如今黑龙江的林海雪原。

冷期过后的暖期，气温又比现代高1~5℃。暖温带阔叶林带又向北回移到省境北端，针叶林的垂直分布带要比现代上升几百米。全省又逐渐演替成为以暖温带树种为主的茫茫林海了。

冷暖期之交为间冰期，暖温带、寒温带树种处于更替状态。

随着第四纪雪原冰川的扩展或退缩，森林水平分布带南移或北进，垂直分布带下降或上升。平均约10000~8000年大更替一次。经20多次回旋，数次回旋归纳成一个亚期。经四个亚期后，省境温带针阔叶树种，及草本植物的数量逐期增多，暖温带阔叶树逐期减少，亚热带成分残留更少，山核桃等消失。后即过渡到史前文化的传说时期。兹据孢粉分析结果，大体分为四个期段概述之。

一、早更新世

距今约近200万~80万年。按冷暖回旋，大体可分为三个冷期、

---

① 《五台山志·地貌》卷二第一章第三节 山西人民出版社2003年。

三个暖期，但各期的冷暖程度有所差别。冷期针叶林兴盛，暖期则多为针阔林。

（一）雁北

该期桑干河流域湖沼比现代多而广阔，为驰名中外的“古泥河湾湖”的西部。雁北盆地大部分为“大同湖”水面，东接河北省泥河湾古森林。湖滨和山地遍布着茂密的森林，还有毛茛科、十字花科、蕨类的水龙骨科等草本植物。森林随着冷暖回旋而演替。

第一森林亚期：第四纪早期，气候相当冷湿，约比现代低5℃。为全省寒温带针叶林发展的全盛期。在雁北多为云杉、冷杉等阴暗针叶林（但不及晋中一带繁盛），还有些松类。高山有成片草甸，间有雪原。

第二森林亚期：气温有所回升，落叶阔叶林相对增加，但还有甚多针叶林。

第三森林亚期：气温再次降低，但不如第一亚期寒冷。针叶林复占绝对优势，为雁北针叶林最兴盛之期。据大同时庄钻孔至地下324～314米处孢粉分析，树木花粉占总量的92～94%，也即森林占整体植被的绝大比重。其中冷杉占18～27%，云杉达14%，松类占39～70%，说明气候比现代冷湿得多。还伴有以桦为主（可占12%），及一些栎、鹅耳枥、榆、椴等阔叶树。从此亚期后，冷杉、云杉的兴盛期逐渐衰落。

第四森林亚期：气温再次回升，约比现代高0～3℃。针叶树比重稍减，阔叶树比重略增。

第五森林亚期：气温又稍有下降，约比现代低0～3℃。针叶树比重大增。由于不像第一、第三亚期冷湿，故冷杉、云杉减少，松类占了优势，与晋中相似，为松类的繁盛之期段。

第六森林亚期：气温稍有转暖，约比现代高0～2℃。但因干燥度继续增大，冷杉、云杉进而减少，有松林更替冷杉和云杉阴暗针叶林的趋势。主要演替为松林与栎、桦、榆、柳等针阔林，草本植物亦较多了。

（二）晋中

据在晋中盆地钻孔到地下120～110米处的孢粉分析，有冷杉、云杉、松属、落叶松等针叶林，及栎、榆、柳、朴、榛、鹅耳枥、桦、椴、槭、栲等落叶阔叶林，还残留少许山核桃、罗汉松、枫香、油杉、昆栏树、木兰、铁杉、杉等亚热带树种，但仅占1～10%。同样亦有六个森林亚期。三个冷期时针叶林占优势，三个暖期则多为针阔混交林。

第一森林亚期：云杉、松类等针叶林繁盛，而云杉竟占到75%，为寒温带针叶林最盛期，也是全省云杉等针叶林全盛期。

第二森林亚期：因气温回升，落业阔叶树在森林中占了优势，但还混交有一些针叶树。

第三森林亚期：因气温再次下降，针叶树又增加。

第四森林亚期：因气候比现代暖湿，阔叶树占了优势，且亚热带成分的罗汉松略有增加。

第五森林亚期：因气温稍降而湿度降低，松属繁盛，还有少量栎、榆等落叶阔叶树。

第六森林亚期：因又稍转温湿，多为松、桦、榆等针阔混交林，并有山核桃等亚热带成分，但仅占3%。还混有豆科、蔷薇科等乔灌。草类增多。

晋东娘子关、平定、昔阳一带的古森林资料，比雁北、晋中研究的少。因与晋中所处纬度相近，早更新世森林理当相似。据石灰岩溶洞中的石灰华孢粉分析，早期有松、栎、核桃、榛等，而冷杉罕见。后来以松为主的针叶林转茂，占64%，还有栎、核桃、臭椿等阔叶树占36%，多为针阔混交林。末期松类减少，豆科等乔灌增多，香蒲、蒿、藜等草本植物大增。如平定县城附近，香蒲花粉竟达45%之多。

晋西因黄土不适于树木遗骸形成化石，也不适于孢粉保存，找到的花粉不多，晋西黄土丘陵区的古森林资料甚少。在隰县午城黄土层中，曾找到少量松、云杉、栎、槭等花粉，以及略多的蒿、藜、禾本科等草本花粉，表明曾为温带森林草原。

（三）晋南

据运城盐池附近的孢粉分析，曾有过松、云杉、冷杉组成的针叶林发展期，只有少量桦、榆、栎等落叶阔叶树。但却有晋中、雁北所未见的极少棕榈、木兰等亚热带树木花粉，说明在暖亚期、亚热带植物北上时，它等曾在此繁衍。

省境南端平陆县并与河南省西北部接壤的“古三门湖滨”，在该期同样繁衍着与泥河湾古森林相似、有名的三门植物群。因位处省境南缘，气温相对较高，故阔叶树种类要比泥河湾古森林丰富得多。冷亚期也曾有过以冷杉、云杉、松类占绝对优势（高达93%）的针叶林；但到暖亚期时，除松类外，阔叶树大增，有桦、桤、鹅耳枥、朴、柳、核桃、山毛榉、榆、漆、苗榆、槭、杨、樱桃、枣等。

在省境南端芮城县西侯渡、距今约180万年的古猿人遗址，发掘出中国长鼻三趾马、三门马、古板齿犀、山西披毛犀、粗壮丽牛、古中国野牛、步氏羚羊、步氏鹿、山西轴鹿、李氏猪、纳马象、平额象、双叉麋鹿等大型动物化石。说明那时比现代温暖得多，推测约相当于第二（或第四）森林亚期气候。

总之，在第四纪早期寒冷湿润的气候影响下，省境寒温带性针叶林处于发展阶段。后来由于干燥度增大，也随着由第三纪早期的海洋性气候型森林演替为大陆性半干旱气候型的森林了。

二、中更新世

距今约80万~10万年。该期干燥度比早更新世增大，但仍比现代湿润，后期气温比现代稍低。省境森林演替为由稍喜温而偏耐干的树种组成，冷期则草本植物增多。早更新世时那样广阔壮观的寒温带针叶林，到本期时在低地已罕见。

（一）雁北

据大同时庄钻孔至地下223~208米处孢粉分析，冷杉减少到11.9%，云杉增加到37.4%，松类更大增，竟达53.6~75%。推断为以松类为主，其次为云杉，再次为冷杉的针叶林，还有桦、柳、榆、榛等落叶阔叶树。后来气候转为干凉，云杉、冷杉等喜湿树种又有所减少。

（二）晋中

多为以松类为主的针叶林或针阔混交林，间有草原。晋东娘子关、昔阳一带，主要是以松属为主，还有桦、栎、鹅耳枥、榆、柳等属的针阔混交林，亦间有草原。

在晋西离石黄土层中，找到的孢粉仍较少。有松属、蒿、藜、禾本科等，而草本植物较多，似为森林草原。

（三）晋南

运城一带主要是针阔叶林，但仍有一些省境中部、北部所没有的喜暖树种。如铁杉、水杉、枫杨、黄杨、椴、桤木等属。表明晋南暖温带南部的森林，与北亚热带森林有着紧密的关连。因那时气候较暖，发现有几处猿人活动遗址。如芮城县黄河北岸距今约 80 万年、中更新世早期的匼河遗址，伴生动物有肿骨鹿、扁角鹿、德氏水牛、披毛犀、师氏剑齿象、东方剑齿象、纳马象等大型动物化石。垣曲县城西南海峪约距今数十万年、中更新世的猿人洞穴遗址，有犀牛、鬣狗、鹿、箭猪、猕猴等动物化石。

总之，中更新世时，由于干燥度较早更新世增大，省境的森林主要由喜温而偏干的乔木组成。

三、晚更新世

距今约 10 万～1 万年。其中暖期时，省境仍以针阔林为主；冷期时受距今约 7 万～1 万年太白（大理）或玉木冰川的影响，全省处于第四纪以来最干冷期段，因之云杉林不如以前那样繁茂，向松林草原演替。

（一）雁北

据大同时庄钻孔至地下 145～117 米处孢粉分析，冷杉花粉大为减少，仅个别偶尔出现；云杉花粉占 23～28%；松类花粉高达 66.8～71.9%。后来云杉花粉减少到 1%，而松类则增加到 90.7%。表明由耐阴湿的阴暗针叶林向较耐干旱的松林演替，成为以松类为主，并混有一些落叶阔叶树和草本植物。

1976～1977 年，在阳高县古城乡许家窑村发掘了距今约 10 万年、晚更新世初、旧石器时代中期的“许家窑文化”遗址。孢粉分析有松、云杉、冷杉、桦、柳、榆、榛等属树木，伴有麻黄、葎草、唐松草、蓼等属和菊、禾本、藜、伞形、莎草、唇形、水龙骨科等草本植物，推测那时“古大同湖”畔阶地为以松类为主的针阔林，还有不少草类。该处还挖出鸵鸟、披毛犀、瑙曼古棱齿象、羚羊、葛氏斑鹿、蒙古马、野驴、原始牛等大型动物化石和用石球猎取的 300 多匹野马化石。后因水流的长期侵蚀，河北省阳原县石匣口被切割开，“古大同湖”逐渐消失，森林植被向排干水的湖底推进。因干燥度增大，已演替为旱生性森林植被了。如1963年在朔城区西北发掘距今约28000年、旧石器时代晚期早、中阶段的峙峪‘新人”遗址，有野马、野驴、披毛犀、普氏羚羊、王氏水牛，鸵鸟等动物化石，尤以马、驴最多，可见进而演替为以繁茂草原为主的植被了。

（二）晋中

系以松属为主，并有柳类等落叶阔叶树的森林草原。在交城县西冶河与瓦窑河之间、卢子峁至范家庄一带，以及古交汾河谷地的第四纪阶地，都发现过晚更新世早期、旧石器时代中期的古人文化遗址。

晋东娘子关、昔阳一带针叶林一度发展，松、云杉比前增多并占优势，但仍有桦、栎、榆、鹅耳枥、柳等落叶阔叶树混生。后来森林缩减，草原扩大。如平定附近的草本花粉高达97%，蒿属大量增多，推测为耐冷的半干旱疏林草原。

在晋西隰县午城第四纪马兰黄土层中，只找到松、冷杉、柏、栎、柳、桑等属花粉，却未找到类似北京斋堂马兰黄土台地等同期存在的云杉林花粉。推测包括离石一带的晋西，主要是疏林草原。因为此期黄土堆积发育，低温干旱，不利于大森林繁衍，故林木花粉比运城和其他同温地带的非黄土地层相对较稀疏一些。

（三）晋南

据晋西南万荣县黄土层的孢粉分析，除松等针叶树外，在古黄土夹层中，栎、柳等落叶阔叶树相对增加；蒿、藜、禾本科等耐干冷的草本植物在黄土中较为常见，推测系松林草原。晋南其他地域的森林状况，理应比万荣黄土台地一带要好。

在晋南发现古人文化遗址较多。其中以“丁村人”最为著名。属中更新世晚期~晚更新世早期、包括旧石器时代早、中、晚期的文化遗迹。距今约20万~16万年，氨基酸年龄测定为7万~9万年前。类似该独特的石器文化，上至静乐，下至曲沃、侯马都有发现，说明古人群曾在丁村一带，并延伸至汾河上游长期繁衍。在丁村遗址发掘出纳马象、印度象、梅氏犀、披毛犀、河套大角鹿、赤鹿、中国扁角鹿、野马、野驴、原始牛、羚羊、熊、狼、豺、狐，以及鱼类和多种软件动物化石。又如曲沃县滏水右岸的里村西沟，亦发现“丁村人”同期遗址，发掘出犀、鹿、羚羊、原始牛、狗、丽蚌等动物化石。还有新绛县城东北南梁村、河蚌村的晚更新世早期、旧石器时代中期、属丁村文化系统的遗址，亦发掘出德永氏象、大角鹿、野马、鬣狗、丽蚌等动物化石。

总之，到距今约200万年的新生代早更新世时，已有猿人出现，后进化到古人、新人时期。早、中、晚更世的猿人、古人、新人活动遗址，在省境均有发现；但毕竟我们的遥远祖先极其寥落，对森林变迁几乎无所影响。森林的演替，还是受地史时期大气候漫长的回旋变化所左右。

四、全新世

距今约一万年后，进入全新世。气候又复转暖，森林复趋茂盛，又进入地史时期森林气候最佳期之一，也是全球性海洋气候最佳期之一。由于人类活动逐渐频繁，尤其是到晚期，森林变迁主要是受人为活动影响而渐趋减少。鉴于已有考古发掘实物和文字记载资料，留待历史时期各章中详述。兹仅概述各亚期的森林演替。

（一）第一森林亚期

距今10000~6000年，气候开始转暖，但气温仍比现代低1~3℃，全省以松类为主的森林又始转趋繁茂。在省境该亚期石器时代的遗址不多。后来气温继续转转暖，原始人活动地点也随着有所增加。

（二）第二森林亚期

距今约6000~3000年，气候进而转好，气温约比现代高3~5℃，湿润度增大，省境森林又一次进入最繁茂的高峰。森林的水平分布带又复北移，约比现代向北推进几个纬度；垂直分布带又复升高，约比现代上升数百米。如云杉林上升到如今省境2400~3000余米的亚高山草甸地带，森林更广布而茂密。由于阔叶树种类增多，针叶树进而向高山延伸，也使省境树种更为丰富。

1. 雁北

平均温约达10℃，比今晋中还稍高一些。如雁北东缘外河北阳原县海拔较低处（属大同盆地东延部分），发掘出距今约四千余年，相当于中原新石器时代龙山文化期的象、河蚌等动物化石。其中厚美带蚌、巴山丽蚌、黄蚬等现生种，如今主要分布在长江之南。[①] 说明那时比现代暖湿得多。推测盆地为以栎类为主的阔叶树及少量针叶树的混交林。山地为以松类为主的针阔混交林。

2. 晋中

平均温约达 14℃，相当于如今省南端气温，系一派繁茂葱郁的暖温带阔叶林景观。

晋东娘子关、昔阳一带，阔叶林也同样大量出现，暖温带的栎、鹅耳枥等占据了优势，伴有桦、榆、椴、臭椿、核桃等属，及木樨科、芸香科等阔叶乔木，而针叶树的松属仅占 3% 左右。林下有蔷薇科等灌木；还有以蒿属为主，混有禾本科和藜、菊、毛莨、地榆等属，以及十字花科、寻麻科、豆科等草本植物。种类繁多。

晋西一带，也由于温度增高，湿度加大，黄土堆积作用减弱，为森林发展创造了良好条件。当森林植被越来越繁茂之后，又使黄土地带的土壤趋于肥沃，故以晋西为主的黄土丘陵区，森林也越来越广布而茂密起来。

3. 晋南

平均温约达 18℃，相当于淮河之北气温。除落叶阔叶树种类大量发展外，常绿树种亦有所发展。在山区某些“避难所”原残存的一些亚热带植物，当转暖湿之后迅速复苏，并予扩展，有所增加。高山上还有些温带针叶林，植物种类更多。

本亚期大体相当于新石器时代的仰韶文化 ~ 龙山文化 ~ 夏商时期。人们的活动也影响及森林变迁，但毕竟人类寥落，影响甚微。

（三）第三森林亚期

距仅约三千余年之后至现代，气温又稍有降低，但湿度仍比如今大。据孢粉分析，省境植物的科属，几乎与现代一致。温度与现

---

① 朱四光《全新世中国森林植被分布概况》，载《林史文集》中国林业出版社 1990 年。

代相似，或高于、低于1～2℃之间波动。在上一亚期广布而茂密森林的基础上，到了本亚期，主要是由于人为活动逐趋频繁，活动范围逐趋扩展，人进林退，致省境森林逐趋减少，几至殆尽，而难以称为森林亚期了。当然也不可否认，森林变迁也还受大气候影响，但具体到本亚期来说，它与人为影响相较，已经是俨若小巫见大巫了。

据竺可桢研究，将我国五千年来气候变化，大体分为三个时期。即公元前3000～前1100年，也即新石器时代的仰韶文化、龙山文化到商末，为温暖期，这已在上一亚期述及。公元前1100年～公元1400年，也即西周初到元末，为冷暖交替期。公元1400年～现代，也即从明初期以后，又逐渐转向稍冷期。在冷暖交替期中，又大体可分为三个稍冷和三个稍暖期段。即周初（公元前1000～前850年）、东汉至南北朝（公元初年～600年）、南宋（公元1000～1200年），为三个稍冷亚期；春秋至西汉（公元前770～公元初年）、隋唐（公元600～1000年）、元（公元1200～1300余年），为三个稍暖亚期。① 由于较暖及较冷期间，仅在高于或低于现代1～2℃之间波动，故对森林水平分布带和垂直分布带，并未发生明显影响；但对某些诸如梅、竹等较喜暖湿树种在山西省分布的北线和高线，即产生了较为明显的影响。到了当代，似乎气候又有缓慢转暖的趋向。以上仅供进一步研究山西省某些较喜暖热稀有树种的历史分布时参考。

*　　　　*　　　　*

总之，从生物进化到有木本植物出现后的地质历史时期中，除新生代第三纪上新世末，并延续到第四纪初受大风沙影响，及第四纪更新世受冰川活动影响，使省境森林有些缩减外，基本上系森林广布而繁茂、自生自灭地演替。直到全新世最后的近几千年来，省境茂密的森林，才因人为活动而渐趋减少、变劣，终至殆尽。森林的历史变迁，将在以后各历史时期的章节中详述。

---

① 《近五千年来中国气候之变迁》，载《考古学报》1992年6期。

第二章　史前时期

本期与地史时期第四纪更新世、全新世有所重叠，本章着重从人为活动方面叙述史前森林的变迁。

山西，尤其是晋南，是华族文化最早发祥地之一，留下了不少遗址和传说。据此可大略推测史前的森林概况。

第一节　旧石器时代

早在一百数十万年前，我们的祖先已在晋南生息繁衍。如芮城县西北端、中条山麓的西侯渡遗址，距今约 180 万年，系世界上最早的古猿人遗址之一。出土多种打制石器、烧骨和带切痕的鹿角等，说明已会用火；距今约 80 万年、与陕西蓝田猿人时代相当、芮城县黄河北岸匼河村附近大小 11 个遗址点；还有距今约数十万年、垣曲县沇水、亳清河、盘清河等黄河小支流的两岸，以及该县城西的南海峪洞穴遗址等，皆属旧石器时代早期遗址。他们在茫茫林海间过着“穴居野处”、焚烧猎物和采摘野果的猿人群居生活。约相当于古传说的燧人氏时代。

距今约 20 ~ 10 万年旧石器时代中期遗址，不仅在省南部，而且在省中部、北部皆有发现。如襄汾城南汾河东岸的丁村遗址、曲沃城北滏水右岸的里村西沟遗址、新绛城东北的南梁沟遗址、霍州城东南汾河谷地的赤峪遗址、交城西的卢子峁至范家庄遗址、古交市汾河谷地的遗址、阳高东南的许家窑遗址等，皆已进化到“古人”阶段。尤以丁村和许家窑两遗址著名。丁村遗址沿汾岸长近 30 里，除发掘出大量的多种打制石器（已有砍伐树木的砍斫器）和动物化石外，还有三枚介于北京猿人之后到新人之间的牙齿和一块小孩头顶骨化石，距今约 20 万 ~ 16 万年（氨基酸年龄测定为 9 万 ~ 7 万年）。整个遗址包括了旧石器时代早、中、晚期，被命名为“丁村人文化”。而且上延至汾河上游的静乐，下伸到涑水河流域，有不少属丁村文化系统的遗址，故亦别称“汾河文化”。雁北阳高许家窑遗址除发掘出万多件打制及第二次加工石器和骨、角等制成的工具，以及大量动物化石外，还有代表 14 个人体的人骨化石，距今约十万年，命名为“许家窑人文化”。特别是发现有用木料搭成简易住棚的痕迹，推测他们生活在“大同湖”畔的林缘、住在简陋茅棚或大树下，赤身裸体地用粗制木棒和石球等集体猎取野生动物，并兼采掘、渔猎的茹毛饮血生活。大体相当于传说的有巢氏时代。

距今约数万～一万年旧石器时代晚期遗址，在全省多有发现。如在朔城区西北下团堡乡峙峪村，发掘了距今约 28000 年的旧石器时代晚期遗址，比“许家窑人”显然进化，已由尚保留着某些猿人特征的“古人”阶段，进化到“新人”阶段，系“许家窑人”后裔。他们已从原始人群过渡到母系氏族雏形，被命名为“峙峪人”。居住在桑干源头之一的黑驼山东麓，并接连丘陵盆地处的茂林边缘。由于草木丰盛，主要用石镞、石核等猎取野马、野驴而维生，又称“猎马人”。又如在中条山东段沁水县下川乡历山麓的小盆地，发现距今约 28000～16000 年的旧石器时代晚期“下川文化”遗址，同样也过着以狩猎为主的生活。省境其他山区，也发现某些旧石器时代晚期遗址，说明在山区的某些河谷阶地，也有原始人类活动。后到旧石器时代的晚期末，已有焚烧草木后，使用打制石器“刀耕”的最原始种植业之萌生。

*　　　　*　　　　*

总之，虽然旧石器时代极为寥落的原始人群，在茫茫林海的某些空缘活动，但对全省整体森林的变迁，几乎无明显影响。该期段森林状况，已在第一章地史时期第四纪的早、中、晚更新世述及，不再赘言。

第二节　新石器时代

由于气候适宜，大约距今六、七千年后，山西省人类已进入母系氏族繁荣期。南迄黄河北岸，北达外长城沿线，东起太行山，西至黄河滨，已发现新石器时代仰韶文化遗址 300 多处，几乎遍及全省，而以晋南汾河下游和浍河、涑水河流域比较集中，将占近半。大体相当于远古传说的女娲氏时代。如山西省吉县壶口北 20 多里的人祖山，民间很早即有想象的女娲氏传说，有古庙宇及女娲塑像；还有赵城（建国后并入洪洞县）东南侯村女娲古大庙、冢；泽州侯村镇浮山街村东娲皇庙；平定东女娲苗等，皆系后人托传说而建。

仰韶文化期，原始种植业逐渐兴起，用磨制的石铲、石锄、石镰等工具，种植以粟为主的谷物；原始养殖也始于萌芽，有猪、犬等家畜（未见水牛）；并烧制陶器。过着半穴居（进而为木骨架泥墙的地面简易住房），以狩猎、采掘为主，并兼种植、养殖的简陋生活。

继母系氏族晚期，逐渐过渡到父系氏族的原始公社。山西省发现了很多距今约四、五千年的龙山文化遗址，仅晋南就有 170 余处。此外，晋东南、省中部，直到雁北（包括大约同期我国北方少数氏族原始社会细石器文化南支的遗址）均有发现。

龙山文化期，生产力比前提高，原始种植、养殖等，均有进步，并栽桑养蚕，栽植枣树等。如 1926 年在夏县尉郭乡西段村新石器时代遗址中，发现了经人工剪截整齐的蚕茧化石，说明丝织业萌芽，也旁证了黄帝妻嫘祖在夏县教民养蚕的传说。新石器时代遗址中常有木炭，说明已普遍利用木材取暖、烧陶和烧煮食物。

龙山文化期大体约相当炎黄尧舜禹（夏）的传说时代，容下一节述之。

*　　　　*　　　　*

总之，到新石器时代，虽然焚林围猎和“刀耕火种”等人为活动，不免破坏居落周边的一些森林，但对森林整体变迁的影响，还很不明显，而且栽桑及植枣等树木的行为，业已启蒙。

第三节　炎　黄　尧　舜　禹传说时代

该传说时代约历千年。尚无文字、年限、地望、事迹等均不可祥考。本书并不专述史前史，而是以森林历史变迁角度，仅据传说和以后追记，以及所留地名等略述之。

一、炎帝　黄帝

炎帝并非专指某个人物，而系一个部落联盟（甚至其分支）若干代首领的通称。该部原居陕西宝鸡一带姜水畔，正由母系氏族向父系过渡。大约五千多年前，沿渭水东下，逐渐成为强大的父系部落联盟。“以火永木，故为炎帝；教民耕种，故天下曰神农氏。”“烈山氏主火德，炎也。”该部先在山西省永济一带活动。那时晋南盆地森林遍布。如周朝时寓居临汾的公孙侨曰：“昔高辛氏有二子，伯云阏伯，季曰实沈，居于旷林。”① 烈山氏子名柱，焚林后种植谷物和蔬菜等，始由以游猎为主的不定居，走向以原始农耕为主的定居生活过渡。如《河中府志·古今地郡表》载：“烈山氏柱都，世纪神农之后，都于蒲阪。”② 后来黄帝部落联盟的势力在晋南大发展，炎帝后裔多迁到上党，曾在今长治县西南黎岭村附近建立耆（黎）国，岭上旧有炎帝庙。该部落在晋东南活动数百年，最后被黄帝战败，融合于黄帝部落联盟之中。炎帝时，农事始兴，是我国农耕文明始祖，故《史记·三皇本纪》载：“神农氏斫木为耜，揉木为耒，耒耜之利，以教天下。”后魏《风土记》、北宋《太平寰宇记》等皆有神农氏在羊头山、百谷山等处遗迹之载。至今长晋东南仍有许多炎帝活动遗迹及同期龙山文化遗址，构成炎帝文化群落。如高平东北，与长治、长子交界的神农镇乡，以羊头山为中心，有神农庙、神农城、神农井（泉）、炎帝高庙、中庙、下庙，及炎帝陵（五谷庙）、墓等古迹。③ 又如长治市东北老顶山（原名百谷山），系炎帝“尝百谷”之处，有神农庙、

---

① 雍正《山西通志（以后都简称通志）·寓贤·平阳府》卷一百四十七。

② 乾隆《蒲州府志·地表·上古》卷一亦载：“上古，烈山氏柱都（有娀国）。”

③ 据《山西高平炎帝陵考察》，载《山西日报》1995年8月18日；该市政协《高平炎帝陵》专集2000年。

神农洞、神农井等古迹。① 由于炎帝部落在晋东南活动时间长，影响大，故很多乡村原来都有炎帝庙。甚至晋中一带，不少乡村也奉祠炎帝。如笔者少年时，老家太原河西东社村就有火神庙，祠炎帝。

传说较炎帝略晚的有熊氏轩辕黄帝（亦系泛指该部落联盟多代首领），到了晋南一带，联合炎帝后裔共工氏，与东夷太皞伏羲氏后裔蚩尤争战多年，最后在运城盐池附近决战，大败蚩尤。今运城盐湖区（古解州）有蚩尤城、村（一度改名从善村，近恢复原名）、蚩尤墓、阪泉等遗留。又如襄汾县之“乔山，县东南四十五里，黄帝葬衣冠处，有轩辕陵、庙。”② 曲沃东北四十里有桥山。风陵渡即因有风后（黄帝之相）陵而得名等。黄帝部落在黄河中游稳固后，发展种植、养殖、丝织业，并化弧刳木为舟，剡木为楫，断木为杵，弦木为弧，剡木为矢，又时播百谷草木，部落壮大。由当初六个氏族部落的联盟，发展扩大为二十五个氏族、十二个胞族（六个部落）的巨大部落联盟，成为北方许多氏族部落想象祖先的集中代表。炎黄两部融合后，成了华族的想象始祖，沿袭至今，世界华人都自认为系“炎黄子孙”。

炎黄时系茫茫林海。如《商子·画策》曰：“昔者，昊英之世，以伐木杀兽，人民少而木兽多。”

二、尧 舜 禹

黄帝后裔之姬姓，有的南下到江、汉流域，发展为强大势力。另一支后裔祁姓也较突出。祁姓中的陶唐氏，即唐尧所属氏族部落。后迁到晋南汾河流域，建立唐国。如《帝王世纪》曰：“尧都平阳（临汾），于诗唐国（一说在翼城）。”推测已有国家雏形，但那时之“都”，还很简易，也不过系首要氏族部落的大聚邑、联盟盟主之住地、重要政务的固定议事场所而已。1983 年，在临汾稍南、襄汾城

---

① 《上党风景名胜志》卷三、四、六、十一、十二，均有关于炎帝之记述，山西人民出版社 2006 年。

② 雍正《襄陵县志·山川》卷四。

东15里陶寺，发现了面积500亩、约公元前2500～前1900年龙山文化的大型遗址。分为早、中、晚期。前半期稍早于夏朝，约相当于尧舜禹时代，称“先夏文化”。陶寺的“陶”字，可能与陶唐氏有着源缘，也可能即古尧都或夏墟。另临汾城南十里有规模宏大的古尧庙，城东郭行乡北郊村西有古尧陵；浮山城东八里的尧山，古有尧庙；《尧书传》曰：“中祠太岳霍山”，霍州东三十里的陶唐谷，古亦有尧祠等遗留地名和古迹。

唐尧时，仍森林遍布。如《孟子》载：“当尧之时，天下犹未开，洪水横流，草木畅茂，禽兽繁滋。”又《箕山歌》曰：“高林萧兮相错连，居此处兮傲尧君。”[①] 即传说中的尧师许由因与尧政见相佐，隐居箕山，筑巢于深林，有许由冢、洗耳池等古迹。该地有好几处说法，笔者认为，洪洞城东十三里、霍山西麓九箕山较为可信。“太史公曰：‘余登箕山，其上有许由冢。’”[②] 平陆县旧城东九十里箕山亦有可能。[③] 襄陵城东三十里荆村箕山之北，亦有许由冢。说明晋南盆地和阶地的低阜高丘等近处，多高大茂密森林，其他再远之处，想必更基本上系茫茫林海。

陶唐部落与虞舜等部落在晋南一带长期和谐相处，结成联盟。到尧晚期，相传蒲峪居处（永济一带）种了许多五谷，食用不缺，是位大贤，准备禅让于蒲。前往访察后，见他们仍系大肆焚林火种，浪费水火财物，认为他守旧，并非大贤，另寻访之。经多年考察后，禅让于住在沩纳的舜，即今永济沩水之曲。[④]

传说的舜，属有虞氏，习称虞舜，都蒲阪（永济老蒲州城）。舜确系大贤，在历山（永济中条山西段，一说在垣曲中条山东段、主峰舜王坪，笔者实地考察，以前者为是）麓亲耕；“渔于濩泽（雷泽）”（阳城西、濩泽故城西北，一说永济古雷泽，当以后者为是），

---

① 雍正《通志·艺文》卷二百二十一、乾隆《平陆县志·艺文》卷十五。

② 同治《校补洪洞县志·山川》卷一 九箕山（古称箕山）条。

③ 乾隆《平陆县志·图·山川》卷首、卷二。

④ 据《山西林业》1984年3期。

在湖泽河滨亲渔；亲自烧陶等；改进生产技术，以做示范。任后稷（名弃）为农官，教民稼樯，推广农耕技术，故有稷山县、稷王山等地名和后稷庙、稷王庙等古迹。

“舜巡四岳，中祠太岳霍山”。即继尧之后，仍将太岳霍山作为主镇山而祭祀。

舜又任夷族（黄帝战败蚩尤后，余部多南循，成为苗族祖先；留下者归化，逐渐融合于华族之中）酋长伯益为“联虞”，是我国上古设管理山泽、草木、禽兽官职之始，大体相当于今林业部长。如《史记·五帝本记》载:“舜曰谁能驯予上下草木鸟兽，皆曰益可，于是以益为联虞。”那时聚落附近，森林茂密，猛兽逼人。故《孟子》载:“舜使益掌火，益烈山泽而焚，禽兽逃匿。”系保证聚落安全、五谷丰登、大大利民的善举，受到人民的怀念，故康熙《解州志·官师》卷十六追载伯益此义行。万历《太平（今襄汾）县志·古迹》有伯益墓；光绪《太平县志·艺文》卷十三亦述“伯益乡……古木参天”等。

虞舜贤德甚多，故（尤其是运城一带）留下许多有关地名和古迹。主要还有：周朝虞乡故城、古虞州、原虞乡县（以上皆在永济），古虞国（平陆）、虞阪（平陆北、与夏县交界处）和虞阪道（运城盐池往平陆至黄河茅津渡之古道）、舜陵（安邑北30里鸣条岗南）、舜庙、舜帝村等（皆在永济），甚至永济、临晋等县旧八景中，也有的挂上虞、舜之名。连边远的垣曲县东北、中条山主峰（历山舜王坪）下的同善村，也有舜庙、舜井及舜父瞽叟冢和鼓钟城等古迹（笔者曾亲往实地考察，恐系后人假托）。

夏后氏族部落也在晋南一带与尧舜等共同和谐相处，到禹以治水著称，尧禅让于夏禹，都安邑（在夏县西北15里的夏王城，传说禹曾居此）。此时，夏族已逐渐与黄帝后裔的华族融合，活动区域扩大。如《尚书·禹贡》载:“禹导水壶口（河津龙门，因黄河长期切蚀，逐渐向北移至吉县孟门，再延伸到今吉县壶口大瀑布）、雷首（永济黄河由南向东大转弯处），至于太岳、砥柱（三门峡）、析城（阳城西南70里横河乡境内），至于王屋、太行、恒山（河北曲阳大茂山），至于碣石入于海。”但主要在山西省南部活动。《书经》曰：“禹乘四载，随山刊（砍）木。”那时道路常为树木所阻，须随时砍之。《五经汇解》注曰:“书言刊木，而孟子云益烈山泽而焚。盖刊乃常法，间有深林穷谷，苍郁蒙茏，斧斤不可胜除者，则以一炬空之。”认为“随山刊木，有五利焉。遥望山川之形势，规度土功，一也；往来行人，不迷厥道，二也；禽兽逃匿，登高避水者，三也；奏素鲜食，以救阻民之饥，四也；材木委积，可供治水之用，五也。”看来随山刊木，主要是砍盆地聚落附近和沿道路、大河流的一些林木，相对与茫茫林海而言，微不足道。这在唐吕湮《霍山神话》中也有所显示。[①]

夏禹，可能系指一代人物，随后其子启，世袭父位，进入奴隶制的夏王朝。虽然禹历时不长，但也留有夏王城、夏后氏陵等地名、古迹和夏县“禹城朝雨”之类旧景。

*　　　　*　　　　*

炎黄尧舜禹时代活动事迹，多系春秋战国后据传说而追述，有的是假托，并不完全确实。但整体来看，相差不会太大，有相当可信度。

该传说时代，人们为了扩展农事、围猎和保障聚落安全，理所当然地焚烧或砍伐附近的一些森林。由于茫茫林海，寥寥人类，万山丛绿，古木参天，林木随处皆有，信手取之，视如水同空气，并不爱惜。而且生态环境相当优越，前烧后生，前砍后长，恢复极易，整体上对森林的分布和变迁，无关大局。除聚落附近、湖泊沼泽等处无林外，其他地域几乎为森林所覆盖。华族开发最早的山西省南布尚且如此，省中部、北部尚系寥落、不相统属的诸戎翟（狄）氏族活动之区，想必森林更为满布。估测全省森林，约占总面积的十之九还稍多。

---

① 乾隆《赵城县志·艺文》卷三十二 。

第三章　先秦时期
（公元前2070～前221年）

第一节　夏　商　西周时代
（公元前2070～前771年）

从夏朝起，我国进入奴隶社会，经商朝奴隶制大发展，西周达到鼎盛。此期段史料仍然极少，也只能大体估摸森林变迁。

一、夏朝（公元前2070～前1600年）

禹子启改禅让制为王权世袭制，从此成为我国近四千年来"家天下"传习，我们祖先的华族亦称华夏。夏王朝先都晋南，由于屡经变乱，曾南迁于河南中原建都，但安邑故都一带的涑水河和汾河下游与浍河流域，仍是其主要活动地区。传说夏县西北15里的夏王城，曾为禹、桀之都。北魏后期废北安邑县，迁于今治，名夏县，至今。在晋南盆地共发掘出夏文化遗址四十余处，尤以夏县东下冯遗址较著称。还有前述襄汾陶寺遗址后期的夏文化层（出土物有我国最早的铜器和彩陶上的两个文字），可能是古人所曰之夏墟，或者是夏王朝前期的一个大邑废墟。另，上党西南某些较宽阔的河谷阶地，也有夏人活动。省境中、北、西、东的广袤地域，仍为一些不相统属的戎翟（狄）氏族部落游猎区域。

夏朝时，焚林种植和焚林围猎之举仍然盛行。如《管子·国准第七十九》载："有虞之王，枯泽童山，夏后之王，烧增数，焚沛泽，不益民之利。"但那时气候温暖湿润，土地肥沃，同样前烧后生，恢复极易。如曰:“夏得木德，青龙止于郊，草木凶茂。”① 看来都城近郊还草木相当茂盛，较远之处，更不待言。故设司险官职,“掌……山林川泽之阻，而达道路。山林之阻则开凿之，川泽之阻则桥梁之。”② 至于省境其他广大地区，虽然各戎翟（狄）部落围猎时，也常常举火焚林，但人烟比晋南更为寥寥，更容易恢复为茫茫林海。

二、商朝（公元前 1600 ~ 前 1046 年）

夏末，桀王无道，东夷后裔的商部落联盟在河南东部商丘一带兴起，向西推进。到成汤时，率领主力，北渡黄河，在垣曲老城（已淹没于小浪底水库）一带安营，誓师伐夏，故亦以其原居地之一的亳（安徽西北角，距商丘不远）名亳。垣曲老城西十里有亳城、汤妃墓、庙等古迹。至今仍留下亳清河、亳城、下亳等村名和汤王坪等地名；在垣曲老城还发掘出较大的古商城遗址。接着与夏桀决战于鸣条之野（夏县西北鸣条岗）而灭夏。

商王朝武功所及，远超于夏，极盛南过江淮，北达内蒙古、宁夏之一部及辽西走廊。到公元前 1300 年迁都于殷（河南安阳小屯村），亦称殷商。以殷都为中心,“邦畿千里”，除商王直接统治的畿内外，周围系诸侯分封区。在晋南有唐（翼城）、虞（平陆）、缶（永济）、冀（河津）、亘（垣曲）等；上党有黎（长治西南），其东就可能属都畿之区。如长子城西 6 里孟家庄北发现有商周古城遗址和墓群，晋城及长治郊区的商村、故驿村等，也发现商文化遗址；长子城南 15 里、沁县东关等地发现商墓群；说明商王朝在晋东南活动范围较大、较频。晋中以北及晋西，多为臣服于商王的方国部落，受商王控制，更为松散。主要有西落鬼戎（晋西）、燕京戎（省中部及偏西北）、翳徒戎（晋东偏北），以及土方、危方、沚方等（多在晋北），还有石楼一带的𢀛方，蒲隰一带的基方等小部落，以及太岳山区东南缘的余吾戎等。他们游猎不定，时大时小，时强时弱，只能大略述其活动

① 光绪续修乾隆《解州全志・祥异》卷十一。

② 乾隆《赵城县志・形胜》卷一 。

范围。如灵石旌介村发现三座商大墓，青铜器铭文有“羌”字，可能是臣服于商的某贵人墓；石楼（好几处）、柳林、忻州、保德等地也发现殷商晚期墓和不少青铜器，说明殷商势力、文化交流，曾达于晋中、晋西，乃至晋西北一带。

商朝向外征战，常常大肆焚烧森林。如《史记》载：“成汤以攻伐而得天下，必不逸焚毁林场以作阵地。”当其北征时，必然要焚烧山西省（首先是晋南，次为晋东南）一些河谷阶地和道路两侧的森林。另，商朝时已多使用铜器，炼铜也要砍伐一些林木；农业生产力比前提高，焚林种植，有所扩大。如甲骨文中常见“焚”字，即举火焚烧山林演化而来，也即“火田”；《说文解字》明确指出：“焚，烧田也。”甲骨文“农”字（原为林下辰或焱下辰字形）、“春”等字，原均为以火焚林、气候转暖、及早开垦种植的象形文字。[1] 又有“埜”（野）字，原为城郊旷林之意，即西周时的“平林”。另，《诗经·汤诰》曰：“贲若草木，兆民允殖。”也说明焚烧茂美林草后，允许人民大量垦殖。商朝时，焚林围猎活动仍很盛行。如甲骨文有“𤎩”字，即举火烧山上森林，以驱逐出林中众多野兽而围捕之意，[2] 也即“火猎（狩）”。还有，商朝时已将一些野马驯化为家马，为了牧马，也要连续焚烧某些平川森林后，使之变成草场。

殷商时，晋南盆地，其次是上党盆地的森林，由于为数不多的城邑（或聚邑）附近，已被拓为连续使用之农田或草场等，变成斑片状无林地。对盆地边缘丘陵低阜之森林，也有所些破坏，即使武力征讨和焚林围猎等一时烧毁，但大多又自然恢复起来。故丘陵区仍几乎森林遍布。广大山区，仍满布着茂密的森林。如《诗经·商颂·殷武》曰：“陟彼景山，松柏丸丸，……。”商王迁殷后到武丁时，大量砍伐该处松柏等良材，截断、运出，加工成很长的方梁檩椽和成堆粗大的楹柱等，建成寝庙宫堂。[3] 景山位于太行山南段东侧、华北大平

---

① 张钧成《中国林业传统引论》228 页 中国林业出版社 1992 年。

② 河南省博物馆陈列馆说明牌 1976 年。

③ 同注 1 书 第 233 页。

原西边低山，距安阳不远，故就近取材。商后期，离殷都最近的边山低山，尚且高大秀美的松柏茂林满布，山西省太行山区，离殷都较远，想必森林更为茂密。至于山西省中部、北部的广袤地域，并非商王统治之区，人烟更为寥落，当然更系山丘区茂林满布、平川区草木畅茂景观。

商朝养蚕业比夏朝有所发展，已有成片桑林。如阳城县南的桑林乡一带，为商畿内地，曰“桑林”；又该县西南端、近析城山的古桑林水（今大河），亦因多桑而名，系《竹书纪年》载之“商汤王二十四年祈雨处”。[①] 至今留有桑园河村名。

三、西周（公元前 1046 ~ 前 771 年）

商晚期，陕西岐山周原一带的周部落联盟兴起、东进，到武王时，灭掉无道的商纣王，建立奴隶制的姬姓周王朝，都镐（西安沣水东），为西都，又叫宗周。后又在洛阳新建一都城，为东都，又叫成周。到公元前 770 年迁都洛阳前为止，史称西周。

西周版图西起甘肃东部，东到山东，南至湖北，北达北京和辽西走廊。虽然周宣王（公元前 827 ~ 前 782 年，以后行文皆省略“公元”、“年”）时，曾反攻南下攻周的俨狁，在太原屡与作战，后又与太原戎、姜氏戎等作战，但周王朝并未立住脚跟，在山西省仅占有晋南一带。为统治被征服之区，推行“封邦建国”，先后分封了百余诸侯国。建立以较大城邑为中心的殖民据点，“以藩屏周”。

武王子成王灭唐国后，封其弟叔虞于唐（翼城西 20 里唐城村），后迁都于翼城东南 15 里故城村。叔虞子燮父因城架晋水，改国曰晋。穆侯时迁都于绛（翼城）。昭侯时复迁回故城，曰翼，又曰绛。此时已进入春秋初期，前 706 年，曲沃武公灭晋侯滑，都曲沃，未更元，称此为故绛。后献公迁都，改称此为古绛。

西周在晋南封的诸侯国还有魏（芮城）、霍（霍州）、冀、耿

---

① 同治《阳城县志·沿革、山川》卷一、卷三。

（稷山、河津）、郇（临猗）、董（闻喜）、虢、虞（皆在平陆）、贾（临汾贾村）、杨（洪洞杨村）等。上党还有黎国。这些小国到春秋前期逐渐被晋国所灭。

商末国势衰弱，以及气候逐渐稍转冷，省中部的一些戎翟（狄）部落趁机南下，省南部原来的戎翟（狄）小部落也趁势扩张而乱迁徙，成了华戎杂处，戎翟（狄）活动地盘比华夏族还大。如唐（晋）初封时仅系百里小国，其他诸侯国有的更小，都像孤岛似的处于各戎翟（狄）部落之间。为了共处，沿用他等旧习，任命归顺酋长为官员，实行怀柔政策。如《史记·晋世家》载："晋居深山（实际系边山阶地），戎狄与之为邻，而远于王室，王灵不及，拜戎不暇。"即周王的武力鞭长莫及，晋等诸侯只好经常赠戎礼物，避免滋扰，和平相处。那时，晋南盆地多散布着诸戎翟（狄）部落，山丘区则几乎全是各戎翟（狄）氏族部落活动区域。留名者就不下十几种，不一一述他等名称。

上党更几乎是十多种戎翟（狄）氏族部落的活动范围。其中以潞城、黎城一带、赤翟（狄）一支的潞氏较为强大，春秋初夺取黎侯地，于公元前628年建立短暂的潞国，前594年即被晋国所灭。

省中部以北，则全为戎翟（狄）等部落活动范围。主要有：太原戎、汾河上游的燕京戎、晋东的众翟（狄）（亦称群狄）、晋西北的楼烦戎、雁北的林胡戎、雁北东部的代戎等。其中以楼烦戎较为强大，初步形成部落联盟，故西周初期成王时始见有"楼烦王"之名，并曾一度"略通中国"。据《王会篇》载，楼烦王曾向周称臣，实际只是名义藩属而已，后到周穆王（前976～前922）时，与之结怨，"后绝不闻"。①

以上省境许多戎翟（狄）部落，有时转化，迁徙无常，不再叙述。

西周时破坏森林的因素，主要还是焚林拓田和拓一些牧场，以

---

① 据翟旺《管涔山林区森林与生态史》第8页 山西高校联合出版社1994年。

及焚林围猎、兴建城郭宫室、开辟道路等，也砍伐一些林木。如《诗经·魏风》就有伐檀之歌。为此在大司徒下，设管理王室林之“山虞”、“林衡”官职。据《周礼》载:“林衡掌巡林之禁令；若斩木材，而受法于山虞，而掌其禁令。”但管理范围不大，仅都邑一带而已。具体到山西省，只有省南部十多个诸侯小国，毁林限于少数据点周围的平川阶地，人烟稀少，破坏规模不大。有时也不免因征战而焚烧一些森林，但前烧后生，对森林整体变迁并无多大影响，森林状况与殷商时无甚差异。

西周始有“树艺”之术，故有“封人”、“掌故”之类小官。继殷商少量植社树（纪念树）、封邦树（边境树）等之后，并在宫庭、墓地、大道（列树表道）、故里（后“桑梓”成了家乡的代称）等处植树。但也主要是在都邑及某些大侯邑附近，以及西都至东都（或某些大侯邑）之间的干道两侧植些树而已，规模甚小。如在宫门前植“三槐”，象征“三公”；宫庭院植梧桐等树，以示尊贵。《史记·晋世家》载:“……成王与叔虞戏，削桐叶为珪，以于叔虞，曰:‘以此封若。’史佚因请择日立叔虞。成王曰:‘吾与之戏耳。’史佚曰:‘天子无戏言，言则史书之，礼成之，乐歌之。’”“桐”、“唐”古音相同，一句玩笑话，遂将叔虞封于唐。具体到山西省南部，连为首的唐（晋）国，尚且版图不广，势力不强，自身难保，焉能顾得上大建宫殿和植树添美呢！如叔虞及其几代子孙，在翼城县内就迁都四次，说明并不安稳。古城村虽有叔虞墓，规模不大；四次迁都，也未留下较大遗址。其他诸侯国比唐（晋）国还差，更谈不上具规模的植树了。当然，为了生活，在各城邑佐近，也植了一些桑枣等经济树，而以桑园稍多。

西周时，晋南盆地还有甚多“平林”，该词约为前述“埜”（野）字的演化，也即指平川旷野之林。如《诗经·唐风》曰:“山有枢（刺榆类），隰有榆……；山有栲（橡栎类，可提取烤胶），隰有杻（青冈）……；山有漆，隰有栗……。”① 该诗的山，还泛指低阜丘

① 乾隆《翼城县志·艺文》卷二十八全文引载。

陵及山麓坂（缓坡）地；隰泛指低平地。说明盆地有很多森林，以林为多，插花着田、（桑）园和草场。又《诗经·魏风·伐檀》曰："坎坎伐檀兮，置之河之干兮，河水清且涟漪……，河水清且直漪……，河水清且沦漪……。"《诗经·大雅·荡之什·桑柔》曰："瞻瞻中林，甡甡鹿出……。"① 芮城县东端与平陆接界、黄河北岸阶地的陌南镇，北有自古闻名的檀道岭，在这一带中条山南麓、不太平坦的广袤坂地，将所伐檀木顺短小河涧漂到黄河，再漂至不太远的东都洛阳。"中林"泛指山麓坂地之林。《柔桑》即述在聚邑佐近桑园，前望中林，众多鹿等野兽跑了出来。皆说明缓坡阶地基本上茂林遍布。山丘更满布茂密的"高林"。又如《诗经》曰："采苓采苓，首阳之巅。"苓是松林伴生的名贵菌类药材，说明中条山西端松林茂密。

上党只有黎侯小国和半华化赤翟（狄）建立的短暂潞国。开发远差于晋南，当然森林要比晋南要多。如雍正《泽州府志·纪事》卷四十九载："周穆王五十年（前921）……升于太行，休于濩泽，于是射鸟猛兽。"推断森林众多。

省境中、北、东、西部，尚为分散的各戎翟（狄）活动区域，人烟更稀。他们还处于"无国都处所，俗逐水草，无城郭宫室，就庐帐盟，……衣羽毛，有不食粟者"的氏族部落阶段，尚系以游猎为主，间有一时刀耕火种和游牧萌芽的原始生活；即便有时结成松散部落联盟，也不居主导地位。② 由于迁徙无常，并无固定农田和居地。即使游猎中烧毁一些森林，同样更前烧后生，恢复极易，对森林整体变迁，无关大局。

*　　　　*　　　　*

总之，夏商西周时山西省基本上森林遍布，除水域外，人为造成斑片状固定无林地还不多。到西周末，森林约全省总面积的十之八还多。

---

① 《永乐宫志·诗文》卷九第一章 全文引载该两诗 山西人民出版社 2005 年。

② 据段连勤《北狄族与中山国》第一、第二章 河北人民出版社 1982 年。

第二节　春秋　战国时代（公元前 770 ~ 前 221 年）

幽王无道，完结了西周。从前 770 年周平王都于洛阳起，史称东周列国，又分春秋、战国两个期段。诸侯割据征并，将周王架空。直到秦始皇统一六国，于前 221 年建立皇帝专制的秦皇朝为止。

一、春秋（公元前 770 ~ 476 年）①

“春秋”，以孔子著《春秋》而名。

前 706 年，曲沃武公灭晋侯湣，未更元，都曲沃（城南二里古城），晋国仍是“其土又小，大国在侧”、戎狄②环绕、内部不统的小国。到晋献公（前 676 ~ 前 651）八年，从曲沃迁都于绛邑（襄汾西南 65 里赵康镇古晋城）。他对内剪除公族，振兴国务；对外扩张兼并，先后灭了晋南各诸侯国和驱逐或降服各戎狄部落，打败垣曲的赤狄东山皋落氏，基本统一了晋南，开始强盛起来。

晋文公（前 636 ~ 前 628）仍都于绛（赵康古城），整饰内政，发展生产，“政平民阜，财用不匮”。又“尊王攘夷”，越过黄河，灭了河南西北部的长狄等部后，再向东南征讨。一度成为挟天子以令诸侯的盟主、春秋五霸之一，影响深远。后来山西省别称或简称曰晋，至今。

景公（前 599 ~ 前 581）又向东北征伐，灭掉黎国和赤狄潞国，打败上党的赤狄甲氏、留吁、铎辰等部落，统治了晋东南。因国力增强，景公十五年迁都于新田（侯马），曰新绛，亦名晋城；称原都为故绛（亦称北绛），翼城的故绛都改称古绛。此后再未迁都。建国后

① 从公元前 841 年后，编年准确；此前夏商西周年代，可能有点差误。

② 翟人原为饲养翟鸟捕捉鱼兔等小动物为主而维生的许多部落，鸟图腾崇拜，曰 dī。春秋时华人加“犬”用同音字曰“狄”，带有贬义。后统称“北狄”。

在侯马西发掘出规模较大的新田遗址。

悼公（前572～前558）又越过灵石口，向晋中进伐。到平公十七年（前541），晋中行穆子荀吴又灭了太原盆地一带的山戎无终部和群狄。后再向晋东的平定、昔阳一带扩张，历十几年，才将赤狄从昔阳驱逐到太行山东麓。其余部逃往河北平原建立肥国、鼓国，不久也被晋国所灭。还驱逐或降服了西山区的白狄各氏族部落。其中白狄一支仇犹氏，东逃到盂县建立仇犹小国，也于春秋末被晋国智伯所骗灭。

晋国在称霸扩张过程中，不仅灭掉了山西省南部和中原的30余个诸侯国，兼并了太原以南的许多戎狄部落，还夺取了卫、郑、鲁国的部分领土；极盛时占有山西省大半、河北南部、河南北部，以及陕西东缘一带和山东西端一隅。

初为国野制。统治阶层居于国都和附近四郊，被统治阶层居于较远处的野或小邑。后因版图扩大，为了控制被征服地区，以及农区向更远处拓展的需要，又封贵族、功臣以食邑，为县、郡大夫，始有地方政区雏形，县大于郡。从晋南盆地、上党盆地，直到太原盆地北端的大盂，以及省外所占地区，晋国先后共设49县。

二、战国（公元前475～前221年）

“战国”以参加连年征战的强国而名，各强国都叫战国。到西汉末，刘向编《战国策》，才将该期正式定为我国的一个历史时代。

实际上春秋后期，卿大夫势力兴起，西周的井田制逐渐被废弃，代之以田亩制和地税制，有的奴隶演化为自耕农。到战国时，自耕农已较普遍。

春秋晚期，晋国的赵氏、韩氏、魏氏、智氏、范氏、中行氏六卿等代表新兴地主势力，从奴隶贵族中分化出来，争到政治优势，晋侯渐被架空。诸卿争夺兼并，成了四强。前463年，赵联合韩、魏，灭了智伯，三家分晋，故山西省亦别称三晋。前403年，三家逼周威烈王承认他等列为诸侯，晋国名存实亡。

该三国加上齐、燕、秦、楚、鲁、郑、宋、吴、越等国，相互长期争战兼并，后形成前七强并列的封建割据。史称战国七雄。山西省即有七雄之三。由于争夺兼并，有的还割让或交换地盘，版图很不固定，国都也有迁徙。兹仅述有关山西省之大略。

魏国初都安邑（夏县禹王城），后来伸向中原，迁都于河南大梁（开封），但仍据有晋南的运城一带。韩国初都平阳（临汾西北），后来也伸向中原，先后迁都于河南宜阳、阳翟（禹县）、原郑国都（新郑），但仍据有上党一带。赵国初都晋阳（汾河西晋源区古城营），后来迁都于河北邯郸，占有山西省大部。

到战国中叶，忻定以南的各戎狄部落已逐步融合于华夏族之中。但晋西北和雁北西南部的楼烦部落联盟仍很强大；雁北及偏关一带有林胡，雁北东北部有澹林（东胡）等，后两者可能系松散部落联盟；与前者合称“三胡”。他们无所疆域，迁徙不定，过着游猎、游牧为主的生活，有时也掳掠赵国北境。“盖时山部（胡戎等）尚强，楼烦未斥”，为抵御其南犯，赵肃侯于前 333 年筑东起涞源、灵丘，沿勾注、管涔、芦牙山脊，经岢岚，止于兴县的长城。后赵武灵王变法，“胡服骑射”。即穿短襟窄袖胡服，便于骑战；学胡人射技，更战车为骑兵，提高了战斗力。于前 310 ~ 前 305 年，大破楼烦、林胡等部，拓地千里，华夏族统治了全省，部族进而同化融合。

由于疆域扩大，人口增加，农耕扩拓，故增设县邑。各国在边境设郡，郡亦领县，此期郡已大于县。除山西省中部有不少赵国的直领县外，晋南有魏国的河东郡，晋东南有韩国的上党郡（赵国亦在其北部设上党郡），以及后来赵国向北扩设的雁门郡（治善无，右玉南）、代郡（河北蔚县东北代王城）、云中郡（内蒙古托克托东北）的大部或一部，设县共增到数十，政区初具框架。①

三、森林减少主因

（一）农区外扩

春秋时先在晋南盆地各侯国城邑间扩垦。如《诗经·周颂·载

① 凡政区设置，主要据张纪仲《山西历史政区地理》山西人民出版社 1992 年，以下不再注释。

艾》曰:"载艾载柞，其耕泽泽。"即将平川栎类等林木和灌草砍伐焚烧后，辟为耕地。又《周礼·地官·大司徒》载:"不易之地家百亩，一易之地家二百亩，再易之地家三百亩。"即未休耕之田，每户授百亩之多；若再轮耕，则加授一倍、二倍。可见系在来之容易、并不值钱的土地上广种薄收。当晋南盆地的耕田大体连片后，后向上党盆地，再向晋中（太原）盆地扩展农区，新设县邑。据《左传·昭公二十八年（前514)》载:"魏献子为政，分祁氏之田以为七县，邬（介休东北)、祁（祁县)、平陵（文水东北)、梗阳（清徐)、涂水（榆次西南)、盂（阳曲大盂)、马首（寿阳南)。"其中马首位于晋中盆地东的丘陵台地，说明到春秋晚期，已开始顺较大支河流的两岸阶地延伸垦拓。

战国时，铁器应用于农耕，早由原始的刀耕火种进化为锄耕农业，垦区扩大，晋南盆地的农田已连成大片。如"李悝为魏文侯（前445～前396）作尽地力之数，……为田六百万亩，……行之魏国，国以富强。"[①] 运城盆地一带成了魏国初期最主要的产粮基地，已有"地狭人众"之载。上党、晋中两盆地不及晋南盆地人烟稠密，但也基本被辟为农田。

当平川基本被垦拓后，又在山丘区的河谷阶地或山间小盆地建立垦殖据点，再新设县邑。从南到北，西山区有北屈（吉县)、蒲阳（隰县东北)、中阳、蔺（柳林)、离石、皋狼（方山南村）等；东山区有垣（垣曲)、濩泽（阳城西)、高都（晋城东)、泫氏（高平)、长平（高平北)、端氏（沁水端氏)、光狼（高平西南)、涅（武乡西)、伊氏（安泽冀氏)、阴地（灵石南关)、百邑（灵石东北)、马陵（榆社)、橑阳（左权)、阏与（和顺)、仇犹（盂县）等。这些山区县邑附近，皆因垦殖而有一些斑片状无林地了。

占山西省少半的忻州和雁北地区，原先无县。直到战国晚期，征服"三胡"，才设楼烦（岢岚)、新城（朔州西南)、平舒（广灵）三县，安置降服之胡众；并建武州（周）塞（左云古城）等。更系

① 光绪《通志·历代田赋》卷六十五。

孤悬式据点，垦殖指数极低。

（二）牧业初兴

春秋时，牧业已初步兴起。如《史记集解》引《孔从子》语曰："鲁之穷士猗顿，问术于陶朱公，告之以畜五牲。"及抵西河，"大牧牛羊于猗氏之南，……其息不可数计，……驰名天下。"故汉朝在此建县曰猗氏，建国后与临晋县合并称临猗。该县南二十里王寮村古对泽旁，有其居牧处的猗顿宅古迹。[①] 后来车战增多，牧马业也因之初兴，并逐渐占据了牧业中的主要地位。如吉县那时称屈，"产龙驹"，体大膘肥，《春秋》誉该地良马曰"屈产之乘"，成了晋国战马的主要来源。[②] 石楼城东南四里屈产泉，"晋人屈产之乘即此"，可能系另一马场。欲将森林变为草场，就要连续焚烧。如《周礼·夏官·牧师》载："孟春焚牧"。

战国晚期，骑战有替代车战之势，赵武灵王改为"胡服骑射"即系明证。不仅初始进入游牧的楼烦部成批牧马，赵国也多牧马。如《左传》载："冀北之土，马之所生。"《战国策》载："北有代马之用。"苏秦对秦王曰："北有代马之饶。"[③]

多量牧马，就要连续焚林辟为牧场。除晋西南吉县一带丘陵区原有的牧场外，到战国晚期，忻定一带也有些牧场了。

（三）战争频繁和焚烧

春秋时仍常焚林围猎。如《尔雅·释天》载："火田为狩"。晋国向外征伐，常砍烧焚林。如《左传》载：僖公二十八年（前632）晋楚城濮之战，"晋候（文公）登有莘（山东西北端曹县西北）之墟，以观师曰，少长有礼，其可用也，遂伐其木，以益其兵。"说明那时华北大平原尚有许多森林。又如晋文公为了找介子推，竟火烧绵山

---

① 雍正《猗氏县志·古迹》卷二、乾隆《蒲州府志·古迹》卷三、光绪《通志·府厅州县考》卷二十四等均载此事。另，那时将冀州之西 、黄河东岸的这一带，皆泛称西河。

② 雍正《吉州志·沿革·物产》卷一、卷六、光绪《山西通志·物产》卷一百等均载。

③ 乾隆《代州志·物产》卷三、光绪《繁峙县志·物产》卷六等均载。

（万荣孤山）森林等。对森林还不爱惜。

战国时焚林围仍然盛行。如《列子·黄帝篇》载："赵襄子（前475～前425）率徒十万，狩于中山（石家庄西北），藉芿燔林，扇赫百里。"虽然所指系太行山中段东侧边山平原，但在山西省中部也不乏类此之举。赵、韩、魏在山西省征战，赵国向北扩拓疆域、石垒长城（不久疆域向北远扩而使用年限不长）和北伐等都有焚林之举。后来秦国东征及山西省，同样焚烧森林。如乾隆《凤台（晋城）县志·纪事》卷十二载：前267年，"秦拔魏城，焚高都（晋城东北），……焚林木，伐麋鹿。"随后前262～前260年，秦赵在长平决战（此前韩国将上党让给赵国），双方投入兵力近百万，历三年，秦全胜，坑杀赵降卒四十余万。该最大决战，当然大量破坏高平，以及沁水、阳城、晋城一带的森林。

战争等焚烧后，若不再连续破坏，不改变林地用途，因那时生态良好，通常二三十年后又能自然恢复为森林，整体上对森林变迁影响不大。

（四）初兴木结构宫室和棺椁厚葬之风

春秋初各诸侯已始建宫室和棺椁厚葬，但那时生产力还不高，且山西省诸侯多国小势弱，宫室和厚葬规模还不太大。到春秋战国之交进而兴起。如春秋末赵简子（鞅）初筑晋阳城宫室，用竹木做围墙，炼铜为柱。接着三家分晋，晋阳为赵初期国都，又增营垒，筑宫室，聚粮食，固若金汤。后来迁都邯郸，晋阳类同别都，仍为北方重镇。春秋中后，厚葬之风在山西省兴起。如《吕氏春秋·节丧》和《礼论篇》载："国弥大，家弥富，葬弥厚，……题凑之宝，棺椁数袭，积石积炭（木炭），以弥其外。""天子棺七重，诸侯五重，大夫三重，士再重。"1988年在晋阳古城北6里发掘春秋末赵卿简子（鞅）长宽高7.2×5.2×3.4米的木椁大墓，内有三层套棺，符合"大夫三重"葬礼。椁四周填充木炭290立方米，还有殉人四；大型车马坑120平方米，战车和仪仗车17辆、马44匹、殉葬品3421件。[①] 估计

① 参见翟旺《太原森林与生态史》41页 太原人民出版社（内出）1999年。

该墓消费木材达千立方米。附近还探明次大墓千余，加起来消费木材更多。韩、魏初期国都也在晋南，也可大体据此推测消耗之木材。

赵国迁都邯郸后，新筑宫室游苑。据《史记·赵世家》载：前355年，魏惠王赠赵国很多檀木（那时黄河沿太行山东，北流入海而顺河漂运），赵成侯于洺州（河北永年）筑“檀台”，“魏献荣椽，因以为檀台。”前325年，赵武灵王即位，取太行山材木，在邯郸筑“丛台”等。① 这些都要砍伐中条山南侧和太行山中南段东侧的一些林木。战国时除烧陶冶铜等燃料砍伐不少木材外，炼铁业始兴及人们烧燃用度要求的提高和增多，也要再多砍伐些林木。

那时宫室、厚葬和生活等还不很富丽豪华，且森林众多，砍伐程度未超过森林再生恢复能力，仅近城邑的边山丘陵之局部森林有所减少而已。

（五）初步筑成干道框架

继春秋之后，赵国将从省西南端，后沿汾河北上到晋阳的干道，又向北延伸至雁北、内蒙古，曰“通塞中路”。该线至今一直成为山西省南达陕西关中、北至内蒙古呼市的最主要信道。此外还筑通晋阳至上党，再向南、向东通过太行山之南四陉等隘口到达中原；晋阳经井陉，到河北平原；晋阳经离石，到陕北；从涞源飞狐陉经灵丘，到晋北等次要干道，这几条支线，路面不宽，“车不得方轨”。另，郡县之间也有小支线等。道路的开通，不免破坏两侧的一些森林，也仅线条状而已，对森林减少不多。

从森林历史变迁来看，前两项为最主要因素，后三项则居次要。

四、森林分布概况

（一）晋南

春秋前期，盆地的城邑间还有不少“平林”和甚多丰茂草场。如前述猗顿大牧于猗氏之南，即将盆地中大面积林草焚烧后成了牧场。聚邑附近还留有不少树木；田间植桑很多，某些缓坡坂地有大

---

① 据张钧成《中国林业传统引论》235页 中国林业出版社1992年。

片桑园，故有桑泉（今临晋）、桑落（永济西）等地名；居落佐近种有桃、李、棘（枣）等果树；[①] 系林、草、田、（桑）园相错落景象。还有许多多湖泽（至今已大都不存）畔和下湿地的繁茂水草，故留下不少以蒲为名之地，“以蒲为名，地多蒲焉”。如蒲阪、蒲发、蒲邑、蒲城、蒲阳、蒲依、蒲子、蒲子山、蒲水等。后水干泽涸，隋唐时将某些以蒲为名之地改曰隰。“高平曰原，下湿曰隰，故名曰隰。”如隰川县、隰州、隰县等。明清时以蒲、以隰为名之地存留更少。

春秋中，盆地中缓岗低岭和孤立之山还有不少茂林。如《左传》、《吕氏春秋》、《史记·晋世家》等均载晋文公火烧绵山之举。介子推是随重耳流亡列国十九年的五位重臣之一。后重耳于前 636 年回晋掌政，即文公。他大封功臣而忘了子推，子推带其母隐于山林。文公醒悟，派员到绵上寻访，未见，“乃环绵上之山而焚之”，逼其出来。子推不出，母子抱树，被焚而死。文公以绵上之田为祭，改绵山为介山，在清明前一天禁火，吃凉饭，称“寒食节”，以缅怀该高节志士。乾隆《万泉县志·山川·流寓》卷一、卷五载：“介山，县东南十五里，传为介之推隐处，故名。”“孤山……周十八里，高五里，以不接他山为名，……。”“……但志称孤山，复号绵山，因即指为赐田地。”乾隆《蒲州府志·山川·古迹》卷一、卷三亦载，并指明“介子推祠在万泉县孤山上。”经近年学者详考，绵山当为万荣县（建国后万泉、荣河合并）孤山。[②] 该山距襄汾赵康晋国都不远、海拔仅 1416 米的孤立小山，尚且森林茂盛，其他边山，更不待言。

此后晋国强大，垦拓扩展，盆地平川森林将尽，始对森林予以看重，但边山还有甚多森林。如《左传·成公六年（前 585）》载：“晋人谋去故绛（翼城），诸大夫皆曰：‘必居郇暇氏之地（临

---

① 据史念海《河山集·历史时期黄河中游的森林》三联书店 1983 年。

② 因西晋杜预《集解》载：“西河介休县南有绵上”，误认介子推隐处为介休绵山，至今仍占上风。清初顾炎武已提出异议，又经近年学者详尽考证，当属万荣孤山，笔者 1996 年的《太岳山区森林与生态史》一书亦据前误引，当改正。

猗、运城一带)，沃饶而近盐，国利君乐，不可失也。……夫山、泽、林、盐，国之宝也。'”后折中迁都于稍南“土厚水深”的新田（侯马)。

春秋晚期，晋南平川的森林已经无存，开始砍伐盆地边缘丘陵低阜之林。如“晋平公二十四年（前534)，魏管辂以为晋平，奢泰斩伐林木，……民力既尽，然及山泽。”① 大约已伐及侯马、曲沃等处东南边山之林了。

春秋中后，晋西南吕梁山南段的吉县一带已有成片草场，水草丰美。稍北的大宁一带属采桑地，为晋国贵族的主要桑丝产地。

战国时设北屈（吉县)、蒲阳（隰县东北，今划属交口县）两县，除少量农田外，草场仍然不少，桑园继续增多。清水河、昕水河流域一带系森林、草场、桑园、农田相间状貌。因平川盆地的大片桑园多为农田所替代，故桑蚕基地转向晋西南的黄土高原和丘陵。至今仍留下不少以桑为名之地。如大宁的北桑蛾、桑津、吉县的桑蛾、乡宁的桑坪、永和的桑壁、隰县的桑梓、桑树坡等。除上述几处外，吕梁山南段（泛指临汾西山区诸县和运城西北河津、稷山、新绛的北山区）的广大山丘和高原，基本上还遍布着茂密的森林。

临汾盆地的东北山区，即洪洞、霍州东山和古县、安泽全部，到战国时除在沁河较宽阔阶地仅设伊氏县（安泽南冀氏镇）孤岛式垦殖外，绝大部分为以松为主的连亘茂密森林所覆盖。如《周礼·职方》曰:“河内曰冀州，其山镇曰霍山，……其利松柏。”又《山海经·中山经》载:“霍山，其木多谷（构、楮)。”又据道光《直隶霍州志·山川》卷四载:“观塠峰在霍山西，上有宣祝真君祠，即遣赵襄子朱书者也。后人采木于此，……南麓尚有运木迹云。”（乾隆《平阳府志·山川》卷五亦载)。该峰为临汾盆地北端霍山麓的边山低阜，也说明战国时已始在盆地边缘砍伐山林。再向内的中、深山区，基本未遭破坏，仍系茂林遍布。

临汾盆地东山诸县山丘区和运城盆地东、南的中条山区，邻近晋

① 雍正《平阳府志·祥异》卷二十四、雍正《通志·祥异》卷一百六十二均载。

国、魏国（还有韩国初期）的频繁活动之区，那时诗歌常咏及望不彻的前山森林，想必后山更系森林遍布。前已引《诗经·唐风·魏风》等述及，中条山西段雷首山、方山等因檀林众多，又名檀首山、檀道山。再以中条山为例，从最西端起，大体向东偏北概述之。

据《山海经·中山经》载："薄山之首，曰甘枣之山，……其上多杻木（青冈），……又东二十里，曰历儿之山，其上多橿（栎类的橿子木）、多枥木（茅栗），……又东十五里，曰渠猪之山，其上多竹，……又东三十五里，曰葱茏之山（以上在永济、芮城间），其中多大谷，……又东十五里，曰檀谷之山（在芮城、运城间），……又东百二十里，曰吴林之山（在平陆、夏县间），……。"又向北述浮山、霍山，略摘。上述中条山西段两侧山下，那时系人们活动最频繁之区，近山尚多各种各类森林，再远之山，当然森林更多。如《山海经·中次五经》又载："薄山之首，曰苟林山，……东三百里，曰首山，其阴多谷（构、楮）柞（辽东栎），其阳多㻬（臭椿）琈之玉木，多槐，……又东三百里，曰葱茏之山，……东北五百里，曰条谷之山，其木多槐桐，又东五百里，曰成侯之山（可能指垣曲东北），其上多櫄（椿木）……。"还说有"槐山（似指稷王山）、历山，其木多槐"等。

（二）晋东南

整体上农耕业比晋南开发要晚，规模也较小，批量牧业尚未兴起，故森林比晋南更多。

省境东南端的今晋城市所属地域，战国时才在沁河、丹河的宽阔阶地或山间小盆地设几个县，大体也是孤岛式垦拓，其余广大山丘区森林遍布。如《山海经·中次二经》载；"济山之首（约指阳城南与河南济源接界处），曰辉诸之山，其上多桑，其兽多闾（山驴）麋，其鸟多鹖（褐马鸡）。"从多野驴、麋鹿、褐马鸡等野生动物来看，说明山上茂林遍布，低丘有些桑林，河谷水草丰美。再往东北到丹河上游高平一带山丘，亦多茂林。如《山海经·北次三经》载："谒戾之山，其上多松柏，……其东有林焉，名曰丹林，丹水出焉。""丹林"大约指枫类、橡栎类等深秋现红叶之林。丹山岭、丹水等名称源自丹林，说明此类为主的森林满山遍布。顺丹河而下，到晋城南三十里天井关一带，《山海经·北次三经》载："首曰太行之山，……有兽焉，其状如麢羊。"似指鹿、麢、青羊之类，间接说明附近林草丰盛。北次三经又载："京山，有美玉，多漆木，多竹，……高水出焉，南流注于河。"长治南端与高平交界处有高河，是否指高平一带，或再西南的安泽、沁水交界处一带，姑且存疑。上述四例系开发较早、人们活动较频之处或山口要道附近，森林尚且众多，再往远处的山丘，想必更茂林满布。

今长治市所属上党盆地并非一马平川，与周边山丘犬牙交错，盆地中还有些低阜高丘。春秋时仅在长治、潞城、沁县（铜鞮）等处孤岛式垦殖，盆地还有甚多森林。战国时，北端系韩、赵交界地带，也非两国重点开发地区，虽然设县增加，但垦拓规模远逊于晋南，盆地中的低山高丘上还有不少森林。如《山海经·北次三经》载有"松山"，按其方位拟指襄垣西北三十里好松山（松林山），其北有"柘山"。大盆地中低阜尚有良好松林、柘林，再往北的武乡、沁县一带的山丘，想必以松为主的森林更多更好。

上党盆地西南端长子县西五十里的发鸠山，《山海经·北次三经》载："发鸠之山，其上多柘木（又名黄桑，可饲蚕，茎皮为造纸原料），……精卫常衔西山之木石湮于东海。"其西北沁河上游，那时尚未开发，人迹罕至。《山海经·北次三经》载："谒戾之山，其上多松柏，……沁水出焉。"说的很笼统，从"沁"有水凉清澈之意来推断，沁源一带广大山区，更系以松为主的茂林满布。

盆地东部山丘区，也基本上未开发。从《诗经》"陟彼景山，松柏丸丸"，及以后曹操在邺城大建宫室"于上党取大材"的记载推断，当然系松柏等茂林满布。

所以乾隆《潞安府志·物产》卷八特引万历府志语曰：《周礼·职方》"冀州，其利松柏。"推断那时府境松柏林众多，不无道理。

（三）省境中部

指晋中（太原）盆地，其西属吕梁市属山丘区，其东属晋中市属东山区（包括阳泉市全境）及太原市东山。范围较大。

直到春秋后期，晋国才越过灵石口，扩张到晋中（太原）盆地北端的石岭关前，设数个据点垦拓。各县邑间农田尚未连片，盆地中还有些“平林”。战国时增设晋阳县等，约共十县，该盆地成为赵国重点垦殖区之一。且南部县邑比北部较稠，故除盆地东北部还有些“平林”外，盆地南、中部已无大片像样的森林了。

盆地以西的晋西，战国才在吕梁山中段、三川河流域较宽阔的阶地和较平缓丘陵进行垦殖，该四县农田尚未连成大片，该流域低阜高丘上仍多森林，山川秀美。如《史记》载：“武侯（前395～前370）浮西河而下，中流顾耳，谓吴起曰：‘美哉河山之固，此魏国之宝也。’”① 离石东八十里吴城的古城遗址，即战国时魏将吴起所筑；中阳北七里庞家会的庞涓寨，相传即魏将庞涓驻兵处；亦可旁证。其他山丘区尚未开发，更茂林遍布。如《山海经·北次二经》载：“悬瓮之山，……其兽多闾（山驴）麋，其鸟多白翟（dí）白鹤（似指白冠长尾雉），……晋水出焉。”推测太原盆地西缘边山森林众多，人迹罕至的后山则森林满布。如《山海经·北次二经》载：“少阳之山（泛指岚县一带诸山），……酸水出焉。”因山上满布云杉为主的阴暗针叶林，其流出之水，呈现微酸性，故曰“酸水”。

盆地以东的晋东山区，春秋晚期，除和顺山间小盆地为晋国梁余子养邑外，盂县山间小盆地还有白狄建立的仇犹小国，半牧半农。春秋末，“智伯欲伐仇犹而无道，乃铸大钟，方车二轨，以遗之仇犹之君。斩峰湮谷而迎钟，（智伯趁机出兵），而仇犹（被骗）亡矣。”间接说明阳曲至盂县间的山丘，森林遍布。春秋晚期、末期在寿阳南设马首县、阳泉西筑平潭城，到战国即失去战略地位而废，垦拓期短而规模小，对森林减少之影响甚小。从前述赵襄子焚林围猎来看，榆次至井陉大道两侧山上森林众多。战国时赵国为防魏、韩，在其南境的今灵石、榆社、和顺、左权一线设几个小县及和顺西百里（与榆次接界的仪城）的平城（后为平都君封邑）等，皆

① 据万历《汾州府志·名宦》卷十一。

垦殖规模不大。所以说除一些县（城）邑附近成为农田和草场外，绝大部分山丘为茂林所覆盖。就连盆地边山也系茂林耸森。如平遥东南山脚有“古寺红松”古迹，“在高林村，传言此村系古高林山，多产红松（红皮油松）。”① 亦可旁证。

（四）晋北

忻定盆地直到战国时尚未设县，“平林”很多，间杂草场，基本上无大片农田。

忻州市属晋西北河曲、保德一带，“春秋时为林涛塞，后为澹林所据。”② 即沿黄河岸东望，茂林满布，林涛阵阵。又从在林中活动的澹林所据推断，晋西北广大丘陵区为林海景观。山区更不待言。春秋时仅在汾河上游静乐西岸一度设过汾阳小邑，对森林整体变迁影响甚微。战国时今宁武至兴县以北，系楼烦活动的主要区域，有了些游牧草场。再往西北的河、保、偏一带，为林胡活动范围，森林更多。战国晚期，赵武灵王大破楼烦等部后，设楼烦县（岢岚）、新城县（宁武北、朔州南的阳方口附近），优待并重用降服的楼烦人，“我可往，彼亦可来”，和谐共处。除参加赵军者外，余者在这一带半定居式放牧，扩辟草场，水草丰盛，“骐骥牧之成云”，缓坡丘陵的森林有所减少。山上仍针叶林满布。

忻州市属晋东北北山区，山高林密，基本上系茫茫的针叶林海。《山海经·北次三经》载：“泰头之山，共水出焉，南流注于滹池（呼佗），……其下多竹箭。”从“滹池”及北次三经又述繁峙东南的“泰戏之山，……滹沱之水出焉”来看，泰头山似指五台山？共水似乎清水河？但方位又似乎不对，姑且存疑。但古昔五台山有高山小竹，却毫无疑问。

（五）雁北

直到战国中期，雁北为“三胡”活动之区。如雍正《朔州志·古迹》卷四载：“楼烦堡，州东南四十里，楼烦本林胡地。”后晋西北

---

① 光绪《平遥县志·古迹》卷十。

② 雍正《通志·沿革》卷五。

的楼烦强大，林胡退到山阴以北，澹林更被迫流迁到阳高以东到张家口一带，华夏人改称其为东胡。“林胡”、“澹林”都有在林中生活的胡人之意，可见雁北那时系森林遍布。战国后期，赵武灵王以灵丘为大本营，从勾注山北征服“三胡”后，才在灵丘（前259年封给春申君）、左云、右玉、广灵等几个据点开始垦殖，烧辟草场，盆地成了林草相间、林多于草、点缀很少农田景象。山丘则茂林满布。如《山海经·北山经》载：“北岳之山，多枳（柘）棘刚木（檀树等硬杂木），……。”20世纪80年代中，在灵丘三楼乡深山发现极少不成才的珍稀青檀树。《山海经·北次三经》载：“高是（氏）之山（泛指灵丘西北、繁峙东北诸山），……其木多椶（zōng，按理该地不应有棕榈科，不知指何树种？存疑。）……滱水出焉。”① 又《水经注》引《山海经》语，高柳（阳高）一带，“连山隐隐”，也即山西省东北端的阴山余脉，为连亘不断的森林所覆盖。又如《管子》载：“齐（国）载金钱之代国，求狐皮。代王闻之，去其农处山林求狐。齐固而伐之。”② 代国在广灵县东之河北蔚县，同处壶流河流域小盆地，也间接说明广灵山间盆地的边山，森林和狐等野生动物众多。

以上所述，都指雁北东端，其西部开发更晚，缺乏记载，但山林定会更多。

*　　　　*　　　　*

总之，到战国末期，大体上晋南盆地平川的森林已经消失，晋中盆地的森林近于消失，上党盆地还留有少许森林，忻定盆地林草参半，雁北盆地则林多于草。中部以南的不少山间小盆地和一些较宽阔的河谷阶地斑片状无林。除某些缓坡丘陵（尤其是西部）一时变成草坡外，大多丘陵区森林遍布。广大山区则几近森林满布。估算森林约占全省总面积的十之七稍多，或四分之三。

森林的整体分布格局正好农区相反，越往北越多、越完整。

---

① 以上所引《山海经》语，皆据清郝懿行《山海经笺疏》巴蜀书社1985年影印。

② 据光绪《蔚州志·杂记》卷二十。

第四章　秦　汉　曹魏时期（公元前221～公元265年）

第一节　大政沿革[①]

从此我国进入皇帝统治制逐渐完备时期。从秦朝起，地方政区和基层政权已始系统。由于人口增殖，活动区扩大，从北方进入山西省的诸多部族，逐代融合等，森林变迁也始明显起来。西汉至东汉中叶，省境森林减少较为明显，之后，森林植被又稍有恢复。

一、秦朝（公元前221～前206年）

实际上自前290年起，秦国东进，占领了晋南；前260年，占领了晋东南；前247年，占领了太原；前234年，占领了雁门。至此，山西省已几乎全属秦国版图。

从前230年起，秦陆续兼并了其东方的六国，完成统一大业，于秦王政二十六年（前221）建立起我国历史上第一个高度统一的封建皇朝，都咸阳，嬴政也成了我国第一个始皇帝。进行一系列改革，尤其是废除分封制，实行高度集权于中央的皇帝制，地方实行郡县制。郡领县，县领乡，乡领里，里下为什、伍，系统完备，在我国基本沿用两千多年。

---

① 为使读者对山西省各历史时期之政区、古地名、大事有一概括了解，给阅读本书起引导作用，故此后每章第一节均简述大政沿革。参考有关山西省历史地理书籍甚多，不一一注明。由于历史政区迭有变更，某些朝代尤为频繁，再加上迁徙、侨治等原因，故不乏同地异名或同名异地者。具体到某些地方，各书并不完全一致，笔者酌一而从。因非本书重点，不予考论。以后除与森林变迁关系紧密者外，均不再注释。

秦朝疆域西起陇西，东达于海，北迄内蒙古阴山、辽西，南达两广。初置36郡，立国后又向云贵等少数民族地区扩张，增至44郡。在山西省有河东郡（晋南），治安邑（夏县西北禹王城），后移治临汾；上党郡（晋东南及晋东的榆社、和顺、左权），治长子；太原郡（今太原、阳泉全部、吕梁、忻州绝大部及晋中大部），治晋阳；雁门郡（雁北浑源、大同以西，北半部在内蒙古），仍治善无。另雁北东少半部属代郡，仍治代。因经长期战争，人口减少，故将战国时的一些县裁并或降为乡，省境设县比前减少，共20余县，县名从略。从分布看，县仍集中在平川盆地，大体上南多北少，西南多而东北少。间接推断省境森林仍然是越往北越广袤，越到丘陵山区越连亘。

秦朝虽很强大，但立国仅十五年就被秦二世很快折腾而亡。对山西省森林变迁影响甚微。因在历史上具有划时代意义，政治等方面影响深远，决不可因其立国短暂而轻视。

二、西汉（公元前206～公元24年）

项羽、刘邦灭秦，刘于前206年建立汉皇朝，都长安，史称西汉，亦称前汉。西汉末的公元9年，王莽篡汉，曰新朝，仅历15年，无啥建树，归入西汉叙述。

汉初郡国并行。前201年，刘邦封兄刘喜为代王，都代；徙韩王信于晋阳，次年迁都马邑（今朔城区）。仅余年，匈奴南下，代王逃归；韩王以马邑地降匈奴，后被刘邦所杀。前196年，刘邦封子恒为代王，都中都（平遥西南12里双林寺附近），领山西省中部和北部。省南部为皇朝直属。后恒即位，为文帝（前179～前157），次年即封次子武为代王（都河北蔚县代王城），三子参为太原王（都晋阳），削减封国辖地。景帝（前156～前141）令诸王不复治国，只享食租税收，又成了郡县为主。

武帝（前140～前87）扩展疆域，北达内蒙古阴山、辽宁和朝鲜半岛北半部，南到海南、云贵和越南，东迄大海，西至敦煌。还松散统治西域，越葱岭到中亚巴尔喀什湖一带。境内各族进而融合，形成强大的汉族统治，故至今我们称曰汉族。

为了巩固统一，铲除封国势力，防止郡守跋扈，于元封六年（前106）将全国划为13州（部），派刺史，为监察区，仍郡、国并立。后逐渐演变为州领郡、郡领县的地方行政三级制。平帝（公元1～5年）时，全国共郡国103、县1314、乡6662。

山西省大部属并州刺史部，治晋阳，故太原仍简称曰并。下辖太原（治晋阳，领21县）、上党（治长子，领14县）、雁门（治善无，领14县，在山西省雁北有13县）、西河（治平定，在内蒙古东胜县境，领36县，在山西省有吕梁山以西、晋西北大部的14县）四郡。晋南为司隶校尉部的河东郡（治安邑，即夏县西北禹王城，领24县）。省境东北端为幽州刺史部的代郡（治河北蔚县代王城，领18县，在山西省有10县）。合计山西省地跨3州、6郡、约96县。①

三、东汉（公元25～220年）

在王莽新朝末年大乱中，刘秀逐步战胜群雄，于公元25年称帝，都洛阳，史称东汉，亦称后汉。地方政区基本沿袭西汉，到顺帝永和五年（140），全国州13、郡国105（郡78、封国27）、县1180。

山西省大部仍属治晋阳的并州刺史部。辖太原（治晋阳，因将原平、广武改隶雁门郡，上艾改隶常山国，省葰人、汾阳，故领16县）、上党（治长子，省余吾，领13县）、西河（郡治迁到山西省离石，在山西省除省去7县外，还领7县，一说10县?）、雁门（郡治迁于阴馆，即朔城东南80里的夏官城，领14县）、定襄（新设小郡，治善无，在山西省领3县）五郡。晋南为司隶校尉部的河东郡（治安邑，即夏县禹王城，除省4县外，还领20县）。省境东北端为幽州刺史部的代郡（移治高柳，即阳高，在山西省领6县）。省境东端阳泉、平定为冀州刺史部常山国的上艾县。合计山西省4州、8郡（国）、约80县。② 由于东汉不及西汉强盛，人口有所减少，故省并了一些县。

---

① 因雁门、代二郡的某几县地跨省境和内蒙古，故山西省县数可能稍有出入。

② 基本同上原因及西河郡可能再多3县，山西省可能共80多县。

自10岁的和帝于公元89年继位后，一个个小皇帝频频更替，宦官外戚斗争接连，政治阴暗，内乱不断，汉室衰弱。东汉中，塞外各族不断入侵滋扰，汉民大量南奔，西汉至东汉前期在山西省北部开垦的大量农田逐渐荒芜，山西省森林又从明显减少，而趋向稍有恢复。

四、曹魏（公元220～265年）

实际上曹操趁东汉末前群雄征战、塞外鲜卑、羌胡占领山西省雁北和晋西北之时，他以魏公名义“挟天子以令诸侯”，于汉献帝建安六年（206）北上亲征，打败盘踞于并州的袁绍外甥高干后，山西省基本上成了曹家势力范围。他省去云中、定襄、朔方诸边郡，在塞下荒地今忻定一带增设新兴郡，安置边郡南逃到此之民。还将与北匈奴分裂来附的南匈奴分为五部，北部居九原（忻府区），中部居大陵（文水开栅一带），左部居兹氏（汾阳），右部居祁县，南部居蒲子（隰县），匈奴中郎将居晋阳。匈奴别种的羯人也随同南迁，大多居于武乡、榆社。其他地方也有塞外南下的各族与汉人杂居者，为西晋的不稳定和“五胡乱华”隐埋下祸根，也是下一较长时期林草植被恢复的前由。

曹操子曹丕于220年废汉献帝而登极，国号魏，都洛阳。仍与南方的吴蜀两国鼎立。政区基本沿袭东汉，但州，尤其是郡辖区缩小。山西省大部属并州，治晋阳，有太原（治晋阳，约领12县）、乐平（治沾，在昔阳西南，约领3县）、新兴（治九原，约领6县）、西河（治离石，约领4县）、雁门（郡治又迁到勾注山南代县西北的广武，约领雁北黄花梁以南5县）、上党（迁治于壶关，即长治北的黄碾稍南，约领13县）六郡。晋南属司州，析为河东（治安邑，即禹王城，约领11县）、平阳（治平阳，在临汾城西，约领10县）两郡。还有省东北的广灵一带为幽州代郡（又返治于蔚县代王城）平舒县；灵丘为冀州常山国（治卢奴，今河北定县）灵丘县。

省境除被鲜卑、羌胡占领区外，还跨4州、10郡（国）、约共67县。其中雁北之边境县近乎虚设。

曹魏时，山西省比东汉后期安定，人口稍有恢复，但历时不长，对森林变迁影响不大。雁北、晋西北为塞外游牧民族所占，林草植被有所恢复。忻定、晋中盆地和隰县、榆社等山间小盆地及边山，未汉化的南匈奴等迁入，多牧初农，草灌植被略有增多。

第二节　前大半期森林减少主因

秦始皇“重农抑末”，鼓励垦殖，压制工商，也是自商鞅变法以来秦国一向推行的传统政策。但秦朝人口很少，估计全国仅两千多万人，后降到两千万人以下。山西省人口亦少，平川盆地尚未垦毕，山丘区人迹罕至。且由于暴政，立国不久而亡，对山西省森林变迁几无影响。除中、南部平川盆地和其他某些城邑附近无林外，全省基本上为林海、间有茂草景观。

西汉时经文、景二帝（前179～前141）劝农耕、轻赋税的休养生息政策，人口大增，生产发展，经济繁荣，呈现我国历史上第一个开明盛世的文景之治。到武帝（前140～前87）时，空前强盛，版图大扩，境内各部族进而融合，成为东方最强大的大汉皇朝。直到东汉前期，仍重视扩垦，较为强盛。这三百余年中，山西省森林减少明显，平川盆地和较大河谷阶地的森林由南向北地行将消失，丘陵区森林也明显退缩，山区森林开始减少。其主要原因是：

一、人口增多[①]

到西汉晚期的元始二年（公元2年），全国（折算成现国境，以下皆同）约5800万人。山西省（折算成现省境，以下亦同）约286

---

① 历代全国和全省人口（已折算成现境），主要据赵文林《中国人口史》人民出版社1988年。省内人口，再参照《二十五史》有关地理志人口记载、山西省各古通志、府州志，及张正明等编《山西历代人口统计》山西人民出版社1992年（该上下两厚册，校对不严，差错不少）。若各书有出入之处，笔者选较合理者酌定。鉴于历史时期人口统计不太准确，动乱朝代差误尤大，通常比实际人数偏少（乾隆年后才接近实际）。仅供分析森林变迁时参考。以后各历史时期人口，均不再注明出处。

万多人，占全国人口总数的将近5%。人口总数及所占比重在全国各省区中均居第八位；平均每平方公里18.2人，人口密度居第六位。

山西省人口分布整体上系西南稠而东北稀，尤以晋南盆地最密。如雍正《平阳府志·风俗》卷二十九引《史记》语：“三河（河内、河南、河东）在天下之中（心），若鼎足三者，所居要地，建国数百千岁，土地狭小，民人众。”而且出现了如平阳、杨（洪洞东南范村）全国著名商业城市。全省人口多集中于平川盆地和较宽阔的河谷阶地，广大山丘区人口很少。值得注意的是，西汉着意开发北境，汉武帝从关中等地移民到雁北垦殖，并驻军屯垦，人口大增，达到38万人，人口密度已高于上党郡，与太原郡不相上下。

人口大增加，必然要从西南向东北、从盆地到边山丘陵，进而向较大河谷阶地和山间小盆地延伸而扩展活动地盘，森林也随之相应退缩。那时人们的烧燃用度、烧陶冶铁（铁比铜熔点高，火力要强）等基本是用木材，当然要砍伐附近较多林木。中国传统木结构建筑也消费材木很多。所幸两汉在山西省封王无几，历时短暂，宫殿建筑尚未形成破坏山西省森林的主要因素。只有汉高祖十一年（前196），封子恒为代王，先都晋阳，同时在平遥西南12里建中都城及较宏伟宫殿。不久他于前180年即皇位（汉文帝），该处作为故居而保存，直到武帝元封四年（前107），还“上幸中都宫殿”呢。① 建该都城宫殿群及近百年维修，以及官府衙门和众多民居等建筑，当然要砍伐附的不少林木。东汉末，曹操在邺城（河北临漳）筑规模更浩大的都城宫殿群，“大材取于上党”，也稍破坏及山西省太行山南段和中段交界一带的森林。

二、农区向北　向山区扩展

西汉以农立国，尤重田桑。文景二帝曾九次颁诏劝农。如景帝三年（前154）正月诏曰：“令其各郡，务劝农桑，益种树，可得食物。”武帝更“命吏勉尽地利”。以后各帝多以劝农为本，各级官吏

① 康熙《平遥县志·古迹》卷一。

奉命力行。由于铁制犁耧等农具的普遍推广，生产力提高，又多扩耕地。为了尽地利，便犁耕，将田中残留或萌生的一些树木也铲除净尽。如《汉书·食货志》载:“田中不得有树，用妨五谷。”西汉时，农区由省中部扩展到晋北，进而扩到雁北。平川耕地基本连片后，又沿中小河流向较远的山丘区延伸垦拓，新设许多县。甚至在远山区和偏远丘陵区也增设某些新县。如在太岳山腹地设谷远县（五谷较远之地，今沁源），在太行山中段腹地设沾县（昔阳西），在五台山区设虑虒（sī）县（五台）等；在吕梁山北段设临水（临县西北）、兰益（岚县）、千章（兴县西）等县；连偏远的晋西北也设武东（保德）、广衍（偏关）等县。其他山丘区新设之县，不一而述。

在山丘区新设了不少县后，又以这些县城为基点，由近及远地向附近缓坡丘陵或沿河谷阶地扩展垦殖，渐成村落。意味着山丘区原先的茫茫林海，开始由斑块到条片地逐步被切割而有些减少，尤以省南、中部较为明显。

“汉兴，轻田租，十五而税一，……景帝二年，令民半出田租，三十而税一。武帝以来，以赵过为搜粟都尉，过能为代田（即将以往轮流撒种之墁田，改为每步（宽六尺）分为三条沟垄轮种），一亩三甽（田中小沟），岁为代（轮耕轮种），……是后边城、河东……民皆使代田，用力少而得谷多。（后来）河东、太原、上党，谷供京师。”① 加之水利初兴，土地较肥，故山西省有大批余粮，顺汾入黄，再入渭河，水运至长安。

不仅赋税很轻，还鼓励扩耕，处罚荒芜。如对勤奋耕作之民，授于“力田”等荣誉称号；王莽时，还对将田荒芜者，予以重罚。“荒田不耕，一人出三人税。”

由于扩拓农田，到西汉后期，平地已不敷耕种，向坂地扩垦。为适用于农户新辟之坡田，又推行区种法。即在缓坡上分若干成小块，轮换播种，以保持地力。

雁北是西汉在边境大量驻军屯垦的重点区之一。如：景帝“发

---

① 光绪《通志·历代田赋》卷六十五。

车骑材官屯雁门。”武帝“使王恢伏兵车骑材官三十余万匿马邑旁谷中。”“边境置典农都尉屯田植谷。”雁门郡东部都尉治大同，代郡西部都尉治阳高。宣帝时继续在边郡大量屯垦。直到西汉末前的成帝永始三年（前 14 年）。仍“屯缘边诸郡。”由于西汉末大乱，忻定、太原盆地有大片农田荒芜，故东汉初建武七年（31 年），“遣骠骑大将军屯田晋阳、广武。”接着南匈奴与东汉友好，也加入守边屯垦行列，屯区又北移至雁北盆地。后到永建元年（126 年），又“增置边缘诸郡兵，列屯塞下。”① 使雁北盆地的森林也将近消亡。直到东汉后期的公元 140 年前后，塞外的鲜卑、乌桓、羌胡等部相继南下侵入省境北部，在雁北延续三百年的大规模屯垦才被迫停止。

西汉至东汉的大半期，农区逐渐向北扩展到雁北盆地，并向省境山丘区延伸，就要烧毁不少森林茂草，变为耕地。正如《盐铁论》所曰：“伐木而种谷，焚莱而种粟。”将青葱苍郁之林化为灰烬，且恐其根蘖有碍农作，还要挖除净尽，使省境森林有所减少。

三、牧马业兴盛

秦朝时已在雁北盆地西南部大饲军马，供骑兵作战，并筑马邑城（朔城西北隅），管理这一带马业。秦末，匈奴南下，牧场稍向南移。如“始皇末，班壹避地于楼烦（宁武一带），致马牛数千群。值汉初定，与民无禁，值孝惠后时，以财雄边，出入戈猎。”② 该私家牧场间插于河谷及山丘之缓坡，规模很大，可能还东到原平，西达岢岚。接着皇家养马业兴盛，太原、西河等边郡都有西汉的牧马基地。朝廷设“家马官”，专事牧养军马。如《汉书·地理志》载：“太原郡有家马官。臣瓒曰：汉有马厩，每厩万匹。”③ 清源城西 15 里前山区的马名山、20 里印驹城，“汉文帝牧马于此，专筑此城。”④ 即马驹烙印标

① 雍正《通志·历朝屯田》卷四十四。

② 雍正《通志·人物》卷一百二十。

③ 雍正《通志·历代马政》卷五十六、光绪《通志·古迹·物产》卷五十五、卷一百。

④ 万历《太原府志·山川》卷八、光绪《清源乡志·山川·古迹》卷二、卷十一。

记之处。汾阳西北边山的牧师城，“汉边郡皆置牧苑以养马，此即西河郡牧苑也。”① 石楼南的“牧马川，多产名驹，骏同滇池天马。”② 所以《史记·货殖列传》粗略划了一条西汉时农牧区界，在山西省大致沿勾注山南，再沿吕梁山东，而止于龙门。此线以北、以西，“多马牛羊旃裘”、“代（河北蔚县）石（吉县石门山）以北，地边胡，不事农桑。”但在交界一带，亦多插花现象。如吕梁山西侧的昕水河、三川河等流域，已有大片状农区；尤其是雁北盆地，当汉武帝把匈奴远驱到塞北后，从关中大量移民来此开垦并驻军屯垦，已基本变为农区。

东汉晚期，塞外民族南下、东进，皇家牧马基地被迫向东南转移。如：忻定一带的牧马河流域，可能即因大量牧马而名，惜《水经注·滹沱水》早佚而难考。后在阳曲、盂县间增置广牧县，也因以牧为主而为县名。上党南部产盛名的“泽马”，③ 直到西晋初，仍系“劲弓良马，勇士精骑”之所在。④

大量牧马，当然要烧毁一些边山低阜高丘的森林，使其变为丰盛的草场。

另从东汉晚期之后，鲜卑、羌胡（有牧羊人之意）长期占领雁北大半和晋西北，除农田荒芜成了牧场外，还要焚烧一些森林，供其游牧。但若停牧多年，又可逐渐恢复为以森林为主的植被。

四、弛山之禁

汉魏时森林仍较广布，对森林还不太爱惜，各帝多弛山泽之禁，任民采捕砍伐。从刘邦称帝后，即弛山泽之禁。《汉书·文帝本纪第四》载：“后元四年（前160），……令弛山泽。”《汉书·武帝本纪第六》载：“元鼎二年（前115）诏曰：……山林池泽之饶，与民共

① 乾隆《汾州府志·古迹》卷二十三。

② 光绪《通志·山川》卷三十二。

③ 雍正《通志·物产》卷四十七、光绪《通志·物产》卷一百。

④ 乾隆《潞安府志·艺文》卷二十七。

之。”故《史记·货殖列传》说:“汉兴，海内统一，开关梁，弛山泽之禁。”直到西汉末，仍弛山泽。《汉书·王莽列传第六十九》载:“地皇三年（22 年），……莽下书曰：……开天下山泽之防”等。

东汉仍继续弛禁，甚至有时还将离宫园林也开放。如《后汉书·孝帝和殇帝本纪第四》载:“永元五年（93 年）诏：自京师离宫果园上林广成囿，悉以假贫民，恣得采捕，不得其税”、“九年诏：其山林饶利，陂池渔采，以赡元元，勿以假税”等。

曹魏亦采取类似政策。

皇帝一再令弛山泽，当然会使人们随意入山砍伐采捕。但那时森林资源还相当丰富，也仅破坏一些聚邑附近的丘陵边山之林而已。

五、棺椁厚葬成风

继春秋战国“棺椁必重，埋葬必厚，……丘垄必巨(《墨子·节丧下》)”的木室墓棺椁厚葬之风，西汉时更为风行。不但天子、封王、大夫的棺椁多至七、五、三重，一般士、官员也要两重，平民百姓的墓葬也用许多木材。如：北京丰台大葆台发掘出前 80 ~ 前 45 年的西汉某燕王墓，小棺外套中棺，中棺外套大棺，大棺外还有两层木椁，共五重。选料极精，用楠、梓等贵重木板 110 多块，净料约大约几十立方米。木室墓长 23.2 米、宽 18 米、高 4.7 米，规模庞大，结构复杂，有墓道、甬道、外回廊、黄扬题凑、内回廊、前室、后室等，均选优质木料垒成地下宫殿。单贲肠题凑就用黄心柏树方木 15580 根，地面、顶棚用大量松木枋板铺盖，净料共 600 多立方米。由于制作时劈弃甚多，估计总共用原木两、三千立方米。墓顶部、底部及四周均用大量木炭填塞，再用石灰封固，也要消耗数千立方米木材。[①] 对特大勋臣有时也授予封王葬礼。如《汉书·霍光传》载：山西省平阳人霍光于地节二年（前 68 年）去世，皇帝和太后特赐“梓宫、便房、黄肠题凑各一具，枞木外藏椁

---

① 据该墓展览馆说明，笔者曾亲临考察。

十五具，……至茂陵以送陪葬。"①

山西省未发现西汉封王陵墓，但从发掘的一般墓葬来看，亦用许多木材制成棺椁并用木炭填封。如朔城附近建平朔露天煤矿生活区时，在1700座汉墓群中，抢救性发掘了1500多座，木椁室由椁盖、椁壁、铺木地板、垫木等用大量木料垒筑。其中大者有四间房之大，墓室和棺椁净料达40多立方米。② 所用原木及木炭大约还要翻两三番之多。那时雁北是边郡要地，还有马邑、左云威远、阳高古城、山阴广武等地类似的将士等汉墓群尚未发掘。不但汉族平民盛行棺椁之葬，连附近匈奴、鲜卑等族也受汉风影响而行之。如内蒙古鄂尔多斯锦杭旗桃红巴拉、准格尔旗瓦尔土沟等地出土的匈奴平民墓群，东胜县漫赖出土的平民汉墓群，也是有棺有椁，每墓用粗大松柏木数十根之多；内蒙古出土的鲜卑平民墓则多用桦木棺椁，有的墓室底用桦木板铺垫。③ 估计每座墓消耗木材数至十多立方米。

上下如此，代代如此，二、三百年来，当然要砍伐许许多多的林木。

到东汉后期、曹魏时，已逐渐演变成为石（砖）砌或土洞墓室，但仍多用棺木，厚葬直接消耗之木材比前减少了许多，故以后各历史时期的森林变迁中，不再论述厚葬使森林减少之因。

六、战争破坏

秦大筑长城及匈奴都远在山西省北缘之外，省境基本安定。

西汉初，匈奴强大起来，十余年中，常常南下与汉军在雁北争战。后与匈奴和亲，才安定了50多年。公元前142年，匈奴又入侵雁北，大战年余。从公元前133年起，汉与匈奴在雁北大战七、八年，终将匈奴远逐，雁北复长期安定。

---

① 雍正《通志·人物》卷一百十一、光绪《通志·乡贤》卷一百十六等均引载。

② 《雁北今古》1988年2期 雨田《浅谈朔县汉墓群的发现》。

③ 《考古学报》1976年1期 田广金《桃红巴拉的匈奴墓》、陶炎《中国森林的历史变迁》中国林业出版社1994年。

东汉初，卢芳联合匈奴叛变，汉与叛军在雁北大战十多年，才将叛军驱逐。直到东汉中叶，全省基本安定。从公元 109 年起，匈奴、乌桓、羌胡，经常攻占山西省北境，甚至深入到太原一带滋扰，原归顺于汉的南匈奴亦参加叛乱。公元 177 年，鲜卑大败汉军，占据雁北大半，东汉雁门郡形同虚设，许多属县均废，“人民离弃，城邑皆空。”后羌胡也趁机占据了晋西北。直到曹魏仍未恢复。

曹魏时，省境大部基本安定。

这四百几十年中，省境安定期长，战争期短，战场主要是在雁北，其南基本长期安定。在雁北一带长期大量驻军，以及双方多年争战，当然要破坏北部的一些森林。但那时主要是攻打城邑的点战和双方主力追逐的线战，也仅破坏及平川盆地城邑附近和大道两侧的一些森林而已，战争对全省森林变迁的影响并不太大。

此外，本期铁器已广泛应用于生产、生活，以及战争等方面，铁等冶炼业大发展起来，并专设铁官。如西汉时全国有铁官 49 处，河东、太原两郡即有 5 个县设有铁官。铁的熔点较高，当然要砍伐不少林木用于冶炼。本期又新开了几条州际大道。如东汉时为抵御匈奴，筑通蔚县至大同一带的干道；又将河北涞源至灵丘的谷道，劈恒山，延长至大同一带，名“飞狐道”，将省境北部与河北大平原连通。还拓宽了太原下井陉、上党下邺城、上党到河内、洛阳等干道，使省中部、东南部与华北大平原进而贯通。太原到西河，再延伸至陕北的干道也较前通畅。这些也都要破坏道路两侧的一些森林。

经西汉至东汉前半期三百多年的着意开发，森林明显减少，由战国末约占全省总面积的十之七或稍多，降到十之五或稍多一些。

第三节　少量植树和后少半期森林之恢复

一、少量植树

继先秦时期我国已有零星种树的传统之后，秦汉时继续发扬。如秦始皇焚书坑儒，以求思想统一，而不烧种树之书，留令士人读之。

又《汉书·贾山传》载:“秦……为驰道而于天下，……道广五十步，三丈而树，……树以青松。”山西省南北大干道是最主要驰道之一，当然也会“列树表道”，为驰道之丽。

西汉尤重农桑，文、景等帝劝民“益种树”，想必山西省中部以南的平川盆地和佐近山丘缓坡，植桑枣等树不少，尤其是晋南植枣树更多。如《史记·货殖列传》载:“安邑千树枣，……此其人皆与千户侯等（同)。”可见运城一带已成为全国著名的红枣产区，有的因多种枣树而致大富。西汉已有农林学专著《氾胜之书》十八篇，其中述及种树之法，已较详尽。到西汉末王莽当政时更规定：城市住宅不种树木和蔬菜者，一户出布三匹，以示惩罚。也说明庭院植树已经普及。

东汉、曹魏不及西汉富强，植树比西汉有所减少。

虽然植了一些树木，而以经济树较多，但其数量与破坏规模相较，俨如小巫见大巫，对全省森林变迁而言，微不足道。

二、森林稍有恢复

东汉中叶后，塞外各族不断窜扰，省境，尤其是雁北人民大量南逃，有的甚至远逃到黄河以南，山西省人口急剧减少。如永和四年(140)，全国仍有5060.6万人，比西汉后期减少12%稍多；而山西省只剩下118.2万人，减少了近60%。其中河东一郡就将近占了全省人口之半；全省平均每平方公里由18.2人降至7.5人。人口分布，南稠北稀。以平均每平方公里计：河东郡15.8人，太原郡4.4人，上党郡4.3人，西河郡人口更稀，在山西省境内不到2万人，每平方公里低于1人。雁北原还剩下约17万人，接着鲜卑入侵，城邑皆空，到东汉末，雁门等郡仅剩下南端几个近似虚县，共约几千人，若再加上进入的数万鲜卑人，全雁北总共也不到10万人，每平方公里约低于4人。

曹魏时，山西省人口基本没有改观。

由于汉人与鲜卑、羌胡等在山西省雁北、晋西北长期对峙争战，再加上曹魏还从山西省抽丁，补充对蜀、吴作战兵员，使山西省人口剧减，农田大量荒芜，农业生产遭受很大损害。如西汉时山西省有大批余粮调往长安，到东汉已深感不足，设法从河北平原调粮接济太原一带。曹操占据并州后，见大片荒田无人耕种，军粮紧缺，民生乏计，任梁习为并州刺史，搜罗人口，进行屯田，缺粮问题才稍有缓解。

*　　　　*　　　　*

从东汉中叶后到曹魏末的百多年中，山西省的森林植被进入较长期恢复期段，并延续到下一时期的五胡十六国末（将在第五章叙述）。

到本期末，山西省森林又从约占总面积的一半稍多，上升到约十之六。

第四节　森林分布概况

本期森林分布状况，大体仍是越往北越广袤、越多、越好。除平川盆地已基本无天然林外，丘陵区尚有不少森林，山区还几乎为茂密的森林所覆盖。

一、晋南

平川盆地已被垦拓净尽，盆地中和边缘坂丘，人工栽植桑枣较多，而且枣的品质最优。如《汉书》载：文帝召群臣曰："枣美味者，莫如安邑御枣。"说明从西汉初期，该地之枣，已成为著名贡品。今闻喜县为西汉左邑县桐乡，可能因植有许多梧桐树而名。汉武帝巡视至此，闻破南越（广东）喜讯，遂析置闻喜县。

晋西南吉县、隰县、永和一带黄土高原的河川阶地和低丘坂原，也包括吉县等处春秋战国时的牧坡草场，多被垦为农田或桑园。曹操将匈奴南部安置于隰县后，又有了些草场牧坡。除此之外，晋西南其他山区，也包括盆地边山区，森林尚较广布。如西晋前期大文人郭璞的代表作《游仙诗》十四首（又名《姑射山赋》），描述临汾西的龙泉祠和刘村嘉乐泉一带盆地边山之风光是："山林隐遁栖，……有溪千百仞，云生梁栋间，……绿篸结高林，蒙茏盎山中，……赤松临上游，……女萝辞松柏，……来去山林客，扶桑森千丈，……琼林笼藻映，……碧树疏英翘，丹泉漂朱沫，……。"[①] 系一派林多、雾多、泉水多、野生动物亦多的景象。想必中山、远山松柏林更会广布。

开发最早的中条山西端首阳山，曹魏时阮籍《咏怀诗》曰:"有嘉木林"、"亦多松柏"，他《首阳山赋》曰:"树丛茂环倾倚兮"，系秀美的阔叶树和针叶树混交林，山麓沟溪还有些竹林。又光绪《夏县志·艺文》卷十亦载郭璞的《巫咸（商祖）山赋》，描述盆地边山是:"……寒泉悬涌，浚湍流带，林薄丛茏，幽蔚隐霭，……游鸟所喧，……熊虎窟阴，……。"也系一派林多、泉水多、野生动物多的景象。到明清"巫谷晚照"系该县八景之一。太岳山西南侧的古县，尤其是安泽一带，开发较晚，当然森林会更多、更好。

二、晋东南

秦亡前的公元前 207 年，项羽救赵，与秦军主力决战于巨鹿（河北巨鹿西南）城下，渡漳水，以破釜沉舟决心，大败秦军，决定了秦亡之命运。该大战在枯水期，但漳河水很深，间接说明该河上游今长治地区并包括晋中东山的榆社、和顺、左权一带，森林广布，涵养水源，徐徐流下，使漳河常年水深水足。

上党地势较高寒，盆地和边缘夹有不少低阜丘陵，人烟比晋南盆地稀少的多。西汉时还系"土广俗杂。"[②] 即地广人稀，来往不便，各民族尚未彻底融合，风俗多有差异。盆地已基本成为农田，边缘丘陵低阜，还有些天然林。如汉武帝时，上党人令狐茂"隐（长子）城东山，去郡六十里（盆地东南缘低阜）。""令狐君隐城东山中。令狐终即云葬焉，诸生遵师法陪葬者三百余家。松三千，树大皆数十围，高四、五十丈。今（北宋）俗名其山为令狐墓。

---

① 雍正《平阳府志·艺文》卷三十六、康熙《通志·艺文·乐》卷三十二。

② 光绪《通志·风俗》卷九十九。

《汉书》所谓壶关三老，令狐茂者是也。”① 隋唐时，该墓地还有众多大松存在。

盆地北部的低阜丘陵，继战国后仍有大片松林存在。如《后汉书·郡国志·襄垣条》载：“邑带山林，有茂松生焉。”② 乾隆《潞安府志·山川》卷四更指明襄垣县西北三十里庄里村松石林山，即东汉所载“邑带山林，有茂松生焉”之地。既然盆地中低阜尚有茂盛松林，再往北的边山及武乡、沁县的丘陵山区，当然以松为主的森林更广布而茂密。据乾隆《武乡县志·艺文》卷五及乾隆《沁州志·山川》卷一载：西晋时，武乡三交人王质“伐木至烂柯山，……。”该山系武乡西北故城（汉、魏涅县）附近低阜，距晋阳至洛阳大干道不远，尚且有林可伐，再远处当然森林更多。

上党西北部太岳山区、沁河上游的广袤腹地，西汉在其东南端设谷（五谷）远县，去郡远而纳粮难。该县附近沁河阶地已足够甚少县民耕殖，广大山区，仍不失茫茫林海景观。

盆地东太行山南段，高大茂林满布。如建安六年（201），曹操从邺城北上亲征并州刺使高干，其《苦寒行》诗曰：“北上太行山，艰哉何崔嵬，羊肠坂诘屈，车轮为之摧，树木何萧瑟，北风声正悲，熊罴对我蹲，虎豹夹路啼，溪谷少人民，……。”③ 看来壶关县东南桥上乡太行山大峡谷，那时多猛兽，说明山林茂密。建安十八年，“曹操遣梁习于上党取大材，供邺宫室。”“其规制极盛”，④ 与长安、洛阳媲美。说明河北临漳附近太行山东侧已缺乏巨木良材，而上党东山的今黎城、平顺诸县，“山林茂密，取材甚易。”

之后，又把漳水引入铜雀台下。筑暗渠和石窦堰（石砌涵洞），供城市用水。“伏流入城，东注，谓之长明沟，……沟水南北夹道，

---

① 北宋《太平御览》卷五十六引《上党记》、《上党郡记》语、1985 年李裕民《山西古方志辑佚》亦辑。

② 雍正《通志·山川·物产》卷十九、四十七、光绪《通志·山川》卷三十四。

③ 光绪《长治县志·山川》卷二，该名诗许多有关方志艺文篇均引。

④ 乾隆《潞安府志·纪事》卷十一、乾隆《长治县志·物产·事迹》卷八、二十七。

枝流引灌，所在通溉，东出石窦堰，注入湟水。”[①] 可见水流平稳，河水清澈，间接说明其上游在山西省流域范围内，山林植被良好。

上党南部今晋城市地区，丹河及其主要支流的河谷阶地，基本已拓为农田。其次是沁河南段及今阳城一带支流的河谷阶地也多拓为农田，坂地还有不少桑园。东汉中后，长治、晋城两地区接界一带（并延伸到安泽东南）的山麓缓坡，又新辟了一些牧马草坡，大多山丘仍茂林遍布。如曹魏末西晋初，平遥人孙楚《为石仲容与孙皓书》说:“故整治器械，修造舟楫，简习水战，伐树北山，则太行山木尽，……楼船万艘，千里相望。”[②] 该次主要是在河南北部的太行山余脉大肆伐木，说明森林资源相当丰富。再往北到山西省晋东南南部山区，更不待言。尤其是今陵川一带广袤山区，尚未设县，人迹罕至，更系茂林连亘。

本期太行山南的河南博爱、沁阳、淇县、辉县一带大量产竹。[③] 本区南部海拔较低处，尤其是阳城一带，也有不少较大片天然竹林。

西晋初期，司马孚《巡行沁水请修石门表》说:“沁水……屈曲周回，水道九百里。自太行以西，王屋以东，层崖高峻，天时霖雨，众谷流水，小石漂迸。”[④] 石门即河南济源沁口，该文述及山西省阳城、沁水，乃至安泽南部的冀氏一带，再往北则人迹罕至，未予巡行。从森林学角度推断，由于沁河流域茂林遍布，大量蒸腾水气，空气湿润，易形成水分小循环的“森林雨”，故“天时霖雨”；又因森林众多，涵养水源，徐徐渗出，潺流不绝，才“众谷流水”。具备以上两方面条件，加之南部海拔较低，气温较高，竹类才能生存繁衍。

沁河流域远离盆地和大干道，要翻山才能进入，那时交通不便，除南端阳城一带外，开发晚且垦殖指数低，系山西省南部森林保存最好之区域。

---

① 《中国森林史料汇编·河北森林简史》中国林业史学会 1993 年。

② 光绪《平遥县志·艺文》卷十一。

③ 《中国森林史料汇编·河南森林简史》中国林业史学会 1993 年。

④ 光绪《通志·山川》卷三十二。

三、晋中 太原

西汉时，平川盆地（包括今吕梁市所辖汾阳、孝义、文水、交城四县的平川区）已基本辟为农田，几乎无成片天然林了。曹操将匈奴右、中、左部分别安置于今汾阳、文水、祁县一带后，约共几万人，又有了一些不大的草场。

西汉初期，清徐西南边山也多成为牧马草坡。后来又从晋阳沿风峪沟翻山到今古交屯兰川（孔水）马兰（栏）村（城）一带开辟牧马草坡。除此之外，整个今太原西山区（包括古交、娄烦）几乎为森林所覆盖。如西晋孙倬《聘士徐君墓碑》曰："太原县君，后（东）汉故聘士徐君之灵，……徘徊墟垄，仰望松林，……坟茔磊落，松竹萧森，荟丛郁郁，墟宇暗暗，游兽戏阿，嘤鸟啼林，……嗟乎，徐君不闻其声。"① 从碑文看，该墓在晋祠附近边山之麓，说明边浅山松林尚多，山脚还有些竹丛，野生鸟兽鸣戏于其间，生态环境良好。紧靠盆地的边山尚且如此，后山、远山则更不待言。

晋东山区（包括今晋中市所辖东山、阳泉市和太原东山），大体为太行山中段，绝大部分为森林所覆盖。如西汉初高祖三年（前204），韩信率兵三万，就近砍伐榆木等在今平定上城为塞，故曰"榆关"。从该营地出发，越太行，下井陉，"随蛇迹汗道而行"，在冶河东岸微水（今井陉城）背水设阵，大破赵军二十万，斩赵帅陈余，擒赵王歇，创造了我国古代以少胜多的著名战例。该战在十月初六，按近古来说，已进入枯水期。康熙二十六年（1685），吴文楠于仲冬考察，"濡足可涉"，焉能"置之死地而后生"呢？他意识到"古今水势变迁"，但未说缘由。② 笔者曾实地考察，究出根本原因是其上游山西省阳泉、盂县、平定、昔阳及寿阳一带，那时茂林遍布而大量涵养水源之故。其他山区更茂林满布。

---

① 雍正《通志·艺文》卷二百十六。

② 雍正《井陉县志·艺文》《确考汉淮阴侯背水阵故里碑记》。

东汉时，除今平定、昔阳等山间小盆地和某些河谷阶地被辟为农田外，余皆茂林遍布。如东汉晚期献帝初平三年（192），祁县人王允用美人连环计除掉奸臣董卓，遭灭九族之祸，允侄王凌回祁县告知其叔王俊，率全家百余人逃往祁县南山，山上多林迷路，后在一山洞躲过灾难。因多鹿而改名为“鹿台山”，沿用至今。又如郭璞《赠温峤（祁县人）》诗曰：“……松竹有林。”① 似乎也说明该县有松林、竹丛。盆地边山尚且多林，后山区当然森林更多。曹魏时，今阳曲东凌井到盂县西烟一带，又焚烧森林，新辟了较大片坂缓牧坡，并延续到西晋。

四、晋西

指今吕梁市所辖丘陵山区，大致为吕梁山中段及北段大部（其南段在晋南已述）。

西汉时，除今汾阳西北的边浅山已多被辟为牧马草坡外，还继续在三川河流域丘陵坂地扩展垦殖。又往南在今石楼屈产河等小流域开拓新农区；由于吉县等处原先牧马草坡多已垦为农田，故牧马基地移到石楼西南义牒河流域。再往北在今临县湫水河、兴县蔚汾河等下游，以及今岚县的山间盆地开始垦殖；并延续到东汉中期，致使晋西森林状况稍逊于晋东。

东汉晚期，湫水河以北的吕梁山西侧被羌胡占据，县邑均废，仅留下西河郡治离石一县孤悬，农田大量荒芜，森林植被又恢复起来。曹魏文帝割太原郡四县给西河，后郡治迁到吕梁山东侧盆地。故西晋初咸宁四年（278）西河恭王司马斌（字子盛）碑曰：“西河旧处山林。汉末扰攘，百姓失所，魏兴……分割太原四县，以为邦邑。其郡带山侧塞矣！侯郡即故兹氏（汾阳城南十五里巩村）地。”“晋西河恭王司马斌墓在县西七里，晋初封陈王，咸宁三年改封西河

---

① 乾隆《祁县志·艺文》卷十五。

王，四年薨。……唐时掘得司马子盛碑，……今不知碑所在也。”①承蒙《水经注》节引，才留下点滴记载。看来东汉末到曹魏时，晋西丘陵山区，也包括三川河流域，又复山林遍布了。

五、晋北

西汉时，山西省石岭关以南的粮食富富有余。如《汉书·宣帝纪》载:“数岁丰穰，谷贱伤农，斗谷五钱。”顺汾河把大批余粮漕运长安，对忻定盆地并不着意垦拓，有一些天然林和较大片茂草间插于农区。到东汉晚期，曹操为安置南逃来的官民，始设新兴郡，以及几个逃来的侨治县；还将匈奴北部安置于今忻州城附近，才稍加开发起来。盆地之林，还未殆尽。

晋东北五台山区，西汉至曹魏在其西南部山间盆地有虑虒县，局部垦殖。绝大部分山区茂林满布。如西晋的《五髻仙人传》曰：“（东）汉明（帝）以来，声（佛）教未至，……当是时，五百里内，林木茂密，虎豹纵横，五峰无路，人迹罕至。”② 虽然西汉初在五台山北缘稍外的今繁峙设葰人县，但主要是为了安置降服之葰人，并非为了扩垦，东汉废弃该县，对森林无啥影响。

晋西北广大丘陵山区，有汾阳（静乐）县，后又设过武东（保德）、广衍（偏关东）两县，局部垦殖，东汉皆废弃，对森林影响不大，基本还是广袤林海。另宁武东北恢河畔，西汉至曹魏有楼烦县，主要为了管理这一带的楼烦部族后裔，西汉初期曾把他们自编为一军，半兵半牧，使附近缓坡多变为牧坡草场。

东汉时，滹沱河曾一度通漕。《后汉书·郡国志》载：永平十年（公元67 年),“理滹沱、石臼河，自都虑（河北定州一带）至羊肠仓，欲令通槽。”后因逆水行船,“遂更用骡輂”。建安十年（205),

① 据万历《汾州府志·古迹》卷二、乾隆《汾州府志·冢墓》卷二十三、康熙《汾阳县志·古迹》卷一。

② 万历《清凉山志·高僧传》卷六。

曹操又令“差滹沱入汾，名平虏渠。”[①] 还是将河北平原的粮食由滹沱河转入牧马河、牛尾河，经平虏渠，而达晋阳。详见拙著《太原森林与生态史》271～272 页。那时滹沱河常年水大水深，也间说明忻定盆地四周的森林状况非常之好。

六、雁北

经汉武帝大批移民，着重在雁北垦殖和屯垦，直到东汉中期，盆地基本变成农田，间插些较大片草场和丛林。东汉中期后，汉族势力几乎退出雁北，农耕萎缩，农田荒芜，逐渐变为畅茂草原；丛林也有所扩展，有些变成次生乔木林。

盆地四周的广大丘陵山区则茂林遍布。如《汉书·高祖本纪》载:“十一年（前 196）春，（韩王）信与胡骑入居参合（阳高东北），汉使柴将军击之，……仆亡，匿山谷间。”又雍正《山西通志·历朝屯田》载:“汉武帝使王恢伏兵车骑材官三十万，匿马邑旁中。”看来主要匿于今阳方口至宁武、广武至白草口（雁门西陉）一带。该二记载均简略用“匿”字以示隐藏，表明干道两侧山（河）谷，还有大片森林，再往远处，更不待言。

从外缘来看，西汉时北缘外的森林亦相当可观。如《汉书·匈奴传》载:“阴山，东西千余里，草木茂盛，多禽兽。冒顿单于依阻其间，制作弓矢，是其园圃也。”西缘外的鄂尔多斯高原（今已多沙漠）亦“林草丰美”、“多禽兽”，该林区并跨越黄河，与雁北西部和晋西北的广大山丘相连。[②] 东缘外蔚州一带的森林更为茂密。

从桑干河看，其“通漕始议王霸，似东汉（初）已尝用以实边。”[③] 说明水深水足。发源于雁北东南端的唐河，同样也水量丰富。如《水经注·滱水》载：汉时“通涿唐水”，引流于（中山）城中，在中山王宫苑造“鱼池钓台，戏马之观。”唐河上游“林木交荫，丛

---

① 雍正《山西通志·水利》卷二十九。

② 《伊克昭盟林业志》第一章 1987 年。

③ 光绪《通志·山川》卷四十三。

柯隐景”，都说明桑干河流域和唐河上游的广袤山丘，森林遍布。直到西晋，程咸的四言古诗描述系“奕奕恒山”，即高大美丽，间接说明雁北东南山区，森林众多。

*　　　*　　　*

总之，到东汉中期，山西省平川盆地的森林已经消亡或行将消亡；丘陵区除吕梁山中、南段西侧森林较少外，余则多半为森林所覆盖，晋西北丘陵区的森林还基本连亘；至于山区则茂林遍布，尤其是僻远之深高山区，仍不失为茫茫林海景观。森林约占全省总面积的一半稍多。从东汉后期到本期末，森林分布又比前稍广一些。

第五章　西晋　五胡十六国　北朝时期 (266～581 年)[1]

通常史书，多将魏晋归为一个时期，但西晋在山西省的安稳期不长，且并未完全统治山西省。“五胡乱华”又首先起自山西省。从森林变迁角度看，把西晋归入本期，一并论述为宜。本期初至十六国末，山西省森林继续进入明显增多期段；到北朝时，森林又逐渐减少。

第一节　沿 革 大 纪

一、西晋（265～316 年）

265 年底，司马炎篡魏称帝曰晋，仍都洛阳，史称西晋。又郡国并立。全国有州 19、郡国 172、县 1232。山西省晋南有司州的河东郡（治安邑，领 9 县）、平阳郡（治平阳，包括晋东南沁水、阳城的部分在内，领 12 县）；晋东南为并州上党郡（治潞，今黎城南古城，领 10 县）；中部为并州太原国（治晋阳，领 13 县）；西部为并州西河国（后又移治离石，领 4 县）；东部为并州乐平国（稍前为郡，治沾，领 5 县）；北部有并州新兴郡（治九原，领 5 县）、雁门郡（治广武，今代县西，领 8 县）；还有幽州代郡的平舒县（广灵西）；共 67 县。雁北多大半仍为鲜卑所占；吕梁山西侧湫水河以北到偏关一带仍为羌胡所据。

西晋复旧，所封之国据有地盘。自 291 年起，因贾后专政而引起

① 从本期以后的各历史时期，公元纪年前均省略“公元”二字。

“八王之乱”。304 年，并州刺使东赢公司马腾（接着封为东燕王）出兵讨伐，匈奴裔刘渊据离石趁空叛晋称汉王，山西省人民随司马腾逃往邺城等地不下十万人。西晋在山西省短期稳定不足四十年已经退出。虽然 307 年晋怀帝任命刘琨为空头并州刺使，他招募千余壮士由邺北上，仅据敌后晋阳，抗战近十年而已。

二、五胡十六国（304～439 年）

该期段战乱频仍，攻伐无已，不少军阀纷纷称王称帝，似走马灯地迭更，史称十六国时代，实际上割据者不止此数。各割据政权都大量增设州郡，致使地方政区越来越小，十分混乱，甚至“百室之邑，便立州名；三户之民，空张郡目。”加之各国版图不定，常有变化，故不再述行政区划，只述涉及有关山西省诸国兴亡大事。

（一）汉（304～318 年）

匈奴人刘渊于 304 年据左国城（离石稍北）叛晋，借口为汉之甥，称汉王。308 年迁都平阳称帝，并在今洪洞东张村北里许天子崖间筑广阳避暑宫，为夏都。占有山西省太原以南广大部。太原暂属西晋，晋东北一度为匈奴铁勒部刘虎所据。

（二）前赵（318～328 年）

刘曜于 318 年继位，改国曰赵，迁都长安，史称前赵。极盛时占有山西省除雁北以外之区。328 年被后赵所灭。

（三）后赵（319～351 年）

从榆社、武乡起家的羯族人石勒，319 年立国，称赵公，328 年灭前赵，330 年称赵天王。初都襄国，后迁都邺城，成为北方最大强国。史称后赵。334 年其子石虎继位称帝。在山西省统治区同前赵。351 年被冉魏所灭。

（四）冉魏（350～352 年）

后赵权臣、汉人冉闵于 350 年称帝曰魏，史称冉魏。次年灭后赵，352 年即被前燕所灭。

（五）前燕（337～370 年）

鲜卑族慕容皝于 337 年在辽东郡建立燕国，352 年慕容儁称帝，史称前燕。当年即南下灭冉魏，359 年由辽宁朝阳迁都邺城，达到极盛。占领山西省除晋南和雁北以外的地域。370 年被前秦所灭。

（六）前秦（350 ~ 394 年）

氐族苻洪于 350 年在陕西关中称三秦王，都长安，史称前秦。352 年苻健称帝，370 年灭前燕，次年又灭长期盘踞于雁北的代国，占据全省。成了五胡时代最强大之国。383 年，苻坚举全力伐东晋，欲统一全国，淝水之战，意外溃败，国土分裂，其子丕于 385 年逃到晋阳即帝位，晋阳成了前秦晚期国都。北方又纷纷割据。394 年被西秦（未占领山西省）所灭。

（七）后秦（384 ~ 417 年）

羌族姚苌于 384 年称王，386 年称帝，都长安，史称后秦。仅占据山西省晋南。417 年被东晋所灭。

（八）后燕（384 ~ 407 年）

鲜卑族慕容垂于 384 年称燕王，386 年称帝，都中山（河北定州），史称后燕。占据山西省除晋南和雁北西部以外之地。407 年被北燕所灭。

（九）西燕（384 ~ 394 年）

鲜卑族慕容泓于 384 年据关中称燕王，次年慕容仲称帝，史称西燕。初都阿房城，随即被后秦追到朝邑、闻喜。386 年，慕容永迁都长子，并占领晋阳。394 年被后燕所灭。

（十）夏国（407 ~ 431 年）

匈奴族赫连勃勃于 407 年据统万城（陕西横山西北）称大夏天王、大单于，418 年夺长安称帝，并占领晋西南一隅。431 年被吐谷（yù）浑所灭。

（十一）代国（315 ~ 376 年）

早在东汉晚期，鲜卑族南下，拓跋部定居盛乐（内蒙古和林格尔北），并进入雁北西北大部。310 年晋怀帝封拓跋猗卢为代公，都平城。315 年封其为代王，建立代国。未参加十六国争战，长期稳定割据雁北多半部达 60 多年。六传，于 376 年被前秦所灭。

此外，还有成汉、前凉、西秦、后凉、南凉、南燕、西凉、北燕、北凉等国未占领山西省，故不列述。直到439年，北魏太武帝灭北凉，统一北方，才结束了136年的“五胡乱华”长期混战局面。但此前约40年，山西省已全属北魏版图。

三、北魏（386～534年）

鲜卑族拓跋珪于386年恢复代国，仍称代王，都盛乐，随后改国曰魏，史称北魏。396年击溃后燕，巩固了雁北地盘而称（始皇）道武帝。同年发大军南征，取晋阳，建台省，置刺使，后又南征至中原。到439年太武帝灭北凉，才统一北方，大体以淮河为界，与南方的宋、齐、梁朝对峙。

398年迁都平城（大同），定雁北为畿内地，首设司州，置代尹（治平城，领8郡14县），后陆续增置州郡，盛时有州30。孝文帝于493年迁都洛阳，改用汉姓为元，改洛阳一带为司州，雁北改称恒州（仍治平城，在雁北有6郡12县），省境从北到南还有肆州（治九原，领3郡11县）、并州（治晋阳，领5郡26县）、汾州（治蒲子，领5郡11县）、建州（治高都，领4郡10县）、晋州（治平阳白马城，领7郡20县）、东雍州（治正平，在山西省有3郡8县，仅1县在河南济源）、泰州（治蒲坂，领2郡7县），另运城、芮城、平陆，夏县属陵州（治河南隋县）河内郡的4县，晋西北河曲、保德（未设县）属朔州云中郡（皆治内蒙古和林格尔，即盛乐附近）。山西省地跨10州、37郡，共119县。北魏晚期，北边六镇起义，“恒代而北，尽为废墟”，山胡也趁机起义，虽遭北魏大将高欢镇压，仍居于吕梁山西侧湫水河以北。

四、东魏（534～550年）北齐（550～577年）

六镇起义时，尔朱荣掌握了北魏实权，据晋阳，称太原王。532年，其部将高欢升为丞相，在晋阳建相府。当年尔朱荣兵败自杀，高欢继掌北魏实权，其相府成了北魏“霸府”。534年，高欢入洛阳，立11岁元见善为傀儡皇帝，迁都邺城，晋阳为其夏都，史称东魏。

550 年，其次子高洋篡魏登极，国号曰齐，仍都邺城，晋阳为其别都，史称北齐。

东魏、北齐皆属已汉化鲜卑人高家政权，一脉相承。除晋南一隅为西魏、北周所占、吕梁山西侧为山胡所据（后征服）外，余皆属高家版图，设 12 州、18 郡。

五、西魏（535 ~557 年）北周（557 ~581 年）

534 年高欢入洛阳时，北魏孝武帝逃到关中，投靠大将军宇文泰，次年被杀，另立元宝炬为傀儡皇帝，都长安，史称西魏。557 年，其子宇文觉篡魏称帝，国号曰周，仍都长安，史称北周。两朝也都是宇文政权，在山西省仅占据今运城一带，设过南汾（稷山西南）、泰（永济西）、建（翼城东南）三州、计 6 郡。但与东魏、北齐的边境重叠，且时有小变。

577 年北周灭北齐，占领山西省全部，设 18 州，约 40 郡。581 年即被隋朝取代。

值得提出的是，北朝期间州郡继续增多，仍有“虚张郡目”残留，此期一级政区的州比汉朝二级政区的郡还小的多，且迭有变更、兴废，侨治郡县也较多且乱。兹仅予简述，供窥其大略。

第二节　五胡时森林大恢复

实际上从东汉晚期到西晋末的一百五十余年，山西省森林已缓慢恢复，本期百余年，更加明显恢复。虽然长期战乱对森林也有些破坏，但不断混战使农田荒芜，百业颓败，人口锐减，以森林为主体的植被更获得长期恢复之机，明显增多起来。

一、对森林也有些破坏

“五胡乱华”起源于山西省，受害最重。尤其是晋南、晋东南、省中部，以及晋东和东北部，常为频繁战场，仅雁北西部、晋西北及吕梁山西侧，略为偏安。破坏主因是：

（一）战争乱烧

本期混战，近似野蛮，掳掠烧杀，无所不为，杀人犹多，山西省成了诸军追逐猎场。诸割据者多无长期固定的粮食基地和牧场，军粮匮乏，除沿途抢掠外，还主要靠焚烧山林、猎杀野兽而充饥，甚至腌尸备食、杀人而食、“人相食”。如永嘉元年（307），刘琨率千余人，从邺城北上，冲破山胡（匈奴）封锁，经上党往晋阳。过壶关后，给晋怀帝呈《告赈表》曰：“臣自涉（并）州疆，流移四散，十不存二，……白骨横野，……。”① 又如晋永嘉六年（312），匈奴王刘曜派刘粲一度攻陷晋阳，“刘琨乞师猗卢率众六万（夸大一倍多），与曜军大战于汾东。”随即收复晋阳。猗卢军大焚罕山之林围猎，“陈阅皮肉，山为之赤。”② 其他军队征战时，也多如此取得食物。随后石勒召集亡命之徒于乡郡（武乡、榆社）起事，其军在上党、平阳等地攻伐，烧杀掳掠，残暴异常，所到之处，大肆焚烧山林，故建平三年（332）发生了空前未有的特大雹灾。“雹西起介山（泛指太岳西山），大如鸡子，平地三尺，垮下丈余，行人禽兽，死者无算。历太原、乐平、乡郡、赵郡、东平、巨鹿千余里，树木摧折，禾稼荡然。”③ 该期焚烧山林，习以为然，故极少予以记载；但焚后二、三十年，还能自然恢复起来，只不过次生之林，短期内质量较差而已。

（二）营建宫室等伐木

刘渊以平阳为都，营建宫室和在洪洞筑夏宫，但历时不长，规模不大。西燕被赶到长子建都，筑周二十里都城，历时更短，宫室规模更小。前秦溃败后逃到晋阳为都，也未大规模营建宫室。猗卢入据雁北后，以盛乐为北都，修故平城为南都，又于更南百里筑新平城，让其长子镇之。立国最长，宫室稍具规模。看来在省内立国或建过都者，在营建宫室等方面，对森林破坏不巨。

后赵初都襄国（邢台），稍破坏及太行山森林。如《石勒残记》

① 乾隆《潞安府志·艺文》卷二十七。

② 雍正《通志·武事》卷五十、光绪《通志·山川》卷三十六节引《后魏书》语。

③ 乾隆《沁州志·灾异》卷九、光绪《通志·大事记》卷八十三等均载。

载:“大兴二年（320），大雨雾中山，常山尤甚，滹沱泛溢，陷山谷，巨松僵枝，浮于滹沱。”可能是刚立国后所砍之木，未及运出，而被洪水冲下。后欲迁都，更大肆展筑、重建原曹操的邺城宫室，并大建寺宇，成了规模宏大的著名都城。仅皇城就有十四座宫门。分为：外朝，有十处建筑群；内朝，有八处建筑群；后宫，有二十一处建筑群。皇城外还有许多贵族达官的府第、衙门。亭台楼阁，宏伟壮丽，苑囿池榭，琳琅满目，成了“楼阁晕飞光，彩焕若仙居”之都。[①] 石虎称帝后还不满足，次年（336）又“兴宫室于邺，起台观四十余所。”[②] 建武十年（344）又“使人伐宫材，引于漳水，役者数万，吁嗟满道。”[③] 多年兴建邺城宫殿群，当然要砍伐山西省太行山中南段的甚多林木。

其次是前燕砍伐唐河流域的森林。如《水经注·滱水》载：约370年前后,“唐水泛涨，高岸崩颓，（安喜，今定州）城角之下，有大积木，交横如梁柱焉。后燕之初（384年或稍后），此木尚在。”正好后燕在中山（即安喜）建都，用了此木。当然后燕还要再砍伐该流域的林木，但远不及后赵砍伐规模之大。

那时森林资源丰富，生态环境良好，虽被砍伐一些，还能自然恢复起来。

二、森林大恢复主因

（一）人口锐减

第四章已述，东汉后期的140年，山西省只剩下118万多人。曹操刚收复并州时，大量荒田无人耕作。大魏号称“十州之地，而丧乱之弊，计其户口，不如往昔一州之民。”[④] 经曹魏和西晋初短期恢复，到282年山西省也不过125.4万人。“八王之乱”后，山西省人

① 据《中国森林史资料汇编·河北森林简史》中国林业史学会1993年。

② 《晋书·石季龙载记》，山西省有关方志多引。

③ 《通鉴纪事本末》卷十四。

④ 《三国志·魏书·杜畿传附子恕传》卷六十九。

口开始锐减。如《晋书·刘琨传》载：永嘉元年（307）“并土饥荒，百姓随东嬴公自晋阳使邺南下，余户不满二万。寇贼纵横，道路断塞。……寺焚毁，僵尸蔽地。其所存者，饥羸无复人色。荆棘成林，豺狼载道，剪除荆棘，以收枯骨。”① 推测并州不过十万人。再加上司州、雁北鲜卑部和晋西北的羌胡，全省不过几十万人。之后杀掠更甚，再未恢复，几无人口之载。人口锐减，除频繁征战外，人们的一切活动显著萎缩，森林植被获得长期恢复之机。

（二）农田荒芜

由于长期人烟稀少，再加上男子大多被强迫抓去当兵，只留下老残妇幼，劳力太缺。故农田大量荒芜。即便有时播种，也系战时抛荒，战后短时安定，粗放滥种而已。农田多变成草地和丛林。

（三）大片牧马基地荒废

除雁北为鲜卑族牧区、吕梁山西侧为羌胡半猎半牧之区外，秦、汉、曹魏及西晋初期在山西省马苑（场）都予废弃，大多恢复为次生林。

三、森林恢复大略

到五胡十六国末前，山西省森林由东汉中期约占总面积一半或稍多，又恢复、扩展到约十之七或还多。接近于战国末水平，但次生林增多，森林整体质量不及战国时代。森林状况除西晋前期在第四章已连带述者外，本期段极少记载，兹大略分述如下：

（一）平川盆地

原先农区多成为时种时荒的间息性、斑片状轮荒农地，不少成了茂草、一时滥牧之场，有些成为丛林，河谷阶地多成了先锋树种的次生杂木林，进而升为次生林。如《晋书·刘琨传》述太原盆地系“荆棘成林，豺狼载道，剪除荆棘，以收枯骨”的凄凉景象。据乾隆《祁县志·杂记》卷十六载：“（前秦）苻氏末，王宗法战败，与家属相失，路经（祁县）大泽（昭余祁），因未能出，卧林中。”说明晋

① 乾隆《汾州府志·事考》卷二十五、光绪《通志·名宦》卷一百零等方志均引。

中盆地杂木林丛生。其他盆地也大体类似。

（二）泛东山区

包括南起中条山，北至太行山、五台山等省中部断陷盆地以东的山区丘陵。因一些民户逃匿山中、不敢成村落地零散粗放垦殖，产生零星的林中斑点状空地。此外基本上山林遍布。如刘琨从邺城到上党后，咏《扶风歌》曰："暮宿丹水山，……系马长松下，……泠泠涧水流，慷慨穷林中，麋鹿游我前，猿猴戏我侧，……资粮既乏尽，薇蕨安可食。"① 可见丹河两侧丘阜坂坡松林多，溪水多，野兽多，再远处当然更多。他到晋阳后又咏诗描述一路是"狭路倾华盖"，说明大干道两侧荆棘丛生，侵占路面，难以通行。永嘉三年（309），居繁峙的葰人避乱于五台山北谷，"见此山无人，步驱而不返，遂穴居岩野。"② 间接说明五台山北坡原无人烟而森林满布。石勒在武乡北原起事（榆社城25里赵王村有赵王石勒墓），"家园生人参，悉成人状。"③ 人参必须生于高度湿润森林气候和高度肥沃的森林之下，那时从太行山最南段一直到五台山，都有不少野山参，说明整体上系大森林环境。据《晋书·石勒传》，他起事后行军于上党，同样遇见许多野鹿，"会有群鹿旁过，军人竞逐之。"建平元年（330），赵天王石勒欲称帝，要在邺营建宫廷，因工程浩大，有的大臣劝阻，"会大霖雨，……漂流巨木百余万根，集于堂阳。勒大悦，曰：……天意欲吾营邺都耳。于是营邺宫。"④ 后赵在太行山大肆伐木达二十多年之久，均取材甚易，说明山西省东端的太行山脉，以松为主的高大茂林遍布，巨木良材甚多，森林资源仍十分丰富。

（三）泛西山区

包括南起吕梁山，北至云中山、管涔山及其以西晋西北丘陵山区。

---

① 乾隆《高平县志·艺文》卷十八、乾隆《泽州府志·艺文》卷四十八。

② 唐调露《五台山清凉传》卷上。

③ 光绪《榆社县志·古迹》卷一。

④ 民国《襄垣县志·丛考》卷八引《晋书·石勒传》语。

由于该地边胡，往此逃匿的人民不多；诸割据者主要目标是逐鹿中原，这里比较偏安。汾、黄水系分水岭为以西大半游猎、半游牧的羌胡长期所居，人烟特少，故汉朝时所开拓的农田，几乎都变为草场，进而恢复为林。森林整体状况比东山区恢复得要好。故到北朝后期，吕梁山中段成了木材主要产地，"京洛材木，尽出西河。"

（四）雁北

以游牧为主的鲜卑拓跋猗卢，传六世偏安于此，盆地及左云、右玉一带缓坡丘陵，变成了疏林草原。如《北史·燕凤传》载：373年，代王派他出使前秦，秦王苻坚问代王如何、人马几何？凤答曰："完和仁爱，一时雄主也，……士数十万，马一百万，……云中川自东山至西山二百余里，北山至南山百有余里，每岁孟秋，马常大集，略为满川。"① 他所说士、马之数，过分夸张，但无疑盆地确变成了游牧马场，盆地边缘坂坡还有不少森林。据《魏书·道武帝纪》，他出生地参合坡（阳高盆地东北），就有大片榆林。至于山区则几乎为森林所覆盖。从前述前燕沿唐河大量伐木，亦可旁证。直至北魏天兴二年（398）道武帝视察平城都址，在大同东郊还"见熊（大熊领着几头小熊），皆擒获。"② 大同北邻近采凉山，说明在该山和其他各处山林中生活的熊等野生动物不少。

第三节　北魏建都平城　大毁雁北森林

实际上从鲜卑族拓跋猗卢于310年进占雁北称公、称王起，到386年拓跋珪在盛乐建都称帝时，对森林已有轻微破坏。398年北魏迁都平城后，划"东至代郡，西及善无，南及阴馆，北尽参合"为畿内地，大致相当于今雁北全境。着意开发经营，成了北方的政治、经济、文化中心。时值战祸不断、"中原萧条，千里无烟"之际，雁北却由偏僻边郡而空前繁荣起来。不仅快速赶上原先发达的黄河中下

---

① 乾隆《大同府志·人物》卷二十一、雍正《通志·文苑》卷一百二十一。

② 道光《大同县志·杂修》卷尾、雍正《通志·山川》卷二十一。

游，而且超过原先中原繁荣的新局面。到 493 年孝文帝迁都洛阳后，雁北又萧条下来。近百年中，北魏各帝专心致意充实畿内，轻视其他地区，更忽视森林，致使雁北及其附近森林显著减少。

一、大毁森林主因

（一）大量掳掠人畜　充实京畿

为了给迁都平城做准备，拓跋珪于 391、396 年两次把凉州、后燕广宁共近 4 万人迁于雁北。398 年定都平城，他又三次把后燕山东六州、盛乐、邺城一带六州共 60 多万人迁于畿内。次年又两次把漠北高车杂种、高车遗并部共 9 万多人迁入畿内。402 年，又把鲜卑别种、多兰部共近两万人迁于畿内。13 年中，大移民八次，总计移入雁北约共 75 万人（《雁北今古》1985 年 4 期李凭《拓跋珪与雁被开发》说共一百五、六十万人）。笔者认为该文所列移民有所重复，故予剔除。

之后北魏诸帝再多次大移民。据《雁北今古》1986 年 2 期、89 年 2 期的古鸿飞《拓跋珪往大同人口大迁移》、高飞《雁北民族和人口》：418 年，将冀、幽、定三州民及徒河族人迁于平城；接着攻北燕都城和龙，“徒其民万余家而还。”426 年攻打夏国，俘万余家带回平城；次年破夏都统万城，俘赫连家族和宫女万余及秦、雍人民数千家归平城。434 年，将和龙降民迁于平城。435 年，迁长安、平凉民于平城；再将和龙降民六千余口迁于平城。439 年灭北凉，迁沮渠氏及其吏兵三万多户于平城，同时将僧徒三千多人带回平城。446 年，移长安能工巧匠二千户于平城；次年又移定州、丁零三千户于平城。448 年，迁西河离石前赵降民五千家于平城。451 年攻打南宋，俘获五万多户迁于平城。469 年夺取南齐青州、齐州，将两州民迁于平城。481 年攻打南齐大获全胜，“俘三万余口送京师”等。以上十几次迁入雁北者，约共 70 多万人。

此期有记载强制迁入雁北者，约共计 150 多万人；再加上此前已进入的鲜卑部民和零散进入者约 80 多万人；总计二百几十万人。移民规模之大，次数之频繁，涉及区域之广，民族成分之杂，均史无前例。致使雁北人口猛增，人口高度密集，空前未有。由于强迫移民，生活条件很差，死亡率高，估算雁北最少保持一百几十万人，高时达到二百几十万人。北魏极盛时（几乎包括我国北方之大部）人口不过3000万，小小雁北就占了十几分之一，可见其人口高度集中。经1400年到清后期，雁北人口才勉强恢复到此水平。

不但大肆掳掠人口到雁北，而且破西北诸割据政权和部落，特别是破漠北诸部，还将大量牲畜掠回雁北。如399年破高车部，就获马三十余万匹、牛二十余万头，带回雁北。估计从各地共掠回的马驼牛羊，起码不下百万之多。大量人口和牲畜都高度集中于这一带，当然要大肆破坏雁北之森林。

（二）大建宫殿陵寝　寺宇道观等

1. 都城宫殿：《魏书》卷三十二载："太祖欲广宫室，规度平城，四方数十里，将模邺、洛、长安之制，运材数百万根。"即从398年起就综合三大名都建制，开始了该都城宫殿群的建设。以后诸帝继续大建，直到孝文帝迁都洛阳前，共持续90余年，单宫殿、宗庙、苑囿等就上百处，成了那时我国北方最宏大的都城。外城周三十二里，有十二座城门。内有宫城（平城宫，又称紫宫），周二十里，有主要殿、堂、楼、宫等建筑群二十处。以宫城为中心，东西南北还有四大陪宫。后又重新建造东宫，原东宫改称"故东宫"。五处陪宫都有许多宫殿楼堂等宏伟建筑，各为一组相对独立的大建筑群。如《魏书》卷三载:"广西宫，起外垣墙周回二十里。'可见范围广阔。

2. 宗庙堂阁：外城有祭祀其先祖多座宗庙。城内外有祭祀天地风星等神灵之庙57所，还有祭祀孔孟等祠庙和纪念有功先烈的皇信堂，以及观测天象的明堂和藏图书的楼阁等。如明堂四周就有十二个堂，中间九个室。好几十处建筑群，皆很宏伟。另官邸衙门、贵族府第等不计其数。

3. 苑囿：平城郊区有北苑、东苑、西苑、华林园、永兴园等，以北苑最大。拓跋珪灭高车三十余部后，俘七万余口建造鹿苑（北苑）。据《魏书·道武帝纪》载：该苑"南因台阴，北踞长城，属之西山，广逾数十里。"各苑、园中殿宇巍峨，亭榭参差，工程浩大，自成体系。还引如浑水（御河）、武周川（十里河）入城，筑一系列水利工程。

4. 行宫：在山阴故驿古城有瀔南宫。据《魏书·太祖纪》，406年“发八部五百里内丁男筑瀔南宫。门阙高二十余丈，引沟穿池，广苑囿，分置市井，经涂洞达。”418年又继续兴建，成了相当宏大的综合性城池宫殿园林建筑群。它与濡源（张家口）东宫、盛乐西宫并列为三大行宫，比后两处还要巨大。还有浑源东南汤头的温泉宫，以及朔州神头泉群的游幸园等。南山麓还有几处御射台。另在雁北西南缘外的宁武有楼烦宫等建筑群。

5. 陵寝：北魏皇族群冢区曰金陵。据雍正《通志·陵墓》卷一百七十三，右玉有北魏金陵，六代皇帝葬此，许多后妃、诸王、贵族、功臣亦陪葬于此。1500平方公里范围内，几乎每个孤立山头就是一个巨大冢墓，工程浩大而艰巨。惟有冯太后生前就选定她死后葬于大同北郊方山，曰永固陵，并有孝文帝虚冢，号称万年堂。该陵除地下石砌宫殿外，地上有永固堂、鉴玄殿、思远灵图、斋堂、南门表，以及灵泉池周的宫殿建筑群等，相当宏大。虽然北魏大墓室已普遍改为石砌，但地上建筑也要消耗甚多木材。

6. 寺宇道观：北魏帝王，开始就奉行佛教，于平城和四方广建寺宇。太武帝（424～451）笃信道教，灭佛毁寺，新建许多道宫、道观。以后各帝更加崇佛，新建、重建寺宇更多。单平城就有一百多所，僧尼二千余人；四方诸寺6478所，僧尼77258人。规模皆很宏大。如云冈石窟凿建四十余年，系“山堂水殿，烟寺相望”的寺宇群。天宫寺大殿有用红铜十万斤、鎏金六百斤、高四十三尺、天下仅有的最大金佛。还有寺宇用黄铜二十五万斤铸五尊立佛。平城东南永宁寺有“七级浮屠，高三百余尺，为天下第一”的木结构楼阁式大木塔。[①] 后孝文帝在灵丘觉山寺、五台豆村佛光寺，也建同样木塔。该塔类似今应县闻名中外的辽建大木塔，可见我国早有营造木塔的传统技术。孝文帝还在五台山台怀“创立大浮图寺，回鹫峰建十二寺

① 雍正《通志·寺观》卷一百六十九。

院”，不久寺院增至数十座，规模都很宏大。从此佛教在五台山始兴，也揭开了破坏该山森林的序幕。

雁北一带还有很多大型建筑，不再枚举。我国木结构建筑需木甚多，通常大殿每平方米约消耗原木五立方米之多，一座木塔约消耗原木万方。那么多的宫殿及其附属建筑物的新建、拆毁、重建等，所消耗的木材，少说也有数千万根，简直难以数计。

（三）农耕兴盛　毁林拓田

鲜卑人长期以游猎、游牧为主，定都平城后，迥然大异。拓跋珪重视农耕，将河北、中原等地数十万农民迁入雁北。“内徒人民，计口授田。”还令鲜卑人“分地定居”，从事垦殖。“宣赞时令，敬授民时，行夏之正”、“躬耕籍田，率先百姓”，责成地方官吏劝课农耕，按垦业绩评定功过。临终还嘱咐诸弟，到濛水之南，再开辟良田，广为产业。① 据《魏书·食货志》载:“永兴中（411 年稍后）有司劝课农桑，由是力农，数岁丰穰，畜牧繁息。”到孝文帝时达到极盛。据《魏书·食货志》和《魏书·孝文帝纪》，太和九年（485）颁布“均田令”、“罢山泽之禁，均给天下民内田。”“诸男夫十五以上，授露田四十亩，妇人二十亩，奴婢依良；丁牛一头，授田三十亩；所授之田率倍之。”丁男四十亩倍田中，包括二十亩桑田。露田不得买卖，死后归官；桑田为世业，可传给子孙，也可买卖其中一部分。②

此期毁林辟田，规模之大，空前未有。平川盆地已不敷耕种，又向丘陵垦拓，进而到山区扩垦，故罢山禁。如灵丘一带，山多川少，始有“山田”，使森林向高山退缩。

（四）牧业兴盛　焚林放牧

代、魏相承，拓跋珪建都平城后，牧马等业仍久盛不衰。对外不断征伐，掠夺大量牲畜带回雁北；俘获高车、丁零、匈奴、徒河、高丽等杂夷数十万人，多安置在雁北西部丘陵区放牧，雁北草坡已不敷

① 以上据《魏书·太祖纪》及《魏书》卷二、卷一百一十。

② 雍正《通志·名宦》卷九引李安仕之均田建议。

众多牲畜之需。故他封契胡部尔朱羽健到南秀容川（岢岚、岚县一带）方三百里放牧；至其曾孙（即尔朱荣父）已成为“马驼牛羊，色别为群，谷量而已”的特大牧主；所以后来尔朱荣能在太原把持北魏晚期权政。① 他又封功勋越豆眷，“割善无（右玉）之西腊汗山地，方百里以处之”，也成了大牧主。② 太武帝（424～451）攻克夏国都统万城后，在伊克昭盟设皇家大牧场，有马二百万匹，牛羊无数；因在山西省西北缘外，不予详述。久盛不衰地大量畜牧，当然要焚毁雁北西部的山林，再远至晋西北和内蒙古西南部焚烧放牧，使雁北及其西南缘外晋西北，特别是西北缘外鄂尔多斯高原之森林显著减少。

（五）凿山开道　交通畅达

北魏建都平城期间，特别重视道路的开凿。除大同至省中南部、至内蒙古、至北京，以及至各行宫、各郡县的干道都予畅通外，尤其注重五百里恒山直道（又称灵丘道、莎泉道）捷径的开凿。仿秦始皇开凿直道先例，大体按东汉飞弧道走向，加以裁弯取直、拓宽垫平，并向两端延伸，在峡谷还筑栈道。“崭山湮谷”，逢山劈路，遇水架桥，复杂艰巨，工程浩大。从398～482年的85年中，常常动用万多人，有时高达五万人治灵丘道。③ 该直道自初步凿通起，即边修、边用、边改、边扩，成为北魏诸帝二十余次从大同到河北定州东南巡幸、征伐，或迁华北大平原之民等充实京畿等用，是京都连接并控制东南方最主要的生命线。开凿该山道动用人力之多，历时之长，规模之大，空前未有。加之沿路附近建筑物之兴建，使用之频繁，当然要大毁两侧山林。

上述大毁森林之主因，可详见《雁北森林与生态史》55～67页。

*　　　　*　　　　*

---

① 《魏书·尔朱荣传》、雍正《通志·风俗》卷四十六摘引。

② 《雁北今古》1985年4期 李凭《拓跋珪与雁北开发》引《北齐书》卷十五语。

③ 《雁北今古》1987年4期、1990年3期 刘益《古灵丘道文化带探源》、靳生禾等《灵丘道钩沉》。

经近百年的大肆毁林，雁北平川盆地之林几乎净尽；丘陵区也几近无林；边浅近山林相残破，呈现“所唯寡良木耳”状况，只有远僻高深之山，还保存一些像样的森林。森林由原先约占总面积的三分之二，快速降到五分之一以下，甚至六分之一。直到 493 年孝文帝迁都洛阳后，雁北又变成边陲荒僻之地；特别是 523 年起，北边六镇相继叛魏，“恒代而北，尽成废墟”，雁北森林才获得较长期恢复之机。

二、大毁林后　初现恶果

由于森林覆盖率已降到三分之一的保障线以下，且林分质量始趋低劣，故生态环境开始劣变起来。兹按以下三方面的主要体现，大略概述。

（一）首现风沙严重期

由于大毁雁北及其西北缘外鄂尔多斯高原之林，摧毁绿色屏障，大风沙很快就严重起来。据雍正《通志》和乾隆《大同府志》祥异篇不完全记载：从建都平城后十多年的 411 年起　至迁都洛阳前的 490 年止，计 16 个大风灾年，平均不到 5 年一次。严重沙尘暴都发生在十一月至次年五月，“起自西方”。如“大风晦冥”、“黑风竟天”、“大风昼晦”、“扬沙杀树”、“暴风折木”、“发屋拔树”、“连日大风”等记载屡见不鲜；甚至还有“暴风，宫墙倒，杀数十人”、“黑风毁屋，杀百余人”的特大风灾。迁都洛阳后的十余年内，仍发生两次大风之灾。至于通常风害，则不予记载。如据《魏书·祖莹列传》：迁都洛阳后不久，尚书王肃随孝文帝北巡祭祖，他咏诗曰：“悲平城，悲平城，驱马入云中，阴山常晦雪，荒松无罢风。”① 说明已成了只有点孤立树、大风接连不断的悲凉景象。详见拙著《雁北森林与生态史》72、258～259 页。

（二）水土流失　水害始多

由于大毁森林植被，始现水土流失，尤以平城附近较为明显。如

① 道光《大同县志·杂志》卷尾摘引。

纵贯大同的御河，北魏前无正名，统称湿水，因两岸多湿地而名。建都平城几十年后，该流域水土流失逐渐明显，水始浑，但还不太浊，故成书于北魏晚期的《水经注》按其水情状样曰如浑水。其支流武周川水（十里河）及上游始见“黄山”、“黄水”之载，可见其流域有些山丘已经童秃，水较黄浊。据有关方志山川、灾祥及《山西自然灾害史》等书目，建都平城后 30 年，如浑水、武周川水已开始泛滥成灾。如 418、431、432、483、484、485 等年，都发生过“大水，毁民庐舍数千”、“代京水溢，毁民庐舍数百”、“武周川水泛滥，毁民居舍”、“大水，毁民居”、“代京水伤禾”等大水灾，一般水害则忽略不记。距京都较远处，记载更略，只有特大水灾，才予简载。如 418 年“雁门大水，伤禾稼”、485 年“朔州（内蒙古和林）大水，杀千余人”，该年受灾范围很广，“州镇十三，水旱伤禾”等。水灾基本发生在六月，个别年延至八月。详见《雁北森林与生态史》74、271 页。

（三）旱灾始频土地始瘠

由于大毁森林植被，旱灾也始频仍起来。据雍正《通志》和有关方志灾祥及《山西自然灾害史年表》等书目，从建都平城后十多年的 411 年起，412、414、415、435、437、438、440、458、461、475、477、478、479、485、487 等年，均发生过旱灾，甚至连续三年大旱。多系“雁门、代郡民饥，人多饿死”、“荒旱民饥”等重灾。食物严重匮乏，统治者不得不大批“移代郡民出山东就食”、“听民出关就食”。迁都洛阳后不久的 501 ~ 502 年，尤其是 504 ~ 506 年，又连续三年大旱，“北边连年饥荒，民无所得食，困弊已甚。”从 411 ~ 506 的 95 年中，有 21 个旱灾之年，猛增到平均不到五年就有一个灾年。霜冻、冰雹等灾害也始增多、严重起来，不予列述。

由于滥垦滥牧，土地开始变瘠。如道武帝临终前，始感桑干水之北“地瘠”，嘱咐诸弟：“……可居水南，就耕良田。”又经数十年，土瘠加重。迁洛时留大臣怀源在雁北一带督军屯田，他于 501 年向宣武帝奏曰：“景明以来，北陲连年灾旱，高原陆野，不任营殖，惟有水田，可少葘亩，然主将参僚，专擅腴美，瘠土荒畴，乃给百姓，因此弊，明滋甚。”[①] 可见土地已普遍荒瘠。详见《雁北森林与生态史》71、250～251、265、268、358 页。

三、对中南部森林稍有破坏

北魏建都平城近百年，对畿外并不着意经营，因之山西省雁门关以南总人口仍在百万以下。而且还将离石一带前赵降民两万人迁于平城。人口稀少，平川盆地已足够耕种，当然无须向山丘扩垦。到 485 年颁布均田令时，山西省中南部属地多人少的“宽乡”。按此规定，一夫一妇可得露田六十亩，所授之田率倍之，则为一百二十亩，再加桑田二十亩、麻田四十亩、丁牛田一头三十亩等，一般小户可得田二百亩，甚至更多。大体上“五胡乱华”时所荒芜的平川耕地，基本又予复垦；略有剩余，供驻军少量屯垦。如阳曲东洛阴村，北魏置罗阴城，“为屯戍之地”等。[②] 另中、南部也未设过较大牧场。

470 年献文帝诏“弛山泽之禁”、482 年孝文帝“罢山泽之禁”等。但那时人口几乎全居于平川盆地，仅稍破坏及边山丘陵的森林而已。

在省中南部也建过个别行宫和少数豪宅。如古交与娄烦接界的镇城底（下雁门），太武帝（424～439）曾建过避暑宫；晋阳有北魏望族王氏豪第（500 年起，尔朱荣占据此宅）等，皆具相当规模，但远远不及雁北行宫（包括楼烦宫）宏大。同期也建了不少寺宇，都比畿内和五台山数十处寺宇的规模要小的多。即砍伐规模不大。

总之，该近百年对省中、南部的森林虽稍有破坏，但比之大毁雁北森林，差之天渊。基本上并未改变山丘区茂林遍布的整体格局。

---

① 雍正《通志·名宦》卷九十五。

② 道光《阳曲县志·建置》卷三。

第四节　北朝后期　森林大半减少 小半恢复

从493年北魏迁都洛阳起，到581年北周被隋篡位止的88年，山西省中、南部森林有所减少；晋西及晋西北森林有所恢复；雁北林草植被更长期恢复。

一、森林减少主因

（一）大量营建　砍山取木

孝文帝迁洛后，彻底实行汉化政策，禁鲜卑语，禁鲜卑服，改鲜卑姓，他和皇族带头改拓跋姓为汉姓元，故又称元魏，鲜卑及融于鲜卑的各部，已完全融合于汉族之中。朝贵等皆争建豪华第宅。洛阳附近已缺良材，又到山西省南端的中条山及沁河流域的阳城一带砍伐，故沁河在河南济源出山口的石门（沁口），“用伐木门，故旧有枋口之称。”即常将大量漂流下来的木材，于此上岸，粗制成枋板等，转往洛阳。因沁河“屈曲周回，……层岩高峻”① 由于漂运木材困难，不久又转到吕梁山南段再向北延伸到中段大肆砍伐。如《周书·王罴等传》卷十八载：“刚直木僵”的他屡有战功，孝文帝“授右将军西河内史，辞不拜。时人谓之曰：‘西河大郡，俸禄殷厚，为何致辞？’罴曰：‘京洛材木，尽出西河，朝贵营第宅者，皆有求假，如其私办，即力所不堪，若科民间，又违法宪，以此辞耳。’”看来洛阳一带的建筑材木，几乎都取自吕梁山中段，当然破坏这一带山林。

高欢掌东魏实权，晋阳成了“霸府”，兴建相府、六府等建筑群。550年高洋自立为北齐帝，晋阳升为“别都”，与邺分治。他和高纬帝都“性侈土木”，首先建七殿、二堂、一楼等的晋阳北宫；577年，又建晋阳南宫及开化等十二院；其北为玄德门，又北为宣武楼；规模和壮丽程度超过邺城宫殿群；另在天龙山东苇谷建规模宏大

① 据《水经注·沁水》卷九。

的避暑宫，又称皇家宅。[①] 还在晋祠“大起楼观，穿筑池塘，自（高）洋以下，皆游集焉，为北都之胜。”有凉堂飞梁等十几处亭台楼阁堂榭等华丽建筑。[②] 又据民国《林县志·杂记》，高洋在邺城“往来晋阳（间），多起离宫。”如乾隆《武乡县志·古迹》卷二载：“高欢避暑亭，在崇城寨，高欢于武乡，尝憩于此。”可能就是一处离宫，因他未正式登极，不便称“宫”罢了。

北齐诸帝又大建甚多寺宇。如天龙石窟寺群和龙山高一百七十尺大佛的童子寺，皆依山而凿；尤其是蒙山开化寺，据道光《太原县志·寺观》卷三“依山刻佛像，高二百尺。”

以上众多建筑，当然要大量砍伐太原西山森林，也稍破坏上党北端一带的一些森林。可详见《太原森林与生态史》60～62页。

北齐在五台山更大建寺宇。据唐《五台山清凉传》（后称《古清凉传》），“宇内寺僧将四十千，此中伽蓝（寺院）过二百，又割八州之税，以供山众衣药之资。”其他地区也建许多寺宇等，都砍伐不少林木。

（二）大筑长城　缘边屯戍

东魏武定元年（543），高欢征民夫五万人，沿勾注山筑长城，长一百五十里。北齐天保（551～558年）高洋又大筑南起汾阳、离石交界的黄栌岭，向北沿吕梁山到兴县长城坪，再折东沿管涔山、勾注山，出省到居庸关的长城。为防突厥，高湛于563年派斛律光筑自五台山东缘长城岭，沿太行山，南到左权黄泽关、与河北接界的长城，长二百多里。在省境共筑长城近两千里，破坏沿线不少森林。另553年北齐在雁北黄花梁大破柔然（鲜卑另一支）后两年，大筑东起幽州，西到恒州（大同），长九百里的长城，但多在雁北东北缘之外。随即突厥兴起，564年南征，经忻定，到晋阳，双方大战，“城西积尸百余里”，所以说北齐对雁北统治期短且不稳固。

---

① 据嘉靖《太原县志·古迹·宫室》卷一、光绪《通志·宫亭室》卷五十四。

② 光绪《晋祠志·故事》卷四十。

北齐沿西河长城设三堆（静乐）、苏孤（岢岚三角村）、社平（五寨北）等戍，军屯，以防山胡（匈奴支系）。因采取怀柔政策，且山胡势力不强，未翻山东侵，故相对稳定，使戍点山间小盆地之林变为屯田。另沿内、外长城也营屯田，但北方部族势力较强，有时长驱直入，屯田难以稳定，对森林破坏性不大。

东魏、北齐与西魏、北周，在临汾、运城之间长期对阵40多年，双方都重设州郡，大量驻军，拉锯争战，大肆焚烧。如北周大将辛叔裕“令汾水以南，傍介山、稷山诸村，所在纵火。”① 皆对这一带森林破坏很大。576年北周武帝“行幸河东涑川，集关中、河东诸军校猎。”帝亲征，下晋阳，灭北齐，已到本时期尾声。

（三）牧场再次南移

北魏迁洛，“恒置戎马十万匹，以供军需之备，每岁自西河徙牧于并州，以渐南移，以其习水土而无死伤也。”大牧主的众多牲畜也随之南迁，在河阳（河南汲县）新置皇家马场。据考，“迁洛后，石济以西，河内以东，距黄河南北千里为牧地，魏、齐时马场是也。”② 该大片马场也包括山西省上党南部在内，当然要焚毁大片森林。

北齐时，古交及代、忻也是皇家马场，晋阳城北今向阳店有“白马府”，隋朝称其为故府。564年“突厥入境，代忻二牧，悉是细马，合数万匹，在五台山北谷中避贼。”③ 因怕再被抢掠，后专心经营古交牧马基地，在孔水（屯兰川）置“马栏城”（今马兰村），并“置牧官”，④ 再次焚毁这一带次生之林。

二、森林恢复要因

（一）雁北空虚 进而废弃

493年孝文帝从雁北率二、三十万大军到洛阳，随即宣布迁都。

① 光绪《通志·名宦》卷一百零一。
② 雍正《通志·历代马政》卷五十六。
③ 光绪《繁峙县志·杂志》卷四。
④ 万历《太原府志·古迹》卷二十四、康熙《交城县志·建置沿革》卷四。

又选鲜卑勇士 15 万为宿卫军，迁到洛阳。贵族勋巨、富豪士绅，及其从属人员等和众多百姓也迁往洛阳，两三年迁出者百多万人。牲畜等动产也随之带出，雁北急剧萧条。523 年北陲六镇叛魏，山胡起义，人民进而向南逃亡，雁北“尽成废墟”。后柔然部进入，成了猎牧之区。东魏予以废弃。北齐曾一度收复，不久又被突厥所据。80 多年来雁北一派荒凉，林草植被自然恢复起来。

（二）晋西中部以北　垦殖皆废

523 年山胡起义，趁晋西北和吕梁山西侧极度空虚之机，山胡进入原本就人烟稀少的羌胡所居旧地，并南进到离石、石楼一带。554 年北齐“（高洋）帝亲讨，从离石道大破石楼胡，至是远近山胡，莫不震服。”[①] 退到吕梁山西侧离石以北及晋西北河保偏一带。该地原本森林遍布，人数不多的山胡在此游猎、游牧，当然森林会进而恢复。据《周书·胡稽传》,“后期亦知种地”，但不具规模，不久即被北周征服，未形成较长期的固定农田。

三、森林分布概略

直到北朝晚期，山西省人口并未增多，不但与汉朝相差甚远，甚至未恢复到曹魏后期至西晋初期的水平，也未扩展垦拓。虽然大半部森林有些减少，但还有小半恢复，总相抵消，森林还约占全省总面积的一半以上，多至十之六，只是有些次生林质量又稍降低而已。鉴于大平川盆地已几近无林，故大致分片，再按山系分区、分段，将有关林草的直接或间接记载分列而述。凡有记载之处，都是有人们活动之区；人迹罕至的深高山，森林会比记载更好。为节省篇幅，不再一一推述。

（一）中条山

森林植被基本完好。《水经注·（黄）河水》卷四载:“蒲坂县西有历山，……上有舜庙，……舜所耕于山下，多柞树，吴越之间，名柞为枥，故曰历山。……雷首山有夷齐庙，……山南有古冢，陵柏蔚

---

① 民国《临县志·大事谱》卷三。

然，攒茂丘阜，俗谓之齐夷墓。”又《水经注·涑水》卷六载：绛水沿岸“青崖若点黛，素湍如委，望之极为奇观矣”；檀道山（亦名方山）“方岭云回（云雾缭绕），孤标秀出，……翠柏荫峰，清泉灌顶，有良药。”① 又东到平陆三门峡一带，《水经注·河水》卷四描述是“群峰叠秀”；再东到垣曲中条山东端沇西河（古称教水），同书同卷说是:“教水南流，历鼓钟上峡（同善北），……经峰秀举，……峰次青松，岩悬赪石，于中历落，有翠柏生焉，丹青绮纷，望若图绣矣”的一派山林、悬崖、飞瀑、湍流美景。②

（二）吕梁山南段

与中条山类似，森林尚好。但凡易于采伐和漂流木材之处，因遭采伐，缺少大量巨木良材。否则，那时京洛大批建筑材木，就不会到较远处的吕梁山中段伐取了。

（三）太行山南段

与中条山东端接连的阳城、晋城南部，《水经注·沁水》卷九描述是:“沿（沁河）流上下，步迳裁通，小竹细笋，被于山渚，蒙笼茂密，最为翳荟也。”林、竹植被，十分美好。

上党森林仍然较多。如北魏晚期,“尔朱荣讨葛荣，（大军）猎于襄垣。”③ 据《水经注·漳水》卷十，沁县南有好松山；壶关县东南有白木川；北魏时称屯留西南端之山曰盘秀山；长子东南三十里称慈林山，建寺曰慈林；长子城南十里北齐韩佑大墓，墓志曰：“郁郁佳城”：北周宇文显（武乡人）墓志曰:“纂系于苍林”；还有北魏迁洛后，彭城王勰随孝文帝幸代，到沁县南四十里铜鞮山，路旁有大松数十株，勰咏诗曰:“问松林，松林经几冬，山川何如昔，风云与古同”等,④ 均说明盆地边山的丘阜，还有许多森林。

---

① 乾隆《蒲州府志·山川》卷二均摘引。

② 笔者曾住多日考察，对照《水经注》，描述极是，惜今森林大减。

③ 乾隆《襄垣县志·杂记》卷八。

④ 以上据乾隆《潞安府志·山川》卷四、光绪《通志·古迹·寺观》卷五十七、嘉庆《长子县志·艺文》卷十六、康熙《通志·艺文》卷三十二、乾隆《沁州志·艺文》卷十。

盆地东的太行山脉，以松为主的森林资源还相当丰富。据《北史·齐本纪》中，556年高洋又“发丁匠三十余万人，营三台于邺，因其旧址而高博之。”又据《南齐书·高欢传》卷三十四，在“贵势之流，食货之族，车服技乐，争相奢丽”的风气下，王公大臣、贵族富绅等营建豪华宅第、园囿，都近在太行山中南段采运大批良材，并未到再远处伐取。足见高大茂林甚广。

（四）太岳山区

该山，尤其是广袤腹地更系以松为主的高大茂林遍布。其东缘已在（三）连带述及，兹略述太岳山主脉西侧。《水经注·汾水》卷六载:“霍太山有岳庙，庙甚灵，鸟雀不栖其林（因系通直高大、树冠很小的茂密针叶树林，不宜鸟类筑巢），猛虎常守其庭。”同书同卷载:“介休县之西南，俗谓之雀鼠谷。数十里间道隘，水左右悉结偏梁阁道，垒石就路，萦带岩侧，或去水一丈，或高五、六丈，上戴山阜，下临绝涧，俗谓之鲁班桥，盖通古之津隘矣。亦在今之地险也。”大筑、大修太岳山西麓与吕梁山中段东麓接合部几十里的梁阁栈道和桥梁，就地取材，说明南北大干道两侧森林众多。北魏时介休丘陵低阜有木瓜（拟指文冠果）山;[①]“万松岭似翠屏，在（平遥城）南列障，上下胥茂松涛声，……平陶东南有过山（超山）是也。”[②]均说明盆地边山还森林众多。详见《太岳山区森林与生态史》40～53页。

（五）太行山中段

太原盆地北、阳曲湾至黄寨一带沟壑，杂林丛生。如《水经注·汾水》卷六载:“洛阴水（杨兴河）西流经盂县故城，……左右夹涧幽深，南面大壑，俗谓之狼马（孟）涧。”

盆地东边山阜丘，森林尚多。如《水经注·洞涡水》卷六载:“洞涡水（潇河）又西与原涡水合，近北便水源也。水西阜上有原涡祠，……栋宇虽沦，攒木犹茂。”该祠在榆次城东五里，今已扩

---

①② 雍正《通志·山川》卷二十。

为市区。榆次东南三十里区堂壁（福堂寨），“北魏傅区居此，……树木丛茂。”① 东魏《龙骧将军杜何拔墓志》曰：“草蔓重高，山猿晓思，松风夜清，……宿鸟时惊。”② 该墓在榆次东南二十余里长凝镇南麓台（六合）村的低阜丘陵。北齐王系《罕山浮屠疏》曰：“晋国多山而盘纡茀郁，中都（此期中都已迁到榆次城）为大。都之势南平北险，百余里中，岗陵起伏，苍翠拔出，罕山为大。”③

北朝时该段后山比较偏僻，上层人士少往活动，只查到寿阳、盂县接界处方山，因林景美好，西晋赐名福秀神山。光绪《平定州志·山川》载：因两岸“红叶霜林，孕如桃花”，故曰桃水，即今桃河。

（六）五台山区

虽然北魏、北齐在台怀一带建了很多寺院，“人迹渐繁”起来。但该山区森林资源十分丰富，且木材没有外运，相对而言，破坏不重。除寺宇和五台城等附近呈现斑片状少林外，绝大多数之山茂林满布。如北齐高僧明勖游清凉，所见皆“深林幽谷”；北周僧道明入圣境，自“深林而出”，所见皆“茂林清泉”。④ 据唐《古清凉传》卷上引《括地志》曰：“其山层盘秀峙，曲径萦纡。”又据该传卷下，北周某沙门“为求圣迹，往来台东花林山，见茂林清泉，……四望，唯高山巨谷，蟠木秀林而已。”529 年北魏“恒州刺使呼延庆猎于此山，……至平原之内，……林果（主要是枣树）甚茂。”说明盆地有不少枣树等林木。

（七）吕梁山中段　北段

高大茂林遍布，巨木良材甚多，所以北魏迁洛以后，才可“京洛材木，尽出西河”。但至多也不过砍伐了二、三十年，因北魏分裂而终止，森林仍较完好。如《水经注·文水》卷六述汾阳北四十里

① 康熙《通志·古迹》卷二十七、民国《榆次县志·古迹》卷十四。

② 民国《榆次县志·艺文》卷八。

③ 雍正《通志·山川》卷十七、乾隆《太原府志·山川》卷十七。

④ 万历《清凉山志》卷六《明勖值圣传》、《道明入圣域传》。

边山的隐泉山是:"层松饰岩，列柏绮望"；同书同卷晋水述晋祠是："沼西际山枕水，有唐叔虞祠，水侧有凉堂，结飞梁于水上，左右杂树交荫，希见曦景，……于晋川之中，最为胜处。"后北齐在晋阳一带大兴土木，太原西山森林有所减少、变差；后山古交一带亦因系皇家马场，森林向较高山上退缩。

吕梁山北段及再北河保偏一带的森林，基本未遭破坏，更茂林遍布。如东魏武定二年（544）高欢征山胡，从晋阳出兵，经静乐，再由岚县西南翻合查（黑茶）山麓向西进军，这一带"林菁深密"。①多为以云杉、落叶松为主的高大茂林。

（八）管涔山区

除周边森林略有减少或山间小盆地变成次生杂林外，山区腹地松杉遍布。如《水经注·汾水》卷六述：前赵被灭，"刘渊族子刘曜尝隐避于管涔之山，……后曜遂为胡王矣。汾水又南（到静乐）与东西温溪（东、西碾河）合，水出左右近溪，声流翼注，水上杂树交荫，云垂烟接。"到553年七月，高洋亲讨离石山胡，（因林深难行）"未至而返，因巡三堆戍（静乐），大猎而还"。② 他又北巡至达速岭（宁武城北十里、与神池接界的黄花岭），"将起长城，……诸军大会，……大猎于祁连池。"在该山区南北两端大肆焚林围猎，也说明森林众多。

（九）雁北

平川盆地和左右平丘陵区，再延续到内蒙古和林一带，经几十年自然恢复，已成为大片茂盛草原，间杂疏林。如546年高欢带军围玉壁（在稷山），大将斛律金唱其故乡（北朔州）《敕勒歌》曰:"敕勒川，阴山下，天似穹庐，笼盖四野，天苍苍，野茫茫，风吹草低见牛羊。"山区残林也获得较长期恢复。如《水经注·㶟水》卷十一述灵丘南山是"秀鄣分霄"；同书湿水卷十三书述桑干河流出雁北东缘外是"林彰深险，路才容轨，朝禽暮兽，寒鸣相和'。隋唐更长期恢

① 《并州文化》1987年3期 郭周《巍巍黑茶山》。

② 民国《临县志·大事谱》卷三。

复。详见《雁北森林与生态史》69～79页。

第五节　北朝时少量植树

一、都城绿化

为了美化京都及皇家苑囿，北魏在大同附近植了一些树木。如引如浑水（御河）入宫城，注入东、西鱼池，池边广植树木。在郭城和西郊洛阳殿、武周川河谷灵岩（云岗）石窟寺、北郊方山下的灵泉池、北山鹿苑等园囿，也都广植松树和杨柳等园林美化树。在南郊田野村落和如浑水西支津两岸，多植杨柳。还有意在佐近山丘保留了一些原有林木，把京城打扮的清新雅丽。① 如《水经注·湿水》卷十三述："（方山冯太后陵）左右列柏，四周迷禽暗日。……（灵泉）池渚旧名白杨泉，泉上出白杨树，因以名焉，其犹长杨五柞之流称矣。……（如浑水）出郊郭，弱柳荫街，丝杨被浦，公私引裂，用周园绕，长塘曲池，所在布获。……（支津）历京城内河干两湄，太和十年，累石结岸，夹塘之上，杂树交荫。……（武周水侧）山堂水殿，烟寺相望，林渊锦境，缀目新眺。"南国使来朝，也甚赞胜似江南园林美景。

北齐兴建晋阳城宫殿和晋祠园林等，也植了些美化树木，但远不及平城之多。

二、四旁植树

北魏孝文帝485年颁布"均田令"，除计口授田、死后归官外，另"男夫一人授桑田二十亩，课莳余种桑五十株、枣五株、榆三株。非桑之土（不宜桑之寒冷地区），夫给一亩，依法课莳榆枣，奴各依良。限三年种毕，不毕，夺其不毕之地。于桑榆地分杂莳余果及多种桑榆者不禁。"栽种桑榆枣果等地为"世业"，可以继承，也可买卖

① 据《山西地方志通讯》1986年3期 姚斌《北魏的城市绿化》等文。

一部分。因之在平川盆地植了一些桑榆枣果等树木。但栽树规模与破坏森林相比，不足言道。

由于客观需要，北魏时贾思勰著《齐民要术》农书十卷、九十二篇，其中有种树之法。

第六章　隋　唐　五代十国时期(581～979 年)

本期与秦汉相似，隋文帝 581 年立国后，打下良好基础，但其子炀帝荒淫残暴，不久而亡。唐朝又进入最强盛的黄金时代。后期由于藩镇割据，造成五代十国的动乱，但历时比五胡十六国较短。960 年宋太祖称帝，直到 979 年宋太宗才最终灭掉盘踞在山西省中部的北汉国。本期山西省中南部森林继续减少，但雁北森林却继续大恢复起来。

第一节　大政沿革

一、隋朝（581～618 年）

北周武帝逝后，杨坚辅助幼主，总揽国政，于 581 年轻易篡位称帝，国号隋，仍都长安。589 年灭掉江南陈朝，结束了我国三百年来南北大分裂局面，复归统一。

由于自曹魏、西晋以后州郡越来越小，故隋文帝于 583 年罢天下诸郡，以州直接统县，为州、县二级政区，全国有州 201。因州太多，故仍保留北周时在要冲之州设的总管府，为中央派出机构，统领附近某些州的军政。山西省有并州（治晋阳）、代州（治雁门，代县）、隰州（治隰川，隰县）、朔州（治善阳，朔城）四个总管府。为抵御强大起来的东突厥，581 年封其次子杨广为晋王，驻晋阳；次年置河北道行台尚书省，杨广为尚书令，为中央派出之最高机构，职掌山西省、河北一带军政大权。

604 年杨广弑父，自立为帝，即隋炀帝。废总管府，易州为郡。

到612年全国有郡190、县1300余。在山西省有河东（治河东，蒲州城，领10县）、绛（治正平，新绛，领8县）、临汾（治临汾，领7县）、文城（治吉昌，吉县，领4县）、龙泉（治隰川，隰县，领5县）、长平（治丹川，晋城东北，领6县）、上党（治上党，长治，领10县，其中涉县在今河南）、西河（治隰城，汾阳，领6县）、离石（治离石，领5县）、太原（治晋阳，领15县）、楼烦（治静乐，领4县）、雁门（治雁门，代县，领5县）、马邑（治善阳，朔城，领4县）13郡，计88县。炀帝暴政导致隋末大乱，仅立国37年，618年被唐朝取代。

隋与秦类似，皆系结束了前一个大分裂历史时期，开创了全国统一的重要新时代。秦始皇创秦制，为汉以后各朝所沿袭；隋文帝创隋制，为唐以后各朝所遵循；皆因他俩大加改革、创立新制的后延作用有关。但两朝皆很短暂，都被不肖之子很快将其父所创的完固基业折腾而亡，决不可因立国不长而低估其历史作用。

二、唐朝（618～907年）

隋末的615年任李渊为山西河东抚慰大使，总管黄河以东、太行山以西广大地区，这也是山西省通称河东、山西之始由。次年又任太原留守。他趁隋末大乱之际，617年从晋阳起兵南下，除在霍州与隋守将宋老生一战外，顺利轻取长安。次年李渊称帝，国号大唐。619年刘武周从马邑发兵，南下占领晋阳，刘之西南道大行台宋金刚一直打到晋南。李世民回师北上，620年四月与金刚在介休南决战，歼灭刘军主力，收复晋阳，占领雁北。又灭了王世充、窦建德等割据军阀，奠定了唐朝近三百年基业。李世民继位，即唐太宗，文治武功十分显赫，史称贞观之治。空前统一，强盛繁荣，出现了我国历史上第二个文明盛世，史称贞（观）开（元）(627～741年）盛世（期间690～704年武则天称帝，改国曰周，不另叙述）。极盛时疆域一度超过西汉，比西汉更加繁荣，影响深远，至今海外华人仍称祖国为唐山。

唐初仍为州县二级制，全国有州358、县1551。在京都、陪都和极要地设几个府，也系一级政区，但地位远高于州。由于州太多，632 年又划全国为十道；后疆域不断扩展，733 年增为十五道。道系监察区，到唐中期安史之乱后，节度使成为统领一道军、民、财、法等大权的地方最高长官，藩镇割据，逐渐演变为凌驾于府州之上的一级政区，实际成了道、府州、县三级。唐后期更纷纷割据，增至四十余道，埋下五代十国大分裂的祸根。

山西省称河东道。河东道采访处置使（又称按察使、观察处置使）驻晋阳，到唐中期 721 年共有 1 府、16 州。分别是：太原府（治晋阳，领 13 县）、蒲州（治蒲州城，领 13 县，721 年正月升为河中府，置中都，当年六月罢，复为蒲州）、绛州（治正平，领 7 县）、晋州（治临汾，领 8 县）、慈州（治吉昌，领 5 县）、隰州（治隰川，领 6 县）、泽州（治晋城，领 6 县）、潞州（治上党，除涉县外领山西省 9 县）、沁州（治沁源，领 3 县）、汾州（治隰城，领 5 县）、石州（治离石，领 5 县）、岚州（治宜芳，岚县，领 4 县）、辽州（又称仪州，治辽山，左权，领 4 县）、忻州（治秀容，忻州城，领 2 县）、宪州（原楼烦监，889 年才置州，治静乐，领 3 县）、代州（治雁门，领 5 县）、朔州（治善阳，领 2 县）、云州（治云中，大同，领 1 县），另蔚州在山西省有灵丘县；河南道陕州在山西省有平陆、芮城、夏 3 县；共 105 县。上述政区常有变更，但设县从未改变南稠北稀局面。

三、五代十国（907 ~ 979 年）

唐后期诸割据势力越来越强，混战规模越来越大，唐廷无力驾驭。归顺唐朝的突厥余部沙陀人李克用因战败黄巢起义军立功，唐廷被迫于 883 年任他为河东节度使。896 年又加封为晋王，承认他永远割据河东，实际已成为独立政权。与盘踞于河南的朱温割据势力争战不止，进入五代十国混战序幕。兹将涉及山西省五个逐鹿中原的小朝廷及北汉国略述之。

（一）后梁（907 ~ 923 年）

907 年朱温篡唐称帝，国号梁，都开封，史称后梁。仅占据山西省南部，与晋王国争战，尤其在上党大战不止。923 年被后唐所灭。

（二）后唐（923～936 年）

与占据山西省中北部的晋王国一脉相传。908 年李克用逝，子李存勖继位，更加好战，变被动为主动攻击后梁，在泽潞之交恶战十几年，晋胜梁亡。923 年定都洛阳，国号唐，史称后唐，晋阳为其北都，占据山西省全部。936 年被后晋所灭。

（三）后晋（936～946 年）

后唐河东节度使沙陀人石敬瑭卖国求荣，于 935 年初割燕云十六州给契丹（其中有雁北云应寰朔四州），换取支持，允立他为儿皇帝，据晋阳叛后唐。从此雁北为契丹长期所据，到北宋也未收复。936 年后唐派五十万大军围攻晋阳，契丹救兵南下，唐军大败，主力尽失。石敬瑭长驱南下，当年冬灭后唐称帝，国号晋，史称后晋，迁都开封（东京），晋阳为其北京。946 年契丹南下中原灭后晋，人民纷纷起反，不得不撤回。

（四）后汉（947～950 年）

后晋河东节度使沙陀人刘知远趁中原空虚之际，于 947 年顺利进入开封称帝，国号汉，史称后汉。晋阳仍为其北京。他当皇帝仅一年即逝。950 年被后周所灭。

（五）后周（951～960 年）

后汉天雄军节度使郭威于 950 年冬杀回开封，次年初称帝，国号周，史称后周。954 年三月郭威逝，继子柴荣立，御驾亲征，于当年五月围攻晋阳，未克，从此占领了山西省中部以南。他很有作为，惜于 959 年早逝。960 年被殿前都检点赵匡胤轻易篡位。

（六）北汉国（951～979 年）

后汉太原留守刘旻据晋阳称帝，承后汉嗣，史称北汉。仅占据山西省中部。北宋 960 年立国后，逐年灭掉其他割据国，同期也屡攻北汉，皆未克。如 969 年三月宋太祖亲至晋阳城下督战，至闰五月仍未能攻克而退兵。直到 979 年四月宋太宗御驾亲征，五月北汉主刘继元在粮尽援绝下投降，北宋才占据了山西省勾注山以南。

第二节　森林减少主因

本期除雁北森林继续大恢复外，勾注山以南森林继续减少，其主要原因是：

一、户口激增

（一）隋朝

隋文帝厉行节俭，待民宽平，减少政权层次，避免施政紊乱，课税轻，赋役少，积谷满仓。如592年诏：人口稠密的河东、河北，减田租三分之一。休养生息，政局稳定，人口大增。到609年，全国达5139.6万人，每平方公里平均5.35人。在三、四百年大分裂动乱、人口锐减的废墟上，立国不到30年，已恢复到接近西汉后期的最高水平，来之不易。

山西省人口增势更猛，近86.7万户、448.9万人，占全国总数的8.73%，每方公里平均28.6人。人口总数、密度仅次于河南、河北（包括京津，以下皆同）、山东，均居全国第四位。比西汉山西省人口最高峰值还增加了57%，属高增长、高密度之省。

山西省户人口分布更南密北稀，大体上南、中部（尤其是平川盆地）县狭户众，北部县广户少。如据《隋书·地理志》，山西省西南隅的河东郡，平均每县15708户，户均以5.16人计，县均8万余人；上党、临汾、西河、太原四郡，县均皆超过万户；其他雁门关以南诸郡，县均也皆在五千至万户之间；只有离石郡5县、24081户，县均4816户；而管辖雁北大半和晋西北一部的偌大马邑郡，仅有4县、4674户，县均才1168.5户，县域广袤，但县均才6000人。人口密度比河东等郡，差之天渊。

（二）唐朝

隋末大动乱，唐初期人口大减，山西省尤甚；经唐前期文明之治，很快恢复起来。752年达到顶峰，全国共6006万余人，已超过西汉 5800 万余人的峰值，方公里均 6.26 人。

山西省达到 397.1 万人，占全国总数的 6.61%，平均每平方公里 25.3 人。由于对四川、浙江等地的开发，山西省人口总数低于河南、河北、四川（包括重庆，以下皆同）、山东、浙江、陕西，居第七位；人口密度低于河南、浙江、山东、河北、江苏，居第六位。全省人口虽远超西汉，但尚未达到隋朝的峰值。

人口分布仍然与隋朝类似，南、中部县狭人众，北部县广人稀。据《新唐书·地理志》等，742～752 年间，蒲、绛、晋、汾四州和太原府，县均都在五万人以上（绛州县均高达七万多人）；其他诸州，县均也都万多人至四万余人；而全雁北（包括朔州 2 县、云州仅 1 县及蔚州的灵丘）总共四万人左右，尚不及中、南部平川盆地一个县的人口。

盛世人口增多，人们的物质需求也较高，烧燃用度等所消费的木材肯定比乱世要多。

安史之乱后人口开始下降，到 813 年，山西省约剩 254 万人。

（三）五代

经裘甫、黄巢等起义（859～884）后，军阀更加混战，到五代十国，人口锐减。因人口资料阙缺，估摸山西省已降到百几十万人。

二、向远山区扩垦

（一）在山区增设州县

隋唐皆高度重视农垦，在亩产还不高的基础上，主要靠新拓田亩而使粮食大增。平川盆地已感不足，就到偏远山区垦殖，形成村落，增设州县。如：隋在太岳深山腹地增设绵上县（沁源郭道北绵上镇），唐置沁州，领沁源、绵上、和川（安泽县北和川镇）三县；还在太岳山西侧增设灵石县。在晋东南还增设沁水、陵川等山区县。在吕梁山南段增设汾西等县。唐在太行山中段新置辽（仪）州，领辽山（左权）、榆社、和顺、平城（和顺县西百里仪城村）四县。隋在晋阳后山增设交城县（唐移治今交城）。隋在吕梁山中段西侧的离石郡和北段的楼烦郡（包括静乐一带）也增设几县；唐改为石州、岚州，又新设几县。如此等等，又常有变更，不于详述。但总趋势是在偏远山区设县增多，也即远山腹地的河谷阶坂和更远的丘陵等处之垦殖已初具规模，意味着森林向山上和更远处退缩。

（二）均田制完善

隋文帝开国当年即颁布均田令，以后又多次强调，大力推行。据《隋书·食货志》：一夫授露田八十亩，一妇授露田四十亩，奴婢授田与良人同。丁牛一头授田六十亩，但（每户）不得多于四头。又每丁授永业田二十亩，种桑或种麻。人多地少的“狭乡”，分不够规定亩数时，鼓励迁往人少地多的“宽乡”扩垦，故有不少农家到山区落户。由于大量扩垦，到文帝末国库存粮可供国家五、六十年之用，山西省的余粮也纷纷调往京师。单长安国库存粮，直到唐贞观十一年（637）还未用完。并州库存布匹也达“数千万”。

唐初的624年即颁布均田令：凡天下丁男（21岁成丁，18～20岁中男依丁男授田）给田一顷（阔一步、长240步为一亩，每步约1.6米，将近今之0.9亩，百亩为顷，以下皆同），老男笃疾废残（60岁以上为老，不足50岁的残疾者依老男授田）给田四十亩，寡妻妾三十亩。若为户主，另给二十亩。皆以二十亩为永业，余为口分。永业之田树桑榆枣及所宜之木。田多可足其人者为宽乡，少者为狭乡，狭乡授田减宽乡之半。其地有厚薄，岁一易者倍授之，宽乡三易者不倍授。[①] 工商减半授田（狭乡不授）。另男僧、道士每人授田三十亩，女尼、道姑二十亩。永业田可以继承，口分田死后归官，另行分配。看来授田对象比隋扩大，所授田亩增多，薄田还加倍授给，以备休闲地力，轮换耕种，并鼓励农民由平川盆地迁往人少地多的山丘区开辟新田。如《元次山集》卷七曰：“开元之际，耕者日力，四海之内，高山绝壑，莱耜亦满。”说明在山区耕垦，已较普遍。到天宝十四年（755），全国每户平均有耕地160.45亩。[②] 山西省除雁北外，多系人多地少的狭乡，恐达不到全国平均数，就以每户平均百余

① 光绪《通志·历代田赋》卷六十五。

② 《山西经济史纲要》206页 山西人民出版社1993年。

亩计，那时勾注山以南有63万多户，约有耕地6500万亩以上，而平川盆地总共才3800万亩（不计雁北），说明平川盆地早已不敷耕种，当然要向丘陵山区扩垦。由于唐均田较为完善，调动了自耕农积极性，着意力田或开辟新田，致使粮食为主的农产品大增。那时山西省是全国最主要粮产区之一，有大批余粮调往京师长安。

（三）庄田扩大

隋唐的贵族、文官、军官，以及官衙等都有大量庄田。唐初期规定：贵族从八、九品职事官到正一品亲王，每人分别授永业田200～10000亩；功勋从武骑尉、云骑尉到上柱国，分别授60～3000亩；京官从九品到一品，分别授职分田（供俸禄）200～1200亩；外官从九品到二品，分别授250～1200亩；兵府从队副、队正（50人为队）到三卫中郎将、上府折冲都尉，分别授80～600亩；在京官衙从内吏府、率更府到司农寺，分别授公廨田（供官衙杂费，官吏不得占用）200～2600亩；在外官衙从下、中戍到大都督府，分别授100～4000亩；另寺观按僧道50人以下至百人以上，分别授常住田（供寺观杂费）数顷至十顷。

高宗时（650～683）吏纪松弛，皇室、贵族官僚等广占分额以外的庄田。“王公、百官及富豪之家，比置庄田，恣心吞并，莫惧章程。爰及口分、永业，违法买卖，……致令百姓，无法安置。”① 武则天又对僧尼放纵，寺宇亦多吞并田亩。天宝时（742～755）土地兼并越炽，农民多沦为庄园雇工，还有不少农户逃往山林，焚林辟田，均田制逐渐瓦解。

（四）屯田和府兵

隋朝特重屯田。凡州军边防驻守之地，开发山林川泽，利用大量荒田军屯。除屯卒人给十亩口粮田外，所产粮食十之九上交官府，储备军粮。隋初即在北齐内长城基础上，又予复筑，也沿边屯田，但很快即把突厥赶出雁北，于开皇五年（585）在恒安镇选沃土屯田。仅十几年，突厥又占领大同，历时不长。此外在阳曲东洛阴一带，也为

① 《旧唐书·李憕传下》卷一百八十七。

屯戍之地，但规模不大。总体上看，隋朝屯田对山西省森林变迁影响较小。

唐朝屯田规模更大，并有完整制度。从尚书省、司农寺、州镇、巡行御史，到屯官、屯副，各有明确职掌，并不断派官巡谪，按屯垦效果论功行赏或处罚。山西省中北部屯田较多。如唐初“窦静为并州长史，……请于太原多置屯田，……岁收数十万斛，高祖善之。六年（623）秦王（李世民）又奏请益置屯田于并州界，高祖从之。……天宝八年（749）天下屯者收九十一万三千九百六十石，……河东道二十四万五千八百八十石。”① 山西省屯田共约百几十万亩，岁收屯粮占全国1/4以上，上交屯粮名列第三。屯田主要在山丘区，直到晚唐，仍在诸山谷大行屯垦，屯期很长，当然要毁及丘陵山区的不少森林。

隋朝废除北齐坊兵制，推行兵农合一的府兵制。即挑选精壮农丁，脱离农籍，派军官督率，农季从事耕作，农闲接受军训；有战随时调发，寓兵于农，以减轻军费。按丁男同数拨给府兵耕地，并免除租庸调。

唐朝除基本沿袭隋制外，还按路途远近，规定轮番抽调到卫戍或边镇当兵期限，合理服役等。全国共634个兵府，主要分布在北方诸道。除关内道最多外，山西省亦是最重要的府兵区。据《新唐书·地理志》，河东道有兵府142，约占全国总数的1/5强；山西省兵府分布与军屯相反，农户多之州兵府亦多，农户稀之州兵府很少。如河中府、绛州各有兵府33，汾州有12，太原府18，泽州5，忻州4，代州3，晋东南山区的潞州、晋西北山区的岚州各1，而雁北地域广阔的朔州、云州则无兵府。按唐制，上府1200人、中府1000人、下府800人，平均以千人计，每名给田一顷，每兵府约有田10万亩，全省兵府近150，共需开辟新田约1500万亩。当平川盆地不足时，当然要向山丘区小盆地、河谷阶地、河滩地、坂地索取。如五台县有东

① 光绪《通志·历代田赋》卷六十五，该志卷一百零一名宦、卷一百二十一乡贤亦载窦屯田事迹。

冶（兼冶铜）、清凉二兵府，前者还位于忻定盆地东缘外、海拔千米以下丘陵区的小银河谷阶地，后者已到五台深山腹地、海拔1200多米以上的大山柳院沟了。开辟众多兵府耕地，当然要毁坏不少森林。安史之乱后，藩镇割据，府兵制废坏，不得不改为募兵制。

三、牧马基地转向后远山区

秦汉时皇家已在山西省牧养大批军马，多在盆地和边山，曹魏至北齐牧马基地始向后山古交转移。从唐初期，皇家更重视牧养军马，达到鼎盛。“西起陇右（甘肃西部），又东止于楼烦，皆畜养马地也。”由于山西省的浅近山区草坡退化，故牧马基地再转移到更远的娄烦、静乐、岚县一带山区。贞观至麟德（627～665年），边境养马70万匹，“色别为群，望之如云。”共48牧监，楼烦为最，“监使虽分，而统系于楼烦。”[①] 该监相当于上州级。后又在岚州置内外厩都使，统领楼烦、天池、元池三监，以蕃马政。安史之乱前，“安禄山以内外厩都使兼加楼烦监，阴取胜甲马归范阳（北京，后他为范阳节度使），故兵力倾天下而率反。”[②] 即谁掌握了楼烦等监的马权，就能战马强劲，有实力与朝廷抗衡，有“楼烦骏马甲天下”之称。因养马甚多，故出现了名马和异马。如李翰《名马记》曰：“开元十一年，……太原献异马驹，其耳如筒，两肋各十六，肉尾无毛。”[③] 唐后朝白居易诗曰：“并州好马应无数。”[④] 柳宗元《晋问》亦说：“晋国多马，腹稍众木。”即牧坡灌草繁茂，齐及马腹。唐末，该牧区中心稍向北移到静乐，李克用在宪州（静乐）别置监牧使，领天池（娄烦东南天池店）、元（玄）池（静乐东南）、楼烦（娄烦）三监。882年李克用北征，返归忻、代，“数争楼烦监”，至唐末牧马业还较兴盛。至今方山县北有马坊乡；静乐有东、西马坊、马圈塄；稍东忻

---

① 康基田《晋乘搜略》嘉庆。

② 《新唐书·兵制》卷五十。

③ 雍正、光绪《通志·大事记·物产》卷八十五、卷一百。

④ 《历代名人咏晋诗选》80页 中国社会科学出版社 1982年。

县有马圈山、上、下马圈等村镇；岚县有前、后马宗、上、下马铺等村。889 年该三监改置臼县，说明农户始多，需设县管理。到五代牧马业开始衰落，楼烦尤甚。

唐朝在山西省另新辟牧马基地在上党西屏（小关道）稍东，位于沁河支流的泗河上游的良马，其东北即沁河与漳河分水岭，坡不陡峻，宜于养牧。该处原属屯留县西南端，今改属安泽县东北端。由于泽潞一带的边浅低山已无大面积繁茂草坡或间被垦殖，故牧马基地由汉魏时的泽潞接界处，转移到更远的潞晋沁三州交界一带的后山区。"山高地腴，……唐李万红往牧津梁，畜马蕃息，其形如鸭而健，谓之津梁种马。"[①] "唐津梁寺（屯留）县西南九十里。《唐书·刘从谏传》，李万红本退（吐）浑部，举帐至潞州，牧津梁寺，地美水草，……良马寨即津梁寺也。"[②] "潞州津梁寺水草美，良马寨驻此。"[③] 李万红原系土谷（yù）浑（在今青海）某部首领，唐后期被征服赐姓李，改名万红，该内附部落被迁至潞州津梁，仍事牧马。唐廷专设寨戍屯兵防其不规；因产大批良种马，故称"良马寨"，至今仍为安泽东北部要镇。该牧马基地仅使用数十年即进入五代而衰败，但附近还留下东寨、边寨、华寨、英寨、上寨、小寨、将军沟、前楼沟、后城沟、上、下司马等有关村名。

在后远山区新辟大面积牧马基地，当然要焚毁不少山林。鉴于马对草的质量和水质清净度之要求比牛羊驼严格得多，牧马基地必须水草丰美，且坡面不宜过陡，到五代后期，山西省牧马业开始衰落，始感战马缺乏。据《五代史》：北汉缺乏马匹，北方契丹人来五台山卖马，遂形成了至清末民初六月骡马交易大会市场。[④] 从北宋起，由于水土流失，草坡退化，山西省牧马业大为衰落，元朝后更一落千丈，故以后各历史时期，不再把牧马业列为破坏森林之因。

---

① 乾隆《潞安府志·物产》卷八。

② 光绪《屯留县志·物产》卷一；长治西南端有南、北津梁寺村，稍南有高河乡，系汉魏牧马基地；唐朝已远移至良马寨，初亦沿用津梁寺名，切勿将二者混淆。

③ 光绪《通志·关梁》卷四十八。

④ 《五台山志·骡马大会》卷十 第一章 第六节 山西人民出版社 2003 年。

另唐朝时山西省中、南部毛织业发达，其原料来自民间产的驼、羊毛，也即农区还有甚多零星小片牧坡，皆使各处山林由下而上地有些退缩。

四、大兴土木建筑

隋唐时山西省地美物丰，邦阜民富，是全国几个最著名富庶区之一，因之建筑物也讲究排场，兹仅举几要例略述。

（一）隋炀帝大建宫殿和离宫

他好大喜功，穷奢极侈，581年被封为晋王后，即在北齐晋阳宫外围筑周七里宫城（新城）；596年又在新城东筑周八里仓城。604年登极后，又在其“龙兴”之地大建规模宏伟的晋阳宫等建筑群。成了“城中有城，城外有城”、仅次于长安的北方最大城市。他觉得晋祠、晋泽水面不广，故在汾阳东十里、周数十里的古文湖旁大建离宫。[①]“（炀）帝无日不治行宫，西京及江都园囿虽多，久而益厌，乃责天下山川之图，以求胜地。”[②] 又在深山老林汾河源大建规模务要超过其他地方的离宫。从606年起到615年，陆续营建从宁化至东寨汾河正源，再到汾河东源天池一带，迤逦数十里，遍布宫殿楼阁等建筑群。其中宁化宫城，周六里四十一步，依山面河造了甚多宫廷殿堂；在汾源灵沼建了十几座精美壮丽、式样各异、设有卧榻的大阁，从山脚沿阁可登临山顶；尤其是环绕十里天池，为汾阳宫主体，豪华无比的宫殿堂榭、亭台楼阁等建筑更多。

为了游幸，还特意从晋阳天门关起，修筑栈道，经西凌井、康家会到静乐，再沿汾河北上，达汾阳宫，进而北延至朔州，该山区驰道长三百余里，俗称“杨广道”。如608年齐王暕陪炀帝到天池游猎，“从骑千余，大获麋鹿。”615年到汾阳宫避暑，规模更大。随从大臣薛道横描述系“千里曳旌旗”，数万人浩浩荡荡。三月到晋阳，四月

---

① 万历《汾州府志·景致》卷一、康熙《汾阳县志·景致》卷一、乾隆《汾州府志·山川》卷四等均载。

② 1985年《宁武县志·文物志》卷四十四引当时营造汾阳宫御使语。

达汾阳宫，住到八月才北巡。由于随从众多，“宫城迫隘，百官士卒散布于山谷间，结草为营而居之。”① 经十年的大肆砍伐、焚林围猎，以及几万随从搭盖简易草房和烧燃用度等，局部摧毁管涔深山腹地的林草植被，招至严重水土流失，遇大雨则发生泥石流。正如《晋乘搜略》卷十四所载：“时值大雨滂沱，山谷泥深二尺，随员幕帐被冲殆尽，在雨中露宿达旦，冻饿死者不计其数。”随后炀帝从汾阳宫动身北巡，被突厥重兵围在雁门（代县），幸亏援兵解围。之后临近亡国，再也顾不上汾阳宫的续建了。详见《管涔山林区森林与生态史》26～27页。

（二）唐　五代扩展　增建北都（京）

唐朝从晋阳起兵而得天下，诸帝皆崇“王业所基，实我祖宗植德之所。”着意经营，地位越来越高。618年即在晋阳设总管府，接着升为上、大总管府。624年更升为大都督府，为唐初期全国四大都督府之一。692年于此置北都，兼大都督府。723年仍为北都，改并州为太原府，官吏等级与东都洛阳同，仅次于长安，系全国仅几个府之一。742年改称北京，与京兆长安、西京凤翔、东京河南（洛阳）、南京成都合称五京；或与长安、洛阳并称“盛唐三京”。752年又复称北都。762年以京兆为上都、洛阳为东都、凤翔为西都、江陵为南都、晋阳仍为北都。可见太原地位极其重要，仅次于长安，与洛阳同等。唐中期后又系河东节度使驻地，统领重兵，为天下最主要雄镇之一。谁掌握河东节度使大权，就能以晋阳为基地而争天下，所以五代沙陀三王朝都起家于晋阳，成了“龙兴之地”。

晋阳由三个连城组成。西城在汾河之西，周四十二里。城内新筑周十里、有许多诸如晋阳宫等宏伟建筑群的宫城。宫城南有周七里、有大明宫殿等建筑群的大明城，即春秋战国晋阳古城、北齐晋阳宫大明殿城、隋故宫城。宫城东有周八里、有受瑞坛等的仓城。西城及附近还有起义堂、号令台、讲武台、乾阳楼、柏堂、思流亭、山亭、龙泉亭、环翠亭等宏伟建筑。东城在汾河之东，637年将北齐太原城重

① 雍正《通志·杂志》卷二百二十八。

新展筑，比西城稍小。中城跨汾河之上，武则天在位时所筑，规模较小，将东西两城相连接，又叫连城。该三城连为一体，共 24 道水陆城门，宫殿楼堂、官署衙门、富豪府第、寺观祠宇等宏伟建筑群等难以数计。还引晋泉水架槽到东城，晋渠环城绕流，呈现“登楼似吴阊（苏州阊门），贯郭河通路，萦村水逼乡，城槐压临渚，巷市接飞梁”的一派水乡楼阁美景。① 城池坚固，宫阙巍峨，楼台相望，蔚为壮观，清水绿树，清雅堂皇，经济富庶，工商繁荣，文化荟萃，人才辈出，推测该三城达 25 万人，② 成了唐朝北方最主要屏障，故李白曰：“天下三京，北都居一。”③

五代的后唐、后晋、后汉都凭晋阳城坚粮足，兵强马悍而征服中原；北汉又据晋阳固守，抵挡后周世宗、宋太祖、太宗四次御驾亲征，延长其二十几年统治。虽然政权迭更，但仍大兴土木。除对隋唐宫殿等多予增修外，晋王李克用又在太原东山榆林坪东北筑避暑宫；后唐在北都大肆增修晋阳宫；后晋、后汉在北京筑勤政殿、府廨、沙河门楼、大厦门、天龙山柳子峪北岔口刘知远避暑宫；北汉筑蒙山避暑宫、天龙山陵园等。虽然规模不及隋唐，但也继续砍伐这一带山林；到后唐时太原西山已被砍的缺乏巨木良材，不得不到较远处东山牛驼寨以上之山伐取大木。

以上可详见《太原森林与生态史》72～73 页、85～87 页、104～105 页。

另李隆基于 707 年被封为临淄王，兼潞州别驾，709 年即返回长安。712 年登极，为唐玄宗。722 年他将潞州都督府升为大都督府，并于 723、724、742 年三次回其发祥地巡幸，当然在长治搞了一些建筑。但历时不长，规模要小得多。

（三）大建寺观祠宇

杨坚由寺尼抚养长大，对佛有深情。578 年北周武帝灭佛，寺宇

① 欧阳詹《登汾上阁》，雍正《通志·艺文》卷二百二十七引载。

② 《太原风景名胜志·古都晋阳》卷二 30 页 山西人民出版社 2004 年。

③ 光绪《通志·风土记》卷九十九。

被毁。次年他辅国，即取消禁佛令。581年取代北周称帝（隋文帝），更大力提倡佛、道，令人民任便出家，计口出钱，营造佛寺，并亲自写修佛经。据万历《清凉山志·帝王崇建》卷四，他立国后便下诏“五（台）顶各置寺一所，设文殊像。”成为从唐朝起公认该山系文殊菩萨道场之始由。还有594年诏“以霍山为中镇，立庙祭祀”等。各州县也多建寺庙。如591年前后在晋阳建大佛寺，铸铁佛高七十尺；601年为北齐蒙山开化寺高二百尺大石佛“造大佛阁而庇像”，重建寺院，改曰净明；次年又在晋阳城建三进大殿院、有高大舍利塔、规模宏大的惠明寺，以及在天龙山凿石窟建寺等等。炀帝继之。因而佛教大盛，道教亦盛，寺观林立。

唐太宗自认是道教始祖李耳后裔，曾下诏将道教排在佛教之前，引起广大佛徒不满。武则天更笃信佛教，对五台山极为尊崇，诏命重建清凉等寺，该寺住持为掌管全国佛教的最高僧官。从太宗到德宗近二百年，各帝“莫不倾仰灵山，留神圣境”，该山寺宇达到极盛。据1984年《五台县志·文物志》卷五，较大寺宇360余所，如佛光寺“有三层七间、高九十五尺的（木结构）弥勒大阁”；有“大庙三百六（十），小庙数不清”的传言；僧侣万人，高僧云集，名僧辈出，国内外信徒不远千万里朝圣者，十分可观，成了我国四大佛教名山之首。详见《五台山区森林与生态史》34～37页。太原为唐朝“龙兴之地”，亦建甚多大寺。如隋朝重建蒙山大石佛庇阁的净明寺，唐初又复名开化寺，895年“复造大阁，……首尾五年盖成，……兽簇千楹，星攒万拱，……高五层，一百三十间。”后晋945年又重修此阁，增建寺院。[①] 重建、重修此一百三十间、高二百多尺的大木阁，以及阁前寺院等建筑，约需砍伐近万方木材。又如713年稍后建高九十多尺的重阁，以庇隋铸高七十尺大铁佛。还建泰山、奉圣、花塔等著名大寺，以及继续大凿大建天龙山石窟寺等，不再列述。详见《太原森林与生态史》88～89页。就连不太重要的太岳山区，唐朝或

---

① 嘉靖《太原县志·集文》卷五、道光《太原县志·艺文》卷十二皆载《重修蒙山开化寺庄严阁记》。

稍前稍后所建寺宇，至清朝有名、有年代、有地址可考者，还有大几十座，“它则荒居深山穷谷中，……不计焉。”详见《太岳山区森林与生态史》67～71 页。除雁北外，其他地区（尤其是晋南、上党）同样也建甚多寺宇，不再列述。玄宗更大兴道教，如晋阳东城全国五大名丘之一的潜丘上，原有大道观，他命重修，更名开元观，那时系全国最著名道观之一。以后各帝多崇佛信道，佛教鼎盛，道教风行。佛教自东汉传入我国后，隋唐时进而与汉俗融合，形成汉传佛教。佛、道、儒均有积善教化影响，又统称“三教”（儒系汉族传统礼教，不是宗教）。儒亦利用佛教，建甚多庙、祠、堂、坛等以祀。不仅都府州县大建寺庙祠观，连偏远乡村也多建之；不仅名山胜地有众多寺宇，连深山老林、人迹罕至之处亦有建寺者，可谓遍地开花。如太岳深山腹地的沁源，清朝时有名有地可查的隋唐寺观还有近十座之多呢！又如 881 年黄巢陷长安，僖宗弟李偘出逃，后至沁源灵空山，见“山林深密，人迹罕至，……遂卓锡焉。”他 893 年坐化，昭宗敕其处建庙以祀。北宋改名圣寿寺，历金元明清，“岁祀不绝”。详见《太岳山区森林与生态史》69、94～85 页。

继北魏太武帝、北周武宗大灭佛后，845 年唐武宗又行我国历史上第三次大灭佛，且废除各宗教，“令拆毁寺宇，勒令僧尼还俗。”山西省除五台县东冶镇北李家庄的南禅小寺因地处偏僻侥幸留存至今外，其他寺宇都被毁无存。846 年宣宗继位后又兴佛，到晚唐五代不少寺宇又重建、新建起来。数千寺宇的新建、拆毁后重建，以及扩建、增修等，再加上众多僧尼、道士、善友和参拜者的烧燃用度等，当然要砍伐不少山林。继“三武灭法（佛）”后，五代末后周世宗（955～958）又灭佛毁寺，但其仅占山西省南部，并未毁及全省寺宇。

本期以后，佛道等教仍然风行，但不及隋唐鼎盛。如光绪《通志·寺观》卷五十七载：“宋制，寺观非奉准给牒赐额，皆在淘汰；以迄有明（朝），裁并尤多。”虽然仍不断建造寺宇，但规模不及隋唐，故以后各期，不再专述。

（四）巨木良材向西南外流

山西省西南缘外长安，以及洛阳，宫殿等建筑规模更大，也要到较远处的山西省伐取一部分。据《新唐书·裴延龄传》卷一百六十七载:“开元时（713～741 年）近山无巨木，求之岚胜间。”那时巨木指长五十尺、八十尺的粗大原木。到唐中叶前，吕梁山中段的三川河、湫水河等流域易采伐漂木之处，已缺乏巨木良材，又延伸到北段的蔚汾河、岚漪河流域采伐巨木，该两河汇入黄河处的合河县、合河关，也管理木材漂运之事。另隔黄河对面的陕北神木一带窟野河等流域（那时属治托克托的胜州），也是唐廷采伐的重点林区，不予详述。到唐后期德宗、宪宗时（780～820 年）建筑宫室等所需的大批巨木良材，已进而延伸到管涔山林区芦芽山西侧的深远高山伐取，从岚漪河漂到合河关，再顺黄河水运到长安等处。唐廷在吕梁山至芦芽山西侧采伐期长、规模大，当然使这一带高大茂密的森林明显减少，林相变差。详见《管涔山林区森林与生态史》28～29页，并可参阅柳宗元《晋问》。

五、弛山泽禁

隋唐时山林尚多，对森林仍不爱惜，故也常推行弛山禁政策。据《册府元龟》卷四百九十三，隋文帝即位当年即诏“弛山泽禁”；723年河中府姜师道上表:“取山泽，则公利厚，……伐木为室”，得到玄宗赏识；727 年诏:“弛坡泽禁”，以增加国库收入。直到唐后期的836 年,“复以山泽之利归州县刺使”，更促进了地方官进而破坏山林。

六、道路畅通

隋唐经济繁荣，交通发达。从国都长安至各府州都通大道，各州与邻近州及其属县也通车道，道路成网，交通畅达。沿主要干道一般每 30 里设一传递公文、招待客商的官驿，若地势险阻，则不必 30 里。视任务繁简，额定每站驿马 20～75 匹不等，每驿马给田 40 亩，传马 20 亩。传驿完备，并一直沿用到清朝。以晋阳为例，四通八达，主要有:

（一）南向国级干道

由晋阳经汾州，过汾河，至介休，沿汾河向南经晋州（临汾）、绛州（新绛），到蒲州，越黄河，出省到同州，终达长安。因蒲州系长安往河东、河北道乃至更远处的交通要渡，故东魏在黄河设三浮桥以渡。隋、唐初期改为竹索桥（那时附近中条山麓有不少大竹林）。721 年在两岸各铸成大铁牛四、铁人四，以及铁锚、铁山、七星柱等，改为铁索桥，更加安稳便捷。北宋初期的 1011 年被大水冲毁。20 世纪 90 年代在蒲州废城西挖掘出西岸铁牛等，就地抬高，建馆展出。该干道在山西省支线甚多，最主要者一是从晋州入安泽，经良马寨，达潞州。二是古绛州道，即从绛州经翼城，入冀氏，过横水，经长子，达潞州。这两条驿道皆翻越汾、沁、漳三大流域的两座分水岭，通过太岳南侧深山腹地，成为连通临汾、运城与上党盆地的省内要道。三是从绛州过中条山东段深山腹地，到垣曲，渡黄河，出省达洛阳。四是从晋州向西经慈州，渡黄河，出省到丹州。五是从晋州向西北经隰州，渡黄河，出省到延州。这两条支线都翻越吕梁山南段深高山区。六是从汾州向西翻吕梁山中段深高山区，经离石，于孟门渡黄河，出省到绥洲。七是从晋阳经祁县，至介休与南干道汇合的汾东支线等。

（二）北向国级干道

由晋阳北出并、代、朔、云要冲的石岭关，经忻、代，越雁门关到朔州，终达单于都护府。该干道支线亦多。一是从代州经灵丘，出省到妫州，终达幽州。二是从雁门关经桑干镇、黄花堆，终达云州。还有原通往河北的灵丘直道、广灵道、濡源道，隋唐时使用不多。

（三）东向国级干道

从晋阳经鸣谦、太安、寿阳，越井陉，出省到恒州，再北上幽州。在山西省有些次要支线，不予列述。

以上干道经隋唐平整加宽、裁弯取直，更加便捷，皆系全国最重要的六大干道之一段。

（四）东南向次国级干道

从晋阳经洞涡驿、太谷，翻越太行、太岳两大山结的石会关，到上党潞州、泽州，逾太行山，出省到怀州，渡黄河，西达洛阳。该干道支线较多。其中最主要的出省支线是从潞州经黎城东阳关，出省到洺州。其次是从泽洲经天井关，出省到济源，渡黄河，直达洛阳。再次即曹操北上太行山的壶关羊肠坂古道，因邺城已极衰落，故多不用。

（五）西向干道

从晋阳西入风峪沟，翻庙前山，经雁门（古交镇城底），到楼烦监，再北上经岚州、偏头渡黄河，出省达胜州。岚州西支线经蔚汾关，到合河津渡黄河，出省到麟洲。另一条短支线从楼烦监沿汾河北上到静乐，与杨广道合。该干道深入晋西北林区，岚县以北，比较萧条。

（六）西北向杨广道

前已述该道深入到管涔山林区腹地，再北上朔州。唐朝帝王不再前往游幸，使用不多。

（七）东南向大道

从晋阳经榆次长凝，翻汾、漳流域分水岭，到太行山中段深山腹地的平城、和顺，达仪（辽）州。系府州际一般通道。

（八）东北向大道

从阳曲向东翻分水岭，达盂县。系府内县际较短途通道等。

*　　　　*　　　　*

本期省内各州县都交通畅达，跨流域翻山越岭，山区大道明显增多，就连深山腹地也道路贯通。如从潞州经屯留到沁源、安泽到沁源的支线；再接通从沁源向北经绵上，再翻越太岳山主脉关子岭，下到介休，终达汾州的州际支线。不仅贯通了太岳山区深山腹地南北，而且成为上党至晋中盆地的便捷通道。还有从灵石南关，沿仁义河东上，山高林密，悬崖峭壁，到汾、沁流域分水岭处的鱼儿泉；再东下，经韩洪、郭道，终达沁源；或由此向东北下乡县；或南下岳阳的驮马道，系在高山深谷开辟的著名“通沁古道”，贯穿于深高山腹地之西东。还有从平遥南上石城（果子沟），越普同关，达沁源北端王和、王凤的驮马道等，皆与沁汾大道相接。又如五台深高山腹地的台怀（台山），也有四条著名驮马道。一是从河北阜平西上，经龙泉关，翻长城岭，下石咀，达台山。二是从砂河入南峪（五台北谷），翻鸿门岩而达。三是从代州沿峪口河而上，翻鹅峪岭而达。四是从五台城北上，过大关，翻阁子岭，再翻虒阳山而达。也可谓四向畅通。

道路畅通，尤其是在山区新辟了不少道路，促进了山区经济发展。但也方便了沿路两侧零星不断地砍伐，使原先满布于山区的大森林，逐渐被切割、蚕食而趋于分片。

到唐朝时山西省道路网已基本形成，宋金明清虽有所加密，但未脱出隋唐时的框架，故以后各期不再专述。

七、战争破坏

（一）隋唐时战争破坏不重

1. 隋平叛之战：仁寿末“汉王谅举兵并州，杨素击之。谅遣其将赵子开拥众十万，栅绝径路，据高壁（灵石南韩信岭）布阵五十里。素……引兵潜入霍山，缘崖谷而进，……驰出于子开之北。子开大败。”大量伐木为栅，当然砍伐山林。617 年四月，起义军历山飞（号）众十万，寇太原。隋将潘长文讨之，为其所败，潘战死；十二月“敕李渊为太原留守，率王威等及河东、西河兵讨之，于雀鼠谷（灵石段汾河峡谷）遇贼，……斩贼获级不可胜数，余贼老幼男女数万人并来降附。”① 隋唐之际窦建德起义军也在晋东南有所活动。

2. 唐灭隋、灭刘武周等之战：前已述，不再列述。

3. 安史之乱、平刘稹叛：由于藩镇势力强大和唐玄宗后期昏庸，导致 755 年起的安史之乱，唐几乎被亡。主战场不在山西省，但山西省也有些战事。如：756 年十一月，史思明率兵十万寇太原，被唐河东节度使李光弼击败；次年二月，又与安庆绪部将蔡希德战于太原，斩首七万，蔡败走。763 年讨平安史之乱，尚有余波。如：764 年正月，仆固恩怀寇太原，未果，河东节度使郭子仪抚定其部。778 年正月，回纥兵寇太原，战败北循等。直到唐晚期的 843 年，昭仪节度使刘稹以泽、潞叛唐；唐派大军从四面围剿，战场主要在太岳山区东半部，次年八月讨平。

隋唐时山西省和平期长，战争期短而面不阔，相对而言，对森林破坏性较小。但太原系天下雄镇，为防突厥，常年驻重兵。开元时额定河东节度使正规常备兵 55000 人、马 14000 匹，年衣赐 126 万段

---

① 以上两则见光绪《通志·关梁》卷四十九、四十七。

疋、军粮50万石。其所统四军：天成军（在太原）管兵3万、马5500，大同军（在马邑）管兵9500、马5500，横野军（在蔚州）管兵7800、马1200，岢岚军管兵千人，还有云中守捉（在大同）管兵7700人、马1250匹。[①] 以及楼烦（管兵三千）等边郡驻兵。众多驻军烧燃用度和战马饲草，也破坏附近一些森林。

（二）五代十国时战争破坏严重

1. 梁晋之战：唐亡前朱全忠、李克用两大割据军阀已在山西省大战。如890年，朱上表请讨李，在阴地关（灵石南关）及霍、赵（城）一带反复拉锯，李军胜。唐昭宗被迫于895年封李为晋王。899年朱军攻陷泽州，北上石会关（武乡西北端分水岭），在太原东南洞涡被晋军打败。李怕朱再攻晋阳，大筑防御工事。902年，晋军南下攻朱，在洪洞大败；朱军尾追过阴地关，围攻晋阳，不克而退。昭宗被迫封朱为梁王，实掌唐廷大权。907年，他篡唐登极，为后梁。当年晋军"壁于（长治）高河。及晋王（李克用）笃，乃退乱柳营（沁县段柳村）。"908年李存勖继位，次年将"兵三万出阴地关，攻晋州"，未克。梁于915年"以奇兵出阴地，袭太原，不克而还。"909年"李思安攻潞州，营于壶关，伐木为栅。"[②] 此后，晋把主战场向南推进。"泽潞之交，横亘一山，起丹朱岭，至壶关马鞍壑，有古长城遗址，岁久倾颓，遗迹尚存，登高望之，宛若连络，中有营垒，土人谓梁晋交兵时筑。"[③] 913年后，双方都倾全力，又在这一带恶战多年。梁最后挣扎，谋剿晋后路，"以陕、虢、泽、潞之兵，自石会关趋太原，不果。"晋于923年灭后梁，为后唐。

2. 后唐与石敬塘、契丹之战：936年初，石敬塘勾结契丹，据晋阳叛唐。唐派张敬达、杨光远率兵（号称）五十万围晋阳。大筑长城、连栅、云梯等，久攻未下。契丹南下解围，并围唐军于晋安寨，长百余里、阔五十里；杨杀张敬达后率全军投降契丹。随后契丹与石

---

① 光绪《通志·营制》卷八十七。

② 乾隆《潞安府志·杂记》卷十八。

③ 乾隆《潞安府志·形胜》卷六、嘉庆《长子县志·古迹》卷十六。

军在祁县东南团柏谷夹攻唐河阳、卢龙、魏博诸援军，唐军溃。当年冬，石顺利南下灭后唐，为后晋。

3. 后晋后汉山西省无战争。

4. 后周与北汉之战：951 年，郭威灭后汉，为后周；刘旻据晋阳自立，为北汉。后周当即频频进攻，北汉在团柏、阴地据守；当年，北汉草率从阴地出兵攻晋州，被周军击败。954 年三月郭威逝，继子柴荣刚立，北汉主亲率领五万大军南攻后周，在潞州、高平一带激战，北汉大败，弃沁州（沁源）二百里，退保新城；四月，周世宗率大军乘胜追击，另一路也从阴地出兵。攻陷汾、辽、岚、宪等州，五月围住晋阳，久攻不下，六月退兵至石会、阴地之南。第一次御驾亲征未果。958 年，周潞州军击石会关，拔其六寨。

5. 北宋与北汉之战：960 年赵匡胤篡周，为北宋。当年即“入阴地，分贼势”；主力经盘陀欲取太原，未果。之后在祁县团柏南山口一带争战。968 年七月，宋派李继勖等率大军攻北汉至晋阳城下，十一月辽军来援而退。次年二月又征北汉，三月宋太祖亲临晋阳城下，仍未克，闰五月退兵，又一次御驾亲征未果。976 年八月，宋又派大军攻晋阳，十月，因赵匡胤逝而退兵。宋太宗继位后，做了充分准备，979 年正月自威胜军（沁县）大举北伐，又浚赵城以下汾河，运大批粮草和军需；他于四月驻汾东行营亲临指挥，昼夜不停攻城，五月，粮尽援绝下的北汉主投降，第三次御驾亲征总算成功。

五代十国及稍前稍后共九十年，山西省战争频繁，常年备战，太原附近、晋东南和晋中汾河雀鼠谷南北为主战场。且多系拉锯战、阵地战，战期长，战场阔。进伐时“用火攻”，筑阵时“伐木为栅”、以木为塞，防守时滚木擂石，退却时砍树阻道（如雍正《泽州府志》卷 22 载：北周与北齐玉壁之战，退兵时“砍木断道六十里”）等，都破坏不少山林。详见《太岳山区森林与生态史》76 ~ 84 页、《太原森林与生态史》95 ~ 101 页。

八、其他原因

隋唐时燃料有石炭、柴、竹、麻杆、草，但仍以木柴为主，并

“伐木烧炭”。如《太平御览》卷八百七十一引《说文》释，“炭，烧木也”。除人们烧燃大量耗木外，山西省采矿（铁、铜、铝矾土、磁土等）、冶炼、铸造、陶瓷业等都很发达，尤其铜铁器更为上乘，铜镜、铁镜为太原贡品，剪刀尤其闻名。如杜甫《戏题王宰画山水图歌》曰：“焉得并州快剪刀，剪取吴淞半江水。”任华《怀素上人草书歌》曰：“锋芒利如欧冶剑，颈直浑是并州铁。”① 说明火候很高，用硬杂木、木炭烧制而砍伐很多硬木。黄河蒲津铁索渡桥，两岸共大铁牛八（每个重20吨）、铁人八，以及牛下多根铁锚柱、七星柱、铁山和多条粗大铁索等，共重约百万斤，皆就地铸造，烧掉很多柴木；1200多年后出土时仍油光明亮。畜牧也很发达；土地腴，种麻多，毛、麻纺织及混纺织业也较发达，资布在全国有名。许多木制纺织机具，也砍伐不少优质木材。蒲州制弓业全国闻名，“河东有独头山（中条山西段），多青檀，可为良弓，唐时做弓者多在河中（府），其技艺尤胜。”② 也砍伐不少名贵树木。

* * *

由于以上八方面等原因，使山西省勾注以南的森林由北朝末约占总面积一半以上，降到唐末前的十之四或稍多，到五代十国末、北宋初又降到1/3稍多。

第三节 零散植树和小片造林

一、零散植树

（一）永业田和庄田树

隋规定每丁另授永业田20亩，课桑50、榆3、枣5株。初唐规定丁男、老笃疾残废、寡妻妾等授永业田20亩，种桑榆枣及所宜之木；还规定每丁种桑50根以上、榆枣各10根以上，三年种毕，乡土

① 《全唐诗》卷二百一十九、二百六十一。

② 乾隆《蒲州府志·识余》卷二十四据唐《技艺考》。

不宜者，任所宜树充。榆树生长快，农家材、枝薪材兼用，荚可食，叶、皮可备荒，可卖钱获厚利，农户亦多种之。“男女初生，各乞小树二十株种之，洎至成立，嫁娶所用之资，粗得充事。”因种麻当年受益，多盛行树麻混作，种树较稀。

庄田面积较大，唐中期后更加扩大，庄园成了晚唐五代农业的重要经济形式。除经营粮食外，有的还营林副业。除桑榆枣外，在山西省还种桐、楸、椒及诸果等商品。

（二）道路树

隋唐时驿道、驿站树以槐、柳为主，故曰“官槐”、“官柳”；还有松、柏、杨等。如候马是国都至北都通衢要道中间的大驿站之一，康熙《曲沃县志·艺文》卷二十九载唐皇甫《……送郑判官还河东》曰:“新田（候马）绿树齐。”不少县、乡道也植杨柳等，大体形成行道树网，并严加保护。如《唐会要》卷六十六载代宗令:“诸道路不得有耕种及斫伐树木，……（不得）致令死损。”枯死槐等树，立即“栽新树充替”。康熙《通志·艺文》卷三十二载唐玄宗《早发蒲津》、《登蒲州逍遥楼》曰:“春柳津树合”、“长榆息峰火，高柳静风尘”；乾隆《潞安府志·艺文》卷三十八载唐后期韩翃《送客之潞州》曰:“官柳青青匹马嘶”；乾隆《赵城县志·艺文》卷二十四载李商隐《登霍山驿楼》曰:“弱柳千条露”等，都说明山西省有大量道路、驿站树。

（三）宅旁和庭园树

隋和初唐均田令都授园宅地，宅在园中。如《通典·食货·田制》卷二载:“有宅一区，环之以桑。”不种桑者，植果类等树木。大宅庭院，甚至院中有园，更多植树木花灌。有的山庄还栽竹丛。如晚唐司徒空于887年在永济中条山北麓王官谷筑庄山居，系“山上清泉山下溪，窗前竹树尽扶疏。”晋祠也植槐等树木和竹丛，至今还留有隋唐老槐。隋绛守居园池“植竹木花柳”等。不少寺观祠宇也植松柏槐榆柳桐等。如光绪《荣河县志·艺文》卷十二载唐杨巨源《后土祠……》述及“榆柳芳辰火，梧桐今日花”等。

（四）城镇绿化

隋唐也注重城镇绿化。如晋阳城宫殿、街道及晋祠园林等都绿化的很好，清水绿树，蔚为美观。以槐为多，故有“城槐”之说。其他州城、县城以及集镇等也植行道等树。

（五）墓地树

富贵家族，多有较大坟茔，内多植松柏；平民百姓坟头也植柳树，寓“宿留”之意。受法律保护。如《唐律》规定：“盗他人墓茔内树者，杖一百。”

二、小片造林

至清末前，我国尚无“造林”一词，也未大规模造林；凡栽种树木，统称“种树”，不易区分。姑且把栽种较密、成片成带者，归为小片造林。在山西省不多。

（一）风景林

576年，北周伐北齐，在洪洞、霍州大战，焚毁霍山岳庙附近山林。594年，隋文帝诏：“以霍山为中镇，就山立祠，……多莳（移栽树木）松柏。”① 到清后期尚有遗留。如道光《赵城县志·物产》卷十九载：“霍山既胜，松柏为最，大者八、九人围。隋开皇中，诏霍山多植松柏，今盖其遗种也。松皆白皮，越老越洁，则广胜寺及女娲庙为多。”其他山区有的大寺宇等也在庙旁植了一些树木，较密成片者，可归为寺庙风景林。如万荣后土祠附近，唐时也植了成片柳林。

（二）护堤（岸）**林**

隋唐时人们已深刻认识到柳树喜湿、易活、速生、固土等特性，故基本是插柳棒（枝）护堤。如唐玄宗《过晋阳》曰：“林塘犹沛泽”，即指晋泽护岸林。又乾隆《太原府志·堤堰》卷十，安史之乱后德宗（780～804）“念晋阳王业所基，宜固险以示敌，乃以晋水架汾而成之城，潴为东隍（至明初尚残留一小池，曰龙池），省守陴万人。又沥汾环城，树柳固堤。”也是较大的护堤

① 雍正《平阳府志·山川》卷五、乾隆《赵城县志·山川》卷一。

（岸）林带。又如801年，高平县令明济改丹河“潴流而为泽，疏渠绕郭，分枝数贯，邑……荫槐柳之下”、“穿街运户，……宛如锦城。”[①] 也树柳固堤。

另对森林防火亦较严格。唐律规定：“诸州城内外，延烧林木者流二千里；……其在外失火而延烧者减一等。”[②]

三、种树技术和林业思想

在全国农户基本都参与种树的情况下，唐末韩鄂著《四时纂要》，述正月～十二月农林技术要事。其中有桑、梓、竹、槐、柳、杨、桐、楸、楝、榆、松柏等，及椒、茶、枸杞、栗、梅、李、桃、杏、石榴、葡萄、各种果木经济树的介绍和栽培（包括嫁接）技术。还出现了两两位著名文人并林业思想家。白居易（772～846），祖籍太原。其《策林》提出“养动植之物”、“趋利”的永续利用。中心理念是“养之以时，取之有道”、“以丰财物”，既养又取，勿一味索取聚财，要合理利用山林川泽资源。柳宗元（773～819年），河东解州人。其《时令论》将农林生产归为按时令和随时可行两类农事，强调前者必须按时令顺序进行，才能事半功倍。其《种树郭橐驼传》中心理念是“能顺木之天，以致其性。”即遵循树木习性而栽培管理；违反其习性的不当操作，反会招致“虽曰爱之，其实害之”的不良后果。[③]

隋唐时植了不少树，造了一点林；与破坏森林相比，显然微少，山西省森林还是明显减少。其植树传统，后代有所继承。但直到清朝，皆规模很小；故以后各时期不再专节列述。

第四节　雁北森林继续大恢复

本期山西省勾注山以南的森林明显减少，但雁北（包括晋西北神

① 顺治《高平县志·艺文》卷十，并山川·卷一、宦绩·卷五。

②③ 林鸿荣《作为林业思想家的柳宗元与白居易》，载《绿韵铱沉》中国三峡出版社2002年。

池、五寨、河曲、保德、偏关一带）的森林自493年北魏迁都洛阳后，并延至本期，仍继续得到长期恢复。

一、长期人烟稀少

因地近突厥，汉族在此统治并不稳固，未着意开发经营。隋朝时占雁北广大地域（还包括晋西北的西北部）的马邑郡，仅善阳（朔城）、神武（山阴东）、云内（大同）三县，另开阳（神池）县在晋西北。据《隋书·地理志》，608年该郡仅共4674户，以每户平均5.16人计，在雁北三县也不过共1.8万人；雁门郡（治今代县）仅最偏远的灵丘一县在雁北，推算该县最多不过2万人。全雁总共不到4万人。唐朝时雁北地跨云、朔、蔚三州，同样仍长期人烟稀少。据《唐书·地理志》，752年朔州仅2县、16乡，共5493户、24533人；云州仅1县、7乡、3169户、17930人；蔚州仅灵丘在雁北，该县1864户、6890人；全雁北（尚包括晋西北西北部和内蒙古丰镇、兴和等地）总共才49353人，平均每平方公里少于2人。以上系峰值人口。此前、此后还少得多。如640年，朔州仅4193人，云州仅561人，蔚州的灵丘约二千人。到813年，朔州降到729户，减少了十之八还多；云州降到几乎无户口；蔚州户口也将近减少了十之七。唐晚期群雄割据而无户口统计。五代前期仍人烟稀落。

由于长期人烟极稀，比西汉时38万人相差甚远，更比北魏建都平城期间一百几十万人差之天渊。雁北近乎荒僻，人为活动频度很低，森林自然而然地大量恢复并扩展起来。

二、并未大兴土木

隋唐时多大兴土木，还主要在吕梁山西侧至管涔山西南侧大量伐木外运，却未到雁北采伐，当地也未大兴土木，州县衙门较简陋。隋唐在各地大建寺宇，雁北却很少，仅665年在朔城建大藏经阁，即今崇福寺址之一部；开元时在大同建开元寺，即今善化寺址；还在灵丘东南150里三楼乡奉旨建哭回寺，为五台山下院；以及天镇始建于唐的清华寺，即今慈云寺等几座稍具规模的寺宇而已。

三、耕垦规模不大

由于户口特少，城邑附近的沃土已足够耕种，当然不必到远处开荒。另隋初585年,“朔州总管府郭衍于恒安镇（大同）选沃土屯田”，岁剩粟万余石，说明规模不大，历时也不长。唐中期在本区驻有大同军（先在马邑，后迁于大同）、天成军（天镇）、清塞军（阳高）和静边军（右玉）等，不免也行屯田。如唐后期庐简芳任大同防御使，曾“大开屯田”。但唐朝屯区主要在丰州（内蒙古九原）一带的黄河两岸，本区驻军不太多，屯田规模不大。

四、牧业很不发达

本期在雁北未设过马场，牧业很不发达。如天宝初，范阳（北京）节度使安禄山，私自窃取楼烦大批胜甲马，故其兵力倾天下而率反。舍近而去楼烦，说明本区无多余军马可供。

*　　　　*　　　　*

本期雁北森林也遭些破坏，主要与战争有关。如隋立国当年，为防御突厥，即修筑沿本区南缘的长城，但第三年即将突厥逐出雁北而该长城弃置。以后突厥又几次入侵，均未占领雁北。隋炀帝为防御突厥，又筑西起榆林（内蒙古托克托南），东到紫河（右玉西）的长城，并继续沿本区北缘外向东延伸。但突厥仍有长途奔袭雁北之举，不久隋亡，该长城不再使用。因多系一时的追逐或滋扰点线之战，战场面不广，且长城多系石垒土筑，使用期短暂，故对森林破坏不大。

唐初期的百多年，也未完全巩固地占领雁北。到开元末，唐才将突厥远逐，于此驻军共3万多名、马万多匹，其烧燃用度等也破坏一些森林。唐晚期雁北成了大同军节度使、沙陀人李国昌（即晋王李克用之父）的割据范围。

总之，又经本期三百多年，雁北森林的恢复因素远胜于破坏因素，森林越来越多，越来越好，至唐末五代初森林约占雁北总面积的十之六还多，生态环境也恢复的相当良好。详见《雁北森林与生态史》80～99页。

第五节　森林分布状况

全省森林分布总格局大致是从西南至东北，越来越多，越来越好。除大同盆地以及忻定盆地东北隅有些再生天然林外，其他几大盆地已无天然了。太原以南丘坂也基本无天然林，忻州地区（主要是晋西北的西北部）和雁北丘陵区天然林仍然不少。全省诸山森林植被基本完好，无童秃现象，故生态环境仍然良好。兹大体按大山系分段（区）概述之。

一、中条山区

已少巨木良材，但山上基本还多以松柏为主之林，间杂（云）杉树。如唐王维《登平陆城楼作》曰："客亭云雾间，……极浦（水滨）映苍山"，即宽澜的黄河水滨与苍翠的中条山相映成趣，云雾缭绕。韩愈《条山苍》曰："条山苍，河水黄，……松柏在山岗。"五老峰下王官谷林竹幽深，瀑布飞滴，称"林泉之胜"，晚唐侍郎司徒空于887年筑庄居此，"处于山林，物无夭伐"，四十余里胜境，引来文人墨客，留下不少描述该处山林美景诗篇，俞充《王官十咏》为其代表。[①] 前已述"多青檀"。高大竹林也不少。如乾隆《芮城县志·山川》卷二载："大通岭在县西北中条山，唐时竹影殊茂，内有竹林寺"；该志·艺文卷十五载五代郑遨《题中条山道静观》曰："松顶留衣上玉宵"。还有2006年《永乐宫志·古代文献》卷八录唐《吕真人祠堂记》、《中条山靖院道堂铭并序》说："大河之北，山川蕴秀，土膏林郁"、"乐听松风，……岚翠轻浓。"康熙《通志·艺文》卷三十二载唐刘识《许由祠酬文》曰："郁郁和风，散于山林"。以上系指中条山西段，东段更山深林多。如光绪《通志·山川》卷三十一载唐赵东曦《三门赋并序》曰："松历历而生

① 据乾隆《蒲州府志·艺文》卷十七《中条山居记》，及该志山川·卷二、识余·卷二十四。

崖，猿惜暮而悲嘶”等。

该山向东北延伸，森林亦较好。如光绪《通志·山川》卷三十一载夏县南瑶台山下，唐太宗“幸柳谷”。光绪《闻喜县志·沿革》卷一载“唐有美良川、中条山”。康熙《曲沃县志·艺文》卷二十九载唐皇甫《……送郑判官还河东》曰：“泉声喧青影，故绛青山在”，说明曲沃、翼城、襄汾一带东山森林尚好。北到浮山一带，山林更多而好。如浮山城南三十里龙角山（羊角山），唐名神山，有庆唐观；开元时系“峰峦左右，松栝交荫”、“红（叶）峰绿岭，……翠繁树聚”、“柏树蒲萄，……蓊而还茂，叠黛丰木，璞翠繁树，……佳气蓊郁，鳞鳞万重”；五代后周王福新说城东数里风穴山“有大林郁”、多虎；到民国还载：“唐庆观柏林，古时森林葱郁，一望无际，大者数十围；唐因就地取材，伐柏建观，故全观木材，无一非柏，……今存可数十百亩”，后“付之一炬”。① 据《新唐书·食货》卷五十二，“河东道贡漆”，说明中条山（包括太岳、太行南段、中段、吕梁南段等山）野生漆树很多。中条山也产人参。

二、吕梁山南段

与中条山相似，尤其是分水岭西侧也少巨木良材，但山林尚好。如光绪《河津县志·艺文》卷十一、卷十三载初唐王绩《答冯子华处士书》、《游北山赋并序》，述吕梁山最南端系“况中洲之腴乎，……以山麋野鹿相牲畜，……然尽陂泽山林，……北山松柏，群咏藤萝，翳景意甚，……与鸟兽同群”、“望山林之故道，何其优哉！”光绪《绛州志·物产》卷二载：“唐常贡墨”，墨用松烟而制，说明山上多松；该州志卷十四·艺文载唐樊宗师《绛守居园池记》及张子特注曰：“有柏苍青”、“巨树木资”等。紧邻盆地北之边浅山尚且多松柏等林，较远处山林还好一些。如乾隆《乡宁县志·艺

① 据乾隆《浮山县志·山川·艺文》卷六、卷三十七、民国该县志·古迹·艺文卷三十四、卷四十。

文》卷十五载王绩《黄颊山》曰:“步步攀藤上，朝朝负药来，几看松叶秀，频频菊花开。”又如光绪《吉县志·艺文》卷八载唐张述《锦屏山》曰:“于此醉林泉”等。东侧森林比西侧还好。如光绪《通志·山川》卷三十二引唐《元和郡县志》语，临汾西姑射山（平山）“茂林蓊郁，俯枕清流”等。

三、太行山南段

与中条东段相接的王屋山林景美好，顶峰为“天坛”，隋唐称“西顶”，顶属济源，峰阴接阳城，文人咏诗甚多。如雍正《泽州府志·艺文》卷四十八载李白《送王屋山人魏万还王屋》曰:“采秀卧王屋，……秀色不可名，……百里行松声，……松风和猿声，……青松若可招”；唐马戴《宿王屋天坛》曰:“星斗半晚苍翠色，折松晓拂天坛雪，绝顶樵回人不见，深林馨度鸟应闻”；唐李峤《王屋山第之侧……》曰:“席上山花落，窗前野树低，戈林开曙景”；还有“松韵满岩风”、“岩树红（叶）离离”、“返照入松门”等。雍正《通志·艺文》卷二百二十一载韩愈《……归盘谷（济源北20里，接阳城）序》说:“谷甘而土肥，草木丛茂，居民鲜少，……坐茂林以终日，濯清泉而自洁”。同治《阳城县志·艺文》卷十四载唐徐纶《龙泉禅院（海会寺）记》系“蓊郁以冬青，长小松为乔松”；五代王献可该记后序说“松桧参云”；唐司徒空《灵泉禅院记》说附近系“禽猿……山刀剑林栖之所”。光绪《沁水县志·艺文》卷十一载唐佚名《过玉清宫》说“屏风尽是青山绕，幡旌都将绿树迷，云气常阴时啸虎”。据雍正《泽州府志·方外》卷四十和《平阳府志·艺文》卷三十六，五代沁水人、山水大画师荆浩常住阳城西南洪谷，风景特好，松柏佳木众多，有特大老松。雍正《泽州府志·艺文》卷四十八载唐玄宗《登太行》曰:“白雾埋阴壑，……山木带余霜”；李白《北上行》曰:“北上绿太行，……猛虎又掉尾”；白居易《初入太行路》曰:“太行峰苍茫”等。乾隆《凤台县志·艺文》卷十七载韩愈《题西白涧（晋城西南）》长诗，类似桃花园，满眼“异草幽花”，处处“青山”，溪水清浅，“群猿见之走绝壁，鸣禽回面背人飞”、“天门（太行山上隘路）幽深十里西”。康熙《黎城县志·补遗》卷四载唐许浑《晓发天井关……》曰：“山在水滔滔，……云晴碧树高”。光绪《长治县志·艺文》卷四载南连高平的羊头山，武则天时重建清化寺记说：“此山……蓊郁松萝，秋冬耸翠，入天交集，……犹鹿苑之佳地。”五代争战，泽潞之交山林被毁严重。

再往北森林同样较好。如乾隆《潞安府志·山川》卷四载：长治东五龙山，“环山皆茂松，李白谓上党碧松烟也”，这一带并陵川等地，用松木心材烧制松烟，“上党，松心为墨，极佳”。据道光《壶关县志·山川》卷二，“唐徐王元礼为潞州刺史，常猎于（县东北三里）檩山下，常逐白鹿至此”、“有靖林山”。唐玄宗任潞州别驾时，常校猎而获鹿等野兽，随从多咏诗赋。如潘炎作赋13篇，多述及生态优美。他登极后于开元间三次回潞巡幸。“勤兵迨万骑，旌旗亘千里，校猎于上党至太原。”随臣多应制。如乾隆《潞安府志·艺文》卷二十七、卷三十八等载“深山鹿之挺走驰骋”、“葱郁兴王邦”等；唐玄宗《赐崔日周往潞州》曰：“潞回开新府，壶关宠日林”（即指他临回长安前将“山对翠屏、云雾缭绕”的壶口山（今老顶山）改称紫云山）；贾岛《送卢才往潞州》曰：“风不起尘沙”等。道光《壶关县志·艺文》载唐吕岩《游灵显观》曰：“卧听松音临水石，坐看山色老苍烟，林中有鹤窥来看，岩畔无人见落花。”即高低诸山，尚多以松为主的茂林。

太行山南段森林比中条山、吕梁山南段多而好。因不失大森林环境而盛产人参，是全国最著名上乘野山参产地。据《隋书·五行志》，开皇中上党曾出过“其根五尺”的特大野参，谓之“草妖”。隋唐时潞州、泽州常贡多量人参，而以壶关紫团山者为最佳精品，特贡皇帝，以致不少名人专为其咏诗。

四、太岳山区

该山，尤其是深山腹地森林比太行山南段还多、还好。

东侧诸山仍多松柏等林。如长子县隋藕公墓志铭曰：“东临绿水，西凭宝塔，……烟野锦邈，松柏骚骚”；长子城北唐天宝白鹤观碑阴诗曰：“林茂被柽柞，危横木枯槁，猿声出樛葛，樵径生暗草”；《崔公祠堂纪略》述唐初该县令驱虎善举。[①] 光绪《屯留县志·艺文》卷七载唐好几篇墓志，说“渚湾松峦”、“圣泉灵异，于其四胜”、“柏茂兰芳”等。乾隆《潞安府志·艺文》卷二十九载唐《程司马墓志》曰：“高林郁郁”。沁县伏牛山为“五花之树，……同翠色之见绿图。”[②] 光绪《通志·山川》卷三十二引唐《冀州图经》语：“松门岭，襄垣北一百三十里，通太原驿道。”即武乡西北端干道两侧之山多松林，南有松村，以昔多松而名。五代争战，对该要隘孔道两侧山林摧毁特重。

深山腹地沁源及安泽、古县北山，多为以松为主的茂林。光绪《通志·山川》卷三十二引《史记正义》语，隋时“沁源（城西崖下）……松柏荫翳。”大面积森林涵养水源，隋唐时引沁河水入同济运河，“尝济山南（河南）万顷田”；881 年黄巢陷长安，僖宗弟李偘出逃，后自岳阳（古县）北上，皆“翠柏苍松，弥山满谷，……涛声四起”；到沁源灵空山，见“山林深密，人迹罕至，……遂卓锡焉”；茂林满布，出云致雨，润沛四泽，五代封“施雨龙王”；后汉在附近上观山松林中建寺，名“团（围）松禅院。”[③] 沁源、安泽也产人参。

西南侧山上森林尚多。如乾隆《赵城县志·艺文》卷二十三载唐吕湮《霍山神传》曰：“郁郁葱葱，含芳吐秀，罗植万物。”嘉靖《通志·山川》卷四霍山条引唐皮日休赋曰：“千仞万仞，苍苍茫茫，……其清若秋，其翠如云。”正西侧山高谷深，森林更多、更好。如雍正《平阳府志·艺文》卷三十六载隋李德林《从驾（文帝）巡游》曰：“谷静禽动思，风高松易秋，远林才有色。”嘉庆《灵

---

① 嘉庆《长子县志·杂记·艺文》卷二十一、卷二十、卷十七。

② 乾隆《潞安府志·艺文》卷三十七 唐潘炎《黄龙见赋》。

③ 雍正《沁源县志·古迹·寺观》卷八、卷九、光绪该县志·艺文卷四、1984 年《古县志稿·文化》卷一。

石县志·艺文》卷十一载唐玄宗及扈从《南出雀鼠谷》诸诗曰:“南山柳半密,……上林千里近”、“芳树曲迎春”、“笳咏中岭树”、“前林已喧景”、“柳林低御辇”、“幽林承睿泽,……春树隔汾香”等;该志·艺文同卷还载李商隐《寒食过冷泉驿》曰:“介山当驿秀”、唐《河东节度使……王宰碑记》说:“(过冷泉驿)重峦复叠,积树参差”、唐萧珙《新建(阴地关)通济桥记》说:“林麓深沉,……西南松门洞豁,……乘时遂便,因利取材,不日毕成,(汾河)桥长一百尺、阔一丈五尺、下水去四十尺”;该志·古迹卷十载开元年“畋于冷泉(行宫)”。据雍正《平阳府志·艺文》卷三十一,阴地关有崇薇公主手迹,书唐李仙甫“翠微苍劲几经秋”句。还有唐殷尧藩《韩信庙》述灵石高壁岭系“荒凉古庙唯松柏,咫尺长陵又麋鹿”等。以上所述系大国道两侧景象,再高远之山,松及落叶松、云杉林更多。五代争战,对雀鼠谷山林摧毁严重。西北侧山上还多森林。如光绪《平遥县志·古迹》卷十一载:县东南过山(超山)婴(依)涧村东二十里吉祥沟,唐敕建弥陀寺,“山水环绕,古木荫翳”。民国《介休县志·古迹》卷十三载:“静林书院在(绵山脚下)兴地村,(唐中书侍郎)令狐楚少时读书处,今圮”,有“静林水”,间接说明山上多林。

详见《太岳山区森林与生态史》85~96页。

五、吕梁山中段　北段

从前述唐玄宗及扈从《南出雀鼠谷》诸诗看,中段南部东侧诸山仍然多林。

孝、汾、文、交诸山,森林更多而好。据雍正《通志·杂著》二百二十八,武则天父、山西省首位木材巨商武士彟,文水南徐人,“微时与邑人许文宝鬻材为事,当聚财数万,……丛林森茂,因至大富。彟与文宝读书林下,自称厚才,文宝自称枯木。高祖起义,以铠胄从公入关(中),故乡人曰:‘彟以鬻材之故,果构天下之秋’。及彟达贵,文宝从之,位终刺史。”康熙《汾阳府志·风俗》卷四引《隋志》语,“西河土地沃,少瘠”;该志·艺文卷八载唐田肇《题贺鲁将军祠（汾阳峪道河谷）》曰:“茂林滋岩翠”；该志·名宦卷三陆㠗条载:“邑属多虎”，亦为校猎场所。后为北宋皇室采木基地。又如康熙《交城县志·艺文》卷十五载唐林谔《石壁寺铁弥勒像颂》、李逢吉《石壁寺甘露义坛碑》曰:“遍山林石，……筑基树间”、“峰壑崇邃，林泉诡异”；该县光绪志·艺文卷十五载李商隐《过……武威公交城旧庄……》曰:“风飘大树撼熊罴”等。都说明边近山区，仍多森林。

太原西山比不上汾交西山森林丰富。如乾隆《太原府志·艺文》卷五十八载隋薛道衡《从驾（炀帝）幸晋阳》曰:“涧水寒逾烟，松风远更清”，唐吴少微《……游（蒙山）开化寺》曰:“初入云树间”。光绪《晋祠志·金石》卷十载唐太宗《晋祠铭并序》说:“绝岭千寻，横天耸翠，……松萝曳影，重溪昼昏，碧雾紫烟,[①] 郁古今之色，……霓裳鹤盎息焉，飞禽走兽依也”，唐李益《春日晋祠……》曰:“林黄柳尚疏”。《册府元龟》述晋阳西山“林木郁然，足见一方之胜。”道光《阳曲县志·山川》卷一载唐后期李频《游冽石》曰:“窦犨遗像在林峦”等。五代时附近已缺乏建筑材，后唐重修晋阳宫、城，已到较远的太原东山采木。嘉靖《太原县志·集文》卷五载后晋苏禹珪《重修庄严阁记》说:“砍徂徕之松”，即已到更西的远山采伐松木。民国《柳子峪志》卷三载975年北汉《新建天龙寺广福楼碑记》说:“一舍之远，群木荫翳”、“涧溜清泚”，看来已系松杂林草植被。后山古交，娄烦，因长期为牧马基地，使森林向高峻山上退缩。详见《太原森林与生态史》101～107页。

中段西侧三川河等流域易采运之坡，经隋及唐前期皇家采伐，已无巨木良材。

盛唐继而北到湫水河、蔚汾河等流域大肆采伐，开元时，同样也无巨木了。在兴县东南黑茶山下空留下“采木林”、“采林山”、“采

---

① 森林蒸腾于上空的水蒸气，在阳光下照射，远视有如紫色烟雾现象。本书凡引用古人描述“紫烟”、“紫气”等，多与森林有关。

林渡”及黄河岸留下“采木渡”等有关地名。①

北段东侧岚县，同样因长期为牧马基地而使森林向高山退缩，县西缘大万等高山，尚多落叶松林。低中山林草植被尚好。如紧靠岚城的东河，古称“绿水河”。康熙《通志·艺文》卷三十二载唐前期杜审言《岚州作》曰:“水作琴中听，山拟画里看”，山川秀美。

六、太行山中段

唐后期太原东山系“罕山苍苍”。② 李克用在榆林坪东北筑避暑宫,“万木丛生”。③ 李存勖重修晋阳宫等，在瓜地沟伐柁木等材，溜至今牛驼寨木场集中，曰“溜柁”，再水运到晋阳城；后该木场废弃，住有民户，音讹为“牛駝”。④ 雍正《通志·艺文》卷一百九十二载中唐《李光进神道碑》曰:“罕山之南分水东，白杨黑柏多悲风”，即榆次北罕山麓低阜高丘，还有不少柏、杨等林。光绪《太谷县志·人物》卷五载:“后唐李思昭，本民家韩氏子，晋王李克用出猎至其家，见林中郁郁，……养以为义子”，即太谷边山森林亦多。

后山区以松为主的森林更多。如寿阳东缘方山，唐名神福山，李通元隐此，有“云松岩”，《灵迹碑记》曰:“松林郁茂，不可数计。”⑤ 据《元和郡县志》卷十三，盂县“产人参”。平定东北二十里白鸡山,“李存勖获白鸡”，王缄《封白鸡山记》曰:“睨苍翠之列，于翳荟之中”，即东向大国道附近，山林尚好；唐李湮述娘子关《嫉神颂》曰:“灌木扶疏，……细柳营边”，还述水磨等利发达、富饶，即该关要塞，栽了些军营树，也局部破坏山林，演变成灌木坡，但整

① 康熙《通志·山川》卷五、雍正《兴县志·形胜》卷十六。

② 民国《榆次县志·艺文》卷十三 唐李程《河东节度使太原尹赠送太尉李光颜神道碑》。

③ 道光《阳曲县志·舆地》卷二。

④ 《太原日报》1985年9月7日《溜柁与牛驼》。

⑤ 光绪《寿阳县志·山川》卷一、光绪《通志·山川》卷三十四。

体生态尚好。[①] 昔阳、榆社、和顺、左权等深远山区，以松为主的森林更多，绝不亚于太行山南段北部。另唐太原府“贡人参”，除盂县产人参外，该段某些县亦产之。

七、五台山区

山高坡大，比较闭塞，除大兴佛寺少许破坏山林外，尚无木材外运，故森林保存良好。

北缘外平川尚有小片老杨林。如乾隆《代州志·艺文》卷六载唐令狐楚《白杨神庙碑》说:“郡东四十里，白杨有祠，……翳荟柯条，如虬如龙，广仅百亩，巍巍苍苍，……巨枝交柯。”

山区松杉及落叶松等茂林遍布。如万历《清凉山志》卷九载：“隋初……峨谷数十里，深旷无人”，皆林；该志卷七载:“隋令休（大师）始至五台，……径行林间，……遍探林谷。”据唐调露《五台山清凉传》卷上，隋朝时豆村山间小盆地佛光寺一带边山“映满林薮”等。

唐时“上有五台，其顶（海拔高过森林分布上线）不生草木，松柏茂林，森于谷底。”[②] 据唐调露《五台山清凉传》卷上,系“环基所至，五百余里，……壑谷飞泉，触石吐云，茂松盖数，……烟雾常积”；“东连恒岳（河北曲阳大茂山），中间幽旷，人迹罕至”的茂林；西北部峨谷及其以南“林木高森，连绵不绝”；南部佛光寺一带“林泉清茂”。还有不少中外高僧等也述及五峰之内多林。为节省篇幅，不再逐一分列而按早晚顺序总括概述。如“独入西林，唯见林木焉，……深林密菁”、“唯见丘陵草树”、“月殿凭林跨谷，……珍木异草，……庭观谷荫”、“夜坐林野”、“唯苍山崔嵬，乔林蓊郁”、“处处青山”、“诸台麓间皆宝林”、“异僧出林，异僧入林”、“北台后有古木，百围中空，僧慧湛穴木为居”、“东台麓花木秀茂”，以及

① 据光绪《通志·山川》卷三十四、光绪《平定州志·艺文》卷十。

② 光绪《通志·山川》卷三十五引唐《感通录》语。

“五台山南虒阳岭，……林木入云，景物殊胜”等。① 尤其是838～847年日本高僧圆仁大师率领礼佛团来我国求法，他日记形式的《入唐求法巡礼行记》为古代东方三大游记之一。其卷二末尾述从河北赵州沿谷西行五十余里，“青松连岭”；再西北到行唐后，“岭高谷深，翠峰吐云，溪水泻绿流”。过龙泉关、越长城岭，进入五台，更系“峰上松林，谷里树木，直而且长，竹林（五台山古代确有天然竹分布）麻园，不足为喻，……松翠与青天相映”。840年四～七月初在五台山各寺院求法巡礼（正好在唐武宗“灭法”之前），后往长安。该记卷三说：“五台山，周五百里，树木郁茂”、“千峰百岭，松衫郁茂，……深壑幽谷，不见其底，幽泉涧水，但闻流响，异鸟极翔，众峰之上”、五峰内外皆系“岭上谷里，树木端长，无一曲戾（指乖长树节等）之木”的高大通直茂林。另隋唐时亦产人参。详见《五台山区森林与生态史》38～43页。

八、管涔山区

南缘的静乐、忻县（今忻府区）一带，亦因长期系牧牧马基地，使森林向深高山退缩，但植被还较好。如光绪《通志·古迹》卷二十七载：“忻州西五里三涧沟，唐时美良川。”

东缘的原平西山，森林尚较好。

深山腹地的宁武，松（多系落业松）、云杉等林更多而好。前述隋炀帝在此大建行宫等，就地取材，毫不困难，所建诸大亭阁，曰“疑碧”、“含辉”、“秋翠”、“翠微”等，足见森林资源丰富。虽一时局部毁林，但不久即长期荒废，森林又自然恢复起来。因森林遍布，清溪长流，唐将管涔山称“林溪山”，宁化称“林溪镇”，隋汾阳宫等称“林溪故宫”。② 芦芽山一带更多高大茂林，又称“神林山”。

---

① 据万历《清凉山志》卷六、卷七、卷九及雍正《通志·艺文·山川》卷一百九十一、卷二十六。

② 乾隆《宁武府志·古迹》卷九、雍正《通志·古迹》卷六十。

西南侧岢岚岚漪河流域，系唐中叶后皇家重要采木基地。前述开元时“近山为巨木，求之岢胜间”。如柳宗元《晋问》说：“晋北之山有异材，梓匠工师之为宫室求大木者，天下皆归焉，……万工举斧以入，……千寻百围，……罗列而伐者，……声震连峦，林填层溪，丁丁登登，……其响之所应，则溃溃崩崩，汹汹薨薨，若骞若崩，若螭龙之斗，风霆相腾。其殊而下者，扎嘎梢杀，催崒块扎，霞披电裂。……然后断度收罗，捎危颠，芟繁柯，乘水潦之波，以入于河而流焉。……乃下龙门之悬水，良久，乃始昂屹涌溢，挺拔而出，……复成行列，浑浑而去，以至其所。……（诸宫殿）之隆丽诡特，皆是之出焉。”大意指在这一带长期大肆采伐巨木良材，漂流入黄河；过龙门，至长安、洛阳等地，供建宫室之用。经百多年大肆破坏，加上此前大砍吕梁山西侧和陕北山林，已轻度水土流失，故韩愈《条山苍》诗，有“（黄）河水黄”之述。但尚未伐及朱家川以北山林，本区西北侧及北侧山林良好。

另隋唐时本区麋鹿熊等野兽很多，岚州“贡熊皮”，间接说明本区及附近森林众多。

详见《管涔山林区森林与生态史》25～35页。

九、雁北

经三、四百年人烟稀少，森林普遍、面广、很好地再生恢复起来。

平川盆地多恢复为疏林草原。如乾隆《恒山志·诗志》载唐开元李欣沿盆地南缘去恒山下《谒张果先生》曰：“青松养身世，车徒遍草木。”隋唐称壶流河小盆地为“美良川”等。

丘陵区亦多恢复为较好之森林。如前述北魏在右玉一带的金陵区，雍正《通志·陵墓》述：唐时已“木秭尽生成林”，万木峥嵘、山川秀美；该志·物产卷四十七说：“白雕翎，唐常贡，因朔平地近塞，故多产”，也间接说明西部丘陵区多林；该志·山川卷二十七说横贯于盆地中低缓的黄花梁，唐张翰诗曰：“黄花散如金”，李白诗曰：“张翰黄花句，风流五百年”，大约多黄花松（落叶松）等，景物美好。

北部山区森林亦恢复良好。如雍正《朔平府志·古迹》卷三述隋唐云冈一带“树木蓊郁”；该志·艺文卷十二载唐吕令问《云中古城赋》曰：“阴闭群山，寒凋众木，……伏熊斗虎，腾鹿聚麇，常鸣悍惊，乍鹫啸鸱。”唐云州“贡雕翎”，也间接说明北部山区森林众多。

东南部山区更茂林遍布。如乾隆《恒山志·文志》载唐太宗《恒岳祭文》说：“苍苍元气，……兽啸龙腾，……疑烟含翠，……松萝挂云，……幽涧冬暄，飞泉夏冷”，开元娄虚心《北岳府君庙碑》说：“珍禽异兽，……骇不能名，芳草甘木，计莫之数，……林岳时时间出，……气笼翠微，荟蔚朝跻，……林麓之富。”雍正《通志·艺文》卷一百九十一载稍后的《祀北岳祠碑》说：“宵宵冥冥，……高柯古干，幽蔚荫翳”；卷二百二十一载贾岛《北岳庙》曰：“（森林深暗而）人来不敢入，祠宇白日黑”；卷二百二十五载唐李敻《恒岳晨望……》曰：“古树侵云密，飞泉界道流。”万历《应州志·艺文》卷六载陈子儒《题应州》追述曰：“五代山陵生桧柏”等。据《元和郡县志》，蔚州“贡熊皮、雕翎”，间接说明灵丘、广灵一带森林众多。

详见《雁北森林与生态史》93～99页、320页。

西南缘外神池、五寨、保德、河曲、偏关的森林状况，不亚于雁北。

*　　　　*　　　　*

总之，唐末前再加上沟注山之北的雁北和晋西北的西北部，全省森林还占总面积之小半，分布也较均匀，故气候调匀，土沃少瘠，水源丰盛，生态良好。隋时“人物阜殷”；正如唐时如柳宗元《晋问》所说：“以稼则硕，以植则茂，以牧则畜，以鱼则庶，而人用是富，而邦以之阜。”到下一时期的北宋后，生态显然劣变。

第七章　北宋　辽　金　元山林衰减 (960～1368 年)

本期山林明显减少，已被切割的较为破碎，森林向深远高山退缩，低浅中山已出现童山，大多林相变劣，水土流失始重，生态环境趋于劣化。

第一节　大政沿革

一、北宋（960～1127 年）

北宋于 960 年立国，都开封，初仅占据山西省南部；979 年灭北汉，才占据了勾注山以南。986 年征辽惨败，仍以雁门、勾注为界。1004 年两国议和，宋纳银、纳绢，各守旧界，再无大战。1032 年西夏立国，三国鼎立。

宋太宗改唐一级政区之道为路，下有京府、府（州）、县，还有军、监，通常为四级政区。全国初分 15 路，北宋末增至 26 路、4 京府（高于府）、30 府、254 州、63 监（还有不少军）、1234 县。

山西省西南隅属永兴军路（治长安）的一部，有河中府（蒲州城，领 7 县）、解州（解州镇，3 县）及陕州的芮城、平陆、夏 3 县。余为河东路（治太原）之绝大部分，有太原府（今太原城，10 县、2 监）、平阳府（临汾，10 县）、隆德府（长治，8 县，其中涉县在河北）、泽州（晋城，6 县）、绛州（新绛，6 县）、慈州（吉县，1 县）、隰州（隰县，6 县）、汾州（汾阳，5 县）、石州（离石，3 县）、辽州（左权，4 县）、忻州（忻府区，2 县）、代州（代县，4 县）、宪州（静乐，1 县）、岚州（岚城，3 县），还有黄河西的麟、府、丰三州不在山西省。河东路还有庆祚军（赵城，宋末废，不领县）、威胜军（沁县西南，领4县）、平定军（平定，2县）、宁化军（宁武宁化，1县）、岢岚军（岢岚西，1县）、火山军（河曲东北至偏关，有火山县，寻废）、保德军（保德，不领县）、晋宁军（离石西北孟门，2县），共8军中就有5军在西北部，主要是防御西夏。北宋高度集权，政区级别较乱，有的军又领军，有的不领县军、监，相当于县。省境约共108县及2个县级监。另宋太宗等对晋阳有怨恨报复之心，979年灭北汉后即火烧、水漫晋阳城，取消“太原”、“晋阳”等名称和建制，使其不留踪迹；在汾河东筑平晋城，但人民长期不愿居住；以榆次为并州紧州军事。982年才让潘美在唐明镇（今太原老城西南部）筑2.2平方公里、丁字街（寓意钉死）的小城，移紧州军事于此。因地位重要，1059年才复置太原府。详见《太原森林与生态史》109～113页。

二、契丹　辽（916～1125年）

居辽宁西北部的契丹人于916年建立契丹国。936年石敬瑭割让燕云十六州，已占领雁北及神池、五寨一带。947年改国号为大辽（曾一度复称契丹），史统称辽。其国土有上京（辽宁巴林左旗）、东京（辽阳）、中京（辽宁宁城）、南京（燕京）、西京五道，下设府、节度州，府、州下设县、军州，共248县（城、军、基层州）。1044年定大同为陪都西京，升云州为大同府，雁北为西京道（治大同）之南部，有大同府（除直领雁北6县外，还领内蒙古岱海东北缘的德州及河北阳原、怀安等地）、应州（彰国军节度，治金城，领3县）、朔州（顺义军节度，治鄯阳，领雁北2县及晋西北2县），还有蔚州（忠义军节度）在雁北的广陵、灵丘2县。详见《雁北森林与生态史》100～103页。

三、金朝（1115～1234年）

居长白山、黑龙江一带的女真人于1115年建立大金国，都会宁（黑龙江阿城南）。1125年灭辽占领雁北，次年陷太原占领全省。

1127 年灭北宋，与南宋、西夏鼎立。1153 年迁于都于燕京，称中都；原中京大定府（宁城）改称北京；会宁府改称上京；辽阳府仍称东京，大同府仍称西京；开封府称南京。路为一级政区，下设府、州，均可领县。其国土有 20 路，共 638 县。金实际统治山西省 90 余年，相对安定，人口大增，经济繁荣。

雁北属西京路（治大同）之南部，有大同府（省境内有 5 县）、朔州（2 县）、应州（3 县），以及蔚州的广陵、灵丘 2 县，还有武州（五寨北，1 县）。中部属河东北路（治太原）之绝大部分，有太原府（11 县）、代州（5 县）、宁化州（1 县）、岢岚州（1 县）、隩州（河曲，1 县）、保德州（1 县）、忻州（2 县）、管州（静乐，1 县）、岚州（3 县）、石州（6 县）、汾州（5 县）、平定州（2 县）。南部属河东南路（治平阳）之绝大部分，有平阳府（10 县）、河中府（7 县）、隰州（5 县）、耿州（次年改称吉州，2 县）、辽州（3 县）、沁州（4 县）、潞州（省内 7 县，另涉县在河北）、泽州（6 县）、绛州（7 县）、解州（6 县）。即山西省地跨 3 路，有 4 府、22 州（蔚州在外）、约共 109 县（以 1189 年为准，独州独县既算州，也算县）。但州县常有变更，尤其金末前，胡乱升格，许多县（甚至某些镇）也升为州。

四、蒙元（1206～1368 年）

1206 年蒙古乞颜部首领铁木真被各部推崇为成吉思汗，建立大蒙古汗国。1211 年起南征金，滋扰雁北。1218 年陷太原，1227 年灭西夏，1233 年陷开封，次年金亡。此前十几年，金统治已退出山西省；蒙军烧杀掳掠，未建立地方政权，成了荡然无统、无序局面。1260 年忽必烈继位，才大力推行汉法，1264 年以金中都燕京为都，1271 年改国号称大元，在中都稍东北新建元大都，1277 年灭南宋，统一全国。又东讨西征，成了版图特大帝国，却非文明盛世。蒙古、元一脉相承，也统称曰元朝或蒙元。

鉴于到金时一级政区路越来越小，元版图又极辽阔，故新设省为一级政区，路降为二级，府、州为三级，县为四级；也有三级（即路直领县和不领县的独州）、五级者。1330年，全国有中书省1、行中书省由6增至10，后又设分省，实际为16行省，共185路（少数省的府州和诸王封地相当于路）、33府、359州，还有州级安抚司等；共1127县，还有县级土司等。层次繁杂，比较混乱。

中书省包括今京、津、冀、晋、鲁及河南黄河以北和内蒙古中西部等广大地域。山西省属中书省，因大都之西有太行山，故在该山之西、黄河以东设河东山西道宣慰司和肃政廉访使，为中书省派出机构，也是山西省名称进而由“河东”向“山西”过渡时期。省境仍为平阳路（大地震后1305年改称晋宁路，仍领河中府）、太原路（同因、同年改称冀宁路）和大同路。路界和州、县大体与金雷同，但将东南缘的孟州、怀州、涉县和西北缘黄河西岸的佳县、神木划给别路，已如同今省界。雁北为大同路之东南部；另灵丘、广灵属上都路，天镇属兴和路。还保留金末升格及新增加的盂、坚（繁峙）、台（五台）、崞（崞阳）、兴、临、浑源等独州，故省境州数又比金朝增加了好几个；若独州也算县，县数与金不相上下。

第二节 山林减少主因

一、人口增至新驼峰

（一）北宋人口

宋朝并不强盛，户籍统计不全，给推算人口带来很大困难。据《中国人口史》第七章，北宋末前1102年，现国境（包括辽、西夏等）约8198万余人（峰值应为1124年，推算实际近9000万），平均每方公里9.54人，比唐朝峰值又上了一个新台阶。

山西省与辽、西夏接界，宋廷未着意经营，约共339万多人（其中辽占区雁北约35万），平均每方公里21.6人，尚未恢复到唐朝峰值（匿报人口较多，实际与唐峰值不相上下）。由于南方人口增长较快，山西省人口总数由唐朝居全国第7降到12位，密度由第6降到11位。因雁北和勾注山塞下流民内徙和被强制迁入，太原盆地人口特密,“地窄人众”，系全国最密集地区之一；其次晋南、上党盆地也较密集。无耕地客户不少，已多“民众惜地，不葬其先”、“人用火葬”，故多向山上扩垦。详见《太原森林与生态史》118～120页。

（二）辽国人口

无直接人口统计。1114年高峰时，现雁北及神池、五寨约共35万人，为盛唐时雁北4.9万余人的7倍多，扭转了山西省人口南稠北稀现象。详见《雁北森林与生态史》107～108页。

（三）金朝人口

户籍比较健全。到1210年现国境（包括南宋、西夏、蒙古等）达1.08余亿人，平均每方公里11.27人。

山西省系金国大后方，相当安定，加之女真统治者推广汉俗、招亡流民、士兵复员务农、计口授田、防止土地兼并、地方官以劝农为主绩等,“数十年无犬之警”、“升平日久，生齿越繁”。1210年达到718.2万人，平均每方公里45.7人，比北宋翻了一番多。人口总数由北宋居全国第12位升到6位，密度由11位升到7位。系自古直到明末清初山西省人口最鼎盛时代，南北之差异不太悬殊，山区人口大增，加速对山林的破坏。

（四）蒙元人口

蒙古南征时大肆焚烧屠杀掳掠，无户籍统计，改大元时才始有户籍，但更不健全而较乱。据《中国人口史》第八章推算，1290年现国境才恢复到7530.6万人（后到1351年前还稍有增加），比金、南宋时少四分之一。

从1211年南侵起，反复大肆烧杀掳掠，山西省受害最重。“两河（河东、河北）数千里，人民杀戮几尽，金帛子女、牛马羊畜，席卷而去，……斯时太原、……平阳，掳掠一空，天灾人祸，纷至沓来。”盗贼纷起，骚扰百姓，黄河以北，荡然无统。忻州、太原等州府都被屠城，就连一个平遥县城，一次就屠杀万多人。1233年陷开封后，才较收敛。赋役肯繁，压榨太甚，人口跌入低谷，难以恢复。到1270年才55.4万人（因人多逃匿，及大量奴隶和独立于州县之外的军户等未计入户籍，故实际人口要多）。1271 年实行汉法统治，才逐渐恢复，到 1290 年约 130 万人。元晚期红巾起义军入战山西省及元两大军阀混战十几年，省南部相对安定，中原及省北人民纷纷逃入，山西省人口突增至 403 万，主要集中在晋南一带。人口虽少，但蒙古游牧部落对山林毫不爱惜，征伐时大肆焚烧，平时大弛山禁，以及生态环境趋劣，破坏后的山林恢复较难、历时也较长而继续减少，甚至荒濯。

二、大量辟垦山田

（一）宋　辽

北宋行募兵制，军队庞大，机构臃肿，吏治腐败，官员、地主田产，不受限制，自耕农的田少，税役很重，使许多农民沦为客（佃）户，或逃往山区垦坡粗耕。宋初即鼓励“垦辟荒田”，新开之田，不收租税。后又核实山田漏税，说明坡耕地面积很大。官方也大量垦山。据乾隆《宁武府志·事考·余录》卷十、卷十一，“（宋初）潘美镇河东，患寇掠，令民悉内徙，空塞下（勾注山南）不耕，于是忻、代、宁化、火山之北皆废壤”；1004 年两国议和后，韩琦知太原府，“距北界十里为禁地，其南则募弓箭手居之，垦田至九千六百顷”、“定例山川坡原，均人给二顷”；当时禁地“东西七百里”、“凡二万顷”；除距边界十里不垦外，垦田近万顷，可见坡垦指数之高，耕作粗放。唐朝牧马基地、今娄烦、静乐、岚县、安泽等地的山坡，宋时“已为农田，皆不可复得”。由于大辟山田，招致水土流失。据《大明一统志·平阳府·名宦》卷二十，提点河东路刑狱兼河渠事程师益于 1076 年奏曰：“河东路皆土山高下，旁有川谷，每春夏大雨，众水合流，水浊如黄河、矾山（挖剥铝矾土矿后的烂山坡）水，……可以淤田”、“开渠筑堰，淤良田一万八千顷。”河流水情也恶变起来。如雍正《通志·水利》卷三十一载宋太常博士王沿曰：“漳水一石，其泥数斗，古人以为利，今人以为害。”汾河“屡涨”，甚至“汾决徒三交城（太原城北古城村）”，连平晋城、宋太宗汾东行营回銮寺也被淹没。其他中小河流也多劣变。“唐时（山西省段）黄河不闻有决溢之患”，隋唐跨黄河百丈蒲津关竹索浮桥、河堤安然无恙，开元时筑铁索浮桥也未冲圮。到“宋嘉佑八年（1063）秋，黄河水涨，梁圮，西牛沉没，得其三，而梁复成”、“元丰六年（1083）修浮梁堤岸”、“然不时圮”，[①] 可见北宋时该段黄河已不安澜。

辽也学汉法，大量开垦农田，燕云十六州成了产粮基地，积粮数十万斛。后期也允许人民入山斩伐，辟坡造田。如1089年，道宗赐（灵丘）觉山寺山田一百四十多顷，供建寺食用。但辽坡耕规模不及北宋。

（二）金朝

女真族原军事组织猛安（千夫长）、谋克（百夫长）进入汉区与汉民杂处，大量侵夺田亩，使不少汉民沦为奴隶或逃往山区拓坡粗耕。随后推行汉式统治，猛安、谋克亦授田，又将部分汉民挤入山区。不久女真人与汉人完全融合。1161年起，政局更稳定开明，20年来人口翻了一番，山区更一翻再翻地增多，“人稠地窄，寸土悉垦”。据雍正《通志·历朝田赋》卷四十四，到1171年或稍后，已是山西“傍路皆禾稼，殆无牧地”，加之各帝多以劝农开垦为本，章宗尤重。他1194年下诏：“能劝农田者，谋克赏银十两、绢十匹，猛安加倍，县官升级；三年不怠者，猛安、谋克迁一官，县官升一等。农田荒芜十之一受罚，笞三十；荒芜严重，判刑一年；连续三年荒芜者，猛安、谋克降一官，县官降级。”“田亩益拓”，山田进而大增，普遍呈现“田垅上山腰”、“远砍山田多种黍”状况。[②] 如元好问从中都经上谷（河北怀来）入山西省，说是“远望桑麻数百里，烟火几万家，村落星罗棋布，农田连绵不绝”；他咏曰：“生民何处不桑麻”；也可见垦殖指数之高。又因权贵多霸占良田，使甚多贫民无田可耕，不得不向较远高处、光照不足的陡坡、阴坡另辟新田。朝廷恐影响安定，故对权贵占田限十顷以内。如光绪《通志·历代田赋》卷六十五载1181年世宗诏曰：“闻山西田多为权要所占，有一家一口

---

① 康熙《蒲州府志·古迹》卷三、乾隆《蒲州府志·山川》卷二。

② 《中国通史》第四编 第五章 第二节 人民出版社 1979年。

三十顷者，以致小民无田可耕，徙居阴山（坡）之恶地，何以自存？令其占官地十顷者，皆括籍入官，将均赐贫民”；1189 年以“平阳路地狭人众，官地尽数拘籍，验丁宜给贫民。（皇）上曰：‘宜计丁限田，业已三十亩，则更许存佃官地一顷，余者拘籍，付给贫民可也。’”仍是广种薄收，亩产三、五斗。水流失加重，到 1190 年后已多“土瘠”。如光绪《通志·名宦》卷一百一十二载：“河东北路田多山坂硗瘠”。太岳深远山区的安泽也“土隘而多瘠”了。①

（三）蒙元

1211 年起蒙古铁骑多次南下，致使民多逃往骑兵难到的后山拓坡粗耕，又破坏远山森林植被。1270 年设司农司，才重视农耕，除劝农外，还在雁北西南至宁武一带大量屯垦，荒芜之田逐渐复垦起来。但人口未恢复元气，宋金时的不少山田再生为蓁莽灌丛。元末前十几年大混战，山西省中、北部又有不少人民逃往后山拓坡粗耕，又烧毁山林植被。

三、木材大量外流

（一）沿太行山　漳河等流域采运

北宋时河北大平原已缺树少材，主要到太行山伐木。官方也在此大量采伐外运。如民国《林县志·古迹》载：“磻阳城，县北七十里，北临漳水”，北宋初“以河北诸郡建城池、仓库及制造兵器，岁办木材于民间”，988 年“于此城置采造务，特置监官及添置工六百人，……每自春二月至十月，采木于林虑北山，浮于漳，入于洺（水），达于冀（州）”；同年在县南五十里“淇水北岸置双泉务，采木于林虑南山，浮于淇，达于雄（州）霸（州）。”其西南新乡峪河口和焦作丹河口，以及沁河口等，同样也沿河采伐。丹河流域及王屋、析城等山，也遭大肆采伐。当林虑等山“茂林乔松，木荫似浓”之坡基本采完后，很快延伸到山西省采伐。先顺漳河干流，采伐易漂运之处山林，后又采到其南源（主源）上游、太岳山区东南侧。如

① 民国《安泽县志·艺文》卷十五述金后期“冀氏小邑介稠山中，土瘠”。

雍正《屯留县志・山川》卷一载:“良材山，县东北二十五里，旧产良财，有良材寺。”查隋唐时普遍多茂林，并无该“良材”专名，拟即北宋在这一带伐运大批建筑良材而名。同期也沿该河北源及西源伐运武乡、榆社一带和太岳山区东侧、沁县一带山林。还经涉县沿清漳河而上至其东、西源，伐运左权、和顺一带山林。

太行山中段亦有伐运之载。如雍正《井陉县志・艺文》载宋马宜之《天威军石桥记》说:“在本军西北，……采伐之人每有被虎伤或跌死者”，远至与山西省接界的平定、盂县一带陡坡采伐，也会伐运及冶河上游，即山西省桃河和松溪河流域山林。又雍正《通志・艺文》卷一百八十五载欧阳修《乞免差人往岢岚筑城答子》大意说：诏命河北定州派民夫二千人往岢岚筑城；鉴于定州人民“在西山伐木”等差役过重，乞求免除。说明北宋中叶前已大量在定县西山采伐，也不免破坏及山西省东北缘一些山林，因毗邻辽境，采伐规模较小。

（二）沿汾河　黄河等延伸伐运

北宋建都开封，先应沿沁河流域采伐，但其下游成材林已少，山西省沁河段水道曲折，不易漂运；又唐采伐基地岢岚、胜州因毗邻辽和西夏，故皇家重点转向汾流域中、上游采运。也沿黄河在石州一带采运。

先在太岳山区西南侧沿古县河、涧河等大肆采运，已伐至接近深山腹地，都漂入洪安涧河入汾，再入黄河至开封一带。那时该河称通军水，即在今古县石壁驻军管督伐运而得名（参见《太岳山区森林与生态史》307～308页）。紧接着在太岳山西侧霍山一带大量伐运，也伐至深远高山。如民国《霍山志・艺文》卷五等有关方志均载陈刚1009年《霍镇》曰:“层峦叠嶂翠重重，材产九州资构厦。”当易采运之坡已基本伐完，又向北延伸，汾州成了北宋皇家主要采伐基地，由诸河漂入文峪河、汾河而入黄至开封，直至北宋末。如康熙《汾阳县志・山川・（白）彪山》卷一载北宋中期知汾州判赵瞻诗曰:“伐木丁丁入深山，……伐木歌声断续频”；该志・艺文卷八载其《子夏山（文水、汾阳接界处，原名隐泉山、大陵山）》曰:“直松万株天籁声，长林大栋资连甍”，又从北宋末知汾州军事周炜《润济侯庙（白彪山麓原永泽庙）记》可窥。

宣和元年（1119）夏五月，令提举秘阁开封府李公始领河东水（运木）事，会久天旱，川流涸竭，修楠巨梓积于汾之境内者不啻数万。是时朝廷有大营造，诏令络绎，公夙夜敦促，惧不时进。炜领郡才逾月，承命靡安，殚思积虑，殆非人力可及。乃询父老，求之有功于民将祷之。咸言距州（汾阳西）三十里，有祠曰贺鲁将军，……岁时亢旱，有求必应（后述他祈雨于该祠）。翌日大雨，绵延浃旬，一川澎湃，汹涌如万千兵马如昔时。于是圆若楹者，方若桯者，曹杂而相依若橑者，乔杰而特出若栋如楹者，结桴连筏，首尾相衔，属邑宴然，不劳而得（后述因此而封润济侯）。

由于该州所属汾、孝、平、介、灵诸县，同时也将大批积压木材水运而出，故除汾阳白彪山麓外，还在孝义郭村、介休绵山麓等处封润济侯，建庙以祀，又在平遥敕建应润侯庙，说明采伐范围较广。据2003年《管涔山志》卷三，北宋后期又延伸到汾河上游管涔山，大量伐运宁化一带的材。另离石一带三川河等流域，也是宋廷采运区。如11世纪80年代后，“（户部）三司岁取河东木植数万上供，岩谷深险，趋河运，民力艰苦。”① 看来已在较艰难处的深远高山采运了。

金海陵王执政期间，于1153年将汴京开封改称南京。把宋徽宗及以前的宫殿、楼堂台榭等宏伟建筑一律拆除，再选新材，重新营造。所需大批良材，多取自山西省，继续沿汾河、黄河等延伸至远深山采运。如雍正《通志·文苑》卷一百三十八载：此期山西省高平人进士李晏任“（开封附近）中牟县令，海陵王方营汴京，领运木材于（黄）河，经三门之险，冲决失败者众。乃驰白行台，散投其木于水，计数于下流接取，人皆便之，内皆服。”由于营建期长，后又到汾河源流、管涔深山腹地的宁武县采运；同期也沿黄河延伸至吕梁山北段西侧和芦芽山西侧采运。如金末蒙初赵秉文辛山西省州官，归隐于原籍河北滏阳，其《滏水文集·芦芽山》卷六载：“万筏下河

---

① 中科院地理所历史地理组文焕然《历史时期中国森林分布及变迁》载《云南林业勘测设计》1980年增刊。

汾"，足见采运规模之大。

（三）金在唐河流域采运

海陵王掌金国大权时，刘豫遣使持海道图和战船小样进献，欲由海道灭南宋。据光绪《蔚州志·山川》卷四，1135年冬起"兴燕云两路夫四十万人，在蔚州（之南涞源县）交牙山采木"；由唐河、易水开创河道，运至雄（州）霸（州），而后大造战船；汤泰运《金源纪事》曰："南人乘船如乘马，越海渡江无不可；北人乘马如乘船，追风蹑电争一鞭。无端北人不安北，漫道行水胜行陆；参天拔地蔚州山，四十万人同采木。同采木，木不足；人人想啖刘豫肉，焉得手裂海道图，木自在山人在屋。"周麟立《造海船行》曰："坐令斩木千山童，民间十室八九空"。该大肆采运，也大砍唐河灵丘和恒山东南侧山林。另金营建中都规模很大，用民夫、工匠80万、士兵40万人，可能沿桑干河及其支流壶流河等伐及雁北东部山林。

（四）蒙　元在雁北西端　东端采运

1226年蒙古伐西夏，命西京路造船供漕运，可能砍及雁北西北部苍头等河流域森林。

1271年蒙古改曰大元，稍前已在北京新建大都城、宫殿等建筑群，规模宏大，历时二十余年，工部下有木局，大都留守司下有大木局、小木局。继金建中都之后，已延伸到桑干河支流洋河、壶流河等山采运。如光绪《蔚州志·古迹·采木山场》卷五载："元史百官志，蔚州等处山场采木提领所大使主之，又定安山场提领所大使一员、副使二员"；又该志·金石卷九载赵孟頫《元蔚州杨氏先莹碑铭》说："祖名莹……（1267）右三部（兵刑工）命三千人做大都城门，……元世祖于广寒宫授蔚州采木司提举，……（1279）佩金印，凡四方提举……乃领采木之役。"经多年采运，既有"西山兀，大都出"之载，又有元《运筏图》真实写照。又砍及雁北东部山林。

四、省内建筑采伐

（一）北宋

北宋诸帝对山西省有些轻视，故勾注山南无宫殿、离宫、行宫等建筑群。据光绪《通志·寺观》卷五十七按语:“宋制，寺观非奉准给牒赐额，皆在淘汰，以迄有明（朝），裁并尤多”，较大寺观也比隋唐少，已够不上使山林减少的主要因素，故以后各期，不再专述。

（二）辽国

自1044年升大同为西京，为辽陪都81年。据雍正《通志·古迹》卷八十五，西京城周二十里，有同文殿、御容殿、保安殿、梳妆楼、斗鸡台、国子监，以及宫城苑囿内许多堂亭廊榭等宏伟建筑。辽制，每个皇帝登极后都要建一组宫殿，后又大兴土木，西京规模扩大，还有园林别墅府第等。如为肖太后在应州司马镇建豪华别墅苑囿，马邑西影寺村东古城的辽顺义军节度使芳杭园（后改为栖灵寺）等，规模皆很宏大。辽国诸帝都提倡佛教，尤重浮图（佛塔），“一岁食僧至三十六万人，一日祝发至三千人”。还在五京为帝王建寺造塔。雁北有许多宏大寺宇。如大同华严寺系为帝王所建，内有几代辽帝铜像或石像，其主殿为国内现存之最大佛殿；觉山寺及高塔系镇国大王奉旨重建，入附僧户万余人，寺田百多顷；马邑栖灵寺僧众千人；还有朔州林衙寺（原为契丹林太师署，今崇福寺）、天镇法华寺等也颇具规模。特别是奉旨新建应州宝宫寺及大木塔，高67米，系全国仅存最高、最大之木结构楼阁式佛塔。据古建专家陈明达测算，该塔净用成品木料约五千立方米（各专家测算有些出入）；连同塔下“九间殿”和宝宫寺等建筑群，约用成品木万方；加上采运、营建时种种消耗，我估计采伐蓄积当在三、四万立方米以上。那时雁北森林资源丰富，大批建筑用材皆采自附近山丘。

（三）金朝

大同继为西京90余，也重新修建陪都宫殿。海陵王于1153年迁都燕京，又大兴西京宫殿，还建园林别墅官邸等。如应州荣国公的碧柳园等。金时佛教更加盛行，寺宇增多。既重建、修复唐辽在雁北的寺宇，又新建浑源圆觉寺、永安寺、荆庄大云寺、龙山大云寺、玉泉寺、应州净土寺、边耀山龙泉寺、右玉宝宁寺等许多寺院，还在怀仁新建太清观等。在河东北路、南路也建了许多寺宇，规模和数量不及隋唐，不再列述。

（四）蒙古　元

蒙古时多烧毁建筑物，罕有修建。改称大元稍前及以后，才兴营建。大同已非陪都，故山西省几未兴宫殿群之类皇家建筑。此期山西省森林资源已少，建官府衙门等，要远至诸较大河流最上游的深高山采运。据雍正《通志·艺文》卷一百八十六，1288 年在太原已专设“采木司”；“孝文山（吕梁山中段主峰、文峪河源）之林木，经筏浮泛而出，循流入汾，远近利之。”① 汾河源的管涔深山腹地及西侧，继金之后，仍系主要采运区之一。

元朝佛、道、伊斯兰、基督等教都较盛行。由于皇帝尊崇和提倡，以佛教及其派生的喇嘛教影响最大，1291 年全国佛寺达 42318 所、僧尼 213148 人。在山西省也新建不少寺宇等。尤其是皇帝下诏，摊银、派役、摘军，共万多人，于 1295～1310 年大规模营建五台山寺院，并新建一些喇嘛寺，皆就地取材，每寺约均僧尼三百多人，可见规模之大。期间，皇帝、皇后、太后带扈从和随行千多人，计五次驾幸五台。详见《五台山区森林与生态史》55～58 页。在晋西北芦芽山附近也建了众多毗卢佛寺庙群。佛教再次兴盛，但仍不及隋唐。

五、战争焚烧

据《辽史·兵制》，辽军征伐时“常砍伐园（山）林，驱老幼，运土木，填壕堑”、“汉人乡兵万人，随军专伐园（山）林，填道路；御寨及诸营唯用桑柘梨栗，军退纵火焚之。”在山西省主要焚烧勾注山一带山林。又据光绪《通法·名臣》，北宋仁宗时，辽军为阻止宋军北上，“取代州西山木，积十余里辇载相属于道，前守军不敢过。（代川知州）刘永年遣人焚之，一夕尽。”

金军进占山西省后，诸州县民多纷纷起义。南起垣曲，北到大同，太行、吕梁、太岳、五台、管涔等山区多有义军抗金，自为团练，打游击战。尤其是王彦为首的“八字军（都面刺赤心报国，誓

① 《永乐大典·太原府》卷五千二百零二引《大元一统志》语。

杀金贼)”，十几万人聚扎于太行山，绵亘数百里，并、汾、泽、怀及晋西北义军也受其节制。1140年岳飞、韩世忠北伐至河南朱仙镇，派梁兴为先锋渡黄河会太行忠义并西河豪杰，还连络岚、保德等地义军加强活动，“以拽其尾”，在垣曲东北、同善南大破金兵于六花原(当时阵名，笔者曾亲赴该地考察，遗有敌原村、岳家寨、梁王城、梁王角等村地名)；随即挺进于沁水，金张太保、成太保等率部投降。眼看将收复两河，秦桧陷害岳飞，功败垂成。到1149年仍有小股义军抵抗。金廷怕义军“聚哨山林”，讨伐或驱逐义军后，将山林“尽数烧毁”。① 波及面广，历时三十多年，有的反复焚烧，对山林破坏很大。

金军抗蒙古南下时，为便于了望，曾在临汾一带用大砍大烧山林、树木的错误做法。蒙古铁骑进入山西省初期，更多年到处焚烧城镇村落，也不免延烧及邻近山林。如1213年元好问描述晋祠悬瓮山、龙山是“水上西山如卧屏，郁郁苍苍三百（十）里”的疏杂林，次年即被蒙军焚烧，“俱成灰烬，(奉圣寺）屋庐俱焚”等。

元晚期1351年爆发了红巾军等大起义，其中路军入山西省上党，1357年两次攻陷太原，并北上一度攻陷大同，交战双方皆大肆焚烧。如光绪《通志·大事记》卷八十五载:“曹濮贼分道逾太行，焚上党，掠晋冀；韩林儿贼关先生攻大同，大掠塞外，烽火千里，村落为墟。”乾隆《潞安府志·艺文》卷三十载耿元益1351年《关虎左辖二公勋德碑》说关保下令:“是盗则杀，草木则伐（烧)，山丘则平，何患众寡。”剿灭义军后元廷内讧，1360年起两大军阀在山西省中、北部混战，也焚烧不少山林。

*　　　　*　　　　*

此外，宋辽议和后，沿勾注山又对峙数十年，宋不少官兵沿山南驻守，处于弱势，虽再无大战，辽仍局部侵耕，甚至深入到原平上阳武。辽晚期，宋又从天池推进到阳方口。岢岚、五寨、保德、河曲至偏关，则邻近辽和西夏，宋夏并未议和，宋在此更驻军数万之多。金

---

① 转引自史念海《河山集·历史时期黄河中游的森林》三联书店1983年。

初，金夏两国仍在此争夺。如1126年西夏渡黄河攻陷武州，金收复后，加驻重兵防守十多年。宋金在这一带驻重兵长达百余年，构筑防御工事和烧燃用度等也破坏附近山林。附带简述本期牧马业衰落情况。从五代后期已向契丹购买马匹。北宋时因唐牧马基地皆“已为农田”，故“市北马”，长约百年。因贸易摩擦，1080年“罢市马”，北宋被迫在汾源宁武东寨至化北屯饲养军马。至今仍有头马营、二马营、三马营、马营等村；后因汾河冲刷，竟露出二、三尺的马粪层。推断那时系从附近割草，集中棚饲，规模与唐朝比，小巫见大巫也。辽、金、蒙元之军马，几乎都来自内蒙古。如金时山西省“已无畜牧之余地”；元时冀宁路官方连“岁饲诸色驼马一万四千匹”的草也供养不起；1290年后，蒙皇帝恩准,“只饷千匹”。详见《管涔山林区森林与生态史》46～50页等。

六、辽　金火猎盛行

契丹、女真皆起源于东北渔猎部族，善骑射，入汉地后，仍尚狩猎。出于爱好礼仪，常常出猎，举国上下，猎风盛行。辽各代皇帝每年三月总要率领王公、贵族、勋戚、大臣、后妃，以及数千卫士和随员，赴诸京郊围猎。据顺治《云中郡志·巡幸》卷二，在西京一带大猎者有：968年“穆宗猎于西京诸山”、982年“圣宗猎云中祥古山”、991年“圣宗猎于蔚州”、994年“圣宗至桑干渔猎”、1016年“圣宗又大猎”、1036年“兴宗猎于黄花山（一说该山在北京西），日射熊三十六只”、1047年“兴宗猎于野狐岭”、1065年后“道宗猎于大牢山”、1122年“天祚帝猎云州鸳鸯滩”等。

金国猎风之盛，毫不逊色。海陵王、世宗、章宗等都常在西京一带围猎。如该郡志同卷载：1166年“世宗猎于银山”，之后章宗几次“猎于香山”等，规模仍大。在皇帝带头影响下，王公、贵族、官宦、将校等也纷纷出猎，猎风大兴。据《帝京景物略》，那时系“观野燎而猎”，也称“火猎”。先举火焚林，迫使众多野兽逃出而射之，当然要烧毁甚多山林。雁北为辽金西京辖地，焚林尤重。省中、南部虽无皇帝大猎之载，但官员将士们常小规模火猎，也焚烧不少山林。

蒙古大致分森林狩猎部和草原游牧部落，进入汉地主要是后者，猎风不及辽金。但还保留某些猎俗，如拨山场给王公、驸马、权贵等，以供围猎；还有不少猎户，也零散破坏山林。

七、辽　元大弛山禁

未见宋金大弛山禁之载。但乾隆《芮城县志·艺文》卷十二有宋李弼亮《重修护国西平王庙记》说："山林川谷丘陵，民则取材用"，垣曲也有类似记载，看来并不严格禁山。金时约然。

辽圣宗、道宗等均下诏"弛山林之禁"，允许民众入山斩伐；1100年道宗又特颁专诏："弛朔州山林之禁。"[①]直到辽末，主要毁及雁北西南部和晋西北神池、五寨一带山林。

蒙时，动不动就纵火焚林。元世祖（忽必烈）继位，实行汉法，但各帝对山林仍毫不爱惜。由于对人民剥榨甚酷，使民至穷，稍有轻灾，即闹饥荒，故常常下诏，大弛山泽之禁，以缓减民愤。从1261年"弛诸路山泽之禁"起，到元中叶后接连弛禁。如1300年"弛山泽之禁"、1301年"以岁饥，弛山泽之禁"、1303年"弛饥荒所在山泽河泊之禁"、1304年"以灾异弛山场河泊之禁"、1305年"以冀宁路岁复不登，弛山泽之禁，听民采捕"、1308年"罢山场课二年，弛山泽之禁；九月以薪价贵，……听民采捕"、1312年"弛山泽之禁"、1320年"弛山泽河泊之禁"、1326年"弛山泽之禁"、1328年"弛山泽河泺之禁"、1329年"弛山泽之禁"、1337年"开山场河泊之禁，听民樵采"等；甚至1323年颁布《大元通制》中规定"诸王驸马及诸权贵豪右，侵民山场、阻民樵采者罪之；诸所拨各官围猎山场，并勿禁民樵采，违者治之。"[②]

八、采矿冶炼发展

采矿冶炼较唐有所发展。如《宋史·五行志》载："河东有盐铁

---

①② 陈嵘《中国森林史料》第一编 第十章 中国林业出版社 1983年。

之饶”、“宋产铁四监，有二冶二十四务”。山西省系全国四大产铁区之一，并、沁、晋、泽、石、威胜六州十二县为主产地。如太原府“大通监管东西二烹铁之务，东冶在绵上县（沁源北），西冶在交城北山（西冶川）”，其积铁可供诸州数十年鼓铸，并支援关中；对西夏战争也主要用太原造的铁兵器；晋祠宋铸人露天近千年，至今仍晶莹油亮，可见铸造工艺之高。晋州、泽州设铁钱监，单晋州铁课原额就达 569776 斤。小小威胜军年产铁也在十万斤以上。北宋除继续开采垣曲、翼城铜矿外，绛州、稷山也大量产铜。太原铜器名闻遐迩，年贡大铜鉴十面，还在太原设河东监，专铸铜钱；在龙门亦置铸钱监；在五台山北谷（繁峙南山）驻宝兴军寨，采矿冶银等。此外，还大面积挖剥铝矾土。如平阳府有务二：矾山、炼矾。

金朝在代州新设监铸钱，年铸一万六千余贯，品质亦好。

蒙古改元前已立炉于西京，州县拨冶户七百六十煽；又立炉于交城，拨冶户一千煽。改元后设专职机构管理、发卖。如置河东山西铁冶提举司、交城铁冶都提举司、太原路军器人匠提举司等，后统设河东都提举司，掌管大通、兴国、惠民、利国、益国、润富、丰宁等铁冶，产铁很多。仅大通冶就年贡云子铁十万斤，一年鼓铸犁铧二万多付；铁制农具，除本省自用外，还大量行销省外。

北宋烧瓷业达到新高峰。山西省瓷器虽不算最精品，但南北皆多瓷窑。如太原东山孟家井即大量产瓷，那时该地属榆次，称“榆次窑”，闻名于全国。1936 年在太原城上肖墙发现北宋瓷器仓库，有“大宋河东路官窑”铜印一枚，即系实证。北宋发明火药，木炭粉是助燃物，用量大，也新增了一个破坏山林因素。

另金时山西省雕版印刷进入巅峰，平阳为当时全国四大刻书中心之一；元时山西省雕印业也较发达。也消耗许多优质木材。

东汉、北魏始用石炭，但开采极少。隋唐时它与木、竹、麻秆、草为五种燃料之一，煤还不居主要地位。北宋时山西省森林大减，采煤增多，并予征税。北宋晚期更垄断为“天下市易务炭，皆自官卖”。金元时采煤业继续发展。

本期冶炼、烧瓷，主要是以煤为燃，对森林直接破坏不大。但多在远深山滥开乱挖（如绵上、西冶川两大铁务等皆在深山），尤其是剥挖矾土矿，更毁山林植被。因非主要破坏因素，故予简述，而不详注史料出处。以后各时期也不再专述了。

*　　　　*　　　　*

由于以上诸因，使我山林大减，林相明显劣变。大约由唐朝时还占总面积十之四多乃至近半，到本期末已降到十之二以下了。边浅低山除某些风景胜地和寺宇左近有些疏林外，已基本无林；后远中山还有些片林，但多逆行演替为次生、再生林（宋金时某些荒坡，蒙元有的恢复为蓁莽灌丛）；仅河流源头、不易采运的深高山上还有些高大茂林；人迹难至的陡峻高坡和峭壁深渊留有小片原始林。

*　　　　*　　　　*

本期也零散少量植树，但规模不及唐朝，兹简略概述：

据《宋史·食货志》，北宋初即“课民种树。定民籍为五等，第一等种树百株，每等减二十为差，桑枣半之”；又诏：“所在长吏谕民，有能广植桑枣垦辟荒田者，止输旧租。”熙宁（1068～1077）还命地方官“计其活茂多寡得差减在户租数；活不及数者罚，责之补种。”看来贯彻不力。乾隆《太原府志·名宦》卷三十二载：天禧（1017～1021）“陈尧佐知并州，因汾水屡涨，即东岸为堤，周五里，引汾水注之，旁植柳万株。每岁上巳，太守泛舟，郡人游观焉。曰‘柳溪’”；元朝已“久为汾水所没。”植柳万株，便大书特书，多种通志及有关府志、县志等均载，可见北宋植树不多。

金朝亦广植桑枣，以桑居多。如《金史·食货志》载：“凡桑枣，民户以多植为勤，少者必植其地十之三；猛安、谋克户少者必课种其地十之一‘除枯补新，使之不阙。’”章宗再申旧制：“猛安、谋克田四十亩，树桑一亩。”元好问诗“生民何处不桑麻”，亦可佐证。还植了些以柳为主的风景树。除西京宫苑的绿化外，又如重修晋阳故城九龙庙时，在风峪河旁植了些树，二十余年后已“清影交蔽”。余者不列。

忽必烈继位改元，才开始注意植树。据《元史·食货志》，世祖颁《农桑辑要》，规定“每丁种桑枣二十株；土性不宜者，听种榆柳等，其数亦如之；种杂果者，每丁十株；皆以生成为数。愿多种者听。”也植些风景树，如在晋祠“多植松柏”，效果不佳。余者不述。

宋已有陈翥《桐谱》、蔡襄《荔枝谱》、《茶录》、韩彦直《橘谱》、（僧）赞宁《笋谱》等经济树专著。元《王桢农书》是继《齐民要术》后又一部论述颇祥之农学专著，其中专列种松法；特别是俞本宗《种树书》，可谓首本造林专著。

第三节　山林衰减概历

山区森林已被破坏切割的较为分散，少有连亘茫茫林海。故按山系概述诸山森林状况及衰减历程。

一、中条山

（一）西段

除风景胜地、名寺附近及陡峻山峰有些较像样之林外，其他多为疏杂林或蓁莽灌草。如乾隆《蒲州府志·隐逸》卷十二述北宋初李渎“往来中条山，所居（王官谷）木石幽胜”；系“侧影空翠，烟藏芳树，千峰翠飞”，既有松柏，也有翠竹，以及柞树和多种野果的优美景区；[①] 该府志·艺文卷十八载稍后王禹称《司徒空传辩》说：该周回十里仍“极林泉之美”；卷三十二又载其《中条山》曰：“峰青冷罩烟，……寺古柏梯悬”；还载宋郭仕道《首阳山行》曰：“林壑盘苍龙，……苍翠光玲珑，熟眠林外松”、程颢《游万古寺》曰：“条山苍苍河水黄”；该府志·古迹卷三载：“万古寺，宋时‘风从松顶飘来’”。光绪《虞乡县志·山川》卷一载：“方山，……一名檀道山，唐宋金元缁黄往来不绝，号‘大丛林’为虞乡胜地。”《太平寰宇记》述“其顶方平如坛，多产良药。”乾隆《芮城县志·艺文》卷十四载宋《芮城群贤凉轩诗》有“浦完山林满”、“风清群木深”

① 据雍正《通志·艺文》卷二百二十五《五老峰》、《条山》、《首阳山》三诗摘出。

等。到北宋后期山林多明显退化。如乾隆《闻喜县志·艺文》卷十载司马光《重修圣宣王庙记》说:“鸟兽日益殚，草木日益稀，人日益众，物日益寡”。光绪《绛县志·风俗》卷一引《宋史·地理志》述这一带“寡桑柘而富麻苎。”乾隆《平陆县志·艺文》卷十五载金末元好问《箕山》曰:“幽林转阴崖”。金末临晋人麻革居王官谷别业，于1239年赴雁北浑源游龙山后，有中州山林不及龙山之感叹。元时，如康熙《蒲州志·古迹》卷三载,“东林夜雨”为元八景之一。乾隆《平陆县志·艺文》卷十五载金末段成己《虞坂》曰:“林外晨鸡第一声”。乾隆《蒲洲府志·艺文》卷三十二载元王恽《游万古寺》曰:“中条郁苍苍，……林风振万壑”；乾隆《解州志·艺文》卷十七载其《条山》曰:“条山如画色苍苍，……望入王官绕水竹”。乾隆《芮成县志·艺文》卷十四载元袁茂云《魏侯故城》曰:“独自条阳翠霭行，……远树半遮干木庙”。1303年在芮城东北陌南镇创建清凉寺碑说:“峰峦秀异，……树木丛茂。”①

（二）东段

山林比西段多而好些。如光绪《垣曲县志·艺文》卷十载宋焦庭坚《重修渊德侯庙记》，述析城山一带“山林川谷，民所取材用也”；该志卷十三载宋李建中《开垣曲山路成》曰:“借助林盐润，增饶国计成”；宋黄廉《题洪庆观（在已没于小浪底水库的垣曲老城)》曰:“背看松林闻棹尾”、商昌、适宜《登洪庆观》曰:“山色迎人来黛眉”、“送过烟风黛眉峰。”之后除中条山主峰下峭壁深渊外，多劣变成次生或再生杂林。如该县志卷十载元宋景祥《沿革碑记》说:“余有事到垣山观访形迹，……自冷口谷崎岖盘礴，林木障日，山行七十余里，始得民庐穑稼之地，……土田肥良，林落接连，……然晋陶渊明所记桃花源然。”由此向东延伸至主峰附近，系中条山最大一片山林。

（三）东北余脉

该山向东北延伸部分，还有些杂林。如光绪《绛县志·艺文》卷

---

① 2004年《永乐宫志》卷七第一章 山西人民出版社。

十四载元宋克笃《绛县咏》曰:“绛山青青绛水流”；康熙《通志·艺文》卷三十二载明吕乾健《恩赐紫金山（在曲沃）记》说:“林丛可庐，泉甘草美，蔚然清秀，……元末……郝公……耽环山林”等。再北到与太岳山接近的浮山县还有较大片较好之松柏林。如该县志·艺文卷三十七载宋安石《玉兔寺古碑遗文》说:“实为放鹤之林”、宋王随《玉兔寺》曰:“殿庭松柏午荫浓，地占神山绝境中”、金范槔(gāo)《重修尧庙记》说:“神山（县）有尧山，柏树森然，回环数十里”、元郭章《天圣宫》曰:“翠柏丹云碧云深”、元张体仁《尧山春霁》曰:“碧峰翠霭，……山谷多皎，……古柏苍松。”又康熙《通志·艺文》卷三十三栽元王磐《帝尧庙（实为临汾东尧陵）》说:“松楸坟垅”。

峨眉岭上已几无林，而孤山即因祠庙留下小片较好针叶林。如乾隆《蒲州府志·艺文》十九载元毛铎《万泉县修风伯雨师庙记》说:“祠跨绵山之阳，……松杉栝柏，参天蔽日，……木萝松鬣，剮人衣袂，莫之敢剪伐者，神之感应。”其西后土祠亦留有不少树木。如同治《猗氏县志·艺文补》载北宋前期宋文庆《重修后土行宫记》说:“孤山翠秀，……帝台花竹，池沼松萝”；康熙《通志·艺文》卷三十二载宋真宗《汾阴二圣配飨铭并序》述“木枝茂盛”。光绪《荣河县志·艺文》卷十二载元王恽《汾阴怀古》曰:“夹道老槐君莫讶”等。

二、太岳山

(一) 主脊线西侧

山脉高大，为汾、沁流域分水岭。经北宋砍伐，除陡峻高坡和峭壁深渊外，凡易采运之山（包括西南侧岳阳，即今古县），多逆行演替为次生、再生林或蓁莽灌丛。

西南侧霍、洪、赵东山及古县山区，尤其是霍山主峰一带（包括古县北山）原先森林很多。如雍正《通志·艺文》卷二百二十载宋王维正《中镇庙留题》说:“耸峻叠翠寒，森林庙木秋”、宋李曼红等《广胜寺》曰:“林外晚风生”、“春岭碧嵯峨，……斜日上松坡”

等。经北宋前期大量采运，大不如前。如民国《霍山志·艺文》卷五载北宋中王说《游霍山》，已有“青山不断何年有”感叹。乾隆《赵城县志·艺文》卷二十四载北宋后期张商英1088年《题霍岳》、《溪亭》曰：“柏根蟠老石”、更有“水绿青山不易兼”之叹。民国《洪洞县志·艺文》卷十五载郑滋1087年《洪洞县重修后土庙记》，说附近“山水回环，林木交映”。金仍崇祀霍山为中镇。如乾隆《赵城县志·艺文》卷二十四载金王纲《霍镇》诗，述1177年重建霍山麓中镇庙之前，系“荒苔”、“（残留）老树”景况。元初还可在高深山伐取建筑用材。如道光《霍州志·艺文》卷二十五载约1290年《重修霍州公廨桥道记》说：“命水工伐运材木，……木无废材，以致市肆屋宇，焕然一新”、元司马堙《霍州道中》曰：“两日相间过万山，此身常在翠微间，云绕层林意欲闲。”元仍崇祀中镇。如民国《霍山志·艺文》卷五载刘祁1302年《重修中镇庙碑》说：“远而望之如叠翠，……葱丛翠葎，……犖木于山，……草木繁滋”；又载中镇庙东的慈云寺、休粮山“岩极幽邃，林泉秀丽”；还载元末前霍岳支脉观埠峰“嵯峨突兀，襟带晴岚”、徐毅《登东城望霍岳》曰：“城楼东望霍山青，秀峭芙蓉侍翠屏”、刘珏《游霍山》曰：“山腰明霁静烟霏，岳顶云蒙静欲飞”、张守大《雨后游霍岳》曰：“名山佳景遂幽寻，雨过烟岚郁翠岑，……露竹风杉供醉咏”、赵承禧《兴唐寺（在中镇庙稍上）》曰：“霍岳万亘深，满院松花落”、张昌《重游广胜上寺》曰：“翠竹梢摧失凤凰”。同治《洪洞县志·艺文》卷九载洪洞人、元末隐居于九箕山的张守大《日峰观》曰：“九箕山下地仙家，……松花古檀节节深”、其《玉峰寺》曰：“高松独伴吟，林风生爽籁，飞萤入竹深”等。说明到本期末主峰一带还有些像样山林，山麓寺庙附近有些片状松竹等风景林。

因主脊线正西侧、汾河峡谷山林被砍伐殆尽，已失阴湿森林环境，故北宋晚期将雀鼠谷南端阴地关改名阳凉南关，北端冷泉关改称阳凉北关。元朝更童山恶水。如乾隆《汾州府志·艺文》卷三十三载元钮克让《义棠渡桥》曰：“伐山颓则兀，……水石相撞挤，……遭此汹水击，……坐见病危图。”灵石东山（包括介休绵山）更多陡峻高坡和峭壁深渊，山林还多一些。如灵石东南七十余里石膏山及其东与沁源接界的孝文等山，还有不少较大片森林。据嘉庆《灵石县志·古迹》卷十，到元朝该县仍“山高而秀，……为山右（西）奥区。”康熙《介休县志·艺文》卷八载宋张商英《游绵山》曰：“夕阳返照影流东，……渔叟罢竿收钓饵，……山色青青耸碧云，万壑千峰增秀丽，往来人在画图中”。介休东南四十里绵山背后，人难能入、峭壁深渊的大胆地沟（笔者曾去该处），元朝1286年武亮有记说：“有谷曰洪，上通绵峰，……两岸对峙，壁立千仞，长松古柏蒙翳呼！其间奇禽怪兽鸣呼，内有巨潭曰白龙，……深不可测（清朝已湮）。”① 据嘉庆《灵石县志·古迹》卷十，县北端与介休兴地村接壤的绵山麓，1078年宋神宗封介子推为惠洁侯，立祠，后俗称介庙。“庙制宏敞，金元明相继修葺，白松翠柏，数以万计，绿荫十里，清风冷然，……俗名神林”，系最好的一片寺庙林。

西北侧平遥东南诸山，渐稍低缓。经大量采运，多无像样之林。仅最高远处与沁源接界的超山一带有些较大片森林。如元好问游超山应润侯庙题词，甚赞其山林美景。康熙《平遥县志·艺文》卷八载元张翼1302年《祷雨灵应记》说：“独超山最高，……林壑深秀，郁郁葱葱，翠光接天，……荫木越萃而禽兽乐，……然别山无树，而此独盛”、“林木丰美。”稍西北祁县南山又较低缓，经宋金大辟山田，初现岩石裸露。蒙元时稍恢复，间有再生栎类矮杂疏林。如乾隆《祁县志·艺文》卷十载元王恽《过麓台山》曰：“……秋声荡林樾，……阴壑气蓊郁，疑有虎豹变，山田苦无多，沟崦耕已遍，……白怜经岁耕，……石怪惊变现，闯首槲树间。”

（二）沁源腹地

沁河上游沁源县及安泽，开辟山田和采矿冶铁等皆破坏山林。但地较偏远，为大山所隔，沁河曲折险隘，水运困难，故山林较多而好。如民国《沁源县志·碑碣》卷七说金初“吾邑环处山谷，颇有

① 康熙《介休县志·山川》卷一载该谷有悬泉，但光绪《平遥县志·山川》卷一记述较详。

林泉之胜。”雍正《沁源县志·艺文》卷十载金乔扆1174年《太平观记》说:“沁源（城）西北隅，地连紫金山，有大松数千百本，郁然森秀，蔽亏云日，……曰‘太清飞雨’”、金后期县令王特起《沁源山中》曰:“黄芪满谷无人采，……隔林依约见灯光”；据该志·山川·古迹卷一、卷八，城西北五十里香林寺（即前围松禅院）一带仍森林众多；该志·仙释卷九载金末“薛炼真人寓（县城）太平观，西北松枝上有一山猴来谒。”光绪《沁源县志·仙释》卷三载:“刘志渊，金末（蒙初）兵乱，避于绵山（沁源西北部深山老林），虽九年搜获，万骑践踏，身不离于侧，亦不罗其害。”由上可见，沁源仍山林遍布，尤其是西山（包括县西缘外、太岳山主脊线稍西部分）以松、落叶松、云杉为主之林更多而好。森林还约占全县总面积十之六，是晋南和晋东南保留面积最大、较好的林区。安泽山林比沁源少而差，但金时与沁源同样也“产紫团（人）参”,[①] 说明仍不失大森林环境。

（三）东侧支脉

长子、屯留、沁县及武乡西北端诸山，比太岳山主脉低缓。经北宋延伸到漳河南源、西源采运，山林保存不多。如北宋中欧阳修已述是“一路黄沙白日寒，……古墩残柳阅荒尘。”[②] 但高山和胜地还有些稍大片林。如嘉庆《长子县志·艺文》卷十七载北宋后期王益柔1081年《法兴寺新修佛殿记》说:“慈林（该山寺在长子东南三十五里）……陟其峻绝苍茫，杳霭之间，……大圳草木茂密，……乃一山之奥区。”雍正《屯留县志·艺文》卷四载张华1097年《宾适亭记》说:“东北（良材山）奇秀，茜翠盘纡，何异乎苍茫之墟也。”雍正《通志·艺文》卷二百零三载北宋末张刚1113年自俣安（陕北）赴官武乡,“入境所见皆童山”；随后金兵南下经武、沁、祁三县交界、太岳与太行山结，光绪《武乡县志·艺文》卷五载金军统帅粘没喝《南关道中》曰:“山村依石罅，地僻耦耕荒”；可见已山童石裸。嘉庆《长子县志·艺文》卷二十载金佚名《游方山（该县西五十里最

---

① 据《金史·地理志·河南东路·平阳府》，金朝安泽县属平阳府。

② 乾隆《潞安府志·艺文》卷三十八《潞州城南柳林》约写与1044年稍后。

高峰，一名盘秀山）》曰："岂意穷荒逢此山，松声万壑秋风急"；卷十七又载元1273年《长子法兴寺碑记》说："慈林（山）……石润泉冽，东峰拔崒，……长松古柏，列植森严，柞朴蓁灌，绵络弥望。"乾隆《沁州志·艺文》卷十载元毛欣1284年《唐通元先生庙记》说："（伏）牛山殿后，其漳水源，……云烟吞吐，林木蓊郁。"这一带高峰和前述长子县方山高峰，系东侧所留两片最好之林。

详见《太岳山区森林与生态史》118～135页。

三、太行山

（一）太行与中条山接合部

水道曲折，采运不便，所留山林较多而散。如光绪《沁水县志·艺文》卷十一载北宋后期1087年李珪《游大云寺（县东九十里榼山胜境）》曰："松杉仿佛青云外，……十里林峦吟思阔。"北宋在阳城西南缘析城、王屋一带"取材用也"，林相变劣。如光绪《垣曲县志·艺文》卷十二载元好问《天坛杂咏》已有"芳树荫荫鸟语哗，……青山可是勘人恨，……小树低丛看不供，……就必偏爱玉珑松"之叹。雍正《泽州府志·艺文》卷四十八载元邱处机《题天坛》已说是"古柏参差数万株"了。该志·杂著卷四十六载金杨廷秀《灵泉寺万松亭记》说："阳城西四十里，……（卧虎）山上郁皆苍松。"同治《阳城县志·艺文》卷十六载金李广《灵泉寺》曰："立马松间重回首，乱峰无数翠成堆"、卷十四载金中叶苏璀《海会寺（阳城东三十里金裹谷中）重修法堂记》说："修竹万竿青，绕院之茂林，……栋梁采于池山，躬逾绝巘"，看来这一带虽系茂林修竹，但已缺栋梁之材；同卷载金黄廉《海会寺新篁记》及卷十六载金李致美《海会寺宴集并序》、徐守谦《海会寺诗并序》、元好问《宿海会寺》等诗，都述及竹茂松多。光绪《沁水县志·艺文》卷十载元好问《玉溪（在端氏）》曰："林影茫茫开霁晓"、元王恽《沁水山中》曰："石径穿云曲又斜，苍松影里见仙家。"同治《阳城县志·艺文》卷十六载王恽《午憩阳城灵泉寺》曰："寺古松杉老，……万松亭废久"、卷十四载元王演《重修成汤庙（今大河林场一带）记》说:“鸠工崒材，不日万计”等。可见到本期末阳城西南深高山上，还易伐取建筑用材。

（二）南端

唐时多松林，故晋城北、西、南国道附近有碧落、万松、松林、松岭等山名。经北宋采运后所留不多。如2006年《上党风物志》卷十二录司马光《送仲更归泽州》追述曰:“三晋由来产异材”。雍正《泽州府志·艺文》卷四十八载宋徐范《过太行山》曰:“茫茫远树陷烟霏，碗子城（晋城南豫晋关隘）荒草木稀。”但风景胜地等处还有些片林。如该府志卷四十八载金杨廷秀《松岭谒李卫公祠》曰:“祠居太行巅，……西南古松岭，……翠峦卧浮云，松风烟笙磬”、《青莲寺（晋城东南三十五里）》曰:“乱峰围翠柏”；该志·杂著卷四十六又载他《松岭禅院（晋城西三十里）记》说:“林麓掩抱（云林幽），……有山木足以取材用”，金许安仁《碧落寺（晋城西北十五里）摩崖碑记》说:“南北上下，松杉桰柏杂木众。”顺治《高平县志·侨寓》卷九载:“金王谦，并州世阀，后随母至高平，爱其山林佳丽，遂家焉。”该府志卷四十八载元李俊民《碧落寺院松》、《碧落寺》、《青莲寺》、《九里谷》曰:“何处人间有万松”、“老树耸苍翠”、“松摇万壑风”、“柏陪林下履”等。

陵川距丹河及干道较远，山较高峻，除东端、南端直接入河南诸小河两侧外，山林比晋城多而好些。如光绪《陵川县志·艺文》卷二十五载金赵思安《重修古贤寺弥勒碑记》说:“山青而水秀，县西灵山，……郁秀峦寂，……栽松数百株，……今乍小松千百株于其庙，……草木蓊郁，……近者施其材木”；卷二十七、二十八载元好问《西溪二仙庙（陵川城西五里）留题》、《题西溪图》、《高平道中望陵川》曰:“青山无恙画屏开”、“松林萧萧映林宇，……溪光林影想依然”、“一片青山几经芳”等。后林相劣变。如雍正《泽州府志·艺文》卷四十八载元郝经《去三义见太行》已有“松楸日樵采，山灵亦凄怆”之感叹。

（三）南段

漳河及这一带直接流入华北平原诸小河流域，是北宋官家长期主要采运之区，故长治盆地东面、北面（西面在前太岳山·东侧支脉已述）已呈现不少童山。如北宋晚期沈括的《梦溪笔谈·杂志》说："今齐鲁间松林尽矣！渐至太行（泛指太行山系），松山大半童矣！"道光《壶关县志·艺文》卷九载宋范绒《静轩记》说："熙宁三年(1071)……来尉于壶关，始至之日，见穷山荒障，……莫不使人唏嘘而叹息！"又如前张刚所说，北宋末盆地北的武乡"入境所见皆童山（故县城东南山谷还有些'茂林蓊郁，……松森森兮密成林'之片林)"。尤其是乾隆《潞安府志·艺文》卷三十七等有关方志均载北宋中后崔伯易（公度）《感山赋并序》长文，兹摘其要：

太行山有紫团之参，虎豹熊鹤，木则有榛有栗，其桐其椅，篁筱怀风，桃李成蹊，梗楠枫桧，思仲芜荑，梓漆枢栲，青檀紫葳，枞檍槐枣，棠榴梓梨，阳栌压桑，分榆棪榇，交柢并节，韬唐荫堤，身缘中材，实资肤肌，松柏千岁，孤干直出百寻，而后有枝。……（述从汉至唐大建宫殿)，始用材之有余，终兴利于无穷。……（述宋建新宫)，怀、卫、磁、泽、潞、汾之人，披苍莽，伐崆峨，贼新甫之柏，筒徂徕之松，浮丹济，其东来，经营庶民，作为宫室（规模壮丽)。……诸山非复昔时。材不爱而木不藩，而兽不滋，迨有千里不毛。以皇佑之版书，较景德之图录，虽增田三十四万余顷，实减赋七十四万余斛。……

该涉及整个太行山系南半部的大规模采运，造成不少童山，山田增多，粮食总产反而降低。乾隆《潞安府志·艺文》卷三十七载司马光《太行（天井关)》曰："茀郁天关近，……阳崖明草树。"上党主产之人参也显著减少，其上品紫团参"宋时已不易得"，北宋末"遂绝"。风景胜地和高山绝壑有还些片林。如光绪《长治县志·艺文》卷四载北宋中后王举元《游柏谷（县东北三十里老顶山)》曰："络穿桑柘林，……寺隐半岩阴，烟林阴森沉。"光绪《潞城县志·书籍记》卷三载北宋后期刘光1088年《重修真如院（在金栗山南垂村）记》说："木树森森"等。乾隆《襄垣县志·艺文》卷七载金初杨丹《修城记》说；抗金义军"聚哨林谷"。乾隆《高平县志·艺文》卷十八载金中叶李晏《潞州形胜》曰："东迤谷口（漳河口）叠群川，龙吐岚光紫翠间，五龙飞去松杉老”等。光绪《长治县志·艺文》卷四载元杜尧佐1297年《重修五龙庙（县东二十五里）记》说:“环山皆长松，巍然森秀，拱岚钻翠，郁郁葱葱。”乾隆《潞安府志·艺文》卷二十七载元晚期李定遹（yù）1343年五龙山《观稼记》有:“其初皆神木也，……秀壑苍崖，青环翠拥，……茂林高木，……森萝隐见，皆高凡席之下，……欤将山林有待而后发其畴”感叹！乾隆《长治县志·艺文》卷二十五载元熊戴《德风亭》、瞿庄《赠李庭芳》曰:“千秋万古松”、“落叶飞鸣白林壑”；元末李惟磬《万松亭（县南端雄山，因居万松中，故名）》曰:“山径崎岖唯彳行，万松亭上碧云横，……雨后林峦新操节。”光绪《潞城县志·金石》卷二载王信1261年《重修圣母庙（县东南数十里葛井东社）碑》说:“山明水秀，石怪木老”；元晚期《集仙观（县北四十里石梁曲渠）记》、《重修崇庆观（在良材山）记》说:“树林荫翳，乔松隐迹之地，……花竹青葱”、“良材山之阴，……松杉老桧，丰茆郁然，山明水秀。”康熙《黎城县志·古迹》卷一载元编修权秉中墓（在县西北二十五里白官庄），“茂林蓊郁，至今不伐一木”等。还有些有关山林记载，不再罗列。

壶关东南端紫团山（其下即曹操北上之羊肠坂，今称太行山大峡谷）为北方名山，多文人名士诗记。北宋初首遭官家大量采运。如北宋中前（约1038年）《紫团山摩崖碑铭》长文，先述“深山林中”、“拥翠干霄”、“其秀唯松”的森林后，铭曰:“节彼崇山，峻极于天，蒸云驰雨，驿雾施烟，草唯参矣，天苗翠鲜，木唯松矣，灌木森然，……于采其木，景山之巅。是度，是断，是砍，是榱。乃立伉门，……乃宏正殿，……。”因山高陡峻，峡谷深险，而未伐尽。北宋末王采《题紫团山三十六景（存十六首）》还有“长薄森森”、“翠拥簇烟”、“云穿木衣”、“青松容袅”、“红叶半飞”、“风林啸声”、“紫气成图”、“乔林寒色”等描述；同期《北极山》二首曰:“撑破白云积翠环”、“奇峰翠葎出云霄”等。因偏远距县百多里，金时略有恢复。如元好问《宝岩纪行》和《拱谷圣灯》（皆在晋豫交界处）长诗，述及“阴崖清深”、“老木坚瘦”、“高秀”、“林间”、“山绿”和“紫烟”等；金末1217年《福岩寺补刻岑彦休游》说：“慈云诸峰，……其间松竹苍茂，山猿野鸟，飞走鸣啸。”元时继续恢复。如宋渤1270年《重修真泽二真人（该大庙在紫团山前）序》说：“茂林郁如，内外严邃”。元末李惟磬《拙庵看山图序》说：“里曰林青，……乡曰紫团，乃太行绝顶，若（福建）武夷之幔亭峰也。……草木秀润，翠松苍桧，凌云千丈，修竹茂林，与山无穷，葱茜浓郁，拨拂云霞，蔽亏日月，名状罔极。……五岳三涂，似难伯仲。但人迹罕至，未尝表丽其胜景也。”① 这一带并南延至陵川东北端一隅，算是本段较广也较好的一片森林。

（四）中段

经北宋中后期官家深入到浊漳北源上游扇形各支流采运，榆社低中山已无像样森林，但东北缘邻近和顺高山及最上游北端山上，还有不少较茂密松林。同期也顺清漳河沿其东源、西源采运，当左权县境凡易漂运木材之山基本被采完后，再沿东源、西源最上游采运，但还有一些未伐及处。所以太行山中段深山腹地最高处的和顺，并北至昔阳南山、西南山，再向西延伸到榆社东北山，以及榆次东南端和太谷最东南端一带，也即漳河、冶河（河北西部）、汾河三大流域分水岭高山上，有大体东宽西窄、以松为多，可称该段一条山脊线林带。如民国《昔阳县志·艺文》卷五载金杨云翼《山中烟雨》曰：“浓淡树高低”；同卷载元张仲尹《松子岭（和顺、昔阳间，亦称小松山）》曰：“密密松荫遮岭面，层层山势接云衢”、元吕思诚《松峰书院（在昔阳南，因近在松子岭下，故名松峰）》曰：“夕阳林树欲栖鸦，……松子岭高岚气润，幽轩开碧落松花”、元王构《石马寺（昔阳西南三十里）》曰：“杯动疏松影，回首隔丛林，”即松子岭脚下已成为松杂疏林。光绪《平定州志·艺文》卷十四载杨云翼《寄故乡父老》对昔阳已有“无奈棘林何”感叹！由于山上松林众多，故山下河曰

---

① 均据光绪《壶关县志·经石·补遗》卷下、道光《壶关县志·艺文》卷九、卷十，不再逐篇表明出处。

“松溪河”，其上游亦称“小松河”。又据该县志·山川卷一等，西部沾岭山，元时“蔡树（辽东栎）丛茂”，最高之老庙山和潇河源头陡泉山，还有些松林。再往西林带越来越窄。如寿阳东南端也有些松林，留有松曲、松塔等村、乡名。再稍西南到榆次东南端三县垴一带，直至明初还“多产巨木”。又西南到太谷东南端四县（太谷、祁县、榆社、武乡）垴，也有些松林。如乾隆《太谷县志·山川》卷二载：“马岭（关），县东南七十里，元好问有诗”，述及该处多林。

其北，山林更较零散。以寿阳东北端与盂县交界的方山松林较好。如康熙《寿阳县志·艺文》卷七载宋张商英1088年《题方山（唐）李长者故居》、宋杨谟《过李长者故居》、宋源逢员《雪中游（方山）昭化院》说：“荒茅蔽岭数十里，前后无人烟，……（至方山）松柏林木，高大茂密，不植而生”、“方山百里路崎岖，……垅头新见万株松”、“万松变琼姿”；金王雷《游方山》曰：“松声万壑秋风急”等；据该光绪志·艺文，元时仍不失“松柏蔚然，烟雾冥蒙”、“松涛万壑连，滴翠空山野，崖桓古树悬，葱倩浥峰巅”景况。据道光《阳曲县志·古迹》卷二，北宋熙宁（1068～1077）在太原东山马庄驮山上下各建一寺，因“古柏苍槐，树木荫翳，……曲径地幽，……称胜境”，故名上、下“芳林寺”，东山亦称“锦绣岭”。娘子关一带已劣变为丛杂林和蓁莽灌草。如光绪《平定州志·艺文》卷十三载宋韩琦《过故关》、《柏井（沿）路山桃盛开》曰：“群芳夹故关”、“漫岭夭桃树，锦绣远成堆”等。金末蒙初，元好问隐于忻州、太原交界的系舟山，乾隆《忻州志·艺文》卷六载其《读书山杂诗》等多篇，有“林高”、“树合”、“山林”、“烟树”、“老树”、“枫林”、“清溪”等描述，看来系杂木疏林。同治《榆次县志·山川》卷一说与寿阳交界的杀熊（王胡）岭，元末“岭上林木犹多”。金赵秉文《涌云楼（在平定城）记》说：州境“岩树深老”、《涌云楼》曰：“曲水清流急，巅峰翠环绕”、《重午游冠山（州西八里，为州之镇山）》曰：“青山映华发，……长松五月窗户凶，……步出乔木杪，俯视林下鞍，深林冥冥白日寞，飞鸟依依长空间”；元好问《阳泉西谷》曰：“霜林不嫌客，留待锦峥嵘”、《马岭》曰：“石门木落风飔飔”、《平定杂咏》曰:“岸上人家种柳成”、《过皋州（在昔阳）》曰:“木叶萧萧风自秋”；元吕思诚《圣寿寺（州东鹤亭村）洞云歌》曰:“洞口碧荫慈云裹，万松分得曹洞云”、《重修丰济王庙记》说:“赛鱼，有狮子（垴）山，山多松柏槲桧”；元王构述冠山“花落松庭幽鸟啼”；州东五里大陵（林）山,“林木森森，参天蔽日”、“明初洪武二年（1369）州建文庙，多取材于此”等。①

四、五台山

北宋仍在五台山柏（北）谷开矿冶炼，金初讨伐该山起义僧侣和义军等，都破坏、焚烧山林，但仍无木材外运，寺宇也远不及唐朝鼎盛，山林仍大体完好。如康熙《定襄县志·艺文》卷八载宋王鼎《东岳庙（城东蒙山）碑记》说:“千峰万仞滴翠岗，……寿木青萝追青峰，……灌木阴森”。乾隆《代州志·艺文》卷六载范仲淹《行代话江山》曰:“（南望）满楼苍翠”；光绪《代州志·古迹》卷三载宋滕实甫《天宁寺有感》曰:“松柏满山”。雍正《通志·艺文》卷二百零二载宋孙俨《南神垴庙（五台城南十里）碑记》说:“乔松茂翳”。五峰内外深山的森林更多而好。如北宋初976年诏曰:“五台山深林大谷，僧侣禅幽”、“我皇既平刘氏（北汉），……边卒议旷土，我圣境山林，……开番斩伐，发露龙神之窟宅，寺宇十残八九”、自太宗至仁宗（976～1064）“恢复神化，……照耀林薮”、1007年“敕真容院建重阁，……照耀林谷”、李师坚《游五台感兴》曰:“悬崖峻岭架大木，松杉摇空山谷中，……森林铁凤相交舞。”② 嘉祐《广清凉传》卷上载：西台“乔林拂日”，南台“林麓蓊郁，……名花遍地”，峨谷“林木高森，连绵不绝”，大黄尖（古北台）南普济寺一带“林麓清虚”，豆村山间小盆地“四面林峦，中心平坦，……山林遍照”、“寺宇幽邃”等。后张商英于1087年遍游五台，写了许

---

① 以上均据光绪《平定州志·艺文》卷十、卷十三、卷十四及该志·山川卷二有关记、诗、文摘录。

② 以上据明万历《清凉山志》卷四、卷十、宋元祐《续清凉传》卷上摘录。

多诗记。他元祐年写的《续清凉传》卷上载:“抵金阁(寺),日将夕,山林寞然无寸霭。……至(台怀)真容院,止于清辉阁,照耀林木。……夫清凉山者,一名紫府,……号众圣之园林。钟声响碧障之间,楼台锁白云之内,……时逢春夏,乱花攒簇,……每遇冬春,松影成排”;卷下又述清辉阁前和真容院等处满是“松林”和“宝山宝林”。万历《清凉山志》卷十载张商英《赋五台》六首,有:“一片烟霞笼紫府,万年松径锁莓苔”、“四面林峰拥翠峦,万壑松声心地响”等;又载同期唐文焕等和咏多首,也述及“山光紫翠”、“松底翻径”、“树霭苍苍”、“松风常作”、“木客啸时”、“深树浮岚”、“重重云树”、“长杉落落”、“古树无枝半是苔(近乎原始林中枯老木)”等茂林美景。北宋末仍多“松林”,仍“产人参”。

金时森林仍多。如元德明(元好问父)《过凤凰山(代州城南三十里)》曰:“想得松声满岩谷”;光绪《代州志·山川》卷三载元好问游凤凰山说:“有松风轩,长松满谷,……云林峭然,……有大松”;赵秉文《代州南楼》曰:“咫尺西陵(李克用墓,稍离本区北缘),烟树苍然”。光绪《定襄县志·艺文》卷十三载元好问《看遗(神)山》曰:“郁郁赋卜居,……青山坐终日,……皋壤与山林”;还载金元之际辛愿、赵元、赵飒、刘昂霄等诗曰:“荒山松竹底”、“霜雪青松古”、“松门”、“林疏”等,即忻定盆地东边丘陵低阜尚系疏林稀树或灌草。中山还大树很多。如豆村佛光寺现存金天会十五年(1137)建文殊配殿,有长十好几米的粗大横梁,即取自该山间盆地附近。又雍正《通志·寺观》卷一百七十一载:金姚孝锡述五台山峰山寺曰“云生古木千章秀”等。

元朝又大建五台山寺宇,并多新建喇嘛庙,山林仍大体完好。如当代《五台县志》卷五载元好问于1254年(65岁,三年后逝)游五台后写《台山杂咏》十六首曰:“茫茫松海露灵鳌,……山云吞吐翠微中,淡绿(高山顶草甸)深青(森林)一万重。”据万历《清凉山志》卷九、卷八,述1312年及稍后“华林之野,……林峦洞哓”、“真觉国师,……构庵松间,……尝游林下。”盆地边山也有些片林。如光绪《繁峙县志·金石》卷四载元皇庆(1312~

1313）《王氏世德碑》说："繁峙东原，高坟累累，松楸茂蕃。"康熙《定襄县志·艺文》卷八载李敬斋1307年《重修圣阜祠（在县城东）记》说："环祠四望，翠岭插空，林烟溪霏。"据万历《清凉山志》卷五，直到元末明初还大体是"自古相传，五峰内外，七百余里，茂林耸森"，是晋东北一个较好林区。

详见《五台山区森林与生态史》58～65页。

五、吕梁山

（一）南段

山林分布不广，也不太好，有关记载甚少。大体上沿黄河、汾河诸支流低中山上多已无像样之林。如乾隆《乡宁县志·艺文》卷八载宋（知县）刘舒《重建文庙记》说："遂命他山伐其木"，说明城关附近诸山已无建筑材可取，但鄂河最上游高天山和吉县管头山一还有些稍像样之林。乾隆《临汾县志·艺文》卷十三载金末段成己《姑射山》、曹子谦《平水神祠》曰："重寻林下径，竹石若纷薄，溪水恣交流，岩花自开落"、"林壑思自逸"，即姑射前山也几无像样之林。但分水岭主脊线两侧，尤其是东北部深远高山还有些较像样山林。如光绪《蒲县志·艺文》卷十载金刘汲《清明游春》曰："山城无事蚤休衙，……恐惊林外野人家"；康熙《隰县志·艺文》卷二十四载金颜谐《过兴儒里》曰："云林垂幕覆山村。"元时汾西最西端、与隰、蒲交界的姑射山主脊一带，有较大片山林。如光绪《汾西县志·艺文》卷八载元孙文通1312年《重修青山庙记》说："县西境胥山。其中最郁郁苍苍而挺拔者，青山也，山连姑射，故亦以姑射名。……枝峰蔓壑，磅礴百里，谷岩互映而幽邃，林木苍蔚而荣莹，空翠鸿蒙，烟霞明媚，非尘寰之观，乃仙游晦迹之境也。"北延至隰县东北端蒲依（已划入新设交口县）一带，也有些较像样山林。蒲县城东五里翠屏山有小片较好风景林。如光绪该县志·艺文卷十载元末卢希古1361年《重修东岳庙记》说："青松翠柏，环于四周，上及于巅，下及于趾。郁郁然，森森然，无虑千万章，……花竹交如，虽霍山、王屋之亭，不能加于此"、元礼善化

《寒翠亭》诗述有松竹梅。南延到襄汾最西一隅、与乡宁接界山上，还有些杂木林。如万历《太平县志·艺文》卷八载元末郭晋1361年《重建夫子庙记》、1362年《重修五龙庙记》说："姑山苍苍，汾水泱泱"、"唯西境坡陀，可人通行，胥周围古木参天，黎荫蔽日，宛然有山林气象。"

（二）中段

据乾隆《汾阳县志·名宦》卷四，李谦溥条，北宋初攻打北汉时，即"伐木西山，以供军用。"2003年《管涔山志》卷三，宋真宗（998～1022）造玉清、应熙等宫殿，征三、四万民夫，采运吕梁山木材。经北宋皇室长期采运，与太行山类似，也松山多童矣！北宋前期大量伐运太岳山西侧森林的同时，也毁及灵石汾河峡谷（雀鼠谷）以西诸山及其稍北介休西原之林，所剩无几。如康熙《介休县志·艺文》卷八载北宋后期文彦博《文府君墓志》、司马光1080年《文潞公家庙记》说："祖母……先葬于介休之西原，松楸茂美"、"郁彼乔木，茂于长松"；该志卷十三载宋范纯仁《和潞公席上》曰："夏木清荫合"等；文彦博是介休文家庄人，官至吏部尚书，封潞公，系北宋重臣，才留下点小片林。他家迁居洛阳后，当地人立祠纪念，仍保存点松林。如乾隆《翼城县志·艺文》卷二十八载元契玉立《坐潞公轩》曰："徘徊坐对松林晚。"汾阳、孝义、文水一带系北宋皇室重点采运区。如万历《汾州府志·艺文》卷十五载北宋诸名士对汾阳西北胜境题咏，有赵瞻《鹤鸣古洞》曰："清音仿佛苍松外"、卢象《马跑神泉》曰："村近石林烟，……松青离石道"、知镰《卜山书院（在谒泉山）》曰："卜山拥翠势峥嵘"等，以及前述及大肆伐运期间多高大茂林景况。至北宋末，林况大不如前，但尚未砍伐殆尽，北宋即亡，故金元时还有残留。如该府志同卷载金中叶王庭筠《黄华亭（在汾阳）》曰："夕阳欲下无限好，深林无人不可留。"光绪《文水县志·艺文》卷十二载金郝俣《过寿宁寺》曰："松门入画图"等。

交城前山仅石壁（玄中）寺和卦山等名寺胜境有小片松柏杂林。如康熙《交城县志·艺文》卷十七载金赵点等三人先后游石壁寺，各题诗曰:“松萝深绝壁，……涧草摇疏绿”、“哀墼更松声，倦鸟投林树”、“岩柏云封树，溪桃雨放红”，还有元郝远清《重游石壁山》曰:“独径入林通窈窕”等。值得一提的是交城西北、文峪河上游深远高山尚有较大面积落叶松、云杉、油松等茂林。该汾河最大支流发源于吕梁山最高主峰孝文山东麓，全长300余里，流域面积4000余平方公里。上、中游穿行于山谷之间，水道曲折，支流众多。如距出山口最近的支流西冶川，据北宋初期《太平寰宇记》五十，其源头与古交接界的狐突（爷）山多森林。后宋金元在西冶大量开矿冶铁，使山林减少、变劣。文峪河最上游，深远高峻，森林更较遍布而好，系吕梁山最好的一个林区。如《永乐大典·太原府》卷5202引《大元一统志》语:“孝文山之材木，经筏浮泛而出，循流入汾，远近利之”；即到元末前，它成了汾河中游最主要的木材产区。

太原西山之林更少而差。如雍正《通志·艺文》卷二百二十六载北宋前期陈尧佐《游开化寺》曰:“朝暮岚光翠色浓，枯松老柏尽丑怪”、北宋末苏过1123年《游明仙峪》更发出“山色空浓翠湿衣，涧水松风俱有恨”感叹！看来杂树灌草植被尚可，只留下些稀拉弯曲、枝桠横生、无用材价值的树木。晋祠系一方胜地，还有些古柏等树木。如983年《重修晋祠碑并序》说:“古柏荫森”、雍正《通志·艺文》卷二百二十二载北宋中叶前欧阳修《晋祠》曰:“郁郁古柏含苍烟”等。后有的被砍，成了“庙深草树空扶疏”状况。后山古交和娄烦也无像样之林。如《太平寰宇记》四十二载:“宪州（今静乐、娄烦），牧马之地无所出”；欧阳修《论监牧答子》亦说:“昔（楼烦等）牧马地，……或已为农田，皆不可复得。”金时更逆行演替为蓁莽灌草或以辽东栎为主的矮杂疏林。如光绪《晋祠志·文艺》卷二十八载金王庭筠《游天龙山》曰:“满谷西风栗（栎）叶黄”；该志附《柳子峪志·天龙山（上）》载金正隆四年（1159年）《重修天龙庙碑记》说:“助材木者，远而无恩，危途隔辙，神捧其轮”，可见连修庙少许用材，也十分困难。蒙军1214年焚烧晋祠西山，也烧毁晋祠一些古柏和奉圣寺等。元朝重建寺宇，木材皆取自外地。如嘉靖《太原县志·集文》卷五载1313年《重修奉圣寺碑记》说:“采木深山”，可能是从孝文山或管涔山运来；据该志·金石卷十，元末前1345年《游晋祠序》说“古木唯柏”，即除被烧、被砍者外，只幸存下少许老柏。另据《永乐大典·太原府》等，崛嵎山多福寺风景胜地有小片杂林，元王公贵族在佐近建园林别墅。还有，兰村以上汾河峡谷，元末也有些次、再生杂林。古交、娄烦深远陡峻高山（尤其是南端）还有些次生林。详见《太原森林与生态史》134～142页。

中段西侧有关记载甚少，松林却较多且较好。如《太平寰宇记》四十二载：“石州（今离石、柳林、方山、中阳一带），土产松木。”由于北段毗邻辽和西夏，故北宋皇室采运区南移到此。除砍伐盛唐前残留或已伐而再生之林外，继续延伸到北川、东川、南川河等支流的深远山采运，顺三川河等入黄河而至开封。据欧阳修《论监牧箚子》，北宋中前岚、石二州之间（今方山北端）有较大面积草坡。北宋亡前张刚从保安军（陕北志丹县）赴官武乡，经离石、汾阳；原先“松青离石道”，已变成“所见皆童山”了。同样未采伐殆尽，南川河支流东南部、北川河支流东部，以及东川河支流东北部，即靠近吕梁山中段分水岭西侧，还有些较好山林。如万历《汾州府志·山川》卷二说离石东五十里凤凰山（白马仙洞），古题云：“松柏森林石径通，……满林啼鸟夕阳中。”又据《金史·地理志》载，方山东北之高山，那时名曰“积翠山”。

（三）北段

北段西侧有关记载亦少。据《太平寰宇记》四十一，“岚洲，土产松柏木”，那时兴县属岚州，当会有些较像样松林。如光绪《通志·山川》卷三十六载：“岚漪水西南为巨麓岭，亦名万松山，在岢岚西五十里接兴县境，宋金时名松子岭。巨麓岭东为岢岚山，西南连万松岭”，看来兴县东北和岚县西北，并岢岚西南之三县交界的高山尚多松林。又金萧贡《临泉（临县）道中》曰：“涧曲莓苔滑，松盘雾雨溟。”① 即尚有些以松为主的森林环境。后经金元采

① 乾隆《汾州府志·艺文》卷三十三；临县，宋属晋宁军，金属石州，明后期至清属汾州府。

运，山林大减。

北段东侧岚县森林较多。如雍正《岚县志·艺文》载宋张商英、王景仁《蛇谷道中》各一首曰："高杉何亭亭，北接岢岚山，……青葱映潺湲"、"翠绕青围寰、松萝叠叠山。地僻鸣鸟集，……峰碧波潺湲"；又载元刘源诗数首，其《蛇谷道中》曰："黄杉（落叶松）接大万"（县西六十里接兴县之最高山，为岚州镇山，下有白龙池、庙，又称白龙山；看来从该县北缘外岢岚山向西南延至该山及再西南一带高山上，元时尚多落叶松林）①、《高光堡道中》曰："云点千峰秀"、《灵渊庙祷雨》曰："龙宇尊临大万山，松岗石蹬入跻攀，千寻顽嶂云华秀"、《题圣母祠（在岚城西南七十里大贤河旁）》曰："参天古树森森茂，遍地飞泉处处流，……羡取林泉野趣幽"等。

总之，到本期末吕梁山存留之林，主要分布于主脊线分水岭一带，整体上东侧稍好于西侧，中北段较好于南段，但太原西山区例外。

六、管涔山

其支脉云中山东侧，邻近忻定盆地，仅某些山上有稍像样片林。如乾隆《崞县志·艺文》卷七载北宋中范仲淹《芦板寨（在原平西南云中山口）》曰："满楼苍翠"，元好问《前高山（崞阳西南五十里）》曰："半是青松半是云"、"佳山丽水"；卷六载宋张忱《崞山（崞阳西南三十里）神庙碑》说："山川流峙之秀，……列岫森然"等。

其南部静乐几无像样山林。

据2003年《管涔山志》卷三第三章，北宋后期熙宁初（1069年稍后）大量采伐宁化一带木材，但直到北宋末，该山腹地宁武（特别是西北部最高山）并延至其西北侧五寨至河曲东，北达偏关，仍多以云杉、落叶松居多之山林。如南宋初《续资志通鉴长编》三百

---

① 古代无落叶松专名，常与松杉混淆，后亦称红杆、材树，多分布于高寒区，秋叶变黄，故该诗曰"黄杉"。

七十一载："宁化、火山间山林饶富，材用之薮也。自荷叶坪、芦芽山、雪山（五寨东南、西南各二十五里称东、西雪山，两山对称，皆为芦芽山支峰）一带，直至瓦窑坞（河曲东南接偏关），南北百余里，东西五十余里，材木薪炭足以供一路。"金朝进而延伸到芦芽山一带采运，但未伐完。元时山林还较多较好。如雍正《通志·艺文》卷二百二十一载元王恽《汾水道中》述这一带系："苍岭亘出缩，……云林荡高秋，……山溪本幽寂，……解鞍憩美荫，……风枝满秋实，……幽馨散兰馥"的一派林溪果花美景。又同治《静乐县志·杂志·松梁》说："元至元（1264～1294）阿只吉大王建宫殿于永安镇（静乐北缘汾河旁），明弘治初移其梁木于署，后建高楼。咸丰八年楼圮，……材木可用者器使焉，……（经近六百年几次裁削后）梁长二丈九尺，竖高一尺八寸，质细而坚，其直如笔，……可见当年规模也。"看来元时沿汾河而上，还不难取到长三丈以上、直径二尺以上的栋梁之材。后经采运，山林又退缩、变差。

北偏西侧虎北山一带，蒙元时林相还好。如光绪《神池县志·艺文》卷十、乾隆《五寨县志》下集皆载蒙太宗（1229～1241）耶律楚材《过武州》曰："闻道翻身入道林，……静对青山一曲琴，……蓬山楼阁玉云深。"

西南侧岚漪河上游岢岚一带系唐后期皇室采巨木之区，经五代数十年恢复，山林又较多起来。据《太平寰宇记》五十，岢岚州（军）土产与岚州同。经金采伐，岢岚山上以云杉、落叶松为主之林尚且不少，这从前述岚县北山和兴县东北山可以旁证。又经元采运而减少。

总之，到本期末汾河最上游腹地宁武县，尤其是西北部，并分水岭西侧、西北侧及西南侧，系晋西北留下较好之一个林区。详见《管涔山林区森林与生态历史变迁》50～56页。

七、恒山　勾注山

为完整起见，将阳方口以西、朔州西南与晋西北之界山也连带述之。

山林大体东段比西段宽，北侧比南侧好。据雍正《通志·名宦·人物》卷九十五、卷一百零六，986年北宋征辽，西路杨业孤军深入，连拔云朔寰应四州，因援兵不至，退回阳方口稍西、邻近平川盆地的陈家谷，"匿深林中"。辽建朔州林太师署（今崇福寺）、1056年建应州大木塔（释迦塔）和塔下宝宫寺，几万方落叶松、榆等巨木良材，皆采自附近丘坂（有人说采自黄花梁），正如乾隆《应州志·艺文》卷九载清初期朱彝尊《应州木塔记》考证说："盖当时成此（取材）不难也。"还有辽重建规模宏大的灵丘觉山寺，木材也取自当地等。又乾隆《大同府志·人物》卷六载：耶律简孟于太康初（1076年稍后）"巡谪磁窑关（浑源南十七里恒岳下），……过林泉胜境，终日忘返。"就连交通孔道雁门关一带山林亦好。如欧阳修《送谢喜深学士北使》曰："青榆绿满关"；[①] 乾隆《代州志·艺文》卷六载宋王崇极《顺应侯庙（勾注陉神庙）记》说："光莹洞察山林"等。

金初森林还多。如南宋朱弁北上和谈，1128~1143年被金扣居于雁北，万历《应州志·形胜》卷一引其《应州记》（佚）语："南山之麓，平坡峻坂，林木深秀"，应州产栗；乾隆《浑源州志·山川》卷一引其《浑源州记》（佚）语："南山雄壮幽邃，……林木深秀"、说城南柏梯"南山层峦叠嶂，林木深蔚。"到金晚期低中山巨木良材多被砍伐，林相变劣。如乾隆《浑源州志·艺文》卷十载章宗（1191~1208）《游龙山》曰："虎啸疏林万壑风"等。

金末蒙初40余年，山林稍有恢复。金末遗老刘祁于1232年在浑源南山麓筑"归潜堂"，引来些文人名士访观。如乾隆《浑源州志·艺文》卷九载刘祁《归潜堂》歌曰："桂椒葱蔚兮松柏青苍，清泉涌其下兮，……荆榛蓊郁达兮野纵虎豹"；卷十载薛元曦《题刘京叔归潜堂》曰："万壑松声枕上闻"等。兹再略摘两篇长游记和一篇长诗歌：

（一）刘祁1234年八月《游西山记》

……（数人）初出西城，……一、二里，涉水，又前七、八里

① 要子瑾《诗人笔下的北国风光》载《雁北今古》1985年1期。

至李谷。谷在永安山下，流波古木相交。……陟渐高，并路旁水声铿锵数股，……青松绿杨，荟蔚中凿崖而屋。……夜宿李谷。（第二天）迟明上永安山，……时闻水声，……树色青黄红紫间错，晓日迎之锦鲜，……一岭独览，翠无日气，真帷帐间，……峰转境又佳，……青松影中。石有苔华涵清，绣纹缕缕可爱，……倚树浩歌。……有声如风雨震山，又如千人喧笑，……流泉一派，自山下入绝壑，穿林络石，雪练飞逐。……至烈风崖，……苍藤赫蔓蒙耳，下有泉源，……西崖间泉出。……树影交暮，声铿锵，……树木丛影中，殿阁屹然四、五所，盖玉泉寺也。路侧皆暗泉行草间，沥沥如人语，……晚憩僧舍。……（第三天）起，寻玉泉，泉在西南石崖下。……络莓苔上，颇阴萧，……南上祖堂，绝高。……东则岳神山如屏，青松翠柏间，隐隐有楼观；南则群山迤逦，……秋叶古林色明艳，……金紫满山。堂后有径上山巅，……扪萝以前，望峰端树木阴，……又皆落木梗路，遂回……天曛，入僧舍，……清寒逼人，……树木阴森，禽声嘲哳，……。（第四天）诣旦，……白云数缕出东山，……状如飞龙，蜿蜒山中。露气萧爽，……满山草木，……绝顶……草树红碧，……去龙山。路自西南，往穿枯木草蔓间，里余过山脊，恍然异境也，……前去大林，林皆青黄红紫，相间栉密，……蒙蒙飞岚走翠，隐映林影中，……又三、四里，林穷，……下有泉北流。又入林，益三、四里，大木翳空蔽日，树底有暗泉，……龙山寺……下有大林，杳窕望无际，……入树影百余步，至文殊殿，……远望……树叶日光，烂然五色，……上萱草坡（龙山梁顶峰，接近森林分布上线），……万花被坡，锦绣成堆，……又号百花岗。……既上，立大木间，东望峰峦奇秀，……往西岩，……石上有大树，荫翳翳，……暮归方丈。……期间树彩崖姿，披露闪烁，甚怪丽。山风振荡，林木骇人，……宿方丈东轩。（第五天）……由旧路东北往，林间残雨滴衣，岚气烟霏。……出林，……四山树叶眩人，……自此无深林大木，行黄花红叶中。……路益下，……月上，随水声行，……出谷，又涉水乘月往，……宿野寺中。（第六天）……归浑源。

（二）麻革1239年七月《游龙山》记

刘祁邀金太子院同窗、隐中条山王官谷的麻革来游，麻写道：

革代以来，自雁门逾代岭之北，风壤陡异，……色往往如死灰，凡草木无不悴容。……拉诸宾友骑自治城（浑源），……抵山下，山无麓。乍入谷，未有奇。沿溪曲折行数里，草木渐润秀。……水声锵然鸣两峰间，……又盘山行十里许，……嘉木奇卉被之，葱茜浓郁。风自木杪起，纷披震荡，山与木若相顾而坠者，使之神骇目眩。又行数里，得泉之澄泓停留焉，伏出石罅，激而为汎流者焉。阴木荫其巅，幽草缭其趾。……又行十余里许，……山势益奇峭，树木多杉桧栝柏，无他凡木也。溪花种种，金间玉错，芬香入鼻，幽远可爱，木萝松鬣，剐人衣袖。又萦行数里，……马力殆不能胜，行茂林下。又五里……大云寺，……馆于寺之东轩。林峦树石，栉比楯立，皆在凡席之下。……岩前长杉数本挺立，……登萱草坡，乃龙山绝顶也。……西望，群木皆翠杉苍桧，凌云千尺，与山无穷。……降，……轻烟浮云，……月出，寒阴微明，……松声悠然，自万壑来，……。明旦，……乃循岭而东，……木甚茂密，仅可通马行。……至玉泉寺，山势渐颇隘，树木渐稀阔，顾非龙山比。……从此归。路险不可骑，皆步而下，……抵暮乃得平地，宿李氏山家。……至于奥密渊邃，树林荟蔚，繁阜不一览而得，则兹山亦岂可少哉！……金山之秀，……和林之胜有过于中州者，不知天壤之间、六合之内，复有几龙山也。①

（三）元好问1244年《游龙山诗歌》

……并山凉气多，况得通深幽。蜿蜒入微行，渐觉藤箩剐衣树打头。恶木拉飒栖，直干比指稠。石门无风白日静，自是林响寒飕飕。……苔花万锦石，丹碧烂不收，……百花岗前籍草坐，潇洒正值金莲秋。……白云何许来，纤丝弄清柔，莲蓬作雾涌，

① 光绪《通志·山川》卷三十八载上述两篇长游记。

飘飘如烟浮。①

曾希颜、刘从益等游龙山也说:“松柏青苍”、“大林相间密栉，……大木翳空蔽日”等。

由上可见，好一派山林耸翠、巨木众多、云雾缭绕、岚气烟霏、行云走雨、泉湍飞瀑、曲溪清流的美景。又光绪《繁峙县志·山川》卷一载元好问《狼牙岭（北楼口南十里)》曰:“一曲松风写幽致，靓面青山入渠首。”连同龙山一带高山，算是当时雁北最大而好之山林。

稍西应县南山之林尚可。该繁峙志卷一载金末遗老、隐于越茹口曹子谦《过越茹岭有感》曰:“山川良是昔人非，北望松楸泪满衣。”《元遗山（好问）全集》卷九载其《应州宝宫寺》曰:“南山相望郁苍苍。”再往西雁门关一带就多为松杂林了。如乾隆《代州志》卷六载元好问《过雁门关》曰:“穷谷无人绿树齐”等。

经元朝砍伐、破坏，更向高山退缩。据雍正《通志·杂志》卷二百三十，元时还不失“朔州近山易采木”。到本期末只剩自偏关、雁门到紫荆分水岭山脊线、宽几里～几十里、断断续续的高山林带了。

八、阴山余脉

指大同盆地北部，并连同西部诸山归并述之。

辽时山林众多。如万历《大同府志·山川》卷一载：阳高云门山“西连采凉山，东连环翠山，翠屏当面，如帡抱城，辽置长青县，由此得名。”那时自大同经阳高、天镇出省大路曰“青坡道”，亦因此而名。雍正《朔平府志·古迹》卷三说云冈那时“树木蓊郁，……石窟喷水，清洌可饮，曰‘石窟寒泉’。”其稍东辽初建之观音堂，满坡林木，十分幽雅。② 辽在大同建西京宫殿群和大华

① 乾隆《浑源州志·艺文》卷十；诗中提及枯倒木横七竖八，活立木密密麻麻，近似准原始林状况。

② 《山西风物志·大同》山西人民出版社 1982 年。

严寺等，木材取自城北采凉山一带。又光绪《天镇县志·金石》卷三载辽（僧）崇雅1084年《重修桑干河桥（在册田水库大坝）记》说：“……此桥木植甚至丰大，具是载木。中间大梁长五丈五尺、小径尺五；其余三接栋梁各长三丈五尺、小径尺五；漫枋长一丈六尺、宽八寸、厚五寸；地枋长一丈七尺，宽一尺、厚六寸；勾栏椿长一丈五尺、见方八寸。”许多巨木良材，都购自附近。乾隆《大同府志·艺文》卷三十二载金蔡松年《西京道中》曰：“藕花相间柳荫荫。”那时左、右、平一带尚多松柏。如右玉老城内始建于金的宝宁寺，20世纪80年代初拆架，发现原施工者塞的麻纸，写建寺木材取自附近，最粗中梁伐自西南不远的圪蛋梁，苍头河结冰时运来。[①]

因邻近辽金西京，破坏较重，再经元砍伐，多成为残杂矮林或童山。如正德《大同府志·艺文》卷十六载李光溥大德（1297～1307）《题采凉山》曰：“一步行来一步高，桦皮云冷护山椒”；该府志·艺文还载其《将归望云中喜》曰：“黄尘滚滚如前导，隔林幽鸟两三声”、《登长岭》曰：“苔花锁石堆云锦，树叶经霜剪帐绡”、《初出云中》曰：“乍出云中眼界幽，……绿水青山忆旧游”等。偏远东北端还有些稍像样片林。如该府志·艺文载元张养浩《天和道中（天镇至张北）》曰：“风响深林似有人”；又光绪《天镇县志·山川》卷二引旧志语说：县南十里沙坡梁“相传（约元末明初）山产大木，今（清初）则斧斤尽矣。”左右平已基本无林。内蒙古阴山还有较大片松林。如该府志·艺文载元邱处机《自金山（大同东北）至阴山》曰：“（呼市北大青山）参天松与笔管直，……万株相依郁苍苍”，已远离雁北，因系阴山主脉，姑且存之。平坡丘坂已几无林，甚至“凡草木亦无”。如雍正《通志·艺文》卷二百二十四载元刘秉忠《云内道中》曰：“远水平芜间野花，寒云漠漠际黄沙，闲禽向晚无树”等。

以上七、八详见《雁北森林与生态史》117～130页。

* * *

---

① 《古雁北锦绣色》载《绿色天地》1984年2期。

总之，到本期末山西省森林覆盖率已降到20%以下，甚至1/6，远低于森林占1/3、并分布较匀的保障线；加之林相变劣，总生物量大为降低，故生态环境始趋劣化，水、旱等自然灾害多而且重起来。

第八章　明　清摧毁山林植被(1368～1911 年)

明朝首先毁灭了雁北山林，并严重摧残勾注山以南山林；清朝再扫荡残林，几乎殆尽。植被也备受摧残；多童山濯濯，进而岩石裸露，生态环境严重恶化。

第一节　政区和人口

一、明朝（1368～1644 年）

（一）军镇设置

朱元璋于 1368 年称帝，都南京。当年北伐灭元，年底占领山西省。后燕王朱棣篡惠帝位，于 1421 年迁都北京。以后对退到塞北的蒙古后裔处于防御地位。军队始终由皇帝掌握。除在各省设专管军事的都指挥使司外，还在边疆重镇共设五处行都指挥使司，大同即设山西行都指挥使司。沿长城设九边重镇，山西省有大同、山西（初在偏关，后迁宁武）两镇。另“自京师达于郡县，皆立卫所”，山西省除边地大同的山西行都指挥使司辖很多卫所外，在内地太原的山西都指挥使司也辖卫八、所四十；其管辖卫所一直南伸到汾、沁、潞、泽、平阳等地。“战时守城，平时屯田”。后来边地卫所亦多兼理民政，逐渐成为“半政区”，或与地方政府重叠。但内地卫所如太原左、右、前三卫等，不兼理民政。

（二）政区设置

由于金元时路已很小，故明初废路，将元朝行省等改为承宣布政使司，习惯上仍称省。宣德年后，全国有直隶府二、省十三，共十五个一级政区。省下隶府、直隶州，均可领县，还有少数不领县的散州，地位与县同。一般为三级政区，也有省、府、州、县四级者。万历时，全国共有162个府和230个州二级政区、1314个县三级政区。另省下还设道，有些道仅有一府，构不成二极政区。政区常有变动，有的与卫所重复，比较混乱。

山西省已由唐宋曰“河东”，金偶称“山西”，元名“河东山西”，明朝已正式称为“山西”了。因在太行山之西、畿辅之右，继元之后，仍别称“山右”。明后期，现省境有太原、平阳、潞安、大同、汾州（万历二十三年由直隶州升为府）五府，沁、泽、辽三直隶州、十六散州、七十七县，连同直隶州、府辖州的本土，则为九十六个县级政区。又有冀宁（仅辖太原府）、河东（仅辖平阳府）、冀北（仅辖大同府）、冀南（辖潞安府和沁、泽、辽、汾［后升为府］四州）四道，形同虚设。

朱元璋共封其二十四子为亲王，就藩于各地。在山西省世袭至明末者有：封于太原的三子朱棡为晋王；封于大同的十三子朱桂为代王；封于潞安的二十一子朱模为沈王；另封于平阳者不久撤藩。系只食俸禄、不具体掌管军政的王群贵族。

（三）人口徘徊不前

明朝户籍记载较详，但有匿报，统计数比实际为少。由于朝政腐败，吏纪松弛，苛捐繁杂，力役特重，天灾人祸多，故人口增长缓慢。据《中国人口史》第九章，1391年现国境共约6995.8万人。由于南方人口经百年恢复，1491年上升到共约9198万人。还未恢复到金后期和南宋水平。此后人口增长更慢，明末还有所减少。

山西省人口更徘徊不前。1391年现省境约449万人。此后百年，增长很少。1491年约496.5万人，每方公里平均31.6人，人口总数、密度均居全国第六位，远比金朝700多万人为少。1449年“土木堡之变”后，明廷衰弱，塞外部族频频入犯，人民有所逃亡，1559年减到423.6万人。1571年明廷封俺答为顺义王，答应重开马市等，才不再侵扰。万历年（1573～1621）才勉强为450.3万人，还未恢复元气。明末又减少。山西省人口徘徊不前，却因长期备战等原因，及森林资源已贫乏等因素，对山林植被的摧残、摧毁，就显的特别严重。

二、清朝（1644～1911 年）

（一）满族入主　汉式统治

1644 年二月初八李自成陷太原，后除在宁武与明总兵周遇吉一战外，一路顺风，三月十九陷北京，明亡。此前长白山、浑河一带建州女真部兴起，努尔哈赤于 1616 年登汗位，建金国，都新宾，史称后金。1621 年迁都辽阳，1625 年又迁沈阳。次年皇太极继位，改国曰清，改族曰满，通称满清。1644 年四月入关，十月占领太原，顺治登级。康熙进而完善汉式统治，数十年文治武功，版图大扩，国泰民安，呈现我国历史上第三个文明之治，即康雍乾盛世。山西省除清初局部战争外，长期安定。如乾隆《太原府志·武事》卷二十一载："今承平日久，剑戟铸为农器，战垒拓为田畴焉。"清后期趋于衰弱，鸦片战争后更趋衰败。

（二）政区设置

清仍基本为省（直隶府）、府（直隶州、直隶厅）、县（散州、散厅）三级政区。康熙时有省十八、直隶府一，边境为将军、都统、大臣管辖区。光绪时改伊犁将军辖区为新疆省；东北三个将军辖区为奉天（辽宁）、吉林、黑龙江三省，升福建的台湾道为省，甲午战争后割给日本，遂为二十二省、一直隶府，凡府、州、厅县一千七百有奇。另察哈尔、青海、内蒙古、外蒙、西藏相当于省级。省、府间还设道，通常为监察区；少数为政区、军事区。

山西省仍称山西。至乾隆中有太原、汾州、潞安、泽州、平阳、蒲州、大同、朔平、宁武九府，平定、辽、沁、霍、隰、绛、解、忻、代、保德十直隶州，计 85 县及 6 个府属散州；若 10 个直隶州本土也算县，则省境共有 101 个相当于县的三级政区。另外长城北的绥远城、归化城、萨拉齐、清水河、托克托、和林六厅亦归山西巡抚管辖；同治时还有属朔平府的宁远厅，属大同府的丰镇厅；以及光绪九年新设的兴和、五原、武川、陶林、东胜等散厅，都属山西归绥道。

省内还有雁平、冀宁、河东三道，为监察区。

（三）人口一翻再翻地增多

康熙时人口渐增。康熙五十一年（1712）以当时丁银额（人头税）为基数，实行“盛世滋生人丁，永不加赋”，随即推行“地丁合一”。即将人头税摊入地亩，“丁随地走”，废除丁银，消除了人口匿报根由，增殖加快，统计也较接近实际。据《中国人口史》第十章，到1724年，现国境已由1661年的9112万人，增加到12597万人；1787年更增到30026万人；60余年翻了一番半。嘉庆后开始衰弱，但人口基数已高，1830年又增到43956万人；此后人口有所减少。

山西省“摊丁入亩”因故推迟至乾隆，故人口峰值出现较晚。1661年约628万人，1724年约751万人。又据《山西历代人口统计》：1787年为1507.8万人。已超过此前山西省人口最多的金朝一倍多；1830年为1601.6万人；1870年约1638.3万人，每方公里平均104.3人，人口总数居全国第11位，密度居第8位。1887年稍前的峰值为1643.3万人。由于光绪三年（1887）山西省持续数年特大旱灾，人民离弃死亡严重，人口锐减，到清亡的1911年仅勉强恢复到1009.9万人，每方公里平均64.3人，人口总数降到第14位，密度降到第15位。清朝人口一翻再翻地增多，但山林已甚少，除扫荡残林外，进而摧残植被。

第二节　明朝首先毁灭雁北山林

明朝雁北（包括偏关一带）山林几近覆灭，灌草植被也大不像样。主要原因是：

一、大筑长城及关堡营垒等防御工程

雁北当蒙古后裔入侵首冲，“肩背之地，镇守尤重”、“国之大事在于戎，而大同戎务，大之大者也”，大同系最早设的四大重镇之一。明初就筑造长城等防御工程，后又不断反复增修，成了环其北、西、南三缘，以外、内长城为骨架，设甚多关堡营垒口和更多烽火墩

台等、纵深甚远的防御体系。规模之浩大，修筑期之漫长，设防体系之完备，空前未有。

（一）外内长城

明初就沿雁北北缘至西北缘筑外长城，后成化、弘治、嘉靖等年又好几次大筑大修。东起天镇镇台口，西至偏关鸦角山，长 647 里，归大同镇管辖。再西至老牛湾，沿黄河东侧经偏关，南至河曲灰沟营，包括偏关三道边，计长 439 里，归山西镇管辖。大边之北约百里还有外边，有的要冲处甚至有几道边墙。据万历《偏关志·边隘》卷上，偏关段除大边、二边、三边、四边外，还有一道内边。沿边筑甚多瞭望报警的烽火墩台，大体半里许一座；还有甚多守兵住宿的铺屋和储藏军用物资的品窖及敌楼等。另各边堡通向诸镇卫所也有很多半里许一座的接火墩台等，屡屡增筑，密如蛛网，星罗棋布。如《偏关志·边隘》载:“以上墩台，增减无常，大约千有余座”。长城内外和腹里各处，共不下万座。

内长城修筑稍晚,“土木堡之变”，明英宗被俘，曾有过放弃雁北、专守内边之议，次年（1450）设宁武关。1466 年起，沿勾注山重筑第二道防御工程。从鸦角山到平型关 800 余里；由此分支沿五台山东缘，再沿太行山脊，南至左权黄泽关到壶关又长 800 余里；归山西镇（由偏关移治宁武）管辖。以后对鸦角山至平型关段反复展筑加固达十一次之多，成了体系完备的“第二藩篱”。

外内长城及烽火墩台等，纵深二百多里。正如《明史·边防志》所说:“山西缘边，峻垣深壕，烽火相望。隘口通车骑者，百户守之；通樵牧者，甲士十人守之。各处烟墩，增筑高厚，上备五月粮及柴薪弩药，墩旁开井，并外围墙重门。御暴之意，常凛凛近。”

（二）城池营堡

明初 1372 年即筑大同镇城，周十三里，高四丈二，砌以石砖，城门四，上各有楼，角楼四（西北角楼更宏敞）、敌楼五十四、窝铺九十六。景泰 ~ 天顺（1450 ~ 1464）又增筑周六里、高三丈八的北偏城和周各五里的东、南偏城。嘉靖 ~ 万历（1522 ~ 1620）又多次重修、加高、加固，成了“固若金汤”的城防群。大同镇初辖二十六卫，经迁徙归并，明中叶后有十四卫，另井坪、马邑、山阴三个直属千户所。卫城亦多高大，多大于腹里州城。如大同左卫城周十里一百二十步、大同右卫城周九里十三步、阳和卫城周九里三十步、天成卫城周八里二十四步、朔州卫城周七里多等，高皆在三丈五以上，同样有四座角楼，四（或三）座城门、楼，以及不少敌楼和窝铺等。除镇卫所城外，还在各地筑更多营堡。据正德《大同府志·城池堡》卷二所载不完全统计，列名者就有750多座，另还在50多处隘口筑关堡60多座，有一口两三堡者。据万历《偏关志》，明初到嘉靖末近二百年，“本关边警凡五十余条，系略其大者，若夫小警，则虚无岁月。”如此分兵把口，消极防御，从天顺四年（1460）起，到正德十二年（1517），瓦剌、鞑靼还是不断突破防线，深入雁北，甚至忻代等地掠夺。嘉靖时鞑靼及随后在河套兴起、雄长蒙古诸部的俺答更频频大举入侵掳掠，1527～1566的40年中，计20次之多，甚至更南侵到太原、离石、平遥、介休、潞安等地掠夺。此期更增筑军堡，村民也普遍筑堡躲难。正如乾隆《宁武府志·地域》卷三所说：“蒙古入居套内，其后边患频极，……版锸日兴，城堡相望。”到隆庆五年（1571），明廷被迫答应俺答“永长北方诸部”，封“顺义王，给食用，加抚赏，其大小部长则给官金缯”，重开马市等边贸，才不再侵扰。内长城沿线及其稍南，同样也大筑营堡等。如宁武的山西镇城附近，并南至宁化、二马营，北达阳方口，筑有数十座营堡，也是一组城防群；偏关、老营、八角堡一带和雁门、广武一带也各系一组城防群。那时宁武、偏头、雁门合称京畿“外三关”（其东倒马、紫荆、居庸合称“内三关”），及十八大隘口等，也都筑系列城防工程。据乾隆《宁武府志·形势》卷一，单宁武关就辖沿边城堡26、沿边墩台113、极冲32、次冲21。稍南也兼负边防的振武卫城（代州）和镇西卫城（岢岚州）也高大坚固。

长期普遍大筑和增修等上述防御工程，当然要大肆摧毁山林。

另从明初就在大同建代王府，该藩王代代相传至明末，还有其支系子孙封为灵丘王等二十几个郡王，以及更多旁系封为虚名镇国将军等，也相传至明末。皆在大同一带新建造王府、王陵、宅第；以及官府衙门、邸宅、寺观等的新建和重修等，也消耗甚多木材。

二、众多驻军　长期散布

明制，每卫军兵5600名，辖五个千户所；每千户所1100名，一般辖十个百户所；每百户所百余名。实际往往超编。据正德《大同府志·武备》卷五，1514年大同镇各卫所军旗兵为：大同前卫7108名、后卫6681名、左卫6501名、右卫6477名，云川卫5921名，玉林卫6051名，阳和卫5971名，高山卫5597名，天成卫5671名，镇虏卫5731名，朔州卫6334名，安东中屯卫6216名，仅后设的威远卫、刚设的平虏卫未超编，为5204名、3313名；井坪、马邑、山阴三个直属守御千户所各为1984名、1600名、1524名；共计守御军兵87782名。加上宣大总督、总制、大同镇守、巡抚、御使、各正、副总兵、游击、参将等高级军官和随从、机动兵力，以及大同行都指挥使司总部和分守、分巡等官员，总额起码十多万。再加上山西镇沿勾注山、三关十八隘口等驻兵（内地驻兵不计入），则雁北一带二百几时年中长期驻军都在十大几万人以上。战事吃紧还成倍增加。如到嘉靖三十三年（1554）大同左卫军兵高达22819名，马骡4445匹；大同右卫9902名，马1883匹；其兵员分别为1514年的3.5倍、1.5倍还多；其他卫所兵马亦皆增多。有时还从河南等省调军，数量和驻扎期不定。常常是驻军和屯丁多于当地民户人数。对山林破坏，接连不断。

其次是驻军散布于各处。除镇、卫城等驻重兵外，分散于各处的近千城堡也各驻军百余至千多名不等。就连仅通樵牧的小山口也常年驻兵十人左右。如雍正《通志·艺文》卷二百二十二载明程敏政《朔州行……》曰："赫连百戍白草枯，……居民半是防秋兵，十里五里屯军营。"还有更为零散的上万烽火墩台，每台也常年驻兵三、五人。由于驻兵分散于各个角落，连极偏僻的深高山口也常年驻兵，使深远高山森林植被也大受摧残。虽然明时以燃煤为主，但分散于偏远处的驻兵，仍以薪为燃。分布面广，驻期漫长，积少成多，积久成巨，当然砍掉甚多山林灌丛。

再则是军官品级待遇很高。据万历《太原府志》，太原是山西首府，其知府才为正四品，同知正五品；而太原左、右、前三卫的指挥使皆为正三品。据此推断，雁北诸卫不低于三品，大同知府不高于四品。各地军官品级大大高于地方官，就不受地方节制，肆无忌惮地破坏山林。何况雁北不少卫所还兼理民政，成了军人天下，更为所欲为。

三、皇室采运　滥伐成风

永乐帝在元大都旧址（稍南缩）上，重新建造国都宫殿群等。单紫禁城、皇城就历时十四年，接着又建内城太庙、外城天坛等等。工匠23万、民夫百万，还有众多士兵，用木甚巨，十万众入山辟道路，基本取自远山。如光绪《通志·大事记》卷八十六载："永乐四年（1406）诏，以明年建北京宫殿，分遣大臣采木于山西。"到宣德年，仍遣官赴山西砍木。成化《通志·土产》载"松柏俱坚大而广。"正德《大同府志·风俗》卷一引约永乐《浑源州志》（佚）语："近山者采木为生"。以后又不断增建宫殿陵寝等，再延伸采伐。如宣德（1426～1436）又"在易州、蔚州、九宫口（蔚县东）、美峪（小五台山东北）、满城、平山、五龙山、龙门关（宣化东北）等地增设木厂，其小材及椽枋之类，听人叫卖，经抽分处取十之三。"以上木厂都邻近山西省东北缘，也伐及山西省桑干河、唐河及滹沱河等流域山林。除巨木外，其他木材皇室抽取十之三后，余者可随行就市发卖，为官商勾结、乱砍滥伐大开绿灯。英宗复辟后（1457～1464），山林资源贫乏，皇室用木成了最艰巨大务，采木机构增加了四倍，进而再延伸砍伐。

另皇家王府等贵族多以木炭取暖，宣德五年（1430）在易州专设柴厂，常年聚夫数千，大量伐薪烧炭。正统七年（1442）岁办柴炭曾高达九千六百余万斤。明初期宣化等卫所还贡薪炭，"采之边关"。如成化年丘浚云："乃以伐木取材，折枝为薪，烧材为炭，致使林木日稀。"到弘治年已"数百里内山皆空"，万历年更"数百里内外，林麓都尽。"

木材越来越贵，贩木利厚，从成化初（1465年稍后）已滥伐成风。如恒岳胜地因砍伐过甚，永乐以后曾“素禁樵采”；据乾隆《浑源州志·名宦》卷五，后到陈梁于成化年任知州，“奏弛禁，民获利”，该风景林被砍的只剩些残杂矮松和少许因迷信“神树”而不敢砍、枝桠横生的大松。从成化年筑内长城起，将校官商勾结，群趋而至，争相滥伐内长城沿线勾注山脊一带留下的较好山林。如《明经世文编》卷六十三载成化封疆大臣、弘治兵部尚书马文升《为禁伐边山森林以资保障疏》云:“自偏头、雁门、紫荆，历居庸、潮河口、喜峰口，至山海关，延袤数千里，山势高险，林木茂密，人马不通，实为第二藩篱。……永乐、宣德、正统年间，边山林木无人敢轻易砍伐，而胡虏也不敢侵犯也。……自成化年来，在京风俗奢侈，官民之家争起宅第，木植价贵，所以大同、宣府视利之徒、官员之家，专贩筏木。往往雇觅彼处军民，纠众入山，将应禁树木任意砍伐。中间镇守、分守等官员，或徼福而起淫祠，或贻后而起宅第，或馈送亲戚势要。动辄私役军户，入山砍木，牛拖人拽，艰苦万状。……其本处取用者，不知几何，贩运至京师者，一年之间岂止百十余万。满山林木，十去其六七。”但未见禁效。到嘉靖（1522～1566）滥伐之风更烈。如该文编卷二百四十七载嘉靖中工部尚书胡松《答翟中丞边事对》云:“（国初）虎豹穴藏，人鲜经行，骑不能入，……（后来）四方亡命之徒，逮逃于此，俱治有庐舍，……又渐伐山林，……以致山林茂树，日渐日伐，山径之蹊，介然成路。”到万历初（1573年稍后）滥伐尤甚。如该文编卷三百七十三载万历初礼部尚书张四维《复高凤渚》云:“（外三关沿线）国初遍地林木，一望不彻。……近年树木，砍伐净尽，道无限隔耳。”卷四百十六载万历初进士、后官至山西巡抚吕坤《摘陈边计民艰疏》云:“（国初）大者合抱干霄，小者密比如栉（山林）……自贪功者籍开垦之名，喜事者倡修理之说，犯法亡命，避役奸民，踞深山为固巢，以林木为世产，延烧者一望成灰，砍伐者数里如扫。又大同州县居民，日夜解板。沿边守备操防，不唯不能禁约，且索斧斤等钱，通同卖放。百家成聚，千夫为邻，逐之不可，禁之不从。……伐木者奚啻百（十）万，……各处流民大约不只万家。……至于砍伐山林，最难禁缉。”又万历《清凉山志》卷五载《高胡二公禁伐传》云：“北楼（包括浑源龙山）一带，则大同、浑、应居民，窝铺盘踞，以砍伐为本业，诘之则连逮党众，不能尽举而置之法，稍稍治其首恶，而余者又复放纵如故。”经成化到万历初期百多年，又大肆在内长城沿线等处乱砍滥伐，使雁北山林几近覆灭。此时张四维、吕坤等大臣提倡在外三关沿边栽榆植柳，再造“第二藩篱”，无果而罢。又据光绪《繁峙县志·物产》卷一，“柴皮炭，出县东北石梯山，形类木而湿，棕色无光，枝干脉理仍可辨，暴干则裂纹，质顿轻矣，其火焰高而多烟。”即那时在北楼口一带集材场被烧未尽而被冲淤土掩埋后遗留也。

四、大兴屯垦　陡坡开荒

明初洪武十六年（1383），雁北及偏关一带屯田已百多万亩。雍正《通志·历朝屯田》卷四十四载：洪武二十五年又命“宋国公、颍国公笃至太原、平阳阅民户，四丁以上籍一为兵，赴大同屯田。”永乐帝更诏：“边军尽力垦田，勿征税”，将校又争相扩大屯田。如该通志·名宦卷九十三载郑亨于永乐年镇守大同，“垦田植谷，兵备善完。”据正德《大同府志·屯田》卷五，1514 年雁北共有屯地 11582 顷，纳夏秋粮 105492 石，纳草 175820 束；因此时对屯田征税，故隐瞒严重，实际屯田远多于此。如该通志·名宦卷九十三、九十四载：罗亨信“于正德中巡抚宣镇、大同，时遣军官度二镇屯田，（发现）一兵八十亩外悉征税五升（之弊），……（奏）若一征税，则不复耕，必致窜逸，上纳其言”，因不再征税，到 1542 年周尚文总督大同时，屯田达四万余顷。据该通志·艺文卷一百八十三，因屯丁不足，又“从山西、河南岁发数千人戍大同”。已几近无地可屯，万历帝还再命搜索，“扩大屯田”。据该通志·历朝屯田卷四十四，万历年雁北原额并新增加屯田共 45548 顷。到明末前崇祯初卢象升总督宣大，仍“大兴屯利”。可见明朝二百数十年，雁北屯田规模始终很大。

再则陡坡开荒严重，广种薄收。散布于许多大小隘口及星罗棋布的墩台守兵，都就近开荒粗耕。如光绪《天镇县志·关隘》卷二载："边军设自明，每墩三、四、五名不等，拨给沙田四、五十亩，耕种养赡，专司瞭望。"到隆庆初（1567 年稍后）"城堡相望，屯牧连野"、"广屯田，以足兵食，……设军屯田，由来已久，……若间抛荒，唯孤悬之地有之，亦千百十一耳，……入宁武关，见锄山为田，（燕）麦苗满目，历永宁（离石），经延绥，即山之悬崖峭壁，无尺寸不耕。……前项屯田，俱错列在万山之中，籍无水利可资蓄泄。间有平地，亦多山涧相参，不成丘陵"；即使如此，还要"明奖罚，以劝开垦。"① 又光绪《应州志·图说》："安东（中屯）卫距州城百二十里口前村（应县南山越茹口下），跬步皆山"，该卫在深远高山，基本系陡坡垦荒。每屯兵平均约耕种百余亩，亩产仅以斗计。明初已"人给一顷"，后来更广种薄收。如雍正《朔州志·武备》卷八载："明（朝）有屯田兵一千六百十五名，每人种田一顷二十亩。"又据光绪《怀仁县志·屯田》卷三，"（屯田）一千二百二十九顷二十亩，屯丁共九百二十四名"，每丁种田竟高达一顷三十亩。

世袭代王和许多郡王等贵族，霸占庄田甚多。如成化中蒋蜿上奏说："大同皇府诸塞下，腴田无虑数十万（亩），悉为豪右所占。"后来进而在僻远高山辟庄。如光绪《繁峙县志》卷一引万历旧志语：北楼口一带高山之林被毁后，"晋、代二藩，争占为庄。"

另为了解决边军粮食的"恒苦不足"，明廷始终推行"开中"。即鼓励富商运粮到边镇交纳，换取"盐引"，再从盐场贩盐发卖。如乾隆《宁武府志·田赋》卷四载："洪武三年，山西请奏，入于大同仓米一石，准给淮盐一小引（二百斤），……为之开中。"随后又扩大到各边镇（入太原仓为一石三斗换一盐引），且增加了杭浙、长芦、河东等盐。因有厚利，不少晋商大发其财。由于在边地种粮，就近交纳，节省运费，获利更大，诸商雇大批流民在更陡高山大肆拓坡，刀耕火种，几年后又见缝插针地另行开荒。

---

① 雍正《通志·艺文》卷一百八十三载庞尚鹏《清理大同屯田疏》、《清理三关屯田疏》。

陡坡开荒，广种薄收，弃荒轮种等，都严重摧残灌草植被，水土流失严重，岩石裸露，使山林难获再生恢复之机。

五、连年烧荒

明永乐五年（1407）起，沿长城九边重镇每年出塞烧荒已成定制，后稍松懈。“土木堡之变”后，明英宗于1450年复辟，又严格执行。

他认为将长城外野草树木焚烧尽绝，使“胡马无水草可持”、“以便瞭望”、“四山烧尽，防有伏者”；每年都诏命全面出塞烧荒。如正德《大同府志·艺文》卷十二载：

即今深秋，草木枯槁，正当烧荒，以便瞭望。敕至，尔等须共同计议遵行。天成、阳和东西二路及所属，选委乖觉，夜不收远出探哨，……各照地方分投布列阵营，且烧且行。出二境外，或二三百里，或四五百里，务将野草林木焚烧尽绝，使贼马不得久牧，边防易为瞭守。……事毕，乃将拨过军官姓名并烧过地方、里数，造册奏缴，以凭查照，毋得虚应故事，朦胧回奏取罪。尔等须慎之，故敕。

在皇帝严命下，连年焚荒成了定制。如乾隆《宣化府志·杂志·焚荒制》卷四十一载：

每年冬十月初为始，本镇总兵官统领官军三千，由青边口出境，经三岔口，至黄草滩、上合河，且行且焚，……凡二日。副总兵统领本营官兵三千，由大白阳出境，经瓦庙、孤榆树，至上合河与总兵合，且行且焚，凡二日。游击将军……；新游击将军……；西路参将……；北路参将……；东路参将……（各）统兵三千，（都按规定出口、路线、到达地点）且行且焚，凡二日。

直到隆庆五年（1571），明廷与蒙古俺答部关系缓和后，才停止焚荒。连续不断，烧了一百多年。

虽然焚荒主要在外长城之北，但各边关口堡及各墩台等守军，为便于瞭望和防有伏者，也焚烧附近草木。所幸该焚荒制无啥实效，未坚持至终。另从成化二十二年（1486）起，用大量木材制造轮高四尺四寸、轴长六尺、四周围以厢板的战车和与之配套的榨、桩等，战车和榨在外圈，战马在第二圈，内为中军，列成方阵，消极守御，到正德（1506～1521）形成高潮。① 后因木材奇缺，以及塞外部族照样绕过车阵深入掳掠，无果而罢。采矿也破坏山林。如同治《阜平县志·武事》载：灵丘太白山南、三楼河银厂一带"银河诸山，都产矿砂，山西商人聚众开采，工人多至数万。嘉靖二十五年（1545）矿工宋延贵聚众起义，被官兵捕获"，摧毁最偏远处山林。还有瓦剌、俺达等几十次入侵战争，也直接、间接破坏山林。其他毁林之因，不再列述。

*　　　　*　　　　*

摧毁山林极烈，植树却极少。如明初筑阳和校场，"绕周缘垣面设堑壕，植柳可千余株"；明中叶前在大同御河畔植了些柳树，居然称名景，曰"玉桥官柳"；大同东坡塘载了稍多树，为代王府林苑；弘治十一年（1498）重修天镇龙兴寺，"周植树木千株"；万历五年（1577），"知州徐濂沿（应县）城壕植柳"等。除东坡塘树木保存至清朝外，余皆遭砍伐而无存。

六、缺树少材　荒濯状样

明末雁北所留不成材残林仅约占总面积的2%，缺树少材，童山濯濯，风沙大作，生态环境严重恶化。有关记载很多，其残林分布、覆灭过程、荒濯状样，在《雁北森林与生态史》151～167页详述，兹仅摘其大略。如万历后期霍瑛《重镇军民交困疏》说："斥卤不毛，绝无鱼盐桑枣，……非尽石田不可耕也"；后更恶化成"关外多石田，五谷半不生，……赤土裂千里，旋风卷空城，……漫山冲白砂，石压禾苗茎"；"其土沙瘠，其地干燥少树。"② 万历年刻《怀仁县志》的雕板，须"购材七百里外。"外长城一带山林覆灭更早，明中

① 正德《大同府志》有战车营和战车样图，该志·武备卷五载造车、榨、桩的规格和方法。

② 据康熙《马邑县志·艺文》卷五；光绪《怀仁县志·艺文》卷六；雍正《通志·风俗》卷四十六。

叶前已是“天险关高愁涧壑，荒边无树鸟无窝。”明末更变成“树木不生”；“沙碛尤甚，高土黄沙满目，低土碱卤难耕”；“不能树桑养蚕，……山林川泽之利，一无所有，……沙碛尤甚”；“左右平三邑系边卫，土地大半军屯，多荒碛沙漠，……天时地利，两无所持。”①又雍正《朔平府志·艺文》卷十二载徐荣畴《建造朔平府属衙署评议》说：“边关重地，从无出产木植，建造府衙，必于口外大青山等处运购木料。”大同北采凉高山也无林可言。仅平鲁东八十里黄草梁山峰和平朔间最高的黑驼山峰，距外内长城均较远，山峰高峻，仅留点栎残杂林。

内长城一带山林几近毁灭。如明初偏关东诸山还多茂林，正统（1436～1449）建老营（偏关第二大城堡），木料皆取自附近，其南安寺长二丈多、粗三尺柏木大梁，亦取自近山；故《大清一统志》卷一百四十七载：“柏杨岭在偏关东百里，昔多二树，故名”；明中叶已“濯濯矣”。明初还“朔州近山易采木”；到万历三十六年（1608）《重修朔州志·序》已说：“云霏蔽天，风沙惨目”；雍正《朔州志·艺文》卷十一载翁应祥天启（1621～1627）《重修朔州南城楼记》说：“僻郡苦木材之难措，朔有兴作，必取于楼烦之虎北山（管涔山北侧高山）。”乾隆《代州志·艺文》卷六载明末董妙玉《从夫赴雁门》曰：“一片黄沙地，……草木多憔悴。”应州南山万历初“日见其濯濯矣”、明末“十口禁山（指万历八年封禁），悉垦为良田”；应州“干燥少树”；清初更“无良材珍木之产，一木之运，百牛车乃达。”②浑源南山，大多童濯，仅有些小片残杂林；如徐霞客于明末1633年八月初游恒山说：“自（繁峙）砂河登山涉涧，……所见皆土魁荒阜，……逾顶北，瞰东西皆壁颓，……皆石也，而后又皆树”，即龙山大云寺附近，经万历八年封禁而恢复的一些杂林；龙

---

① 据光绪《左云县志·山川》卷二；雍正《阳高县志·田赋》卷二；光绪《天镇县志·风土》卷四；雍正《朔平府志·赋役》卷七。

② 据光绪《繁峙县志·疆域》卷一；万历《应州志·风俗》卷一；乾隆《应州志·艺文》卷六。

山下玉华峰及柏岩景区有点疏杂林；北岳庙胜地成了“秃岭苍根”，绝顶有点“矮松”。据顺治《灵丘县志·艺文·山川》卷三、卷一，“地少凡木，无荫息所”、“鲜修林茂树”，恶化成“地土沙碛，……风霏间作，黄尘蔽天”、“山荒地瘠”；仅最高太白山峰“多丛林（不成材茅杂林）丰草”；邓峰寺有点松林，锷道山“峭壁笏立数千寻，山树交结。”据乾隆《广灵县志·杂修·山川》卷十、卷三，“山多无材木，……素有穷山穷水穷财主之嘲”；明末仅最高桦山（桦林背）“产桦”，悬崖峭壁临灌（林关）山有些杂林。

该节详见《雁北森林与生态史》131～167 页，参见《管涔山森林与生态史》57～81 页。

第三节　明朝摧残雁南山林
清朝扫荡残林植被

明朝摧毁雁北山林的同期，也严重摧残勾注山、雁门关以南山林植被，清朝进而扫荡，山西省残留山林趋于覆灭，灌草植被也大不像样。主要原因是：

一、战争的影响

（一）明朝

据光绪《通志·大事记》卷八十六，洪武元年起，蒙古宗室四大王盘踞于静乐至五寨，为便于驰骋，大砍大烧山林，不时向西北出扰，想援引塞外蒙元残部卷土重来，明廷派“太原参将举兵邀击，败其众，……遂下武州，……余众犹聚芦芽山，时出扰岢岚、五寨、兴县”；洪武四年增派延安侯唐胜军“率领大军剿搜元裔，……增筑宁化城，……屡败其众，而搜剿于深岩幽邃”；洪武六年“李文忠留镇山西，败元兵于岢岚三角村（北齐重镇孤苏戍），……严兵塞内，甚为戒备，久驻边城”；次年“元裔库库穆尔卒于和林才稍安。”这七年围剿战集中在晋西北深远高山森林最多之地，增筑堡寨，斩林湮谷，毁林搜剿，纵火焚林等，使山林惨遭破坏。如清康基田《合河纪闻》卷八载："洪武初元裔盘踞于岢岚山，山木砍伐殆尽，道路四达。从（偏关北端）水泉营下岢岚，由宁化入静乐，俱为坦途。"

明中期后，鞑靼、俺答更屡屡入犯。据光绪《通志》，深入到雁门关以南者主要有：天顺四、五年（1460、1461）鞑靼掠忻代等地；正德六年（1511）鞑靼犯边，东贼至彰德（安阳），西上太行至潞州，民走迁山林，贼兵搜索；次年又寇，由阳方口至阳曲；嘉靖十九年（1540）俺答犯宁武关，入岢岚、兴县，掠太原、清徐、交城、文水、汾州等地；次年又犯宁武、太原、榆次等地，大掠十日，掳掠人畜无数，复寇汾、石诸州；第三年又入雁门，寇太原，屠杀四万余人，大掠四日，再寇潞安，掠汾、沁、武乡、襄垣、长子、平遥、介休、灵石、沁源等地，共掠十三卫、三十八州县，屠杀二十余万人，焚公私庐舍八千余区；隆庆元年（1567）俺答陷石州，分兵掠文水、交城、介休、平遥、灵石、武乡等地。入犯时大肆烧杀，掳掠而过，惨不忍睹。除延烧及一些山林植被外，还造成官民恐惧心理，纷纷加固城池，增筑敌台，又建甚多堡寨。据嘉靖《太原县（今晋源区）志·城池·堡寨》卷一，单嘉靖十九年就新筑堡寨二十二处；次年又对县城（明初新筑，景泰元年加固）"更另补茸，外增敌台三十二座。"其他州县，大体雷同。乡村也纷纷增筑堡寨，至今还留许多遗迹，或以堡坞寨为名。另不少人民逃往深山拓坡粗耕。都加剧了摧毁山林植被进程。

明中叶后对人民剥夺更甚，常有聚众起义着。雁南主要有：据康熙《平顺县志·封疆》卷一，嘉靖三年潞城青羊旦人聚众起义，至八年剿平，割潞城十六里、壶关十里、黎城五里，奏建新县，赐名"平顺"，"盖取剿平逆贼，地方驯顺之意"。又据光绪《通志》，"嘉靖十三年流贼聚沁源，官军讨平之"、"三十八年沁源绵山（延及祁、平、介、灵、霍、武乡等山区）土贼杨甫（还有武乡牛大力）等聚众作乱，四十一年始讨平之"。还有万历八年（1580）五台山东北铁堡岭矿工张守清聚众八千人起义等。

明末义军活动规模更大。据光绪《垣曲县志·兵防》卷四，"崇祯五年（1632）紫金良、老回回、蝎子快等数十万，自阳城来掠

（县东北端、中条山主峰下）謦冢；六年贼数万集謦冢等村；八年贼千余自绛县攻破马村堡，平阳参将虎大成追至謦冢山；十三年贼数千自阳城聚啸謦冢山”等。光绪《蒲县志·艺文》卷十载清王文彪《募修翠屏山序》说：“崇祯间，流寇作乱而焚其山场”。崇祯四年流贼掠武乡，抵沁县西，掠沁源；五年流寇入沁源，六年大掠，山寇作乱；五年流寇掠武乡；六年八大王、老回回率众数十万到灵石，“庐舍城墟，民皆远避于山崖中”；四年流贼犯介休，五年流贼从沁源至兴地村；五～七年流贼踞岳阳山，四乡杀掠几尽，八～十年大贼过黄河，踞岳阳抢掠等。[①] 据乾隆《宁武府志·山川》卷二，芦芽山“……林木恒茂，崇祯初为巨盗所踞，……杀舍灰飞，缁徒略尽，曩之壮观，无复一有。”遍布于芦芽山全国唯一的三百余座毗卢佛寺庙群都予烧毁，也烧毁这一带山林。如《合河纪闻》卷八所述，“山木荡然”。嘉庆《长子县志·艺文》卷十七载明末王之相《蠲租呈》说：“谁云石田可耕，……尽是瘠土，……流寇过十五余回，火连百里。”尤其是崇祯末义军聚于交城山（包括古交和娄烦南山），坚持数十年；清初顺治五年（1648）一度攻入交城、文水；次年在晋祠与清军激战五天又败退入深山；到康熙三十九年（1700），该王显部才被交城知县赵吉士剿灭。详见光绪《通志·营制》卷七十八载其《交山平寇本末》。还有些战争，不再列述。

（二）清朝

清初顺治五年，原投降李自成又降清的明大同总兵姜瓖叛清，一些州县响应，不久被讨平。有的余众逃入深山，也被剿灭。如乾隆《沁州志·灾异》卷九载：“顺治六年姜瓖叛，偏师蒋国鼎聚啸潞安，相连沁源，十月大军征讨，焚戮山原，寨谷荡然，……沁源余寇，盘踞山林。”光绪《垣曲县志·兵防》卷四载：“顺治五年邪教高飞、凌尚万等盘踞锯齿山为乱；十年贼万余啸踞謦冢山；十一年贼许二等聚

---

① 据乾隆《沁州志·灾异》卷九；雍正《沁源县志·灾祥》卷九；乾隆《武乡县志·兵防》卷二；嘉庆《灵石县志·事考》卷十二；康熙《介休县志·兵氛》卷一；民国《安泽县志·补序》等有关方志。

啸瞽冢山”等。此后长期安定，清后期太平天国也稍涉及山西省南缘。如该县志卷四载:“咸丰三年（1853）太平军率众十余万，官兵守峡口等村。”随后怕捻军从陕西秋林渡黄河，清军在吉县壶口筑我国最晚之长城，摧毁附近管头山残林。后八国联军在娘子关、五台龙泉关稍有战事，以及清末小股农民起义等，不再列述。

以上战争多发生在偏远山区或深山老林，盘踞者拓坡粗种，以获粮草；讨伐者大肆焚烧，以便进军，都严重摧残仅留的一些山林。如道光《霍州志·艺文》卷二十五载明陈澜《南塔山记》说:“土寇菽于东南，蹂残灵秀，亦足为山川之差矣。”

二、木材继续外流和晋 沈王建筑等消费

（一）明朝木材仍然外流

如第二节所述，在雁北采运后，随即到雁南采运。永乐初至宣德北京建宫殿等,“分遣大臣采木于山西”，也涉及雁南。接着在平山等地增设木厂，采运太行山中段及和五台山材木，至今平山西北端、五台东南缘稍外还留有木厂之类地名，系那时伐木山场等遗名。英宗复辟后，又增设保定、真（正）定等抽分局，对沿河上游（主要是山西省东北部和东部）非皇室采运的成批木材予以抽分。据《明会典》，此时“增办（木材）之数乃多至四倍焉”，木材外流严重。明中叶后，干流两侧砍伐几尽，再延伸到诸支流深远高山采运。如嘉靖三十六年（1557）皇城发生第二次大火,“奉天、谨身、华盖三殿灾”，外朝主要建筑也被烧光，系明宫最大一次火灾。据《明会典》，当年“营造朝门午楼，议准伐木，命川贵湖广采杉木，山西、真定采松木。”重建午楼、三大殿等松材，主要取自五台等尚较多松林之县。如光绪《五台县志·名宦》卷三载:“世宗（嘉靖）建三殿，采木于邑，募役伐山采木，得二十万，时亢旱，艰于转运，（知县杨启允）祈祷于天，夕果大雨，木尽浮出。”该次在五台深高山腹地大肆采伐，顺清水河等支流入滹沱，再至北京。那时以供皇室建造为由，变相大砍大卖，往往多至十倍，何况不仅五台一地、一次。如仅该次还在太行山中段等县另采木十八万。又据定陵博物馆说明，造万历帝

陵寝，大批松木亦取自代州（五台县属代州）。

嘉靖后，采运越益艰难，木材越益昂贵。如《明史·食货志》六载："采造之事，累期侈俭不同，大约靡于英宗，继于宪、武（成化、正德），至世宗、神宗（嘉靖、万历）而极。其事目繁琐，征索纷纭，最巨且艰者曰采木。"又《明神宗实录》卷四百四十三载万历贵州巡抚郭子章催促采运经费奏云："坐办贵州楠杉大木、板枋一万二千七百九十八根，共该木价一百零七万七千二百七十一两……，约该运价二万零二百二十两"；据此，1986 年 3 月 14 日《北京日报》载：每根大木折银 89 两之多；按当时物价可买猪肉 4500 斤或羊肉 6000 斤或白米 89 石，可供一平民 20 年食用。贩木利厚，更掀起官商勾结、大肆滥伐之风。据万历《清凉山志》卷十，到处"伐木丁丁"，僧侣念经大受影响；高僧发出"兹山（五台山）赖有深林幽谷，……今砍伐殆尽"之叹，"呈于高公，奏请禁革"；该志作者镇澄更有"（以往）千岩万壑嘉木长，（如今）凡民侵暴不可挡，灵木尽遭刀斧伤，易我居兮夺我根，寒岩隐者皆惊慌，……潸然泪下沾衣裳，……欲杀如来化法场"愤叹。经十数年滥砍，多贩至京师，"清凉圣境，几成牛马场矣。"在僧侣等请求下，才有万历八年（1580）《高胡二公禁伐》之举（下节详述），为时已晚。同期也几近摧毁了太行山中段山林。太行山南段及中条等山，未见皇室采运之载，但在木材昂贵利诱下，亦遭大肆滥伐，也会有甚多木材流往华北大平原。

（二）晋 沈王府等消耗

据《明史·诸王世系》卷一百，晋藩传十世亲王，还有阳曲、交城、西河等二十四个世袭郡王及更多镇国将军等贵族。到万历时晋王世系子孙已繁衍到 2800 多人。明初在太原城东北部建周八里、有宫城、外城（东、西、南、北肖墙）、四城门（东、西、南华门和后宰门），及许多宫殿、坛庙等建筑，"晋藩殿宇，宫围宏丽，冠于诸藩。"在城东南部建宗庙。如朱㭎为纪念其母高皇后，于 1381 年将延寿寺扩建为南北三百四十步、东西一百六十七步，有八十一间朝王殿、七十二间抱厦厅，面宽九间的大雄宝殿高达十余丈，及面宽七间的大悲殿（今崇善寺）等；其西建祭祖黄庙。还兴建苑囿及亭台楼阁。如松花坡、杏花岭及城东南隅小五台桂子园和西北隅西景园、西园，以及晋祠的晋溪园等。还大建王陵。城东南郑村东南有老坟（朱㭎陵）、东坟、西坟和城东北新店一带诸王陵以及城北七府坟等。诸各代郡王也在太原兴建王府。如方山、宁化、大濮、小濮、临泉等王府。有的郡王还另在外地建造王府。如朱㭎子庆城王、永和王在汾州建有王城。还有更多虚名镇国将军之府第。今马头水乡～汾河二库悬泉寺一带为晋王府柴山，专设柴庄，砍栎类等硬杂木烧木炭，供取暖等用，故山下有柴村（今尖草坪区驻地）之名。明初1376年将北宋狭小的太原城向北、东及稍南扩展，周二十四里，高三丈五尺，约为宋城的近四倍；有八门（楼）、四角楼、敌台三十二、小楼九十二。直到民国，该城还基本保存。

这些建筑虽然比隋唐规模小，但因森林资源已较缺乏，摧残就显得较为严重。明初还能在榆次东南端盘肠岭，并与和顺、榆社、太谷接界的四县垴一带取得建筑材，后期已不得不到更远的深高山艰难采运，甚至拆毁房屋，贩卖旧才。如万历《太原府志·宫室》卷二十四已有“晋自万历来，富有资者，宏开木厂，毁人垣屋，以规厚息”等感叹，深远高山同样也乱砍滥伐成风。

潞安沈藩传八世亲王，还有陵川、沁水、沁源等二十五个世袭郡王及更多镇国将军等，也兴建宫殿、王陵、王府、宅第等。明初还能在漳河西源、南源最上游等高峰取得建筑材，中叶后已山林稀少。如乾隆《沁州志·异录》卷九载:“嘉靖四十四年沈王将新宫室，遣校役来州取伏牛山（主峰）木，沁人不敢拒。”该处松林系仅留之风水林，有人出主意祷于该山神，而来风雨，校役见神灵显，怕遭祸，不敢伐。到更远的沁源伐取。

各府州县城池门楼、官府衙门、儒学（文庙）、宅第，以及许多寺观祠庙等建造、重修，也积少成多地砍伐不少木材。这些都严重摧残已经不多的山林。

三、清朝搜索砍伐　包买山林

由于残林已很稀少，且支离破碎，几近无大材可取，故皇室未在山西省采运，罕有成群结队的乱砍滥伐之风，木材也无大批外流。省内也无诸王就藩，官府衙门也“因陋就简，渐久渐圮”，平民也多改为窑居（明朝已“居民多苦寒，凿土为住屋”；还有土窑、土窑砖面、砖石砌窑等），基本未大兴土木。可是人们生产生活，乃至死后棺材还是需要不少木材，主要有以下砍伐树木、山林现象：

（一）到处搜索砍伐

不仅在陡峻高坡砍伐，连峭壁深渊的林木也千方百计地砍倒，牛拖人拽，实在弄不出者，只好放弃。如嘉庆《灵石县志·典礼》卷五载:“山林……，民所取用也。”第七章、三节、二、（一）述介休绵山背后东徂谷及主峰南侧下岩沟，皆峭壁深渊，逢山水泛涨，有大木漂出，其中就有以往砍伐而弄不出者。又光绪《五台新志》卷三载：王秉韬于乾隆四十年后任知县十年，时值乾隆帝将再次巡台，他赴山,“见沿途民夫舁大木赴工所”，艰苦至极，搜索砍伐，多人抬运。还有些类例，不再列举。许多胜地、寺庙林也遭砍伐。如第二节所述大同东坡塘明代王府一片人工林苑，据道光《大同县志·风土》卷八载:“然闻百余年前，合抱之材产于东坡塘，是以一切公署、各庙宇，榆柏名材莫不取给于此，今则拱抱之材亦鲜矣”；随后无存。据民国《安泽县志·八景》卷四，岳阳东北二十里圆觉寺一片松林，系该县八景之首“松风水月”,“同治二年（1863）寺毁，邑人谋重修之，以工庀材，满山苍翠，较前稍减”，后“尽归乌有。”赵城广胜寺历史名松、名柏也遭砍伐；又据道光《赵城县志·坛庙》卷十，清中叶候村女娲陵庙还有一片与广胜寺类似的古松柏林，后被砍，仅剩一百零八株。松林较多的沁源县也售（庙）松修庙；如光绪该县志·艺文卷四载崔峦《重修灵空山庙记》说:“……乾隆三十七年修补，即以售松给费，……今嘉庆十二年（大修，包括用巨木甚多的仙峦二桥等），仍用旧法”；毕竟出售有限，灵空山仍不失为全省最大、最好之一片松林。据光绪《晋祠志·植物·木》卷二十六，甚至连所留两株最著名老柏、内八景之一的“古柏齐年”（讹称周柏，实为北魏或北齐物）,“道光六年左一株被土人砍伐。”此类事例还有很多，不再列述。

（二）包买山林

明朝在深远高山的屯田和王府庄田（清朝称更名田），逐渐转化为也纳田赋的民田，有些天然恢复为再生林，树随地走，成了民有（私有、村有或联村共有，少数寺庙所有），后经兼并，产生了一些山（林）主，还有不少无主官山，常发生林权纠纷。由于多成为民有林，故出现包买山林的推光头现象。大体是：双方按周界、林木估价等商定银额，木商向山主买下某片山林所有树木的采伐权，砍伐贩运，砍完后迹地仍归山主。因还未失森林土壤环境，若不开荒放牧，通常三、四十后还可再生恢复起来。山主坐收林利，木商能获厚利，蔓延很快，交城、宁武等深高山小林区，莫不采用。因只要能做柄耙材的小树也全砍掉，对山林摧残极重。也有少量木材外流到河北、河南。

四、明朝在高山大扩屯田和庄田

（一）屯田

明朝在雁南屯垦虽不及雁北，亦具相当规模。据万历《太原府志·武备》卷十九，太原左卫辖 7 所、旗兵 10380 名，右卫 5 所、兵 7070 名，前卫 5 所、兵 7227 名；另府属各县共有兵 5337 名；晋王府护卫兵 1060 名（后削）；三关（石岭、赤塘、天门）等隘口操守民壮 16730 名；总共太原府驻军四万几千人。再往南驻军又减少。据嘉靖《通志·屯田》卷二十八，山西都司所辖诸卫及直属千户所（不含雁北）共有屯田 29380 顷。其中太原左、右、前三卫计 8719 顷；平阳卫 5188 顷，潞州卫 2374 顷，汾州卫 379 顷，振武卫 2651 顷，镇西卫 2372 顷，以及九个直属千户所及泽州（原宁山卫屯田）等州民佃屯地，另潞州的沈阳中护卫在河北曲周、鸡泽、广宗诸县有屯田 738 顷。同样匿报严重，实际更多，加上万历又“扩大屯田”，推算全省屯田（包雁北）约千多万亩以上。屯垦不分府州，甚至省界，到处搜垦。如太原三卫还远到汾州、永宁州、平阳府、潞安府、泽洲及晋西北宁化等地搜山开垦。平阳卫多在中条山及太岳山西南侧、吕梁山西侧屯垦；据民国《安泽县志·赋役》卷七，该卫在岳阳县有屯田1242顷，所以乾隆《赵城县志·形胜》卷一说："登霍山之巅而望之，……屯田十万亩。"屯田几乎遍布于全省各县，大多在深远高山陡坡开荒，广种薄收。如沁州守御千户所官兵1511人，屯田在沁县391顷、武乡585顷、（河北）鸡泽548顷（该所原在该县及永年等地有屯田713顷）、沁源约3顷，共约1527顷，人均顷余，若再加上匿报和减去所部一些官员并不参加屯垦，实际每屯兵耕种达一百几十亩之多。

（二）王族庄田

明廷对诸亲王、郡王、镇国将军等都赐庄田。到万历年单晋王世系年禄米87万石。他等贪得无厌，又在深远高山争相再扩庄田，兼并草场。如孝文山就有晋藩牧马场；其庄田除遍布于省中部各州县外，又远到太岳山、五台山、恒山等处再辟新庄。明晚期，连极偏僻远的繁峙、浑源交界北楼口附近高山，"晋代二藩，争占为庄。"沈藩除在上党各州县扩庄外，还远到晋南、晋中（灵石）高山再辟庄田。晋沈代三藩的实际庄田共约几百万亩。如单沁源一县到清末还留更名田（即晋藩庄田）34400亩，实际原来庄田远比此数为多。同样也多是陡坡开荒，广种薄收。

在高山陡坡大扩屯田和庄田。如繁峙南山独多佃庄"蓁莽虽尽拓，贫瘠乃益形。"严重摧残灌草植被，难以再生恢复。

（三）远途往边地纳草

据雍正《泽州府志·纪事》卷四十九，明初就命太原、平阳（包蒲州）、潞、泽给大同镇边防军提供马草。因"往来三千里，民运困乏"，永乐十年（1412）山西布政司王璟建议，"内地应纳草束，就近给驿站，诏从之。"不久土木堡之变后，边防吃紧，又照初运往边地纳草，直至明末清初。如雍正《平阳府志·艺文》卷三十六载清顺治石文盛《请免运草状》说："平阳府一向承办给大同镇边防军提供军马饲草，每年三十五万束（后述请免）。"雍正《泽州府志·艺文》卷四十二亦载清初期赵凤诏《许免协济云中草疏》说："采办草束，飞运云中，何敢迟延（后述人民艰苦，请免）。"因马对草质要求很高，到处搜寻割优质饲草，影响植被再生。有的县实在"野无青草”，只好折银（每束八分银左右）。据顺治《高平县志·赋役·军需》卷三，本县征粮 36009 石，……采边运草该银 36113 两，万历加至 44255 两。

五、陡坡民田　越益广泛

（一）明朝

明中叶人民已普遍逃往山区，陡坡开荒。如雍正《平阳府志·艺文》卷三十六载明嘉靖许维新《巡河东记》说：“晋人种树于田，种田于山，……问其颠倒，率以旱为解。”雍正《通志·艺文》卷二百二十七载王世贞隆庆四年（1570）《适晋纪行》说：“不尽坡陀上下则为田，……千百丈矣。”万历《太原府志·田赋》卷十二按语说：“郡田凭山者十之九，……宽徭清亩，诚不可缓矣”等。鉴于坡田多有匿报，为增收田赋，万历九年（1581）诏命各地全面清丈。有些县照清丈数如实上报，“地粮大增”，人民难以负担。如汾阳县“兼及荒山、荒坡、陡坡、坂、五谷不生之地”，搜出 3452 顷，共上报 10072 顷，却收不足新增赋粮，省官只好命沁州代纳其不足部分。静乐（含今娄烦）亦严格清丈，上报 17976 顷。大多县官则上有政策，下有对策，继续匿报。如宁乡（今中阳并柳林一部）清丈，计金田药园圃一等地 6.99 顷、银田平川二等地 377.07 顷、铜田薄平三等地 281.92 顷、锡田山坡四等地 4282.77 顷、铁田荒瘠五等地 2523.37 顷，共 7481.37 顷，其中山坡地和荒瘠地（轮荒轮种瘠薄坡田）6800 余顷，占总耕地的 90% 以上，该知县将山坡地四亩折一亩，全县仅上报 2369 顷，隐匿近 70%；灵石清丈，计上中下地 4395 顷（其中坡耕地比重更大），仅上报 2331 顷，隐匿近半。① 武乡县更想隐匿，借口很多耕地被水冲沙压，仅上报 4006 顷，比原额 5008 顷还少，上级不允，才勉强补足原额，仍有很多坡地隐匿。许多县也同样匿报，不再列述。此次匿报普遍的清丈数，作为征收田赋基准，直到清末仍基本沿用其原额。历代各地田亩统计，都是征收赋税亩数，皆

① 据万历《汾州府志·田赋》卷五；汾州刚未升府前，灵石县属汾州。

有匿报，宋金后匿报增多，明朝扩大，清朝匿报更加广泛。实际耕地远比统计数为多，故本书基本不予引用。

（二）清朝

清初将屯田和庄田，基本留给原种之人，逐渐转化为纳田赋的类民田。人口一翻再翻地增加，却未提倡精耕细作，而是一味劝民垦荒，扩大坡耕，更广种薄收。数年后即因水土流失、石多土少而弃，再向更陡峻高坡或残留碎部搜索开荒。亩产越来越低，走向越垦越穷、越穷越垦、“开山到顶，人穷绝种”的恶性循环。有关记载很多，兹摘其大要述之。

据雍正《通志·田赋》，大同府平均每夫种田 1.3 顷；朔平府达 1.5 顷以上。由于匿报，实际还多。但地方官还劝民开荒。如雍正《朔平府志·艺文》卷十二载知府刘士铭《劝民开垦哓喻》云:“开垦百亩之田，可养数口，……无论土著或外来之户，但有愿行开垦者，即许检择，可以耕种（后述可向官府借种子）。”还有雍正《平阳府志·宦绩》卷二十载康熙年李丕年、查振宗“借给牛种，劝耕稼”，以及其他县官“劝农桑”作为政绩等，不再列述。耕作粗放，亩产之低，难以言状。如顺治《云中郡志·风俗》卷二载:“地土沙瘠硗薄，岁丰亩不满斗”、“遇雨旸应时若之际（风调雨顺），亩收四斗，便称有余”；后更“地瘠而薄收”；“查有年所收，亦以斗升计”、“欠则籽粒半失”；偏关更“大抵一夫犹有百垧（晌，每垧约 3 亩）可耕，尚足支持终岁耳。”① 详见《雁北森林与生态史》175 ~ 177 页。

焚山开荒亦较普遍。如民国《崞县志·农业》（手书残本）述清时“土人不惜一炬，往往由山四周一齐纵火，林莽灌草尽化为灰，作肥田之料，……其火经旬不息，至夜间光达数里，人俱见之”；变成“类皆石田”；该县（包括平川）“丰年每亩不过二、三斗，欠则收成不过斗余。”咸丰《合河纪闻》卷十说:“乡人垦种，必举火焚

① 据乾隆《大同府志·艺文》二十六 顺治佟养量《请免卫所屯田疏》；道光《大同县志·风土》卷八；乾隆《应州志·风俗》卷一；道光《偏关志·风土》卷上等。

之，然后耕种。”光绪《岢岚州志·风俗》卷十载：“其耕石崖，……地介万山中。”乾隆《宁武府志·风俗》卷九载：“田多在山上，……艰于民食”等。详见《管涔山林区森林与生态史》88～92页。

山坡零碎片土也搜寻下种。如光绪《五台县志·生计》卷二载：“土狭人满，田不足以耕也，……履险登山，石罅有片土，刨掘下种，冀收斗升。”以阳曲为例，万历九年清丈，仅上报8340顷（匿报一半多），历300余年，到光绪九年（1883）还是上报8338顷。“知县锡良以粮亏地溢，科则不符，禀请清丈”；经三年丈量，全县（除今东凌井外，还包括今太原市辖区马庄、狄村、老军营、煤洞沟一线以北及古交河口以东的大南坪、曹坪、阁上、大川等地）实有田1583686亩，另西部凌井、王封、岔上、西官庄、河口、大川还有陡峻高坡地8.3万余晌（垧，耕作极粗放，“向来呼晌不呼亩”），约折25万多亩，全县实有耕地共约184万亩（仍有些隐匿）；其中平地仅173680亩，坡田竟占90%以上；从地粮看，平地每亩征六升，山地每垧才征一、二、三合不等，约为平地的几十～百几十分之一，亩产之低，可怜至极。① 详见《太原森林与生态史》177～179页。

其他地方亦多类似记载。如雍正《兴县志·户口》卷九载：“万山之中砾绵亘，丰年每亩所收不过三斗，山地不过一斗，地瘠（征）粮重。”雍正《石楼县志·赋役》卷二载：“民间地亩尽在高岗斜坡之间，地薄日确，……终岁勤劳，无斗升之储。”道光《霍州志·艺文》卷二十五载沈荃《过灵石》曰：“人耕岭上田。”光绪《汾西县志·艺文》卷八载郭宏《踏荒感》曰：“汾西倍可怜，……耕牛种石巅。”民国《安泽县志·山川》按曰：“坡田十之八九，平地十之一二，山岭既少沃壤，平地又多石田。”康熙《隰州志·田赋》卷十三载：“地瘠，原上之地，性少润泽，……平川之地，石子累累”；该

① 据《阳曲县地粮清丈图册》；又据民国《临县志·财赋》卷十载：“山田居多，平地不及百之一，故田难以顷亩计，但以牛为率，自晨至午（所耕）为一晌（垧），……东区多以三亩为一晌，西区四亩为一晌”。

志·艺文卷二十四载高孝本《隰州秋怀》曰:“衰草凄迷剩石田。”康熙《永和县志·田赋》卷十三载:“无一亩平畴，田多在高原峻岭之上，地硗水竭。”乾隆《沁州志·贡赋》卷三载:“山多田少，石厚土薄，……地粮极苦。”康熙《平顺县志·序》说:“皆石田硗确，……土瘠民贫”等等。尤其是光绪《垣曲县志·艺文》卷十二载徐毅《省耕行》所述较详:“崎岖走山僻，披蓁万丈崖，石隙藏砂碛，老农秉和耕，……沃地无寸尺，……平畦列石滩，雨暴冲无迹，……高丘涨黄沙，……土燥时崩折，……最苦陡之地，……悬崖不容足，……扩地方半席，……旱既成石田，蝗灾复相延。”省南端气候较好，深远山区，尚且如此，其他山区，更不待言。

清中叶后朝政腐败，储粮很少，社会抗灾力大减，自然灾害加剧。遇大旱饥之年,“耕民四散”，贫民多逃往深远高山。如光绪《岢岚州志·图说》载:“四方侨寓，而垦山林。”甚至有河南、河北、山东逃来者，而以河南（尤其是林县）为多。四方客民，寻找碎部，拓坡粗种。不少留居，多为成散布于各个角落一两户（多至几户）的山庄窝铺，或“依山为穴”，山区人口大增。如民国《安泽县志·序》载:“土著丁不过万余，而鲁、直、豫客民及本省平遥、沁县、潞客民则几倍之，三、五成村。”逃往沁源者更多。（详见《太岳山区森林与生态史》153～158页，参见《管涔山林区森林与生态史》88～92页）

陡坡开荒，焚烧灌草,“寻株尺蘖，必铲削无遗”，水土流失，岩石裸露，灌草难以再生，系摧毁植被的最主要原因。一味广种薄收，总产粮却减少。如光绪（山西通志·赈恤）卷八十二载:“国家升平日久，生齿益繁，地力既竭，盖藏艰裕，自乾（隆）嘉（庆）时，（粮食）已不免仰仗邻省。”加之明时山西省田赋特重，遗留至清。如康熙《通志·贡赋》卷十载:“……是以山西之粮，在江北独重”，各州县多民无余储、贫民啖糠之类记载。

六、樵薪为燃　砍柴烧炭

清时煤炭已成为主要燃料，但平民还多以薪为燃，普遍日久天长地搜索砍伐残杂矮林和较大灌木。如光绪《岢岚州志·风俗·山川》卷十、卷二载:“耕稼而外，别无生理，举火尤艰，邻近虽有石炭，价值贵，且负贩罕至民间，唯积薪而已。岁每于纳稼后，即沿山刊（砍）木，以备薪火之用”、“所谓山林几何？……况山林之供夫樵采，……至今便见荒凉之意。”光绪《怀仁县志·山川》卷二载：今山阴西北端最高的大桦龄,“乡人恒樵采于此。”据雍正《通志·山川》卷二十八，灵丘最高的太白山“樵采殊险”，也变的“多樵路”。光绪《五台县志·生计》卷二载:“闲民腰斧入山砍柴，扪萝攀葛，履鼯鼠之径，蹈虺蜴之窟，负归卖于市，易一升粟。”乾隆《忻州志·物产》卷二按曰:“薪木绝少。……石炭南资阳曲，北资元（轩）冈，路途崎岖，隆冬尤苦之，往往人牛僵仆”，贫民仍多樵薪。省中部亦多“上山砍柴”艰难故事。顺治《绛县志·艺文》载《城隍驱虎文》说县南端“近山居民以樵采为事，登崖之险，……艰辛万状”、“屡受虎伤害”；该志《横岭关祭山神文》说：为了驱虎,“令附近乡民砍伐树木，无可潜藏。”上党等地也不乏“樵薪不易”之类记载。

继明之后，清时富户取暖，食火锅、烧烤等，仍多用木炭；山民烧制发卖，扫荡残留不多的栎类疏矮林。如光绪《神池县志·物产·货属》卷九载:“山民杂木作薪，烧炭，以资衣服，深冬燃之，以御寒雪。”据乾隆《和顺县志·物产·货属》卷四，有“薪、炭、柴”批量外卖。民国《安泽县志·物产·货属》有“木炭，产霍麓者佳，销洪洞、临汾各县。”其他清志·货属产木炭者还有：平鲁(雁北唯该县黄草梁高峰产之)、盂县、昔阳、介休、汾阳、孝义、永宁州、石楼、灵石、霍州、赵城、隰州、岳阳、洪洞、浮山、翼城、临汾、襄陵、太平、乡宁、吉州、蒲县、绛县、芮城、沁源、武乡、长治、黎城等。

岳阳等县还烧制松烟、松煤。如民国《安泽县志·物产·货属》载:“松烟、松煤，行销远及陕、豫，做墨、染料。”据民国《介休县志·物产》卷七，洪山传统产檀（柏）香,“香坊共一百四十余家，行销本省各县，远及河南、湖北、湖南。”光绪《陵川县志·山川》

卷四载：县东南端平田水“居人磨香面资生。”雍正《井陉县志·艺文》载明后期钟遐龄《水磨》说：“井陉……山西延亘之处，……只生杂木，香木料在山，……各自采取杂植，磨成香面，变易钱米，以办粮差，以给衣食。”娘子关一带更沿袭至当代，改用山皂角等灌木为原料。

* * *

经明朝严重摧残，山西省残败林已降到十之一以下。再经清朝扫荡，又降到低于5%。植被残破，多成童山，岩石裸露，“有草无树，草亦不繁。”

第四节 稍有禁伐和少量植树

明中期后，人们已深受少林缺材之苦，不少有识官员提出禁伐之议，有些禁伐事例。亡羊补牢，在当时当地起了点作用。但禁伐一时一地，乱砍长期普遍，山林更加稀少。且有点植树和林学启蒙。

一、禁伐奏议等

（一）《高胡二公禁伐传》

第二节、三已述弘治兵部尚书马文升《为禁伐边山森林以资保障疏》等，未见行动。嘉靖末至万历初又在五台山大肆乱砍滥伐。万历二年（1574）山西巡按御史贺一桂禁伐山林，但木商不肯罢休。万历八年河东道守备胡来贡“视兵雁门，因登清凉，冥识圣境，目击其废，即有感矣”，值兵部侍郎高文荐来晋巡视，胡将滥伐之情如实汇报，高也接到五台山高僧呈请禁伐，具本上奏。打动了万历帝怕俺答再长驱入侵心理，下旨兵部；“准议施行”；“严加禁革，砍伐乃寝”。万历《清凉山志》卷五载该禁伐传云：“自古相传，五峰内外，七百余里，茂林森耸，飞鸟不度，国初尚然。尔后诸州傍山之民，率以伐木自活，日往开来，渐伐渐尽，川木既尽，又入谷中，千百成群，蔽山罗野，斧斤如雨，喊声震山，寒岩隐者，皆为驱逐，夺其居，食其食，莫敢与之争。”高题本云：

臣窃照山西，自平刑以抵偏老，为边者千有余里。……华夷之限，一山之隔耳。幸北楼、宁武间，林木葱郁，资为保障。而五台山，重岗深树，持为内藩。父老相传，谓两山之树，往者青蔼相接，一目千里。即为胡马跳梁，曾不得一骋而去。今砍伐殆尽，所存百之一耳。自前巡按贺一桂题请申饬之后，人心稍稍敛迹，而弊端尚未尽绝。盖在北楼一带，则大同、浑、应居民庄窝盘踞，以砍伐为本业。诘之则连带党众，不能尽举而置之法。稍稍治其党首，而余者又复放纵如故。且浑应州官，秦越异视，往往护其奸民，辄归罪于山西（镇）缉捕者。五台则奸商视贩木为奇货，往岁依山取利，每年动以万数。题禁之后，各商垂涎旧事，心未遽已。年年以搜买旧木为名，乃私窃砍伐，希图夹带。……是以奸商之辈，夏则千百为群，肆行窃取；秋则假卖旧木，因之驾运。在官府，以为旧木，业已运出，无用之物矣；与其……任其朽败而无用，孰若……取千百之利以济边。殊不知旧木并非天降地涌，何以岁岁不绝。而此辈知有变卖旧木之例，转相砍伐，何有已时。（述他禁止变卖）此辈不遂其奸，又或投托势要，……假以真定抽印、以供造办为因。且供造办与固边疆，孰重？损其所重，益其所轻，非为国也。矧抽印之木，民十公一耳。……奸商势要，大言恐吓，以致官司莫敢谁何！臣看得，地之所持以为险要者山也，山之所持依为屏蔽者木也。……伐木为患，尤为大耳。况五台山，为天下名胜，而今万阜童童矣！又何名胜之有？积弊已久，材木将尽。……若复姑息，不为严禁，将来孰任其咎。且无根之民，不务稼业，伐木苟延，山木有尽，岁月无穷，岂以为久长之计。为今之计，在北楼则备行浑应二州，无籍人等，盖行驱逐……不许党护编民，别生异议。在五台僧官巡检，带领弓兵，日夜巡缉，一有奸商豪势砍伐入山，擒获赴道，以凭问罪。以后不论新木旧木，不开变卖之端，但有一木出山至河川者，即坐本官以卖放之罪。奸商势要不得假抽印之名，复滋砍伐。……伏乞皇上，轸念边防，屏固久弊，……速赐题复。

（二）《重修镇河楼记》

乾隆《祁县志·艺文》卷十载明嘉靖进士、祁县人、曾任长安县令的阎绳芳《重修镇河楼记》，虽然未提及禁伐，但却洞察出摧毁山林植被后，严重水土流失，河水恶化之灾难，故节录之。

祁之东南有鹿台、上、下帻诸山，正德前（1506年以前）树木丛茂，民寡薪采。诸山之泉汇而为盘陀水，流而为昌源河，长波澎湃。……虽六、七月大雨时作，为木石所蕴，放流故道，终岁未见其徙且竭焉。故从来远镇而及县北诸村，咸浚支渠，溉田数千顷，祁以此为丰富。……（后）竟为居室，南山之木，采无虚岁，而土人利用山之濯濯，垦以为田，寻株尺蘖，必铲削无遗。天若暴雨，水无所碍，朝落南山，而夕即达平壤矣。延涨冲决，流无定所，屡徙于贾令南北，坏民田者不知几千顷，淹庐舍者不知几千区也，沿河诸乡甚苦之。是以有秋者少，祁之丰富减前十之七矣。贾令镇中街旧有楼，（后述驿站迁于县城，渐颓，重修，1556年落成。县令李春芳）名之曰“镇河”，……河环其于南，……斯别河水泛滥之患。

但没有恢复南山植被,“镇河”楼当然镇不住河。水情越益恶化，明后期已常泛徙于祁县北至平遥北,“斛水斗泥，俗名沙河”。（详见《太岳山区森林与生态史》297～299页）

（三）《民山碑》

乾隆《宁武府志·名宦》卷八载李文焕护林功绩。李清初顺治任“陕西阶州同知，忤上意，官被劾，……事白即接宁武同知。……时奸商有诣京上书，愿开宁化、岢岚山采木，岁输税累万者。事下所属，焕力拒之。抚军事其议，题请停止，百姓德之，(康熙二十三年）立碑（于宁武中粮府衙前）以记其事。焕卒于官，葬宁武城南门外”。其碑云：

宁武地在边陲，地瘠民贫，……所属宁化、芦芽，以及西山一带，其中环山而居者乡村屯堡不知凡几，……奸民射利之徒，借口有明藩产，指为官山，觊觎开采而控。……幸赖中粮府李文焕洞悉其弊。……谨撮其详文之要者，并勒之于石。李查勘得‘宁化等山产木之处无几，即有一、二，皆桦柳杆树，非真有大木乔松可以为栋为梁者。且山厂四下，居民屯地甚多，输纳正贡，由来已久。……今许国柱等觊觎弗休者，始认税千两，继而三千两，今又增至万两，……不过以市井射利之心，幸邀开采，名虽为国，实则乃营私。……况以有限之山林，当不时之斧斤，旬月间必至木尽山穷，人逃地荒，不惟新立之木税未敷，且恐旧额之屯粮无出矣！……勘得宁化所属之芦芽等山，宁武所属之高桥等山，西屯神池堡所属之虎北等山，岢岚州所属之乱塥村等山，镇西卫五寨堡所属之店坪等山，周围长阔约二百里，内有居民村庄九十余处，其中皆小杆桦柳，止堪作椽木，微有大杆，或盘坡田之上下，或坟墓之左右，或长沟涧陡崖之中，或长山岭峭石之上。系中西二厅申具各属印结，俱称纳粮民山。且诸山地属寒苦，不产五谷，居民俱借砍伐椽木，采取药苗、蘑菇，货卖以输粮、养生。况以有限之山林，一经斧斤，不过一、二年间，山穷木尽，商窜税无，奉旨:'知道了，该部知道，钦此'。该臣等会议，……'应无容议，实难开采，奉旨依议'。（详见《管涔山林区森林与生态史》85～87页）

（四）《保泰提纲论》

光绪《定襄县志·芝文》卷十二全册载清乾隆举人范先瀛《保泰提纲论》定议113条，提出保护山林、种树、俱护野生动物等有益建议；仅摘其有关林业者：

近水可树桑栽柳，为用急而成材，易蚕可得兵养，薪不必入山林。……草木茂，万物之生遂使能。……不覆巢，不杀胎，不取卵；火烧蔓延，议必加罚，此草木得以茂也，里中有手　不折薪枝。……司树，掌种树，为裕子孙之计，平地多栽木，则山林得以休息矣。地不禾五谷者，则树之，沟渠之界则林之。木正，专山林之守，以护成材。

二、地方官和民间禁伐事例

明时对某些胜地寺庙风景林曾禁伐一时。如雍正《泽州府志·杂著》卷四十七载明郑王（在河南怀庆府）世子朱载堉《羊头山（在高平北端，有炎帝陵、神农城、清花寺等古迹）新记》云：寺附近山林曾“禁民樵采数十年，前木皆合抱，弥满山谷。近来（嘉靖末至万历初）禁弛，盗伐几尽”；同卷载明张道浚《禁榼山（沁水城东九十里，有著名大云寺及该山志）伐松檄》云：“兹山松栝列冠，……禁止尔樵。”嘉靖三十六年新建陶唐谷尧祠（在霍州东三十里伯乐村），“公议禁伐（樵）”；介庙神林和抱腹岩“绵山胜境，前后林木，禁止砍伐”；长治东南著名“五龙山多松，（明中期前）无人敢伐者，（后述嘉靖后期僧贵果私砍变卖，易骡数十，还俗，得恶报）”，因之“樵采者罔敢睨名龙山松”；灵石东三十里、多峭壁深渊的石膏山风景胜地，万历时还“林木茂盛，住持僧人，用意看护，不闻采取”，明晚期“迩来有等视利之徒，串通住持僧人，往往盗伐”，故天启七年（1627）立护林碑，“合行禁约”，再后也“盗伐几尽”等。①

清时亦有些禁伐事例，民间还有些禁伐公约。如光绪《蒲县志・艺文》卷十载清初期王文彪《禁伐东山松柏碑记》说：“蒲邑唯东西二山（县城附近东神山、翠屏山）松柏苍翠，弥岭塞谷，郁然为一邑巨观。……明季翠屏山木毁于兵燹，……此山童童，……今西山之胜不可复兴矣。（后述保护东神山松柏）不得剪其一枝，违者以盗伐山林治罪。”广胜寺古松柏因连遭盗伐，嘉庆二十三年县令立碑严禁，“不得私自剪伐，……不许在该处牧羊”（碑在该寺大殿后）。据康熙《介休县志・艺文・山川》卷八、卷一，灵石、介休为争接壤山林，“争控绵山者久矣”，康熙十一年立分界碑记，以息诉讼；二十一年“因人盗取，立碑严禁。”“介庙神林”因附近 18 村长期联护，组织严密，规则合理，代代相袭，直到民国抗战前，仍基本保存。据雍正《屯留县志・山川》卷一，盘秀山支峰田石山“称邑之少祖山，松林茂密，绵亘十里”，因盗伐严重，“邑侯屠直立石，禁民樵采”；又光绪该县志・艺文卷八，清后期对三峻山寺庙林盗伐更多，屡勘处理，“嗣后公树，住持妥为看管，如有

① 据道光《霍州志・艺文》卷二十五；康熙《介休县志・山川》卷一；乾隆《潞安府志・杂著・山川》卷三十九；民国《石膏山志》。

砍伐盗卖，从严惩处”，光绪九年立《崚山禁伐松树碑》。民国《昔阳县志·艺文》卷四、卷五载清末王纯《丁字峪禁伐山林记》、《劝禁伐桑木文》云：

吾乡地本多山，人原艰食，全资樵采，以供养赡，山之所美，极其重矣。迨至水冲之后，瘠土变成石田，耕并无地，拮林渐见山骨，斧斤倍加，则砍材木之不可胜用。以为宣教之资，必欲培植山林，尤资权宜保护也。乃前州曹尊首示禁之文，乡间亦议禁刨根之罚，而入山者，唯欲是求，肆行砍伐，山主则急于取利，到处搜根，以故山渐为童，薪将凝拮，苟不图之。爰照邻邑（河北）赞皇吏禁山示及太平社已见成效之禁规，将村中所有施灵社山并业户入禁山林。凡樵采伐木，不砍漆楠橡，不落蔡木、青枫，只砍杂木烧炭，取材不烧桑漆、披打树身根株疙瘩，只烧枝条。将见林虽日见斧斤，山乃特形蓊郁。嗣后烧炭典钱，储为建立义仓、义学之用，诚一方宣教之基实，万世无疆之利也。

……幸蒙州尊张出示严禁砍伐桑木，……重申劝禁，务家喻户晓，……斩一株罚钱四千，捉报得二千，以劝保护桑林之功；地方得一千，为廉官盘费之资；余一千入该管村公用。

昔阳大寨蒙山曾有清后期乡约禁伐碑。盂县藏山附近三村于道光立碑禁伐：“偷掘一小松罚钱二千文；毁一木材树罚三千文”；阳曲北小店郑家梁村龙王庙同治《禁山碑记》云：“有无耻之徒放火烧山者，罚款拾千文；牛羊上山、人等割柴者，以例照究；有人捉在庙中，使钱贰拾千文”，岔上南、北龙泉村三藏寺亦有类似奖罚的《禁伐碑》等。县志均未载。

管涔山有些分散片林，清后期“盗伐者络绎不绝”；光绪初神池县令岳玉溪对县西南五十里黄儿洼山林“令耆绅雇人守之，毋使砍伐，以储公用”；宁化西南三十五里清居禅寺附近“迨至近年，砍伐山林已濯濯乎殆尽矣”，同治十三年“寺僧与各村寺主公议，所有正沟阳背两侧，禁止砍伐，……斧斤不得入，牛羊不得牧。……（后）山中突起小树”，光绪二十一年重申，“协同寺主，将本寺山厂阳背坡满林禁止。无故不得轻伐变卖，……无论住持、寺主，山禁之后，如有冒犯不遵守者，任凭官断”等。[①] 看来乡规民约比官禁效果还好。

三、偶有少量植树

（一）明朝

朱元璋对植树较重视，认农桑为立国之本。《明史·食货志》载:“太祖立国之初，凡农田五至十亩者，栽桑、麻、木棉各半亩；十亩以上倍之；……不种桑，出绢一匹”；洪武二十五年令工部“其喻民间，但有隙地，皆令种植桑枣；……令天下卫所屯田土人种桑百根，随地宜植柿、栗、胡桃等，以备岁欠。”又《明会典》，二十七年“圣旨榜例，令天下百姓务多种桑枣。”以后各帝就不重视了。但民间有的田头地角等处零星植枣柿等，即“晋人种树于田，种田于山”，山上种树极少。个别官员也组织栽树，主要是沿城壕、护堤插柳。如乾隆《汾州府志·水利》卷四：城西北角屡被山洪水患，弘治初“筑堤设防，多植树固堤。”光绪《永宁州志·城池》卷六：弘治初冲州城,“筑堤防护，多植树木以固堤”。乾隆《长治县志·城池》卷四:“嘉靖七年扩建周二十四里，隆庆修城隍（壕），……栽植杨柳。”洪洞宣德十年新建县城“植树木四百有九”、弘治十二年“复修县城，开路树柳”、万历四十五年加固涧河堤,“上下亘五、七里，……大树桃柳”、天启四年修筑城南二十里师旷墓,“栽柏二百九十五株、松六株。”[②] 沁源万历二十一年“城壕植柳五百余株”；平遥万历五年“广植树木于（城）四壕”；祁县万历年瓮城,“壕下植柳二千余株”、“昌源河下游，……人多种竹。”[③] 徐沟嘉靖十三年“城内植柳千余株，……自城门外直抵界碑（沿大道）

---

① 据康基田咸丰《晋乘搜略》卷二十七；光绪《神池县志·山川》卷二；1984年《宁武县志·艺文》卷四十四载同治《重修清居禅寺禁伐山林木植碑序》、光绪《……(该寺)……并禁伐碑后序》。

② 据民国《洪洞县志·城池·石堤》卷八、该志·艺文卷十六《周乐师子埜(yě)墓碑记》。

③ 据雍正《沁源县志·城池》卷二；康熙《平遥县志·城池》卷二；乾隆《祁县志·城池·山川》卷二。

植柳万株。（后）遇欠，民采皮叶食之”、万历十九年，知县王敷学“复令栽植，置树簿稽查”；太原县嘉靖十九年筑东庄水堡,“密植柳树”、万历十八年修城垣,“植柳环岸（壕）”；交城嘉靖二十一年“增高补筑城池，沿堤植柳”；太平（今襄汾）嘉靖“修城垣，环植柳三百有八株”、万历十七年筑清储堡,“植榆柳树木。”① 据康熙《平顺县志·艺文》卷九万历年县令王公“督民植树，桑枣成林”等。官方植树不多，万历三十一年民间却出了位义务种松老愚公。光绪《寿阳县志·人物》卷八载其事迹；艺文卷十一载史秉正清咸丰十一年《方山种松后记》追颂其功绩。节录其要：

雒官，家世农业，性好善，人有急，辄周之。……诣方山周览，特树少耳。乃谋之众，种稚松万株，遍种松籽，灌溉勤时，刍牧是戒，数年后所植成林。又节食用，令四子各置金地四十亩，以为永久守护之资。天启五年，邑诸生张流选为之记，祀忠义祠。

（二百数十年后）方山之松，大者干霄，小者密栉，蔽岭缘岗，莫穷其数。观者为泉甘土润，宜乎植物丛生。而其原实前明雒善士官之培植也（后述其历程和效应）。公种之松，其有祥于万家之膏泽者甚深，关于一邑风水者甚巨，功德与名山不朽耳。

（二）清朝

顺治《灵丘县志·艺文》卷四载县令宋起风《唐河植柳记》，有些见识，亦予节录：

邑南郭外，旧有高柳一湾，……周稻田数百亩，春夏之交，秧针柳绿，青翠弥望，水鸟飞鸣，与江南水乡无异，即名柳巷。因距唐河咫尺，渐为积潦浸滔，向之稻田皆成硗确，而诸柳（遭）兵荒后荡然靡遗。……余以为……县城之有关，犹唇齿相依，而关之有树，殆同夫人鬓发眉目，缺一不可也。况树之利有数端，郭去唐河不远，久雨则土膏渐蚀，恒必摧毁，得树则根极固结，无倾圮之患，利一；夏

① 据康熙《徐沟县志·道路》卷一引万历旧志语；嘉靖《太原县志·堡寨》卷一及道光该县志·城垣卷一；康熙《交城县志·建置》卷四；光绪《太平县志·艺文》卷十三明李绒《修县城记》、万历该县志·艺文第八明王体复《清储镇开荒日记》。

日溽暑，沙风蔽天，行族负贩与营马农畜地一息也，而往来不疲，利二；城鲜林樾，有群水葱秀映带，征为人文，蔚焉丕变，利三；令讼间无事，率僚属生徒息荫其下，较晴问雨，农业兼课，利四。……庚子（1660年），余聚父老，告以前利，于是城乡子弟，远近乐从。……逾旬，而所种者无一枯蔓。……计其后，必拱荫畛亩，享数利，而复其风景之旧、游观之美（后述美好憧憬）。

雍正二年诏喻："舍旁田畔及荒山不可耕之处，度量土宜，种植树木。……令有司督率，指画课令种植"，在山西省未见大的举动。① 偶有植树。如乾隆三十三年应州知州吴炳查勘"州东西南北五处大路计旧有大树八十五株。吴到任后，上年种一千株，本年续种三百五十株"；乾隆三十六年后浑源知州李载恩在金鱼池新栽柳280株；乾隆三十一年五台"筑护城堤，……密植官柳"；道光十四年繁峙"环南城修石堤，种树其上"；乾隆九年宁武再筑护城堤，"树柳以固"等。②

太原府近县，植树稍多。据康熙《阳曲县志·乡约》卷八，戴梦熊于康熙十五年知该县，"劝栽树，以教树艺"，定乡约六条，中有"……桑槐杨柳，随地可栽，易生而不繁灌溉。……咸资取给，……无租税之征。……劝喻各乡村保，鳞次栽种各色树木，乃不时察其成活多寡，以别勤惰，以示奖惩"；后任知县，多相效行。如道光该县志·工书卷十一特载"官树"说："古者列树以表道，道旁有夹沟，以通水潦。是以官路两旁，必多栽树，计里数荫，行人法其善也。阳曲……其南平衍下湿，尤宜多栽树木。历任皆饰栽植，故当踵而行之，以符古人；易榆为槐，以昭怀来之意焉"；该县志·河渠卷十一载汾河西小东流村北"沿堤植柳，长三百七十余步。"徐沟也有点栽

---

① 《中国森林史料》第一编 十二章摘引，山西省诸多地方志，仅查到雍正《朔平府志·艺文》卷十二录之。

② 据乾隆《应州志》卷九；光绪《浑源州志》卷九；乾隆《五台县志》卷二、三；光绪《繁峙县志》卷三；乾隆《宁武府志》卷三。

柳沿习，康熙时“良隆、王房等村，环列树木，荫翳田园”、“赵公莅徐之时，筑城凿池，引流种树，……城内植柳千余株”，还补栽更新明万历从县城抵界碑的大道老柳；乾隆时集义村李安畲“筑护村堰……其子亦常于堰上加意修饰，多植树木，以防水冲击”；清后期老柳多已衰枯，加之光绪三年大旱时饥民剥皮食叶，致树多死，“查柳不及十之一，光绪五年栽植万株。”① 交城也植柳护堤，如磁窑、瓦窑二河，“筑堤石坚其外，柳护其内（以堤为路）。……自昔种柳，……多啖树皮，扳枝伤根，终于无树。（康熙初知县）赵公相土宜民，绵亘数十里，夹（堤）道植柳数千株，……大多郁葱”、“岁久柳成行茂密，望之若碧烟横抹，故曰‘卧虹烟柳’，为邑十景之一。（后）堤已非，旧柳亦剪伐无存者，后筑石堤，栽柳其旁，以防水蚀”、“（多年后）柳大半枯折，路为沮洳，……开通沟洫，……使大道坦然，并栽柳树。”② 据道光《太原县志·城垣·水利》卷一、卷三，康熙四十七年“浚壕植柳”、乾隆四十一年挑浚并新挖风峪河道二千七百余丈，“沿河多植柳，以固堤渠。”

民间种些果树。如道光《赵城县志·物产》卷十九载：“柿，四乡皆有，而附郭尤多；枣凡隙地无不种植。”许维新《巡河东记》云：“夏县宜木，多果，宜栗，安邑枣如故”；永济有柿林。同治《阳城县志·物产》卷五载：“植槺树供饲野蚕”等。其他县植木材树也很少。仅查到顺治初陵川县令黄国灿在县东五里菊畝山龙王祠“种松千株”；十七年王之仪知宁乡，“筑护城堤，种柳其上”；康熙四十五年平遥知县王绶“沿城壕植槐柳”、“（重修下东门外惠济桥）沿种槐柳，一望青荫与城壕接，行人过者若华阴道上然”、道光三十年知县刘公信再“沿城壕植杨柳。”③ 汾西南乡大道侧，因“数十里

① 据康熙《徐沟县志·图考·城池》卷一；光绪该县志·艺文卷六《李安畲先生护寸堰功德碑记》；光绪该县志·道路卷一。

② 据康熙《交城县志·艺文》卷十六《赵公筑堤分水平路种树记》、《重筑卧虹堤记》、《开渠平路……植柳记》。

③ 据光绪《陵川县志·丛谭》卷三十；卷乾隆《汾州府志·名宦》卷十一；光绪《平遥县志·城池》卷二。

无一木之可栖，……（康熙十三年建茶房）隙地树梨枣，植桑柳”；隰县康熙《新建奎光阁记》云：“旁植松柏，茶房左右栽杨柳。”① 长治城壕明隆庆所植杨柳，“其后砍伐殆尽，乾隆九年又栽杨柳。”据民国《解县志·古迹》卷十二，光绪初河南韩老人寓居解州常平关帝故里庙旁，植柏百余株，又在祖茔等处植柏169株等。

这五百几十年偶有植树，规模不大，数量不多，少者百余，至多上万株而已。甚至仅植几十株松柏，也予作记。如光绪《浮山县志·艺文》卷三十四载张介福乾隆九年《城隍庙植柏记》云：“唯树木稀落，植柏三十二株，又圣母庙植柏八株、槐四株。”光绪《浑源州志·艺文》卷九载《创修东坛记》云：“乾隆三十六年（知州）严庆云……植松二十五株”；又载《重修南坛记》云：“（同年）……植松二十八株”；即此植极少之树，接任知州李载恩还写《严公德政碑记》：吹捧为“……每坛垣内，广植松柏”呢！

四、略有林学启蒙

明徐光启《农政全书》六十卷，为又一农书巨著，中关于树艺之论述亦详；喻政《茶书全集》，将古人关于茶之论述合为一书，系茶著之集成等。清乾隆编《授时通考》七十八卷，为集农学之大成，中对树艺亦论述颇详；尤其是嘉庆时山西巡抚吴其浚，积年广泛识别方物，积累观察实物之得，著《植物名实图考》三十八卷、《长编》二十二卷，录植物1714种，详博周密，为近古植物志巨著；吴卒后二年，陆应谷校核、刻印于太原。山西省还有的官员也始重树艺。如“石楼，……一带童山，（顺治十三年县令周士章）教民植树。”② 康熙时武乡知县黄元会“勤树艺”。道光《赵城县志·物产》卷十九指定南乡四十村有植柳治道之差役。光绪《通志·名宦》卷一百十一

---

① 据《汾西县志·艺文》卷八 傅南宫《新建卫家滩茶房碑记》；康熙《隰县志·寺观》卷十一。

② 据乾隆《汾州府志·宦绩·艺文》卷十一、卷三十一 周士章《修建故县桥记》。

载：道光时屯留知县张柳南著《树艺法》（佚）。光绪《徐沟县志·杂志》卷五载光绪三年特大旱灾后《劝晋人尽人事以弥天灾示》云："……山林之事宜预谋也。晋省重山复岭，望之童然，无一株一木之植，（后述劝人种植木材树、果树和药材），以尽人事，以弭天灾。"光绪四年介休绅郭可观"提倡饲蚕，置北坛地一百二十亩做桑园。"光绪《平定州志·杂志·拾遗》卷十六载："抚宪于光绪七年谕吾省州县种桑养蚕。州牧张彬设蚕桑局，租城南菜园十六亩种之，至八、九年，桑秧成林，约八十万株。后州牧沈晋详接办。……今则种桑成林。"光绪《汾西县志·风俗·兴树艺》卷八云："汾山巅，……团柏村寺头苦寒，五谷不生，捐购柳树苗栽种，冬采以为筐，……完粮度日"等。

清末废科举，仿效西方和日本，办专科学堂。光绪二十七年山西巡抚岑春煊奏设农工总局，附办农林学堂，准奏；在太原上马街原汉山书院（今六中）为校址，购买附近民房为校舍，以杏花岭空地百余亩为农事试验场，拨小东门内兵营为苗圃，还有林地三处，计503亩，桑园两处，计80亩；聘日本农学士岗田真一郎、林学士三户章造为农、林科教师兼高等顾问；先办林学一科，于光绪二十八年（1902）11月21日开学；系全国最先兴办的第一个高等林学专科（同年河北保定办农学专科）；三十二年首届林科生33名毕业；当年再招农、林科生各一班；次年，省农工总局与商务局合并，该学堂遵章独立，改称山西高等农林学堂，继续招生；共办十年，到清亡。①

第五节　残林衰败及荒濯状样

明中叶后至清，山林陆续覆灭，大都童山秃岭。就连深远高山残留的一些次、再生林，也支离破碎，几无巨木良材可言；残林越来越

① 民国15年《晋阳日报》30周年特刊《三十年来之山西》；1992年《通志·林业志》第七编 二章引。

稀少，所留记述却越来越多。由于已无中古时那样大面积高大茂林，故人们把一些片块疏杂林也当作“森林”记述；把较大片稍密、产些中小材之林就认为是“茂林”；故慎重引用。又余在管涔山、太行山、太岳山、太原、雁北、五台山等森林史中已分别详述，兹大体按今政区分山系述其要略。

一、晋南（今运城　临汾两市地域）

（一）中条山

横贯于运城、临汾盆地间峨眉岭残林，明初期早已覆灭。仅孤山、稷王山残存点块状柏树风景林。如明嘉靖许维新《巡河东记》云:“万泉南十里孤山，上有风伯雨师庙，……松柏攒生，……少土多石，根穿石如土。”雍正《通志·山川》卷二十四载:“柏山在孤山东南隅”。乾隆《闻喜县志·山川》卷一载:“柏林山在县西三十里柏林村后（稷王山东南侧），……松柏蔽壑”（随后覆灭）。孤山柏林进而残败。如民国初《万泉县志·物产》卷一载:“柏林庙一峰，古柏生石缝中，……近各社累资变卖，回异前矣”、“柏，古坟、古庙多有之，……近年砍伐过半，无甚大者。富人以为棺椁，亦远购北路，曰‘行板’。”

明中叶后，中条山西段及其向东北延伸的前中山，几无较大片成材林。仅永济王官谷等风景胜地和寺庙佐近残留些柏栎等杂林。但夏县、绛县深远高处的中条山脊；以及翼城、浮山东南端汾、沁流域分水岭一带，还散布些稍大片残林。如成化《通志·山川》载：绛县东二十里山上“林木森蔚”。尤其是垣曲县东北端中条主峰一带更多一些。如“锯齿山，县北八十里，东北抵阳城，延袤八十里，茂林深秀”；“环垣诸山，……东（接王屋山）林壑尤美”、与阳城接的云蒙山“峭壁密林”等。①

清时西段及前中山残林缩减残败。据康熙《通志·山川》卷五及雍正该通志·山川卷二十四、二十七、二十八，以及当地乾隆以前

---

① 据康熙《通志·山川》卷五；雍正《通志·山川》卷二十八。

府州县志，还有些小片风景寺庙残林。如“麻（王）谷山，蒲州东三十里，……气象盘郁，林峦蔽空，为中原之胜”、“王官谷，山水之胜，甲于河东”、“上有静林寺，……古柏森薮”、“方山，……草木蓊郁”、“虞乡柏谷村后石佛寺西，……柏，盈万森立”、“安邑东北六十里柏王山多古柏”、“平陆东五十里三门之北会门山，上建禹庙，古柏参天；县东九十里箕山，……有许由冢，古柏森立（乾隆《平陆县志·山川》卷二）”、“夏县南五里瑶台山，苍翠摩空（有万柏林）；县南二十里柏塔山古柏千株”等。除王官谷一带残杂林约两万余亩外，余都很小，甚至千余株散生树也予记载。

临汾盆地东前中山亦几近无林。仅见乾隆《曲沃县志·山川》卷六载:“县东北四十里桥（乔）山中峰也（传说黄帝衣冠葬此），山多柏，环生石罅；县东南三十五里老子坡，……山多老柏。”清中叶后，少许残杂疏林也越益零散残败，有的覆灭，不再列述。

清时远深高山残林稍多。如雍正《平阳府志·形胜》卷四浮山条云:“山川阻深，林木蓊郁。”乾隆《浮山县志·关隘》卷七载：县东南端、距城九十里、接沁水县谭（范?）村“林木丛密，虎豹出没，径路不通，……康熙五十一年砍伐山林，凿山平路，商贾往来，渐成康庄。”清末已几近无林，仅东端高山有点松杂残林。据民国《浮山县志·实业》卷十二,“三（山）交红凹里山间，有天然（松）林数百亩。”再往南随着山势越高峻，残林也稍多。如绛县南端接垣曲西北端、中条山脊横岭关一带，清初残林较多。顺治《绛县志·艺文》卷六《祭紫家青陵山神文》云:“山虎……时而盘踞横岭关，往来断绝。……今复聚紫家青陵山谷，樵采黎庐，屡被虎伤。……且近山居民，日以材木为生涯（后述求山神以避虎患）”；后山林渐趋零落，光绪该县志不再提及。夏县山脊后泗交、祁家河约共万余亩栎杂残败林，闻喜东端也约万亩。中条山东端主峰一带残林较多。如民国《翼城县志》卷八载:“舜王坪为翼、垣、沁主山，多产杂木，不可胜记”；“刘家窑一带亦多杂木，茂林蔽天，行不见日”；“良狐山、猪腰山、上交万山，产有多树，唯松特盛”；城东五十里店上村有“五、六里宽松林”；上石村有“一片柏林”；城南翔山“松柏密排”；张家窑、霍家沟、红沙河、侯家坡、大青窳、西闫流、底卫底等村“松柏杂树，皆大段森林。”① 清末，今翼城残林约五万亩，基本在东南部；绛县东部有十几万亩；尤以垣曲东北端锯齿山背后峭壁深渊（七十二混沟）及舜王坪南侧，并东接阳城、沁水界，残林较多稍好；垣曲约共十大几万亩。以上算是晋南残林最多之区，大都为栎杂树，松柏很少。

（二）太岳山西南侧和南部

洪洞东山由于山势比较低缓，明中叶后已几近无林。清时更系童山秃岭，清末前仅有县南靳堡村、城东三十里柏村东柏溪、城北玉峰门外稍东玉峰山略有点柏松风景残林。② 赵城（建国后并入洪洞）东山麓有著名霍泉，明嘉靖“广胜寺柏”仍为邑胜景；清末“霍山胜概，广胜寺为最，广胜胜概，柏居多，泉石映柏弥青，柏万株，……上有白骨（皮）松。”③ 算这一带所留最多的一片老残柏疏林。稍北有著名中镇庙、兴唐寺、休粮寺等，老爷顶即霍山主峰，赵、霍、岳阳三县主山。明中期还能伐取成批建筑良材，“中镇神松”与“广胜寺柏”齐名。④ 明末低中山成为散生疏柏杂林，陡峭高山有些成材松林。如乾隆《赵城县志·艺文》卷二十五及有关方志均载明末临汾举人韩魁于崇祯三年《霍山游记》云：“入香谷口，抵中镇山北关帝祠，山峡两壁嶙峋，草木离郁袭人，……穿覆柏湾，古柏悬崖，环覆如幛，转峻坂，登中镇庙，折而东为兴唐寺，唯白骨（皮）二松，……围约六、七人，称千年物焉。……（下马，登山）……遥望……环翠竞秀，……松云若丹，……风涛松韵.……松丛丛，则慈云寺（在中镇庙东十里休粮山），……磬声梵吹，振响林谷。……鸟道纡郁，……东循崖上，……休粮龛，古建寺于此，……松抱石而生，……西望，苍翠欲滴。中镇峰（在休粮山东

① 建国后将翼城东南端至舜王坪西北侧一带划给绛县，故上述残林多在今绛县东端。

② 见同治《洪洞县志·八景》卷一、民国该县志·舆地卷七。

③ 乾隆《赵城县志·景致》卷二十一；道光《霍州志·山川》卷四。

④ 中镇霍岳等有关山林诗记很多，可参考《霍山志》、《赵城县志》、《霍州志》、《山西通志》等艺文拦目。

八里）为山绝顶，……西下一径，陡绝，万松林立。”清中叶还可取到建筑材。据道光《霍州志·艺文》卷二十五，乾隆元年奉旨重新扩建中镇庙，皆“犖木于山”。清末多成为栎杂疏矮林，约几万亩。霍县东山较深远高峻，残林比赵城东山多且好一些。清初期陡峻高坡、峭壁深渊尚有成片松林。如康熙十七年赵城县令吕维擀游中镇山北二十五里、人迹罕至的喝石庵云:“寓公院，土人呼喝石庵，外此皆松也。庵四周皆峭壁，……为松所蔽，松自壑中上，层层相属。……寓公何寓？寓松，游人何游？游松。……题曰‘万松院’，……郁郁空山，……有林峦色而喜。”① 乾隆《赵城县志》按云:“喝石十二松峰，几亿万树，雪干霜枝（白皮松），翠云层叠。”雍正《通志·山川》卷十八载:“州东三十里陶唐谷，奇峰茂林，……苍翠翠色。”清后期缩减残败。如道光《霍州志·艺文》卷二十五载，登韩侯岭南望“岗沙临大壑”。光绪《霍州志·艺文》卷下更说是“山翠林烟画不成”了。清末还有些散生栎杂林，深山陡崖、峭壁深渊有点零星松杂残林，约共十大几万亩。（详见《太岳山区森林与生态史》165～174页）

南部今古县、安泽（明清合称岳阳，民国称安泽至今）地处深山，残林稍多。如民国初《岳阳县志·记》卷二十五载明初期贾橘升《霍山道中》曰:“峡路松成窟，……万绿画荫荫，……探穴青猿啸，……环山麋鹿游，……斜日松径掩。”，即霍山西侧松林野兽尚多。明后期残林还较多。如民国《安泽县志·艺文》卷十五载万历六年县令王协梦《岳阳楼碑》云:“山光水色，城市林峦”；万历十六年赵汴《弱柳（县北四十里凤凰村热留）三官阁碑记》云:“……四周松柏森郁，……环绕而拱灵秀之色”；天启县令周宇泰《迎翠亭碑记》云:“霍山翠色映我襟带，郁郁苍苍。”清前期残林减少而分散。如雍正《岳阳县志·跋》云:“甚少奇峰茂林，……甚少玲珑之致、苍翠之色。”但东部远山和东北部高山还有些稍好之林。

① 乾隆《赵城县志·山川》卷一载其《游中镇山记》、《喝石庵记》；该庵为元至元雄辩大师修行处。

如雍正《通志·山川》卷十八载："县东八十里洪门岭，奇峰茂林，溪则清流，苍翠之色。"县东北二十四里圆觉寺一带，清中叶尚"翠柏苍松，弥山满谷。"① 清后期进而砍伐、扩垦和木材、木炭、松烟、松煤外销及土人烧松枝叶做肥料等，又继续减少、变劣，但还算残林较多之区。今安泽（包括建国后把屯留良马一带划入者）散布栎杂（混点松柏）残林约共十大几万亩；古县也有十大几万亩，主要在霍山西侧和县北端接沁源的深高山。皆可取些中小材。详见《太乐岳山区森林与生态史》199～204页。

（三）吕梁山南段

最南端属运城的新绛、稷山、河津，明时已几无林，清时更童山秃岭。

临汾盆地西原襄陵县汾城最西端及临汾最西端与乡宁交界处，清末尚有约万亩可产小材杂林。汾西最西端青山（姑射山主峰）一带元后期"郁郁苍苍，……林木荟蔚"的大段山林，也残败不堪。据光绪《汾西县志·山川》卷一，仅"城南八十里姑射山支脚茅山，……有石底沟，空隙处有林木生焉，松柏苍翠；城南九十里破当山，……松柏环绕；对竹村南斗山，有松柏成林"；接着按云："汾邑童童者无材木以佐樵。"据该志·艺文卷八载康熙十三年《新建……茶房（县东南隅今有茶房村）碑记》云："南乡卫家滩，南通洪赵，西北连蒲隰，……数十里无一木之可栖，……为虎豹、豺狼、野猪、山麋盘踞，……山水暴涨，则行人听命于怒涛雪浪中（后述筑茶房）。"清末全县约共散生疏杂残林三万余亩。另洪洞西北端有更残败散生白皮松、柏等矮杂疏林约几万亩。

主脊线西的后山残林稍多。如：成化《通志·山川》载："林山在乡宁西南三十里，林木蔚然，故名。"嘉靖《通志·山川》卷四载：乡宁"县东十五里柏山，多柏；县西南三十林山。"清前期有所

① 据当代《古县志·岳阳六景》卷一"松风水月四次山"及民国《安泽县志·物产》。

缩减。[1] 据乾隆《乡宁县志·山川》卷二：柏山“古柏丛密”；东南有松山，西南林山一带“为黄河隘口者八，为峪者九，（康熙时）皆树木丛密，……行人不敢轻入，皆虎豹迹耳”；乾隆后期知县葛清雇役打虎并重奖捕虎者（见该县志·艺文卷十五《新建山神土地庙碑记》）。由于长期木炭行销山外，到清末连栎杂林也大为衰减少残败。据民国初该县志·种植·物产卷五、卷六，“群山亶童，濯濯弥望”；“无大材，……椽木……今无矣，最粗者不过两三把止。”全县零散不成材疏矮杂林约共十多万亩，主要在东北部和东南部高山。康熙《吉州志·山川》卷一载：“西北三十里管头山，……树木深密数十里。”清后期已砍伐殆尽。清末仅人祖高山和县东北端与乡宁、大宁、蒲县、临汾接界的高山，还产些中小材，全县散生疏杂残林约数万亩。康熙《通志·山川》卷五载：大宁城南数百步翠微山“满山松柏深秀，……望之苍翠媚人”；县西南五十里石子山“草木丛茂，人迹不到。”光绪《大宁县志·山川》卷一尚载这一小片近城风景残林。清末全县零散矮杂疏林约共几万亩，主要在县西南接吉县人祖山余脉、县东南隅接吉县高山，县北端接永和较高山也有一些。康熙《永和县志·山川》卷五载：县西南四十五旦乌龙山（阁山）“巨柏参天，……经前仕伐尽；康熙十一年知县王尔楫复加培植，……今复青葱，亦有可观”；故该县志·艺文卷二十三《新建鼓楼碑记》云：“山童而无大木”；田赋卷十三载：“永邑地硗薄，草木不生。”后乌龙山林逐渐成长，到清末还有可产些中小材残林约万余亩。明许维新《巡河东记》云：“蒲县十之八九皆山，山率无树。”成化、嘉靖、康熙《通志·山川》卷四、卷五均载：蒲县西南一里翠屏山“松柏蔚然”；雍正该通志·山川卷二十八载：翠屏山依然；县东五里东神山“盘迤数十里，多松柏。”虽经破坏，近城胜地风景林总算保存。光绪《蒲县志·山川》卷首载：“东神山，……松柏浓茂，为邑胜景；有东岳行宫，……环山皆松柏，枝森根蟠，周十余

---

① 康熙《通志·山川》卷五说柏山“苍柏堆翠”；雍正该通志·山川卷二十八衰减为“孤峰翠柏”。

里，无他木之杂，……万木苍翠，荫爽交匝，……古木蓊郁”；“翠屏山，……松柏郁葱，俨然如屏，故名；蒲邑八景，翠屏山居其四，……今已残废过半，向者所谓苍翠尽矣，……不胜沧桑噫”；县南一里南屏山（也可算翠屏山之一段）“形如屏风，松柏蔚然。”算是吕梁山南段最好的一处胜地风景林。该县志·建置卷二载：县东六十里、吕梁山脊西侧“黑龙关接临汾一带，皆重山叠嶂，茂林深壑。”清末全县散生矮杂疏林约共十多万亩，主要分布在县东北部、西南部及东端高峻陡坡。据康熙《隰县志·艺文》卷二十四，明弘治十七年辛东山《紫金山（县东六十里）龙泉院记》,“泉石清丽，山林茂密”；到万历苏万民《范公生祠碑记》已说“隰地寡材。”此前县东北远山上还有些较好山林。如嘉靖许维新《巡河东记》云：隰县东北五十里“公子山（春秋晋公子重耳奔蒲处）蓊郁不见山，……又东南皆濯濯无一木。”清末这一带及东端残林稍多，产些中小材。1971年把包括公子等山东北部划给新设交口县，今隰县境还约共散生矮杂疏林约十万亩，主要分布在县东端和偏东北端高峻陡坡。

吕梁山南段大多县（包括石楼、交口）虽有残林散布，却比太岳山西南侧、南部和中条山东端更零散残败。

二、晋东南（今晋城　长治两市地域）

（一）太行山南端

中条与太行接合部的阳城、沁水“坡坂崎岖，山谷深峻”，残林较多稍好。如明许维新《巡河东记》云：“沁水……松柏迤为佳话，……多佳木也”；明后期阳城析城山还多大木。沁水榼山“（寺有三株特大松），山中万松皆然”；丹坪山多“交迹林间”等。[①]

清前期大体依然。兹据康熙、雍正《通志·山川》卷五、卷二十三及雍正《泽州府志·山川》卷六、康熙《阳城县志·山川》等

① 据光绪《沁水县志·杂著·艺文》卷十一明张玉典《大云寺三松说》、明后期《游丹坪山记》。

综述。阳城西南七十里析城山“四崖林木丛密，……多细竹”、八景曰“析城乔木”、“大木乃生其山脚，千百顷孤干森荫”；西南八十里盘亭山“孤峰青苍”、“青翠可爱，八景曰‘盘亭列嶂’林岩”；西南百里云蒙山“峭壁危林”、“林木密布”；“阳城西南诸山尤峻，灌莽丛生，蓬高艾葎如林”（雍正《泽州府志·杂著》卷四十六《重修千峰寺碑记》）；南六十里黑龙洞“深涧中林木环密”；东南四十里莽山“林岩深翠，多猿猴攀援”；东南六十里隐谷“林木蓊郁”；西（偏北）四十里卧虎山“有灵泉寺，松柏苍翠，深郭（弥满）山谷，有万松亭故址”；北三十里北崦山“环崖松柏，蔽日参天”；北三十里白岩山“有龙岩寺，后围栩嶂，前钩柏带”；东北三十五里可乐山“苍秀耸出”；东二十里峪沟山“苍崖插沁　曲涧旁林”；东二十里金裹谷“谷中龙泉海会寺，松柏森蔚，……有凤尾竹”；东三十里虎谷“松柏苍翠”；东三里小崦山“松柏郁苍，悬崖峭壁”等。又据康熙《阳城县志·寺观》卷二，还有些寺庙林。如香严寺“林谷蓊秀”；云峰寺“谷径幽邃，古柏清泉”；云堆寺“曲涧穿林”；开明寺“林木蓊郁”等。据上述两通志和泽州府志·山川同卷，沁水县东九十里榼山“大柏荫翳，上有大云寺”、“松柏参霄”、“邑之最胜处”；东南百二十里樊山（与阳城、晋城接界）“陈廷敬《老姥掌游记》云:‘古松流水’”；南三里石楼山“林峦峭壁”；西南四十里石磴山“林莽蓊郁”；西南九十里历山“有舜庙，谷幽榛密，居民鲜少”；北三里碧峰山“峭壁密林”、“林木蓊郁”等。

清后期进而残散，有的覆没。如同治《阳城县志·物产》卷五说:“境内柏多松少，富人大贾常来采购”、“昔林木茂密，……尔年斧斤濯濯”、“蚕事多桑柘少，桑叶昂贵，野蚕资于榛叶”；该县志·山川卷二载卢廷棻《山水总记》云:“旧志析城乔木为八景之一，……所谓乔木，斧斤濯濯，……盘亭山，……云蒙山，半崖樵夫，若踏云飞，……西坪，……（仅）松树岭仙人洞松柏苍翠”，无大面积像样山林，但上述诸山还多产药材，散布些残杂林，蓁莽灌丛尚可；另还有些风景寺庙小片松柏疏杂林（见该志·山川卷二），不再列述。清末全县栎杂残林约共三十多万亩，主要散布于西南至南部高山，算是山西省南端残林最多且稍好之县，但极少栋梁之材。沁水县次之。据光绪《沁水县志·风俗》卷四，“大抵山不产货材”；上述几处残林虽大体仍在，也进而散衰（见该县志·山川卷二），也不列述。清末全县松杂残林约共十大几万亩，主要散布于县西南和西部。

该两县西南部抵中条山主峰，并接垣曲东北端、绛县东端、翼城东南端，即历山舜王坪周围，算是省最南部所留最多的残杂林区，松等良材甚少。

据乾隆《高平县志·艺文》卷十九朱载堉《羊头山新记》，著名的炎帝陵神农城，明中叶还“弥山满谷”的胜地林，嘉靖末至万历初“盗伐几尽”。丹河源流“丹林年久伐尽，不复有林，遂讹为丹岭”（光绪《长治县志·山川·羊头山》卷二）。全县童山濯濯。如清顺治该县志·物产卷一已说“木产多艰”。晋城也雷同。如乾隆《泽州府志·艺文》卷四十八载明初徐贲《碗子城（晋豫门户）》曰：“无泉土脉死，草木尽改色”；其《渡沁》曰：“不意山坞间，偶得见清此，连朝尘沙目，豁尔净如洗”，即从河南经晋城、高平等地，沿干道童山秃岭，风沙弥漫，到安泽沁河渡口，才山林植被尚好。少许寺庙风景残林，也砍伐几尽。如光绪《通志·山川》卷三十载：碧落山（原万松岭）“寺南千松掩映”，就算“一郡奇观”。清末该两县均几无天然残林。陵川稍好。如光绪《陵川县志·山川》卷四载：县东南七十里、卫河最上游孤围山、平田水“地多（残）松（败）柏，居人做香磨资生。”少许寺庙林也被砍伐，据该县志卷三十，清初县令黄公在县东五里菊献山种松千株，“久蔚成林，同治十一年工众伐树于山。”清末全县约共松杂残林两万多亩，主要在于东南部。

（二）太行山南段

明中叶后已几近无林，“（往昔极盛之山林）经历代砍伐，加以樵牧日繁，虽深山绝巘皆濯濯，所谓木之属，唯杨槐榆柳，人烟颇剩余，非盆中之物则神栖之禁物耳，今盆中之景与神栖之禁物（寺庙林）亦渐凋矣，悲夫。”① 仅某些高远深山和胜地寺庙附近，还有少许残林。

上党盆地东的长治县，明中叶后已缺林少材，成了“长邑有山而多童，所产之材，不足以供（建筑）之用，故上栋大宇，犹作土做壁，茸苇代椽，民间一切（烧燃等）咸不取于樵薪而干燥……”；仅历史著名、府城（长治）东南二十五里五龙山“遍山皆松，参霄蔽茂，不可数计，望之郁葱，为郡形胜”和东北三十里百谷山“多柏”，② 故又称柏谷山。壶关东南端百六十里接河南林县的紫团山胜地有些残林。如道光《壶关县志·山川》卷二载嘉靖七年栗应宏《游紫团山记》云：“穿林十里而上，……复几里为云盖寺，望之郁郁葱葱”，该县志同卷载县南四十里接长治柏林镇的佛耳山，张铎嘉靖年《摩云山记》云：“萧萧相望，郁郁秀林。”平顺“去郡远僻，山村阻险”；嘉靖八年创县，尚“长林丛薄，屏翳扼塞，在此筑城”；“青羊……有岩穴林峦”等残杂林。③ 潞城几近无林。黎城西北部远高山，还有些残林。

清时少许残林更加衰败，多半消亡。长治百谷山柏杂残林清前期已覆灭。乾隆时五龙山仅东坡小松洼五龙庙“松千百章”，再东南明朝“松柏苍翠”的雄山也仅“叠翠”；西火镇翠岩寺“千章松秀”；县东北二十里珏山九龙庙“松林茂密”等。④ 后来寺庙残林也砍伐无遗。壶关“凡田皆石，凡水皆枯”、“石厚土薄”；仅紫团山“峭拔翠耸，俯瞰云烟”和乌泉“迤东有松林一带。”⑤ 清初期平顺城北青羊山“旧有松千株”；有“植柏数千株，……柏色青翠”，县东三里葱

---

① 乾隆《潞安府志·物产》卷八引万历旧府志语。

② 乾隆《长治县志·艺文》卷二十三 李日章《华里燥碑记》；嘉靖《通志·山川》卷五和《明一统志》。

③ 据康熙《平顺县志·艺文》卷九嘉靖初李汝松《改建儒学碑记》；顾丁区《创建平顺县记》；徐元祉《新建平顺题名碑记》。

④ 据乾隆《潞安府志·山川·古迹》卷四、卷十和乾隆《长治县志·山川》卷五。

⑤ 据光绪《壶关县志·艺文》卷上清后期冯文止《重修灵泽庙记》和《十小里免一切杂项碑记》；道光该县志·山川卷二。

郁山“悬崖峭壁，松柏青翠。”[①] 后也砍伐无遗。康熙《潞城县志·风俗》卷二载:“多山少水，多石少土”，几乎无林，童山濯濯。据康熙《黎城县志·山川·古迹》卷一，县西二十里岚山“山腹多松，苍茫森秀”，县北七十里九龙山寨，西井镇“南山险峻，林木蓊郁。”光绪该县志·艺文卷三对岚山还有“山腹万松攒”描述。清末黎城共约松杂残败林万几千亩，散生于西北部与武接界的分水岭东侧远高陡峭窄谷；壶关东南端紫团山一带陡坡深渊，约共松栎残败林万几千亩；潞城、平顺、长治均几无天然残林。

盆地北的襄垣，明中叶已山林稀少。据乾隆《襄垣县志·艺文》卷七，嘉靖十七年敕谕都察院右佥都御史“禁人砍伐山林”，才留下少许。据该县志·山川卷一，清中叶县东北五十里仙堂山“林木茂密”，西北三十里松石岭“峰高松茂”；光绪《通志·山川》卷三十四仍载仙堂山“峰巍林密。”清末仅东北端与黎城、武乡接界高山散生零碎栎杂残败林约万亩，余皆濯濯。其北武乡县西北部和中部早已童秃。如乾隆《武乡县志》摘引明万历旧志云:“极目荒山”，东南部还有些残林。清末仅县东（偏南）端与黎城接界、分水岭西侧陡峻高山坡散生栎杂残败林约万数千亩。

另南北朝时上党已为全国最著名上乘人参产区，隋唐时极盛，尤以紫团参为最佳精品。明时绝灭，除以往过分挖掘外，更主要是失去了森林环境。

（三）太岳山东侧和腹地

盆地西长子主山发鸠山（方山），明中叶稍后还有些残败林,[②] 后亦童秃。据康熙《通志·山川》卷五，县东南三十里慈林山“多林木（寺庙林）”，后也不提，成了一片栎杂残败林。据光绪《通志·山川》卷三十三，仅县西四十里发鸠山后、漳沁分水岭西、僻远的刁黄山，才“山多林木”，后也净尽。清末全县几无天然残林。

---

① 康熙《通志·山川》卷五；康熙《平顺县志·山川》卷二。

② 据嘉庆《长子县志·山川·艺文》卷一明嘉靖王鉴《禹贡考》、卷十九约同期王臣《春游发鸠山赋》。

屯留西南端与安泽接界最高的盘秀山，清前期还“松殊郁茂”，良材山“山南多林木”；盘秀支峰田石山（少祖山）“松林茂密，绵亘十里”，另一支峰南屏山“森林耸秀”；县西六十里老爷山（三嵕山）“松风细雨满山”、“如盖四松藏梵刹”；县南十二里玉溪禅院“松林葱郁”等。[①] 后亦衰败。据光绪《屯留县志·艺文》卷七《绛水辩》，“盘秀山……盘盘层登曲陟，顶上怪松万壑’，随即大遭破坏，清后期仅留下些枝桠横生、歪扭弯曲的残松；其他更加残破，有的消亡。清末该县也几无天然松杂残林（不包括建国后划给安泽的良马一带）。据乾隆《沁州志·艺文》卷十，明中叶伏牛山龙泉庙“古木苍茏”，万历十五年杨可大《伏牛山龙泉庙记》云：“峭壁直立，其上多乔松秀木，盖三晋之大观也”，北神山“高峰耸翠”，在这一带“四顾山趾，苍翠杳呈”；又据该志·山川卷一，州南四十里万安山（二神山）“山势深秀，丽迤西峙”、西南七十里龙门山柏林寺“周围松林茂美，……牛山而外，以此最矣”，州西五十里清泉及州北漳源镇东北华（滑）山等有点风景林。到清中叶渐趋残破，有的无存。如康熙《沁州志》已说“山童童”；后张玉典云：“山颓木坏”，仅高山有些松杂残林，如伏牛山“上有古松数百章，嶙崖涧谷所在成林”等。[②] 据光绪《沁州志·艺文》卷六，仅伏牛山龙泉庙“独有松柏秀，牛山如画图”，漳源西山“林深涧壑幽，悠然行茂林。”清末沁县松杂残林约三、四万亩，成材者少，几乎都在西北缘接沁源、漳沁分水岭东侧陡峻高山。

深山腹地沁源，环周高山、闭塞，木材外运艰难，松杂林较多较好。有关记述很多，仅摘其要。据雍正《沁源县志·艺文》卷十，隆庆四年（1570）崔瀛州《重修城隍庙记》、《县令张公德政碑》云：“山川之秀”、“山川郁沃，……民多木野”；万历侯体乾《祭节妇徐氏墓文》云：“绵山苍苍，沁水泱泱”；俞汝为《琴高真人墓（县东

---

① 据雍正《通志·山川》卷十九；雍正《屯留县志·山川》卷一；该县志·艺文卷四；寺观卷三。

② 详见乾隆《沁州志·艺文·山川》卷十、卷一。

三里)》、《过绵山……》、《沁源道中》曰:“东山入望郁苍苍”、“萧萧林木自云烟”、“黄芪满谷全未收”；王爰《绵上道中》曰:“林远晨泉潺”等。民国该县志·碑碣卷七录万历孔之孟《……王氏墓表》曰:“有林泉焉，……山光水光，风鼓松香，……山高水长，呜呼松乡，山静水清，云密佳城。”

清初县西北茂林连绵。如傅山从平遥超山往灵空山游，记云:“山深茂林百余里，……入山群溪，山林修直”，山间小道林木麻密，须砍树枝，人马才可勉强行进。① 清中叶前松杂林仍多。如西北五十里上观山“林木丛生，上有香林寺”、“屏列林茂”，六十里灵空山“崖涧幽深，林木葱郁”、“岩幽林密”、舍身崖“苍松翠柏，蟠结下垂”，百二十里绵山“涧壑深杳”、百三十里碾（染）台山“耸秀堪画”；北五十里青果山“松柏苍翠，……有青果寺”、“松柏环翠”、八十里土岭“上多林木”，其附近青石山“有一古寺，周围松柏无数，……极幽之境”、“松柏环寺”；近县城风景寺庙林亦好，如城西紫金山“松柏荫翳”，城北河西村兴国寺“老松古柏，蓊郁相映”等；还产大批良材和松林中伴生之茯苓。② 东北部松林亦多。康熙时简崖底村东“松林茂美，左右周围殆胜地也”；乾隆时善朴村“树木茂美”、灵空山“林麓之美，真可与霍山东西相望，……寺前后左右，松株林立，不可数计。”③ 光绪该县志·山川又新载县东北百二十里景凤村北、接沁县天神山“万松荫翳”等。据光绪《通志·物产》卷一百，该县木材外销于临汾、晋中及上党诸县。尤其是灵空山林居全县之首，有些大木良财，也是全省最好的一大片油松林。如嘉庆十二年全面重修该处寺庙、景点等，木材“俱取之于本山”，峦桥十几根径70厘米、长17米巨大松梁，也就近伐取。清末全县松杂林和残次林百余万亩，产材者约三之一。主要分布于西北部，次为东

① 康熙《平遥县志·艺文》卷七傅山《惠济桥碑记》。

② 摘自雍正《沁源县志·山川·古迹·物产》卷一、卷八、卷三，参照雍正《通志·山川》卷二十五、乾隆《沁州志·山川》卷一。

③ 据光绪《沁源县志·仙释》卷二；该志·艺文卷四高如壁《弥勒佛殿碑记》等。

北部高山。

详见《太岳山区森林与生态史》187～198页。

以沁源为主，并接东缘外伏牛山，尤其西缘外霍山、石膏山、绵山等高山，算是清末山西省偏东南部最大稍好的一处林区。

三、中部东山和太原（今晋中　阳泉　太原三市地域）

（一）太岳山西侧和西北侧

正西侧的灵石东山，最高峻陡险，多峭壁深渊，明中叶后残林稍多稍好。如距县百多里最东端接沁源一带“山川险恶，林木茂密”；县东南七十里石膏山“林木茂盛，……涧壑幽深，……灵石胜境，无过于此”，县东北端绵山麓介庙神林“林木（松柏）茂密”等。①绵山“北跨神林，盘踞（沁灵介）三县”，万历《通志》尚称“美山”。清前期深远高山尚有些较大片残林。据雍正《通志·山川》卷十八等同期有关方志，石膏山仍“涧壑幽深”，小水镇东山“峦耸林茂”等。嘉庆《灵石县志·艺文》卷十一载清初傅山《题介子祠》曰:“青松白桓十里周”；梁宗龄康熙四十六年《游介庙记》云:“春游静升王氏别业，……见东山麓郁然森秀。……及山门，唯柏参天，不知几千百万株，间有杂树，皆石间攫拏而出，……老柏森然，拱峙于墙外，翠色浓荫，……介休佳处，以此为最。”清中期渐趋衰减。如鱼儿川（建国后划给沁源）一带“茂密”山林，“今（嘉庆）居民稍密，山路平坦，非昔时之险恶矣”；石膏山庙附近还“奇峰耸翠，……溪壑幽深”；其东十里孝文山“树苍苍”；摇车缠“山势最高，上多林木”等。②县城东翠峰山清前期“峦耸林茂”的小片风景林，也成了柏杂残疏林。清末约共栎杂残林（间有残松败柏）大几万亩，主要分布在石膏山

---

① 摘自嘉庆《灵石县志·关寨》卷六引万历旧志语和万历《汾州府志·古迹》卷二等有关方志。

② 据嘉庆《灵石县志·关寨·古迹·艺文》卷六、卷十、卷十一和道光《霍州志·山川》卷四。

以东、太岳山主脊线西侧险急陡坡和峭壁深渊。另县南部、汾河峡谷两侧中低山上，还散生约三万亩更零散残败的矮柏疏林。东北端邻介休兴地村约数千亩介庙老柏神林（原属介休），因18村联护，每三年择伐大木一次，保存较好。

西北侧的介休东南山与灵石东山同样高陡深峭。乾隆《介休县志·艺文》卷十三载嘉靖谢榛《绵山怀古》有“悲鸟自荒榛”感叹，即明中叶后多成了榛莽残林。但县东南六十里“关子岭与沁源接，茂林峻岭，地僻人稀”；嘉靖高叔嗣《由关子岭入绵上》曰：“深山连古木。”[①] 清初期绵山主峰一带还产些材木，故“灵民与介民，……争控绵山久矣”；云峰寺一带胜地“群峰拥翠，……松柏交加”；康熙初“有人盗取，……立碑严禁。”[②] 清末栎杂残破林约十万余亩，几无用材。平遥东南山更差。明后期仅县东南四十里与沁源接的超山和四十七里麓台山等最高峰有些松杂残林。[③] 清初期麓台已“山无林木”；“麓台绵亘赭童童”了；[④] 仅超山胜地有些松杂林。清末全县栎松杂败林约共两万多亩。祁县东南山，明中叶后已几无林。清乾隆《祁县志·物产》卷四说“山鲜草木”岩石裸露。清末更无林可言。

详见《太岳山区森林与生态史》175～187页。

（二）太行山中段

盆地东的太谷东南山也早几无林。清前期仅县东三十里松岭“形高松茂”、东南七十里马岭关上“松桧插天”；距县百里最东端雷峰山“峰峦耸秀，林木蔚然，……万松环绕。”[⑤] 乾隆《太谷县志·

---

① 据康熙《介休县志·关隘》卷一引《明一统志》语；乾隆《汾州府志·艺文》卷三十三。

② 康熙《介休县志·艺文》卷八载康熙《介山分界碑》；康熙《通志·山川》卷五；该县志·山川卷一。

③ 据康熙《平遥县志·艺文》卷七明张天斗《麓台山》诗有“远壑松风”等描述。

④ 康熙《平遥县志·艺文》卷七该县令刘崡《游麓台山记》等。

⑤ 据雍正《通志·山川·关隘》卷十七、卷九；乾隆《太谷县志·山川》卷二。

山川・松岭》卷二云:“后以斧斤相导，松既濯濯，……仅有空名矣。”光绪《通志・山川》卷三十四仅载:“雷峰山与和顺接，……林木蔚然。”清末三县垴及马岭关西南四县垴在太谷境高山散生些松栎残败林。距榆次城八十里东南端、明前期还“产巨木”的盘肠岭，康熙《通志・山川》卷五只述“峰峦耸翠”，而不提巨木了。光绪《通志・山川》卷三十四仅追述旧通志:“危峻多巨木”，不再述山林。清末该三县垴一带属榆次境高山，约共散生残松万余亩。另距县四十里北端的罕山（曾名神林山）东南侧并与寿阳接界的乌金山一带，明后期有几片寺院风景林。清后期还残留少许。如乌金山“林木丛蔚，上建水晶院”，其东七里红沙山“有正寿寺，四围栝柏”，中林山“松柏郁茂”，小五台“旁列林峦”等。① 历来有关记述不少，清末残存林木却不多。

后山寿阳县东北端方山（神福山）之著名胜地林，明中叶后已砍伐殆尽，后雒善人父子培植。康熙《通志・山川》卷五已说“松岭蔚然，远望青翠如黛。”咸丰时更长成大树。后遭砍伐，故光绪《通志・山川》卷二十五只说“碧嶂双环，有云松岩”，清末还散生些残松。另西端罕山东北侧高山也有些残松。全县松杂残林约共一万几千亩。榆社残林更少。据雍正《通志・山川》卷二十五，仅县东二十五里黑山“多松”，北八里北泉山“有凌云松”，西十里梓荆山“上有梓树”，西六十里禅隐山“上有长老松山”，其附近四县垴有点些松林。光绪初《榆社县志・序・山川》卷一云:‘植物不茂”、“土薄石厚”;“开了和顺山，漂了榆社川”;仅黑山“高为诸山最，松树茂密”，县北十五荫山顶“林木荫翳”等。清末仅只西端四县垴和北端三县垴等高山还有些零散残松。左权（原辽州）残林不多。清前期已“土瘠民贫不堪”;仅州东十五里瓮洪山“松柏成林”、“林木茂美”、“山多古柏”，东三十里东云山“高耸苍翠”、“丰林茂木，蔚然深秀，为辽巨镇（山）”，东南七十里下交漳村河岛“巅绕松柏”;东南百里玉攒山“松柏苍翠”，还有城南里许南屏山“松色苍翠”小

① 据同治《榆次县志・山川》卷一和光绪《通志・山川》卷三十六等。

片风景林，及古迹“石佛松涛，老松万株”寺庙林等。[①] 清后期东南部残林覆灭，余者残破，故光绪《通志》不予记载。清末全县残破松杂林约两万多亩，主要在城东北最高山上。和顺残留松林稍多稍好。成化、嘉靖《通志·山川》载：县东四十里、盘踞四十里的合山“上多松柏”。据康熙、雍正《通志·山川》卷五、卷二十五，合山还“松柏郁茂”，东三十里虎谷有林，北八里龙泉山“有凌云松”；康熙时“岩高木密”、路通河北的黄榆岭关，雍正时已不述有林，乾隆时仅载“黄榆古戍，……瀑布千寻”。乾隆《和顺县志·序》已述“地尽沙石，气寒风劲，……固瘠土也，生计民艰。”清末全县以松为主的残林约数万亩，以县西北高山居多。昔阳（原乐平）残林少而差。嘉靖《通志·山川》卷四载：县南四十里接和顺的松子岭“北有小松岭，……密密松荫遮岭面，……一径松阴穿十里”的大片松林，随即砍伐殆尽。清前期连县东南端、皋落南十里白岩山“麓北松千株，今（康熙）松寺俱亡”；仅东出河北赞皇的十八盘岭“山势嵯峨，林木丘茂”，及少许风景残林等。[②] 后又衰减。清末全县松杂残破林约万多亩，散生于东南端和西南部高山。

平定（含今阳泉市郊区）早几无林，明末仅州南八里冠山因系州之镇山，有残败老松数百株等。平定人李可贽《物力议》说：“地几不毛，……山林荒濯。”清时少许风景寺庙林更加残败，有的覆没。光绪初更“山皆石”，清末仅冠山留下百多株丑怪老松，另州西南端药岭山清凉寺、州东石门口长圆寺、州北烟里村玉泉山（古庙）等处，还有点零散残败林。明中叶后盂县也几近无林。据雍正《通志·山川》二十五，仅县北十五里芝山“多松”，县南二十里李宾山“怪石秀林”；另县北三十五里藏山有些松林等。乾隆《盂县志·序》说：“山无美材，田乏膏腴”；后多岩石裸露，残林衰减。据光绪

① 据雍正《辽州志·山水·古迹》卷二、卷四；并参照康熙、雍正《通志·山川》卷五、卷二十五。

② 据康熙《通志·山川》卷五；雍正《通志·关隘·山川》卷九、卷二十五。

《盂县志·山水》卷一，芝（角）山仅“山之阴松错如麻”，李宾山有点“老松”，著名藏山胜地仅七机岩“间见苍松蔽日，钟声隐隐出林际”少许寺庙疏林，另县北百五十里黄岃山有几十亩残林，县西南接寿阳后方山一带间有点松杂疏林。清末全县残破林约万几千亩。（详见吾《阳泉市森林变迁史》17～23 页，该小册子录载于 1994 年《阳泉林业志》第二、三章）

（三）太原东西山

据万历《太原府志》等，已“地瘠不毛者强半”、“无草木之蓊郁”、“不睹林麓之饶”，缺林少材；盖少许房屋多系拆毁旧房，再用旧木，或取自宁武、交城等高远山。清朝更甚。

近盆地的东山早几无林。清时更童山濯濯，清末仅阳曲东北端接定襄、盂县的系舟高山，有些零星分散的桦、山杨、栎等残败林约万多亩。罕山西北侧有点零星残松。

西山较深远。近盆地前山，明后期除个别风景胜地有少许寺庙残杂林外，大多童秃，但庙前山、石千峰等几座最高峰有些散生残林。清末前山区更多岩石裸露，“有草无树，草亦不繁”。仅清源西北端最高的庙前山，有松杂残林约万亩；阳曲西北端西陵井、北小店高山，有零散残败杂林约两万多亩。另石千峰有点零星残松，崛围山多福寺附近有点秋现红叶的黄栌灌木，兰村冽石谷峭壁有点零星残杂树；晋祠有些风景树。

后山古交、娄烦深远山区，清雍正时同样多焚山辟田，开荒到顶，“焚甾山脊种梯田”，使残林大为退缩。但接交城山的西南部高山，还有些松杂残林，清末古交约共大几万亩；娄烦约共几万亩；产些小材。

（详见《太原森林与生态史》158～169、184～191 页）

四、晋西（今吕梁市地域）

（一）吕梁山中段南部

清初石楼已“环邑旷土，一带童山”、“无长林大麓”、“瘦瘠之苦，汾属为最”、“地亩尽在高岗斜坡之间”及“民贫赋重”、“风土凉薄，人物鲜少”等荒瘠景象。[1] 中低山有些片块风景残林。如县南三里翠金山“林木青葱”，县西五十里飞龙山“花柳参差，翠柏成林，昔贺道人所植”，县东二十里石羊山“一名栝林山，多栝”；尤其是县东北六十里窟龙关一带“林深路僻，东接孝义，南连隰州，盗贼出没无常。”[2] 清后期风景残林多半覆没，光绪《通志·山川》卷三十二仅载翠金山“峦耸林密”，因“上有台骀庙”才保留下一些。县东端残林稍多。清末屈产河最上游、分水岭西侧高山，约有栎杂（间有松）残林三万多亩。石楼山等高山分水岭东即1971年割隰县、孝义、灵石各一部新建交口县，把隰县东北部残林最多及孝义西南部有些残林之地划给该县，清末全县约共栎杂残破林十几万亩。

（二）吕梁山中段西侧三川河流域

据万历《汾州府志·山川·古迹》卷二，中阳（原宁乡）县南山三十里屏风山“松柏叠树，环列如屏”，东南七十里凤翅山“柏株森密”；东十三里柏洼泉（山）“圣母院，翠柏参天，列如画屏”、“林泉晨雾”。康熙《宁乡县志·山川》卷二仍述柏洼山“鸟道穿林里许，……庙后松柏参天，缘山不可计极”，对屏风山照前载，皆列为八景。因大肆陡坡开荒，残林退缩。该志·艺文卷九载康熙顾宏《修城隍庙记》云:“处万山中，地瘠民贫，耕山为田，峰沟岭侧，人牛都立于千仞上”，同卷载康熙秦志安《创建清虚观记》云:“松桧柏栝者，必于崎岖高寒之峰。”清中叶连上述风景林也很残破，故乾隆《汾州府志·山川》卷二不予记载，仅述县东一里卧龙岗“旧时多林木”。清后期柏洼山还有些古柏。清末全县栎杂败林约共二十余万亩，散生于县南部、东部、南川河及诸支流上游高山，与吕梁山南段残败林类似，质量低劣。离石东部高山还有些残林。如万历《汾州府志·山川》卷二载:（永宁）州东五十里凤凰山（白马仙洞）“群峰拥翠”，东六十里宝丰山（尖山）“林木丛生”；据光绪《永宁州

---

① 据雍正《石楼县志·名宦·形胜·风俗·艺文》卷八、卷一、卷六及序、顺治县志序。

② 据雍正《石楼县志·山川·疆域》卷一。

志·杂著》卷二十九载明黄素屏《宿吴城驿》，干道侧高山已系“层层鸟道乱山多，白草黄栌遍石坡”残破景象。雍正《通志·山川》卷二十增载州东南大华掌“山深林密”。光绪《永宁州志·山川》卷四仍载宝丰山“林木丛密”。清末离石县杨桦栎（间有松）残林约共十余万亩，几乎都散布于东川河上游及其支流高山，质量比中阳稍好。今方山残林又稍多而好。如该州志·杂志同卷载清前期知州谢汝霖《开矿详文》云：方山东南端“骨脊山即古吕梁山，接交城，绵跨数县，高山大林。”清末今方山县境松（间落叶松、云杉）杨桦栎残林约共二十几万亩，几乎都分布于北川河最上游县北部和诸支流源头东部高山，产些中小材，销于附近县。另 1971 年析离石、中阳西部新置的柳林县，无高山，早无残林。

（三）吕梁山中段东侧

今孝义境早几无林。清初已“西山高下皆瘠土”，西端接中阳高山有些残林；中山区仅县西五十里兑镇柏山“古柏麻立”，西六十里龙山“红崖绿树”两处风景残林。① 清末更无残林可言。汾阳残林稍多稍好。据嘉靖《通志·山川》卷五、万历《汾州府志·山川》卷二，汾阳城西北二十五里白彪山“林木丛茂，泉流飞涌，为郡形胜”，城西五十里柏山“上多柏树”，再西北高山残林还多一些。清中叶还大体保存，且增载鹤鸣古洞“翠木丛生，……苍松外疏”、白彪山麓马跑神泉“园林广茂，树木蓄息”等风景林；西南七十里将军山“一名柏山，上多柏”，西北二十里狭谷“水竹环绕”等。② 清后期大多衰减，有的覆没。清末全县松栎残林约数万亩，主要散布于西北部高山。文水稍多稍好。据康熙《通志·山川》卷五，县北十三里柏岇山“古柏森立”、西北三十里党统头山“幽深盘曲，松柏丛翠”两处风景林；西部高山残林较多。光绪《文水县志·物产》卷

---

① 据乾隆《孝义县志·艺文》载康熙元年县令方士模《贫民行》及该志疆域；雍正该县志·山水卷二。

② 据康熙《汾阳县志·景致》卷一；雍正《通志·山川》卷二十；乾隆《汾州府志·山川》未增新景。

二已说“今山林聚池树畜之利，固无”；但该志·山川卷二仍照载上述风景林，且增载县西二十五里石峡山“古柏不可数计”，西三十里熊耳山（崇山）“松柏蒙翳山谷”。清末全县松栎残林约十大几万亩，可出些中小材，几乎都在于县西部文峪河支流三道川、二道川流域深高山（这一带处汾、交、文三县间，归属迭更，现属文水）；少量栎杂残败林散生于中部大陵等中山。交城残林较多较好。盆地边山县西北五里卦山西接锦屏山，嘉靖《通志·山川》卷四载:“红崖绿树，若锦屏然”，康熙《交城县志·山川》卷三照载。清初期在金建天宁寺办卦山书院,“有老柏数千株，苍翠森布”；锦屏春色和石壁秋蓉为交山著名寺庙风景林。① 清后期石壁玄中寺苍松古柏已砍伐殆尽，卦山天宁寺老柏也只剩下些怪柏，前中山区同样濯濯。但县西北交山后山、文峪河水库以上源远流长，最为高峻，向为木材生产地，南堡村成了木材集散地,“烟火颇盛”。康熙该县志·艺文卷十六载县令赵吉士《复厂全生议》云:“西北境周五百里，皆山也，民蓄木代耕，变价完粮，从无逋欠，历来积贮（县西北三十五里、东社西南）南堡厂场，以便交易（后述康熙初因争税废厂，将所伐之木远运至文水境，艰苦而得不偿失。经批准在山口水泉滩立厂），嗣后交山木植听民自贮本县山口，任其自行变卖，严禁私厂截排（木筏）抽税。”清后期后仍放筏卖木。清末该县约有以松为主（混栎等杂木）的次生残林大几十万亩，几乎都在于文峪河中上游诸支流深远高山。源流处最高的孝文山一带，林相更好，系落叶松为主（混白桦、山杨等）的次生林（文峪河上游在交、方两县归属迭更，现属交城）。

以文峪河中上游交山为主，尤以孝文山为中心，西接方山北部和东部，东、东北接娄烦、古交西南部，南接离石东北部，直至东南接汾阳西北端等高山，清末系与太岳山沁源并立、省中部两处最大林区，但该处缺乏大材。这一带元明泛称孝文山；清泛称交山。清初期方山、交城接界处、明晋蕃牧马地“三掌台”，渐有稀落山村，统名

---

① 据康熙《交城县志·艺文》卷十六《卦山书院记》；光绪该县志卷十康熙县令赵吉士列之十景之一。

“官地”里，为基层政权。后来方山裴姓与交城解姓两大山主争此处山林，判为“官有”，亦称“官地山”，后将该分水岭最高峰讹为“关帝山”，建国后设关帝山林局，以讹传讹，通用至今。①

（四）吕梁山北段

康熙《临县志·序·食货》卷三云:“穷山瘠土”、“晋多骨山，……临尤甚，山峻土瘠”，皆童山秃岭。清末仅东北部接合（黑）查高山“岚翠插天”，以及北端最高的紫荆山“苍翠参天”；残破林约共万亩。明嘉靖前兴县还“山林茂密”，后“辟垦日广”，致“童山不毛”，明末清初稍有恢复,“林莽衍占’。② 东南部山更高峻，又再生些残林。据雍正《兴县志·山川》卷五，南山“树木葱蔚，皆成园林”，县东七十里十八盘山“林木茂密”；东八十里桦林洞“多桦”，东南端合（黑）查山“苍翠插天”、其阳“松桧数万株，皆合抱”；该志·形胜卷十六说东接岚县的大万山“土名烧炭山”，可见大砍栎杂木，烧木为炭；低中山多已垦拓，该志序已说：“地皆山坡石碛，地硗民贫，土皆至辟。”清末全县松桦杨栎残破林约数万亩，基本散布于东南端及东端高山，可勉强出些小材；南端紫荆山北侧有点零星残败树。分水岭以东岚县，据雍正《岚县志·序·艺文》，明万历初已“岚多石田”、“民生日蹙”；清前期更“井闾荒凉，……土瘠民贫”。该县志·山川卷九已不载有林；物产·货属卷十五有桦皮、桦根（可雕为器），可见残林少而破败。清末县西端、西南端接兴县、方山，以及县北部等高山，散生些桦杨松栎残破林约共两万多亩。

五、晋北（今忻州市地域）

（一）五台山区

盆地东的定襄山区早几无林。清末仅县东南系舟山（太行山中

① 康熙《永宁州志·山川》卷一载“三掌台，州北一百二十里，系明晋藩牧马地，今名官地里”；又据1988年《关帝局史·绪言》。

② 据钮仲勋《历史时期山西西部的农牧开发》载《地理集刊》1964年7号。

段西侧支脉）分水岭西北侧陡峻高坡，散生桦杨杂残败林约万余亩。

据康熙《定襄县志·艺文》卷八，县北三十里漆朗山（明又称柏树岭），即五台山西南侧，有点“虬松蚪柏郁参差”破败寺庙林。盆地东的五台山西侧、原平（崞县）东山早几无林。据乾隆《崞县志·山川》卷一，仅崞城东二十五里五峰山（俗称小五台）“松柏万千，苍郁深秀”一片寺庙残林。又据该志·艺文卷七，县东南百二十里接定襄、五台的漆郎山更劣变成“古柏疏影”的小“丛柏”。光绪《通志·山川》卷三十四还载五峰山“松柏苍蔚”。漆郎山残败林已覆灭。

深山腹地五台县，万历初已“砍伐殆尽”，寺庙林也几砍光。如徐霞客于崇祯六年（1633）游五台山云：抵“龙泉关，山树与石竟丽错夺，……关内古松一株（接着游诸寺，翻山到砂河镇，皆未述大树、林）”。清初蓁莽茅林有所再生。如乾隆《五台县志·艺文》卷八载穆尔赛《射虎川（县东北一百三十里）碑记》云:“康熙二十二年，西巡五台，……道旁林莽蓊郁，有虎伏其间，……帝射之。”后有的长成大材。如乾隆《代州志·物产》卷二载:“桦木出五台，大有径三尺者。”用桦皮代盖房栈板，桦根镟木碗或雕佛爷等。因皇帝多次巡台，建行宫等人为活动较多，又多被破坏。据光绪《五台县志·山水》卷二和《通志·山川》三十四，清后期已“遍地皆山，……多峭削如壁，有石无土”，仅县北十五里青山（小北台）“松林茂密”，北二十五里锦屏山“岩花岭树”，北三十里黛石岭“有大庙，……青松蔚然”，北五十里象山“青松数百株”，北九十里金阁岭“有金阁寺，松柏成林”，北一百余里莲花山“古竹林寺后山，一带苍松，……风景最胜”；县南八里南神垴（小南台）“有汉文帝祠，古松数株，蟠曲如龙虬”；县西南八里紫罗山（小西台）“有台骀庙，苍松翠柏”等寺庙风景残林；县北二里峰山（小中台）和东十五里天蓬山（小东台）及东北十里阁岭山等往昔风景胜地，皆已无林。清末全县桦杨（间有松、落）残破林约一万几千亩，基本散生于东北端陡峭高山。

五峰外繁代南山，万历初也“砍伐殆尽”，晋蕃大辟庄田，“蓁莽遂尽拓，贫瘠乃益形”。因主脊线北侧最高峻陡拔，部分陡坡庄田退耕，恢复略大于破坏，故清时较好地再生起来。如康熙《通志·山川》卷五载：繁峙西南五十里圭峰山“松柏满山”，西南六十里接代县的岩头山“树木葱茏”；南三十里峨岭西连岩头山，东绵亘六十里接河北阜平，有“树木丛茂”、“茂林……深秀……乔松”、“青青岭上松”、“木丰”等记述。[①] 清末繁峙南陡峻高山，以落叶松为主混有云杉等较好残林大几万亩。代县东南山较差，散生松落桦杨等残林一万几千亩。另据光绪《通志·山川》卷三十四，代县西北四十五里接原平的白仁岩，旧志曰:“有寺，古松万株”；清末雁门关接山阴一带有点零散桦杂残败林；皆属勾注山区。

详见《五台山区森林与生态史》82～88、101～110页。

（二）管涔山区

忻县西山早已无林。管涔山东侧、原平云中山几近无林，崞城西南三十里崞山，因县以此山为名,“翠色森森”；后更残败，留下“崞山叠翠”空名。乾隆《崞县志·山川》卷一载：崞城西南百二十里南坡“松萝森布，苍翠如画。”后该西南端最高山少许残林渐趋破败，清末约共万亩。如民国《崞县志·林业》卷四云:“松柏杆，西山旧多此树，今唯黑水坨坨、车水娃、文治、彭家塔等村有之；桦，西山皆野生者，多不成材。”南部静乐残林不多。但芦芽山支脉黄华山等有些残林。如同治《静乐县志·艺文》载嘉庆六年李銮堂《重修太子寺碑记》曰:“环静多秃山，材无靓也。……黄华山僻处西北隅，……万松成林，……修寺伐其木。”清末全县落松杂残林约一万几千亩，散布于东北端和西北端接宁武之高山。

管涔山北侧、神池西南的虎北一带高山，明后期尚产材销往朔州等地。据乾隆《宁武府志·山川》卷二，还“涧幽林茂”。清后期已多童山秃岭。[②] 高远深山还有些残林。如光绪《神池县志·山川》卷

① 据道光、光绪《繁峙县志·山川》卷一摘录。

② 光绪《神池县志·艺文》卷十载咸丰县令述该县风光曰:“绝无草木草山尽，赢得山名只号童”。

二载：县西南五十里与虎北近的黄儿洼山，因前邑令命人守之，故“山约四十余里，多产松杆等木”；该志·物产卷九载：“松柏杆，南山多有之。”清末全县只有南端最高山分布落杉桦等较好残林约四万亩。

最高的荷叶坪、芦芽山西北侧、五寨东南残林较多且较好。如乾隆《宁武府志·山川》卷二载：芦芽山“峰峦特秀，……林木恒茂。”又据乾隆《五寨县志·山川·寺观·风吟》上、下集，乾隆县令秦雄褒等述荷叶坪下“杉松巨木，映如菁藻”，芦芽山“耸翠参天”、有十景诗，东雪山“乔林数数，……南山幽至邃”、“涧涌松涛”，南山“层峦耸翠轰苍穹”、“大木卷地拔”；这一带寺观都“郁郁葱葱，称胜境矣”，如芦芽山紫峰寺“嵯峨荫荫浮绿叶”；《晓发五寨》曰：“青山苍翠绕峰娟”等。此外中低山都已童秃。如故该志·山川·风俗云：“山麓多乱石”；“山高石顽”、“山地瘠，川地肥”。清末云杉落叶松桦残林约六万余亩，都分布于县东南高山。

西侧的岢岚残林亦较多较好。如嘉靖《通志·山川》卷四载：州西五十里接兴县东北端的巨麓岭（万松岭）“上多林”。康熙《通志·山川》卷五虽然仍载，但只说“上多松”；又说该岭东延至距城一里的西山“翠屿苍岩，明嘉靖后风景无存”了。雍正《通志·山川》卷十七更说“巨麓岭东麓为州西山，……皆山”，不再提“多松”，只说西山云际寺有点“石径茂树”残林；还有州南三十里接岚县的寺会沟北白胜庵“庵南茂林茜密，……东南松千章，极蓊郁”小片寺庙林。东部残林较多，有“旭日散林木”、“深林耸个个”及东山寺“空阶长绿苔”等记述。[①] 据光绪《岢岚州志·舆地·山川·风土》卷一、二、十，西南、正南诸路，昔“山林时虞阻隘，今则荆莽是辟，石田可耕”；“所谓山林几何？……况山木之供夫樵采，……土石崚嶒，至今徒见荒凉之意”；“瘠土之民多劳，……耕石傍崖”；残林缩减。清末全县落杉桦杨松栎较好残林约五万多亩，基本在东端分水岭西侧高山；西部及南端偏东也散生一些。

---

① 据光绪《岢岚州志·艺文》卷十二。

据康熙《静乐县志·形胜》卷一引万历旧志（佚）语："芦芽山，……林木参天蔽日，遮障边尘，俨若天堑长城矣！尔年以来，……砍伐殆尽，识者忧之，……山木荡然。"宁武处于深远高山腹地，清前期又逐渐再生恢复起来。据乾隆《宁武府志·山川·艺文》卷二、卷十二，县西南六十里棋盘山"上多青、红杆树（云杉、落叶松）"，宁化西三十里神林山"周二十余里，北接芦芽，西连荷叶坪，东通川湖口，林木阻深"；芦芽山"松深尘不到"，郡西山"多杆树，……其材颇坚"；西南乡"山村颇幽雅，大木荫流泉"，连汾河宽谷人烟较密的二马营一带也"水绿绕塍畦，山势翠交互，鸡泉蔽深树，疑是桃花园"等。清后期有所缩减。清末全县残林约四十余万亩。大部较好者都在汾河源管涔山南侧和芦芽山西侧等高山，以云落为主，次为云杉，少量杨桦；东南部云中山西侧也散布些松桦杨栎残林。

以宁武为主，尤以芦芽、管涔等高山为中心，西延至岢岚东端，西北至五寨东南端，北至神池南端，是清末省北部最大的宁武山林区，面积虽不及沁源山、交城山、历山，但产材量居首。椽檩及部分方木筏运至太原，再转销往晋中、晋东，甚至河北石家庄等处；神五岢的小中材则车驮销于本县和附近各县，以及崞代忻定，甚至朔州、大同等处。①

详见《管涔山区森林与生态历史变迁》72~81、94~102页。

（三）晋西北沿黄三县

自管涔、芦芽山越往西北而近黄河，山势渐低，皆童山濯濯，已无残林。嘉靖《通志·山川》卷四仅载保德州东南八十里赤山"多枫木"。康熙通志卷五照载，雍正通志卷二十七已不提，该片残林已覆灭；其附近翠峰山因系州之镇山，才留下"林茂峦秀"小片风景残林。据《清一统志·保德州》一五二，州东南百二十里接岢岚、兴县的苍水山"州人木炭取于此"。清中叶皆已覆没。清末仅东南端

① 以上全省残林分布及交城山、沁源山、历山林区，均参考民国《山西林业调查录》。

有点零星不成材杂树。河曲又差。康熙通志卷五尚载县南八十里翠峰山“松柏苍然”，雍正通志卷二十七已不提该山有林，即清中叶前该县仅存少许残林也全覆灭。偏关更差。万历《偏关志·山川》卷上已说：关东百里柏杨岭“昔多二树，故名”，其稍东大虫岭“昔多茂林，今童濯矣”；即明后期该县残林早已覆灭。

六、雁北（今朔州　大同两市地区域）

清前期更几近无林。如成化《通志·山川》载：“香山在山阴县南三十里，松柏郁葱。”后即无存。康熙《通志·山川》卷五仅载广灵县北四十里最高的桦山“以产桦故名”。据雍正《通志·关隘·山川》卷十一～十二、卷二十一～二十二，也仅数片残林：应州南四十里小山门口接繁峙“林木深秀”、其附近龙湾峪“白树（桦）棘料”，浑源城南恒山山门东北三里翠雪亭下“万松攒植，一名快活林”、南四十里龙山“秀丽可爱”，灵丘南二十里太白山“山径丛杂，樵采殊险”、邓峰寺“两岸松翠浮雾，谓邓峰岚烟”，广灵西南四十里林关峪山“通灵丘，谷深林密”、南二十里榆杏山“两岸松翳，谓圣泉松风”，平鲁城东南八十里黄草梁山“中多林木”等少许几不成材的片块茅林或风景残林。清中、后期还等不及长大，即多被砍伐，“今则斧斤尽矣”，几至荡然无存。四旁零星树绝少。如大同府属二州、八县总共才有桑 343 株，应州东西南北五大路旁，才共有树 85 株。成了“云中山皆童”、“山多无树木，……穷山穷水”、“阡陌之间，所在皆石田”、“山林川泽之利，一无所有”的荒瘠景况。据民国《林业调查录》，全雁北天然林才一万几千亩，系指勉强可出材之林，若加茅杂矮林，远不止此。清末雁北败破残杂林约共二十几万亩，覆盖率约 0.66%，几乎都散布于恒山及勾注山等几座高峰。有：浑源龙山梁、五观峰，灵丘甸子梁、邓峰寺、北山，广灵白羊峪、桦林背（接阳高），应县白蟒神，朔县大莲花山，每处几千～几万亩不等。雁北北部、西部等阴山余脉，早全童秃。详见《雁北森林与生态史》177～188 页。

*　　　　*　　　　*

清末全省残、破、败林总共不超过一千万亩,[①] 覆盖率降到5%以下，以4%稍多接近实际。残林大都分布于各河流及诸中小支流最上游分水岭两侧高山，尤以北部芦芽、管涔山深山腹地的宁武山，中西部孝文山深山腹地的交城山，中东南部太岳山深山腹地的沁源山，南端中条山东段历山并与太行山接合部的阳、沁、垣、绛、翼诸县深山，相对较为集中也较好，但中条山材质较差。民国依然。系建国后山西省四大林区（林局）天然林之基础。

又据2006年《黄河文化论坛·古镇碛口》十四辑引嘉庆《通志》语:“乾隆间采买皇木，（侯国泰）承办有功，以椽木考授从九品。”那时他把大青山所伐木材，顺黄河漂运到临县碛口，驮运到离石吴城，再车运至北京。这些皇家用椽材，也要从内蒙古大青山伐取，绕道水陆远运至北京，也可见山西省已很难采伐到批量建筑用的小材了。

① 直到清朝，尚无森林统计。兹据民国《林业调查录》（不太准确）并参照当代森林资源清查之天然林的中龄、近熟、成熟林数据，结合笔者在山西从事林业几十年积累的资料和掌握的情况，大致推算各县清末残林面积。万亩以下者算无林或几近无林，万亩以上者概述，行文时用余、多、几、数、大几，大体表示由少到多。例如：十余万亩约在十一万亩以内，十多万亩约十二、三万亩，十几万亩约十四、五万亩，十数万亩约十六、七万亩，十大几万亩约十八、九万亩等，依此类推。虽不太准确，但大体八九不离十，推算历史概数，只能如此而已。

第九章　民国有所建树（1912～1949 年）

在历史长河中，民国为期短暂，但林业建设有新转折，有所建树。有关史料颇多，单《山西林业史料》即收录四十多万字。本章仅概述之。

第一节　政区和人口

一、大政沿革

1905 年 8 月 20 日孙中山领导的中国同盟会（国民党前身）在日本东京成立，谷思慎、荣凤来奉命在太原建立支部，山西省一些留日生返回太原，以山西大学堂、农林学堂、公立学堂为基地，策动革命。1911 年 10 月 10 日（清宣统三年九月初八）武昌起义（辛亥革命）成功。11 月 29 日，太原继湖南、江西、陕西之后起义，击毙巡抚陆钟琦，组织山西军区分府，阎锡山被推为都督。自此他成为民国时山西省最高实际统治者。

1912 年建立民国。民国三年将内蒙古分为热河、察哈尔、绥远特别行政区，十七年改为省。民国三年在川藏边境设川边特区，二十八年与四川雅安、西昌合并为西康省。民国十七年，直隶改称河北省；甘肃之宁夏、西宁镇守使区改为宁夏、青海省。次年奉天改称辽宁省。全国共 28 省和相当省级的西藏、（外）蒙古。还先后设过南京、上海、北平、天津、青岛、重庆直辖市和威海行政区。民国三十四年抗战胜利后，台湾回归祖国为省。

民国二年，废除清府州厅等，一律称县，为省县二级。由于省辖县过多，不久又在省下设道复为三级政区。山西省有冀宁（治阳曲太原老城，辖今太原、阳泉、晋中、吕梁、长治、晋城六市地域，有44县）、河东（治运城，辖今运城、临汾两市地域，有35县）、雁门（治大同，辖今大同、朔州、忻州三市地区域，有26县）三道，计105县。民国十九年撤道，两年后又设专区，为省派出机构。至抗战前，省界与今同，县名也大多与今同。

八年抗战期间，日帝先后占领山西省平川及铁路沿线主要县城68座，雁北为蒙疆区的晋北政厅，余者划为河东（治运城）、冀宁（治临汾）、上党（治长治）、雁门（治榆次）四道和太原市公署。共军进入山西省山区后，分为晋察冀、晋绥、晋冀鲁豫三个边区，下分设行署。阎军退至晋西南，据吉县、大宁、乡宁、永和、隰县、石楼及孝义一部分。日、共、阎辖地犬牙交错，常有变动。

抗战胜利后三年内战，阎军节节败退，直至1949年4月24日共军陷太原为止。

二、人口低于清朝峰值

民国时全国人口缓慢增长。据《中国人口史》第十章，现国境1936年峰值为46961.8万人，比清末1911年增长15.5%。山西省因受光绪三年（1877年）连年特大旱灾影响，人口锐减近半，到1911年才勉强恢复到1009.9万人。1936年为1147余万人，平均每方公里70人，人口总数和密度均居全国第十六位；还远低于光绪三年大灾前1643万多人的峰值。人口未恢复元气，当然一切人为活动比清后期减缓，使残林植被稍获喘息恢复之机。

第二节　抗战前林业建树

一、扭转广种薄收　部分陡坡退耕

（一）亩产提高 粮产富裕

由于国内外技术交流，农业品种和各项技术都比清朝明显进步，粮食总产、亩产明显提高。据1987年《山西农业志》（稿），1936年全省粮食作物播种面积6078.8万亩，总产67.3亿多斤，平均亩产110多斤；其中：小麦104斤、谷子108斤、玉米136斤、高粱126斤、水稻314斤、大豆88斤、油料（胡麻、油菜籽）71斤、棉花28斤；全省人均有粮近600斤。平川亩产较高。以中部纯平川县徐沟为例，1930年平均亩产近14斗。① 又据1994年《太原南郊区（以平川为主）志·农业》卷五，1936年平均亩产：小麦111斤、谷子134斤、高粱172斤、大豆120斤、杂粮150斤以下。山区也大幅度提高。如灵石1936年亩均产粮128斤。据民国二十二《沁源县志·田赋》卷二，"近来欧风东进，机械日新，……收入倍获，有谷贱伤农感，……县城附近亩产粮一石有余，郭道附近一石上下，古寨各村每亩五、六斗。"其他各县亩产也都明显提高。就连最低产的雁北附近，也有所提高。据紧邻阳高、广灵的民国二十四年《阳原县志·产业》卷八，粮食亩产约：小麦一斗（26斤）、谷子二斗（40斤）、黍二斗（52斤）、高粱三斗（84斤）、黄、黑豆一斗（30斤）、马铃薯150斤。雁北诸县亩产比阳原低，但比清时"岁丰亩不满斗"、亦有明显改观。

抗战前山西省粮食自给有余，改变了自清中叶后百几十年来长期"仰仗邻省"的缺粮状况；每年单从石太铁路输出外省的粮食即达三、四百万石之多；棉花除本省每年消费十余万担外，还有三十多万担销往郑州、天津等地。② 生产教育等蒸蒸日上，人民安居乐业，获全国模范省称号。

（二）耕地减少　陡坡退耕

人口减少，粮食有余，自然就会放弃一些履险登山、耕作难极的陡坡耕地。加之南京金陵大学森林系美籍教授罗德民于民国十四、五

---

① 据1942年刘文柄《徐沟县志稿》（经山西文史馆点较后，1992年山西人民出版社出版），每亩平均"水浇地十四斗多，旱地八斗多"，按全县耕地总面积，平均亩产12.3斗，若除去蔬菜等经济作物等播种面积，则粮田亩当近14斗（民国新制标准斗）。清制每斗小麦30斤；民国新制每斗小麦13斤3两4钱。

② 据1985年《山西国土资源》第一篇第一章；1987年《山西历史辑览》33页。

年赴豫、陕、晋考察森林与水土流失，发表《山西森林之滥伐与山坡土层之关系》和《五台山土地利用史》论文，引起社会关注。民国十九年国民政府颁布《限制倾斜地垦殖办法》，规定："20°以上坡地有建造保安林（防护林）之必要时，由森林主管部门征收经营；20°以下地亩，水利主管机关认为有筑梯田或相当工程之必要时，勒令垦殖者遵照办理"。[①] 该办法前言中特别指明山西，故山西省贯彻力度会大一些。据民国《沁源县志・田赋》卷二，1932 年调查：共有田 2152 顷，比清后期减少 600 余顷。因光绪三年大旱邻近县人民多逃入该县，有部分留居，故至抗战前人口比光绪三年增加近一倍，耕地虽减少 1/5 以上，而粮食有余，说明亩产翻番还多。又如阳曲县（包括今阳曲除东凌井外全部和太原市、郊区北大半及古交东部）1931 年有耕地 145.6 万亩，比光绪十年清查减少约 38 万多亩，也约近减少 1/5。其他各县也多有所减少。[②] 所减少之耕地几乎都在僻远山陡坡，初步扭转明清以来"广种薄收"、"越垦越穷，越穷越垦，开山到顶，人穷绝种"的恶性循环。陡坡退耕促进了还草还林，各县也多采取封禁等保护措施，为天然植被再生，进而复林奠定下有利前提。

二、始于重视林业

在近代科学的熏染下，我国一些林学先驱如凌道扬等为近代林业建设开创舆论前提。孙中山重视林业，着重论述森林涵养水源、保持水土、防止水旱灾的科学道理，洞察出"只采不造"的恶果，疾呼"要造全国大规模的森林"，将发展林业列入民国七年的《实业计划》。鉴于北方和中部最缺乏森林，水旱等灾害严重，故在《建国方略》中着重指出，"于中国北部和中部建造森林"。据孙毓坦《山西纪游》，"孙大总统于民国八年电嘱阎督军在海河上游造林，中央负责经

① 陈嵘《中国森林史料》第二编第二章。

② 明清直至民国乃至当代，所统计耕地都不太准确，故本节只选两县较接近实际者予以说明。

费之半。”而且早在民国四年即定清明节为全国植树节。民国十七年改为3月12日孙中山逝世纪念日举行植树式，并开展人人植树活动。从民国起，“林科”成了我国稳定的独立学科，“林业”成为较主要的建设行业。

阎锡山也重视林业。民国六年提出“六政”，即兴水利、多种树、桑蚕、禁（鸦片）烟、天足（女不缠小脚）、剪发（男不留长辫）。次年又提出“三事”，即种棉、造林、畜牧。民国八年又提出“无山不树林”口号，列为《未来的希望》省歌之首句，一直在全省大唱二十多年。在其施政方略、建设大纲及《山西省政十年建设计划》中，都把植树造林放在重要地位，并贯彻实施。基层和民众也对植树造林有了初步认识。如民国六年《临县志·风土》卷十三载：“（以往）鲜知种植树木，尔年知县奉令晓喻，人民渐知森林之益，锐意栽培。”清末遗耆晋祠赤桥村人刘大鹏在其民国十年《明仙峪志·树木》卷四云：“民国以来，政重森林，年年官令各处栽植树木”；他民国二十五年的《太原现状一瞥》卷一又云：“阎主任注重树木，设全省植树委员会，并派员四出检查植树之勤惰。又电令全省于汽车路两旁之树，速行补植，足见树木之政”等。

三、设专职林业机构

（一）国家林业机构

据《中国近代林业史》137～139页，民国元年1月1日，临时政府即设实业部，林业由该部农务司管理；4月该部分为农林、工商两部，林业由农林部山林司主管。二年10月并为农商部，林业由农林司管理。五年农商部设林务处，该处督办由农商部次长兼任；9月撤销林务处，林业复由农林司管理；同年农商部设全国性林务研究所。此外民国初年还在各地设些部直属林业单位。民国十七年3月，国民政府设农矿部，林业由农务司管理；9月设林政司，专管林业，直至抗战初期。

（二）省直林业机构

民国二年设山林总局。七年改称大林区署；在阳曲、五台、宁武、大同、蒲县、长治设第一～六小林区署。十一年在闻喜增设第七小林区署。十七年撤销大林区署，小林区署改称第一～七林区署，归农矿厅（后为实业厅）直接领导。二十七年又在乡宁增设第八林区署。主要任务是育苗、造林、保护和调查等，并各在所辖县内，选择地址，建立苗圃和林场，共苗圃18、林场13。每年经费共约70万银元。二十一年合并为驻阳曲、宁武、蒲县、长治四个林区署，但又增设林场15、苗圃1，二十二年又在太原新设三个果树苗圃。另民国十年还在太原北十方院设省直林业试验场等。

（三）各县林业机构

民国初年各县多设农桑局，有林业技术员一。后分别命名为农业、或农林、或农牧，也有另设林业局者。各局除实业技士外，均配林业技术员（林业传习所毕业者）为助理。民国七年颁布《各县办理县区苗圃规则》，规定一等县四十亩、二等县三十亩、三等县二十亩；筹定每年经费分别为400、300、200银元，至十四年共有县苗圃105处。[①] 各县多有农事试验场（大多附设于苗圃），也进行某些林业试验。

（四）乡村林业组织

民间办林业促进会。民国五年中央颁布《林业公会规则》后，山西省于八年、二十年分别颁布《修正林业促进会简章》、《修正各县办理村林业促进会简章》，规定各县和编村均设林业促进会，办理民众育苗和植树造林等，筹定林业促进会每年用资造林经费，按一、二、三等县分别为300、200、100银元；民国九年颁布《各县办理村苗圃规则》，规定百户之村设一亩，百户以上按比例递加，百户以下酌情设置，或数村联合共设，由林业促进会办理。[②] 如民国九年《解县志·物产》卷三载："三令五申，劝民种树。有官苗圃三十亩，村苗圃一百零六亩。"此外还有民间纯自发的林业组织。如民国七年灵

① 以上（一）（二）据《山西林业史料》232～246页；一～三等县规定苗圃亩数和经费见178～179页。

② 据《山西林业史料》140～149页、177页。

石苏溪村有识之士郑耀晖创办“介山林业会”，育松柏苗数亩，给附近各村栽植。还有社山（村有或联村共有）、族山、寺庙山等公有林，亦多公推护林组织，制定办法，共同保护利用等。

四、颁布林业法规

（一）国家林业法规

抗战前国家颁布过一些有关林业法规，兹仅摘其最主要者概述。①

民国元年《林政纲要》有限制滥伐、私伐，奖励造林，实行保护，设立苗圃，实行造林工程等。三年《国有荒地承垦条例》中列有种树。三年《狩猎法》及十年《施行细则》，对禁山、保护之鸟兽及不准用炸药、毒药、陷阱等都有具体限制规定。三年《森林法》及次年《施行细则》和《造林奖励条例》，对保安林（防护林）、古迹名胜林禁止樵采、禁火；对窃伐林木、损害苗栽木植者处以罚款或徒刑；承领荒山荒地造林者免 5～30 年租；商号或个人造林成活满五年、200～1000 亩以上，分别授一、二、三、四等奖章；3000 亩以上者，由农商部呈大总统特别给奖；经营特种林，按面积、株数核给奖金等。五年《林务专员规则》、《林业公会规则》，规定各省林务专员职掌等事项；林业公会育苗、造林地无偿给予，及告发盗窃焚林者，予以严办等。十年《管理寺庙林条例》。十九年《堤防造林及限制倾斜地垦殖办法》。二十年《林业考成暂行办法》、《国有、公有林暂行规则》有采伐地每亩留母树十株和迹地造林，以及保护母树、幼树等规定。二十一年又颁布新《森林法》、《狩猎法》及二十四年该两法的《施行细则》。二十五年《造林实施方案》。二十六年春《培植保护特种林木监督办法》等。该年夏抗战爆发，不再列述。

（二）山西省单行林业法规等

抗战前山西省颁布过许多关于林业法规、章程、条例，除前已述

---

① 据《中国近代林业史》98～108 页和《山西林业史料》41～134 页。

者外，将主要者列目。[1]

民国六年《种树简章》、《各县查勘荒山荒地办学校林》。七年《大、小林区署章程》、《各县学校植树规程》、《林务调查规则》、《保护天然林章程》。八年《……采集、采购树籽规则》、《沿河各县分区造林办法》、《保护森林简章》、《山野登记条例》、《保护官道树》、《林业传习所简章》、《林业人才训练办法》、《考核苗圃、种树成绩规则》。九年《林业技术员办事规则》。十年《森林巡役规则》、《森林警察服务规则》。十一年《考查各小林区署规则》。十二年《……汽车路种树章程》。十三年《取缔包买山林及滥伐小树条例》。十四年《考核各县农桑林牧各局成绩奖惩规则》。十七年《劝喻人民造林》。十八年《提倡村林业办法》、《森林登记规则》。十九年《各村禁约内加保护森林之条款》、《各县办理植树规则》。二十一年《承领荒山荒地造林条例》。二十二年《植树规则》、《播种造林注意事项》、《各县造林督察规则》、《各界植树考核奖惩规则》、《山林封禁章程》及南阳山（孝文山北侧）、太行山《森林保护办法》、《各县古树保护通则》、《人民修剪树遵守办法》。二十三年《……各县领用苗木办法》。二十五年《植树保护办法》。以上等等，大体涵盖了营林各个方面。期间还有一些修正补充条例，以及林区署、林场等规程细则等，不再列目。

有些县乡也根据当地情况颁布过具体章程、办法等。如平定《人民当值春令栽植森林》、《城乡人民不准伤害林业》；沁源聪子峪公议《处办砍伐损坏森林简章》；阳曲上兰村《北山造林办法》；五台《保护森林办法》、《奖励人民造林办法》；浮山《承领河滩造林章程》等。

五、林业科教初兴

继清末林业教育启蒙、初创，民国进而初兴。据《中国近代林业史》526～527页，民国初北京农业专门学校、南京金陵大学等已

---

① 据《山西林业史料》135～225页。

设林科。十一年后，大学剧增，有些专科升为大学，内设森林系；一些大学的农学院也设森林系。全国共有十五所大学有森林系或林科。

山西省于民国元年将清末的山西高等农林学堂改名山西公立农业专门学校，仍续办林科至毕业。八年复招林科一班。至二十二年，林科毕业生共 441 人。抗战爆发，日帝攻占太原而停办。

为培养急需人才，民国八年山西省大林区署在太原大铁匠巷办林业传习所，年招高小及乙种农业学校（相当于高小）毕业生 80 名，学制一年，毕业后到各小林区署、各县农林（农业、农牧、林业）局当技士之助手，或任各苗圃、林场技手。同年还在晋源北门外创林业研究所。为提高在职人员科技水平，还对大学林科、林业传习所毕业、在林业机关服务两年以上者，分别培训 1～3 月，每期 100 名、60 名；甄别及格者，分别任用；不及格者，即行辞退。此外民国初年有些县如洪洞、安泽、临县等都设乙种农业学校，也设林业课程。

六、植树造林　初具规模

（一）民国初期栽桑有些成效

大体上民国初期先推广种桑，各县多设农桑分局，购地育苗，分给农户载植。如民国六年《临县志·物产》卷七载:“提倡植桑，设农桑分局，五年育桑苗四十万株；本年发出二十万株，按户分栽，颇有成绩。”民国九年《解县志·物产》卷二载:“民国设农桑分局，育桑十六亩；择大苗四万六千株，分发民间。原植于先农坛及第一试验场等处者，今已苍翠成林。又城关有桑园五十三亩、六三六零株。”民国二十一年《安泽县志·物产》载“十多年来，种桑颇多。”民国二十二年《芮城县志·生业》卷五载:“各村栽桑成畦，渐有视为专业者”等。其他县也多种桑，不再列举。至 1936 面全省共有桑树 370 余万株。

（二）初具规模地植树造林

由于日军将攻陷太原前省政府秘书长王尊光将档案焚，故查不到系统完整的植树造林数据，仅能据其他片断资料，综合分析后略述。

省营正规育苗造林始于民国二年山林总局成立，各林区署先后共设过苗圃19、林场28。林场主要任务是雇工荒山造林，经费所限，面积不大。至1935年保存约近1500万株，共约十几至二十几万亩，还有试验场也育苗造林。到建国后（乃至如今）还有保存者。

民国三~六年，民众也植了不少杂树。从六年起规定每年清明节后除县长与各机关躬亲植树外，人民各植树一株，各学校教职员至少各三株，学生至少各一株。看来得到贯彻。如民国九年《虞乡县志·生业·物产》卷四载："每年清明人各植树一株"、"种植杂树，未能尽记"等。八年编制全省《林业逐年进行计划》，提出30年造林长远目标，植树造林又较多起来，当年全省植树造林约共1224万株（不含桑、果树，以下同）。七年起令各县都要设县区苗圃，九年更普遍办村苗圃，当年县苗圃育苗2262亩、区1170亩、村15244亩。植树造林大体逐年增多。如民国二十年《崞县志·林业》卷四载："自民国四年下令植树，今各村树株不可数计。"据民国十八年《榆次县志》，该县除成片林外，已长成的零散树木约计：榆25000株、松3000株、柏5000株、柳38000株、杨21000株、槐11000株、椿12000株、杉500株、其他49000株，约共16.5万株，绝大部分系民国所栽，而且以后十年载树更多。榆次不算大县，尚且如此，亦窥见全省。十二年又重新规定各汽车路两旁均要植树，株距以一丈为限，再三强调，饬令补植。据《山西历史辑览》述1927年山西省概况云："从太原……至雁门……山阴……怀仁……大同公路两侧有沟，植树及修缮由沿途各县负责"，数年后全省公路几乎都绿化起来。同期也对石太等铁路进行绿化。二十三~二十四年筑同蒲铁路，两侧载树24.5万余株，成活17.2万株，后因抗战而停止。民国五年崞县子干人栗奋武、栗尚周等发起，成立股份制茂林公司，在滹沱河东岸插杨柳700多亩，十年后成林成材（1985年《山西林业志稿·概况》）。十七年省府劝喻各村利用荒山、河滩、隙地营造村公有或私有林。十九年又规定各村镇要在田畔、河边、渠堰、道旁及其他不适于农耕地段广为植树。正好头年国民政府将全国划为六个保安林区林区，山西省属黄河中下游的首一区，拟大面积营造防护林。因之山西省植树造林更具规模的开展起来。

在总结前二十年营林经验教训的基础上，民国二十一年精心编制出内容庞杂、规模宏大的《省政十年建设计划》，提出每年造林（播种）240 万亩，成活十之七为期成量、十之五为必成量（稍冒进）；每人每年植活一株树为必成量。次年又颁布较得力措施。如民国二十四年《浮山县志·森林》卷十二载，前两年“十二村共造林二千多亩，已部分成林。”《山西纪游》云：阳曲“三给村（本年）民种树四千余株，活者十之七，……民户约计一人一株。”正当蓬勃开展之际，因抗战爆发而中止。①

山西省造林面积，各种资料出入很大，很难说清。大体上每年造林近十万至几十万亩。林场造林成活率较高，通常十之七以上；民众造林通常一半以上，个别大旱年低至 20%。劣质立地更低。如刘大鹏民国十年《明仙峪（晋祠西山）志》卷一云：“宜造林地，寥寥无几，故造林数年，见效未多。”不管如何，至抗战前全省造林保存者共约一百几十万亩或稍多。零散植树量同样杂乱如麻，大体上每年数百万至近千万株。成活率虽较高，但更新利用也较快，至抗战前保存共约一亿多株。路、渠、村、水等旁，基本为树木遮障，成效较明显。

七、保障林权　保护山林

天然山林几乎都是私（或家族）有和村（或联村）公有。其中私有林占多半，公有林占少半，国有者微乎其微。抗战前曾进行山野、森林登记和承领荒山荒地造林，都保障山主、林主和造林者的权益不受侵犯，可以买卖，官方需要，也向山主购买。如民国七年省实业厅向沁源怀步峪、贾家沟、桦圪洞一带山主购买了 14000 亩山林（其中森林 8100 亩），由第五林区署第二林场经营；二十年省西北实业公司买下孝文山四十方里山林（每方里约 540 亩），为西北火柴厂原料和造林地。政府只进行政策指导和对所卖山林、木材予以收税。

政府常发布保护山林树木等法令，并有森林警察、巡役、寺庙林

① 以上除注名出处者外，主要据《山西林业史料》226～231 页。

封禁等具体措施。私有林由家族保护，村监护；公有林（包括寺庙林）共同保护。如沁源侯神岭、云盖山约25方里社林，由附近11村各举一经理人，共同管理，雇一林佃户常年住在山中守护，任何一村不得独自砍伐。开山规则由各村经理人共同议定，砍伐时轮流监督检查。费用共同承担，卖木纯收入11村平均分配，主要用于村办小学经费。灵空山森林为周围5村（曾为8村）公有，后由县出资收买，公款局代管，卖木时标号，非成材者不准砍伐。灵石介庙神林由18村各举一经理人，分三组，每组每年2人值年，6人中公推一人总负责，雇3户林佃常年守护。三年轮毕，再行公推。其他办法大致同云盖山。民国十三宁武成立山主联合会，后大山主又组成丰宁公司，以后改为半官方的森林管理处，并设置林警、卡所查验木材斧印等，都有保护森林、检查偷砍滥伐、遵法经销木材的责任和权利。不少县长也保护山林。如民国四年蒲县知事石映雪于三月二十八东神山黄飞虎庙会上，当场写“伐我山林吾无语，伤汝性命汝难逃”楹联，贴于庙门；六年中阳邹知事将偷砍柏洼山树木者，枷号数日，处以罚金，立“柏洼山禁伐碑”；① 都起到震慑作用，该两处山林得以较好保存。其他事例，不再列举。由于山林得到较好保护，加上封禁等措施，故残林获得再生恢复、成长扩大之机。

八、采伐之后　能再更新

那时木贵粮贱，按重量讲，木贵于粟。如一般原木每吨约60银元，每斤约3分，而粮食平均每石（130斤左右）才3元，每斤2.3分（大米3～4分、猪肉1.5～2角多、麻油1角多～2角多、棉花4～5角），每根小头径2寸的丈二松杆椽5角以上。大木良材因稀少而更贵。如丈九～两丈大杆椽比丈二者贵一倍还多，每根丈六～两丈松木大梁约相当于百根丈二松杆椽之价。因之山主多爱惜其林产，既想卖林多获眼前收入，更想让其再长若干年给子孙多留丰厚财产。加之民国十三年省政府训令宁武等20余个产材县，取缔包买山林及严

① 据《中国林业》1982年6期、1988年《关帝局史》6～7页。

禁滥伐小树，采取持红契报请查验备案后始准采伐、保留母树并及时更新等措施，采伐后仍系林业用地。又因粮食不缺，养林比种粮利厚，林间和林缘耕地也大都退耕而天然还林。初步做到越采越多，越采越好，永续利用。兹举几较大区中心县产材情况：

（一）沁源山

据民国二十二年《沁源县志·田赋》卷二，“近来……（粮食）倍获，有谷贱伤农感，渐留意副业”；去年上缴省木税4000银元，县另附加800元；而皮毛说才500元，全县经费支出共23540元；可见木料系最主要副业。同卷·商业载，“木料以椽檩为大宗，次为楼板，再则为棺板、栈板、门板等。……多以松木为主，间以杨木，多（车拉骡驮）行销平介洪霍各地（及上党诸县）”；还产木制农具、车件、用品等，亦多外销。又同卷·风土载：“本县木料不缺，房舍多以构木为之，……民国以来，人口增多，全县约计增筑三万余所。”卷五·物产载：“松，山植甚繁，近年来伐运到外境者难以数计，成大材者罕”，但有少数大梁等巨材远运到太原等地销售。

民国二十二至二十五年筑南同蒲铁路，以每根2角大量收购枕木，主要是取自灵空山，砍伐者两千多人，两年多共砍取枕木22万多根、电杆7000多支，以及甚多桥桩、梁木等。另在灵石夏门至南关侧柏残林中择取很多枕木。官商勾结，趁机大砍，倒卖木材。约共砍伐成材树近百万株。除圣寿寺附近百余株巨松经村民力争而幸存外，檩材以上砍伐殆尽。后灵空山枕木贪污案暴露，舆论哗然，才予收敛，但已对该山林形成浩劫。[①] 同期筑白（祁县白圭）至晋（城）铁路，也大砍沁县伏牛山和沁源东山森林。

此外靠近沁源山的安泽（含今古县）、灵石（主要是介庙神林）介休等山也产销些木材。

详见《太岳山区森林与生态史》222～224页。

（二）宁武山

因可利用汾河筏运，故系产材外销最多之处，以红杆檩椽、白杆

① 据李晨光1986年《太岳林局四十年》4页。

方木为大宗，并少量橡桦，很少大木。高峰时年销五万吨，通常万吨左右，年交易额40多万银元（产地价），净利30余万元。有木厂20余家，集中在东寨附近就有10余家。销于南路者，运到宁化编筏，每筏约400余件，至太原兰村（或西门外）解筏销售；或再装火车销于正太路沿线，甚至出省到井陉、石家庄等地；每年约一千吨，价值6万元，连平汉、正太两铁路亦购买其枕木15万根；还有些顺汾河继续再流至晋中沿河诸村镇销售。销于北路者，用马车拉到雁北诸县，大部分拉到大同，再装火车东销于阳高、天镇，或出省到宣化、张家口等地；有的从大同再装火车出省西销于丰镇、集宁（平地泉）、归绥（呼市），铁路通到包头后，还远销于包头一带。用骡驮或车拉到邻近的忻定崞代诸县者很少，占不到外销总量的5%。①

民国二十三至二十五年筑北同蒲铁路，为取材方便，绕道宁武，收购枕木50余万根；次年又购20万根，以及其他用木等，砍伐殆尽。②

此外靠近宁武山的五寨、岢岚、神池也产较多木材，静乐产材较少，皆销于附近各县。

详见《管涔山林区森林与生态史》109～116页。

（三）交城山

所产松杆檩椽等材顺文峪河筏漂而下，多销于文水、汾阳至晋中一带，或转销于太原，达二十几年。民国十二年在汾阳古庄建昆仑火柴厂，伐该山杨木为原料；二十年起西北火柴公司在孝文山伐杨木等。后筑南同蒲路，在孝文山一带伐取枕木15万根、电杆等8万余件，还有门板、寸板等万数方丈，约共伐原木10万立方米。此外靠近该山的方山、离石，另中阳也产些木材，驮销于附近各县；云顶山之材，运到娄烦镇编筏，顺汾河销于太原等地。③

---

① 主要据民国十三年《山西林业调查录》，参照1936年日本编的《山西产业与贸易概况》第一章二节。

② 主要据《山西产业与贸易概况》第一章二节。

③ 主要据《山西林业调查录》和李晨光1988年《关帝局史》5～8页。

该山木材产销规模逊于宁武山，更缺乏大材。

（四）历山

中条山东段、主峰历山舜王坪周边的垣、阳、绛、翼、沁（水）诸县深远高山，虽散布较多栎杂残林，但松柏良材甚少，加之山势险急，采运艰难，故未形成大量产销规模。所产木材供本县及河东、泽州诸县，少量销于河南；年销售额不过几万银元。后同蒲铁路筑到晋南时，也在绛翼垣收购枕木等。因数量不敷，于民国二十五、六年更远到主峰下锯齿山背后峭壁深渊中采伐。每骡驮两根枕木运出，常有人畜摔死者，后因抗战爆发，所伐大量木材弃于山中。1984 年笔者等考察该处七十二混沟时，还见多处码堆的腐朽枕木。

又据民国十三年《山西林业调查录》，吕梁山南部的隰（含今交口西南部）、吉、永和、石楼、汾城等县，以及中条山西段的虞乡县，也产些桐、桧、楸、榆、栎等材，大半销于河东各县；有些用于造船，由禹门渡装货顺黄河而下，至卸货地也将船出售，人从陆路返晋；年木材生意几万元。

晋东南陵川、晋东北繁峙等也有稍多天然林，路远山高，采运艰难，缺乏大木。唯繁峙产的小径材，销于附近县。

*　　　　*　　　　*

总之，从民国三年至抗战前的二十几年中，由于保护山林较为得力，再生恢复大于砍伐破坏程度，加之初具规模造林，全省森林约由清末不足一千万亩，到民国二十五年已增加到约 1456.6 万亩；[①] 覆盖率由 4% 上升到 6% 稍多。所增多之面积，天然林扩展约占多半，新造人工林约占少半；林相也较好一些。零散树木更比清末显著增多且好。灌草植被也比清末有所扩大、好转。

第三节　抗战后破坏加剧

1937 年 7 月 7 日抗战爆发后至 1949 年 4 月 24 日太原解放，战争

① 据《山西林业史料》230 页。

频繁不断，大小战事涉及面广，林业建设几近停滞，对山林植被破坏大于恢复。主要是：

一、大肆滥伐

日伪为了其军用和其他木材之需，实行林木统一管理、木材统制，制定《木材统制组合章程》、《管理林木办法》、《木材统制要纲》、《林木暨木材统制办法》等，将林木砍伐、调配、购销、价格等大权集中收归于省日伪长官，砍伐山林和木材出县必须得到许可。如1939～1945年在宁武城设“四木三场”，筑宁武至东寨轻便铁路、东寨至芦芽山运木林道，有东寨家具分厂、上佘主木材接运站及采伐、运输队等，劳工数千，单运出木材约4.5万立方米。① 据《太岳林局四十年》第二篇、一章，1942年日军将介庙神林约数千亩松柏全部砍光，一下子就运走木材万多立方米，仅剩百余株弯曲不成材者；同时火烧绵山，使云峰寺、介庙等都成了废墟。又据《山西文史资料》和当代《五台县志》卷四，日帝在繁代南山和五台县曾不断大量采伐，单五台县就砍毁两万多亩。其他凡日军占领之区，或筑碉堡等工事，也多掠夺砍伐，数目不详。日本林学家宇都宫嵩据日伪档案，他于1942年在日军护卫下，深入山区调查后编《山西森林资源及造林》，测算1941年木材使用量为：土木建筑23000、坑木41700、电杆枕木27800、火柴原料5600、火柴纸烟箱材600、薪炭材54200，合计近15.3万立方米。若再加上农具、用具、家具等用材，总共年消耗木材约20万立方米。鉴于日占区的山林质量大多较差，估算年砍伐总计约十大几万亩。

共军进驻的三大边区也砍伐些山林，多就近使用，运出县外销售者少。抗战胜利后又称解放区，需木大增，亦多外销。如据《太岳林局四十年》第二篇、二、三章，1946年晋冀豫边区将沁源阎政权蒲县林区署第二林场怀步峪、贾家沟、桦圪洞三处14000亩山林（含

① 据1985年《宁武县志·林业志》卷十三第三章和薛振宽《管涔山林区史稿》第一章。

该场造2000余亩人工林）采伐权售给平遥木商九盛号，到1948年春，凡四尺小椽材以上树木全部砍光；1948年春在沁源马森设军工木材厂，分设几处采伐场、锯板厂和加工厂，共近二千人，并修通沁源李元~长治大道，成批大量原木和半成品运往外地销售，还有手榴弹柄、弹药箱等军用材；单怀步峪就砍伐十余万株；1944年年还在灵空山草沟办起“林生松煤（烟）厂”，年砍松柴20多万斤，产松烟灰17000余斤，制墨千余锭，以及烧木炭等。据《关帝局史》第三章，抗战胜利后至1949建国前的四年来，孝文山一带是晋绥军区兵工部等最重要木材基地，有木厂、火柴厂、烧木炭窑厂等，工人上千，年产木板三千余方丈、木炭30万斤（配制炸药）、燃料510万斤，橡树皮112万斤（提炼木醋酸丙酮、丹宁等）、手榴弹柄10余万棵，以及大量弹药箱、地雷托板，还烧松烟制墨、油墨，以及建筑等用材；每年约伐成材树8万多株，将距厂十里山林几乎砍光，又远到孝文山以外砍伐。另边区贸易局从1946年起组织农民在交城山伐木，用骡驴驮至开栅销售，以小材为大宗。方山群众也砍伐坑木等销于临县等地。晋察冀边区也砍伐五台、恒山等处山林。

整体上看，三大边区砍伐量比日占区要少。

阎军占领区不广，主要砍伐吕梁山中南段西侧山林，数量更少。另抗战初期，国军卫立煌部约近十万人退守中条山东段，其中一个军于1940年日军发起中条山战役后退至锯齿山后的七十二混沟，该军缴枪撤到洛阳后，又被土匪头王殿邦盘踞。都砍伐些历山之林。

二、战争焚烧

主要是日军进犯边区时焚烧。据1961年《盂县志》，郑沟12000亩松林，被日军全部烧光。在太岳山区除前述火烧绵山外，对沁源焚烧更甚。据《太岳林局四十年》第二篇、一章，1938~1943年日军对沁源八次大围剿扫荡，每次都焚烧一些山林。特别是1942年把该县作为“山岳剿共实验区”，当年秋占据县城和王和等重要集镇，达两年半，实行“三光”，搜剿游击队，常常烧杀抢掠，共约烧毁房屋33万间，也烧及甚多山林。1945年4月收复沁源，重建家园，普遍盖房。沁源不缺木材，基本系二层木结构楼板房，累计约砍伐山林十万亩，取木几十万立方米。也可算日军间接焚林恶果。

对其他边区同样实行“三光”，累计也直接、间接地焚烧甚多山林，不再列述。

据《管涔林区史稿》第一章，日帝在宁武谢家沟筑碉堡，拟在武力掩护下抢伐当地山林。游击队和村民为了不让其掠夺，愤然举火，将三万余亩山林予以烧毁等。《关帝局史》第一篇、三章载：单孝文山一带 1947～1949 年就发生烧毁千亩～三、四万亩的山林大火九起，损失严重。其他处许多山火也不列述。

三、焚山开荒

由于日帝对边区封锁，粮食物资匮乏，故常开荒以生产自救。1940 年后封锁更严，而八路军不断壮大，需粮食等更多，故边区军民掀起大开荒、大生产运动，主要是烧毁草灌和砍伐部分山林后，焚山粗耕。据 1953 年 3 期《中国林业》，晋绥边区在晋西北就烧毁灌丛残林十余万亩。该边区在吕梁山中北段和雁北西山等地也较大规模地焚山开荒。

晋察冀边区在五台山、恒山等地的开荒约比晋绥边区稍多。

晋冀豫边区在太岳山、太行山等地的开荒规模较大。据《太岳林局四十年》第二篇、一章等，单 1944 年在沁源灵空山一带即砍伐树木 20 万株以上，开荒 1.2 万余亩，另焚山时还烧毁树木 2.5 余株（不含小树）；同时至灵空山西侧霍县七里峪一带伐林焚山，开荒数千亩；之后数年，霍县大峪河～七里峪～灵空山约 60 里，还到处都见伐木开荒、焚烧山林遗迹，无一座完好山林。在该县其他山同样焚山开荒，总面积不少于灵空山。另太岳山主脊线一带将台、花坡等处高山疏林草坡，外地牧主年年冬雇人焚山，次年青草嫩旺，供夏秋大批羊群寄牧，使疏林变成草坡。其他各县也多焚山开荒，不再列述。

阎占区在晋西南吕梁山西侧也有些焚山开荒，规模不大。

抗战后至建国前，估算全省焚山开荒约计不下数十万亩，甚至百万亩。由于改变了林地性质和用途，相对来说比砍伐、火灾对山林植被的破坏性更大。

*　　*　　*

抗战后十多年的各种破坏，大约使我山林减少三百大几十万乃至四百万亩，由 1936 年的 1456.6 万亩降至建建国前的 1000 余万亩；[①] 覆盖率稍低于 5%；质量也比抗战前较差，灌草植被也比前变劣。整体上比清末微好，残林分布总格局也与清末类似而微有扩展，不再分区列述。

四、稍微植树造林

日伪于 1938 年在省公署建设厅农矿科设林垦股；41 年升为林务科，下设林政、造林两股。1939 年恢复太原北十方院林业试验场，附设林业技术训练所；在阳曲、太原、徐沟、清源等 16 个平川“模范县”建立县、区、村苗圃；定 3 月 29 日为植树节，笔者曾于该日参加过植树。1942 年增设潞安、原平两试验分场。还在太原、宁武、长治设第一、二、三林区署。也搞了点植树造林。据《山西林业史料》250～252 页，民国二十九～三十二年共计植树 1000 余万株；造林更少，仅见试验场造林 200 余亩之载。

三大边区也植树造林，因战争频繁而不太具规模，资料零散，口径不一，不便累计。看来植树量比日占区要少；但 1948 年前后在五台山台怀南山寺后造近万亩落叶松林，今已长成大林，系边区所造唯一最成功、最大的一片人工林。另 1948 年 6 月，边区在长治创办华北大学农院，有植物系。该系在灵空山圣寿寺分办林业专科学校，两年招小学（最高初中）文化生百余名，半工半读，开荒种地，自食其力；1950 年春，由该院长乐天宇（解放区最大林学家）随同农学

① 说法不一：1950 年《省林业局工作总结》估计为 960 万亩；随后 50 年代初森林调查为 1080 万亩；交领导后不予公布，主观武断将“旧社会”有林面积砍掉一半，定为 540 万亩，建国前森林覆盖率假定为 2.4%。该“官定”数据，沿错至今，谁也不敢更正。吾认为 1080 万亩、覆盖率 4.8% 比较接近实际。

院带至北京；51 年毕业后，该校随之撤销。

阎占区植树造林更少。据《山西林业史料》227 页，仅有民国三十一年造林 1280 亩之载；抗战胜利后次年植树 127 万株。后共军很快进占，阎军仅守几孤城，更顾不上营林了。

这十多年有关林业资料也较多，但植树造林却不多，故只略述。与毁林相比，不足为道，并不影响森林整体分布格局。

建国后近 60 年，林业建设才又较正规地大发展起来。留待今后有识之士续写《六十年来山西林业建设史》。

第十章　森林变迁小结

一、历史时期，由于我们祖先对大自然科学认识的局限，往往有意或无意地破坏着森林。随着人口增加，活动地盘扩展，毁林拓田、焚林滥牧、大兴土木、乱砍滥伐，以及战争等人为活动频度加快，致使森林大体上逐代减少，几近覆没。系曲折式下降，某些期段如西晋至五胡十六国等，由于杀戮过甚，人口锐减，森林还自然有所恢复和扩展。

二、历史时期，人们为了生存和社会进步而发展农牧等行业，在适当范围内改林为田，焚林为牧，适量砍伐等，都算正当。但无休止地滥垦滥牧、乱砍滥伐，尤其是陡坡开荒，广种薄收，摧毁森林，就走向错误的极端。

三、森林是可再生的活资源，除长久改变林地性质和用途外，通常破坏程度不超过其再生恢复能力时，若干年后还可自然恢复起来。但久经不断地过分反复破坏，林分质量就趋于劣化，大体沿着原始森林→次、再生林→残杂林→残破、败、疏林→茅、矮林→蓁莽→灌丛→草灌→稀矮草灌，终至童山不毛、岩石裸露、荒漠化地逆行演替。逆化的越低级，自然恢复年限越漫长，乃至要用造林等人工措施，使之尽快成林。

四、地史和各历史时期山西省森林概状估约如下：

（一）在漫长的地质历史时期，进入距今约3.5亿年的古生代石炭纪、生物进化到木本植物大量出现起，到距今约80万～10万年的新生代中更新世止，除第四纪冰川期和水域等外，山西省几乎为茂密森林所覆盖。随着地壳和大气候变化而自生至死地逐代繁衍、进化、演替。后期虽有点猿人活动，对大森林影响，微不足道。

（二）史前时期的旧石器、新石器和炎黄尧舜禹传说时代，寥寥人类生活在茫茫林海之中，估测森林约占总面积的十之九或稍多。

（三）先秦时期的夏商周，仍基本为茂密森林所覆盖。到战国末，除平川之林近于消失外，丘陵区还森林遍布，山区则几乎森林满布。森林约占总面积的十之七稍多或四分之三。

（四）秦汉魏时期，尤其是西汉至东汉前期，山林明显减少，覆盖率约降到一半或稍多。东汉中后至曹魏末，山林又略有扩展，约占总面积的十之六。基本仍为茂林。

（五）西晋十六国北朝时期，尤其是“五胡乱华”，山林又大恢复起来，并有所扩展。到十六国末，约占总面积的十之七或稍多，大体相当于战国末，但质量略差。北朝时破坏又大于恢复，全省山林覆盖率又降到约一半以上。尤其是北魏建都平城近百年，对雁北山林摧残特甚，残林覆盖快速降到约十之二以下，甚至六分之一，质量明显劣化。到迁都洛阳后的百余年才逐渐恢复扩展。

（六）隋唐时期，雁门关以南山林继续减少，到唐末还约占十之四或稍多，质量基本完好，尚产大批巨木良材。雁北则继续大恢复，森林扩展到十之六还多，质量更好。全省森林占总面积之近半，生态还相当良好。五代十国至北宋初山林降到1/3或稍多，生态始劣。

（七）北宋辽金元时期，除金末蒙初残林植被短暂恢复扩展外，山林越来越少。到元末覆盖率已降到20%以下，甚至15%，加之质量变劣，生态趋于劣化。

（八）明朝首先摧毁雁北山林，到明末残破林覆盖率约仅2%。对雁南山林也严重摧残。全省残林覆盖降到10%以下或更低，质量低劣，植被很差，生态明显恶化。清朝更扫荡残林，到清末残破败林合起来覆盖率4%稍多，植被更差，生态越发恶化。

（九）民国初至抗战前，残林稍有恢复和扩展，加上初具规模地植树造林，覆盖率升到6%或微多；植被也较好地恢复，生态刚从恶化的低谷始予扭转。但1937年后又明显破坏，覆盖率又降到5%以下，植被也趋劣，生态又跌入近似清末的低谷。

（十）建国后近60年，天然林明显扩展，加上大力植树造林，覆盖率上升到13.2%，植被又渐趋好，生态从恶化低谷中趋向好转，但还未遏制。来日方长，任务艰巨，尚须坚持不懈地进行绿化。

下篇　生态变化纵述

森林能调节气候，防风固沙，涵养水源，保持水土，优化环境，以及为野生动物等提供优越栖息繁育场所等。它是陆地生态系统的主体，对维护生态平衡起着重要作用。一般说在较大区域内，森林占1/3以上，且分布比较均匀，就可保持生态平衡的良性循环。反之若摧毁绿色屏障，失去森林环境，就趋向恶性循环，各种自然灾害也逐代趋多趋重起来。

第十一章　气候变干　旱灾增多

鉴于山西省旱灾最为普遍，受害最多、最大，故重点述之。

从大范围看，干旱或湿润主要取决于海陆分布、大气环流、地形地势等多种因素；但森林也可起一定调节作用。森林通过水分小循环，可增加降水。森林叶面积约为其所占地面的75倍，比草地农田大5～10倍。多林地区，由于林木的蒸腾作用和树冠枝叶蒸发，大大增加输送到空气中的水蒸气量。据中国土壤研究所测定：一公顷山杨林在一年生长季节，可蒸腾水分2524.4吨；辽东栎林2868.5吨；大体阔叶林蒸腾量都在2500吨以上，针叶林2000吨以上。同一纬度森林蒸腾和蒸发的水分，比同面积海洋蒸发约多50%；森林上的湿度比农田高10%～20%，比裸地更高；加之由于蒸腾吸热，夏季林区温度比同海拔无林区低8～10℃。温度低了则相对湿度增大，有助于水蒸气饱和凝结，成云致雨，局部增雨；故林区云多、雾多、雨多。据国外资料：林区年降水比无林区平均多17.4%，最高多26.6%，最低亦多4.3%；森林覆盖率每增加10%，会使年降水增加4%。山西省林区降水量均比林区外多。如关帝林区腹地庞泉沟年均降水比林区外约多20%，天旱时常有林区外阴天而林区获偏雨现象；据省气象研究所在太岳林区观测，一定降水天气下，非林区雨已停止，而林区仍继续降雨，并比林区外一次较大雨程可增多9.5～23.5mm；其南缘外的安泽，多年平均降水比林区外临汾多60mm多；从全省降水分布图可看出，凡森林覆盖率高的地方，年均降水均多，甚至形成等雨线高值闭合中心（还有海拔、地形等因素）。[①] 这就是“森林雨”现象；即俗语云“天旱雨淋山”。但淋的是有林之山，绝非童秃之山。

森林可提高空气湿度，增加降水，当小旱之年，可免除旱灾；大旱之年，可减轻情灾程度，以及减免冰雹、霜冻等气象灾害，从历史记载也得到充分证实。

第一节　直观记述

古代无空气湿度之载，仅能从大气景象的相关记述间接推测。[②]

一、唐朝以前

山西省森林尚多而好，空气比较湿润，故常有云雾烟（薄云雾）霞和岚气（山中云雾）、紫气（林上水气）之类记述，兹摘要概述。

汉武帝《秋风辞》述汾河最下游一带系“秋风起兮白云飞”；北魏《水经注》述汾河上游支流静乐县东、西碾河系“水上杂树交荫，云垂烟接”；隋薛道横《从驾幸晋阳》曰:“涧水寒逾烟”等。唐时相关记述很多，大体从北向南述其大要。

唐太宗《饮马长城窟》曰:“阴山千里雪”、《祭恒岳》云:“苍苍

① 1992年《山西农书·气象篇》第八章。

② 皆据各通志和府州县山等志·艺文，以及《历代名人咏晋诗选》摘录，行文中不再一一注明出处。

元气，……松萝挂云”，王勃《宿长城》曰:“阴云凝紫气”，李贺《平城》曰:“烟雾湿画龙”，吕令问《云中古城赋》云:“阴蔽群山”，《北岳府君庙碑》云:“林岳时时间出，……气笼翠微”，李敻《北岳晨望》曰:“古树侵云密，……川长雾气收”，崔颢《雁门胡人歌》曰:“雾里孤峰湿作烟”等。

晋东北亦很湿润。如卢照邻《晚渡滹沱》曰:“霞明深浅浪，风卷来去云”；五台山更常云雾缭绕，唐《五台山清凉传》卷上载:“触石吐云”、“烟雾常合”，温庭筠《清凉寺》曰:“诗阁晓窗藏雪岭，……松飘晚吹撞金铎，竹影寒苔上石梯　……下方烟暝草萋萋”等。

晋西北一带亦多雨雪。如杜审言《岚州作》曰:“此地春出晚，新旧雪仍残，水作琴中听，山拟画里看”等。

中部亦多湿润描述。如唐太宗《晋祠铭》云:“碧雾紫烟，郁古今之色”，吴少征《游开化寺》曰:“初入云树端”，苏廷《汾上惊秋》曰:“北风吹白云，万里渡汾河”，李白《太原早秋》曰:“云色渡河秋”、说晋祠“歌曲自绕行云飞”，耿韦《太原送许侍郎归京》曰:“汾水风烟洽”，李伯益游晋祠《晓雾》曰:“月落寒烟起”，欧阳詹《童子寺》曰:“西寺碧云端”，杜牧《清明》说汾阳杏花村（一说安徽贵池县）“清明时节雨纷纷”等。

晋东南又较湿润。如卢照邻《登王屋山》曰:“万里见风烟”，李贺《……晓入太行》曰:“香露溘蒙菉，新桥依云坂，候虫嘶露朴”，唐玄宗《……太行山言志》（从河南河阳至长治）曰:“白雾埋阴壑，丹霞助晓光，涧泉含宿冻，山木带余霜”等；今老顶山那时又称“紫云山”，壶关东南端名紫团山等。

晋南开发最早，但还较湿润。如王维《登平陆城楼》曰:“客亭云雾间”，阎防《与永乐诸公泛黄河》曰:“烟滨载酒入”，岑参《……赴晋降》曰“君去试看汾水上，白云犹似汉时秋”，李端《霍泉》曰:“碧水映丹霞”，韦应物《送汾城（今襄汾境）王主薄》曰:“禁钟春雨细，官树野烟和”，卢纶《游（永济）栖岩寺》曰:“林香雨气新，山寺绿无尘，遂结云外赏，……鹤鸣金阙雨，僧语竹房邻”，杨巨源《普救寺》曰:“青山满寺前，……岚色到人烟”，马戴《鹳雀楼晴望》曰:“行云如可驭”，张良器《河曲（风陵渡）荧光》曰:“五色瑞荧光，天汉接微茫，丹阙清氛里，幽关紫气旁”等；垣曲山高林密，故县城东之山称云蒙山。

二、宋辽金元

宋辽金森林减少，但尚未摧毁，灌草植被尚可，空气还不太干燥，既有荒旱及祷雨，也有不少云雾烟霞之类记述。高远山森林仍较多，空气还较湿润，故重点述之。

雁北南山尚较湿润。如金末前元好问《过雁门关》曰:“生民何处不桑麻，……云暗白杨连马邑”、“穷谷无人绿树齐”，勾注山“多雪”、“树乱”。最高的龙山梁，金末蒙初山林更好一些，故刘祁《游西山记》、麻革《龙山游记》、元好问《游龙山》诗歌，都述这一带云雾缭绕，变幻莫测，行云走雨，岚气烟霏，相当潮润的林多、雾多、雨多、水多景观。详见《雁北森林与生态史》第七章、三节、七。

据北宋张商英《续清凉传》，五台山还系“一派烟霞笼紫府”、“楼台锁白云之内”、“云雾忽分忽合”，登中台系“高步白云端”等。金末蒙初元好问《台山杂咏》曰:“茫茫松海露灵鳌，……更在云山气象中，……山云吞吐翠微中”，并大体维持到元末明初。台山外也比较湿润，如元好问父元德明《瓶形（平型）岭早发》曰:“云海萧瑟雪花乾”等。

管涔山很湿润。如北宋潘闵《芦芽山》曰:“夜深如有雨，……枕润连云石”，岢岚州刺史刘适《连理颂》云:“雨时著途”等。晋西北始向干燥过渡。如金萧贡《保德州天桥》还说“郁郁风云入壮怀”，但李曼《婆罗门》（保德西楼）已说“坐看上崩云，……拭目千里穷”了。

吕梁山中段周缘有些记述。如北宋欧阳修《游晋祠》曰:“地灵草木得余润，郁郁古柏含苍烟”，卢象《马跑神泉》（汾阳西北）曰:“村近石林烟”，宋诗曰：宝丰山（离石东白马仙洞）“有洞崖前碧，水流白云绕”，北宋末苏过《游明仙峪》（晋祠西）曰：“山色空蒙翠湿衣”等。金王庭筠《游天龙山》曰：“寒云直上三千尺”，元好问《晋溪》曰：“石磴松云著色屏”，和梼戭《石壁寺》曰：“岩柏云封翠，溪桃雨放红”，萧贡《临泉（临县）道中》曰：“松盘雾雨溟”等。推断交城山腹地更较湿润。

太行山中段还稍湿润。如金赵秉文《（平定城）涌云楼记》曰：“岩树深老”、“巅峰翠绕”，他《重午游冠山》曰：“终古不散苍云寒”，元好问《乡郡杂咏》曰：“他州唯有涌云楼，……绿烟和雨暗重城”，[①] 他《读书山（系舟山上）重九》曰：“归高望烟树”等。

太岳山较为湿润。如北宋张商英《游绵山》曰：“山色青青耸碧云”，北宋末《敕建应润庙记》说平遥超山“能出云为雨”，宋阎光度《应圣公庙碑》（中镇霍山）云：“吐翠含芳，罗植万类，出云泄雨，沛润百谷。”灵空山更常出云致雨，润沛四泽，五代时封该先师菩萨为“施雨龙王”；北宋初从赵城伐北汉，“计用火攻”，屡被这一带所出“森林雨”扑灭，特遣大臣罗产盛祭告，立为正神，崇祀备至。金朝在沁源城西紫金山建太清观，因“松柏垂荫潮润，烟雾蒙蒙，远望如雨落状，故曰‘太清飞雨’”，县民还有嫌“秋雨多”之烦。金秉彝《题广胜寺》曰“盘云梯石上崇冈，只因身在白云乡”等。

太行山南段从北宋初就过度砍伐，始有“穷山荒障”之叹，少见湿润之载。

吕梁山南段也大体相似。

北宋初王禹称《中条山》还曰：“峰青冷罩烟，盐池浮翠蔼（青绿色云气）。”金赵子贞《题风陵渡》还曰：“云山连晋壤，烟树入云端”，但接着又曰：“落日黄尘起，晴沙白鸟眠。”

蒙元破坏山林甚剧，由半湿润转向干燥，除局部深山老林外，湿润之类记述偶见，有关荒旱记述却较多起来。如元王思诚《过郇城》

---

① 元家自五代后，由汝州迁平定，宋末又迁忻州，该诗系述其祖籍平定，有上下二城。

(临猗南)曰:"贫穷习俗粗",元末鲁渊《重九》已曰"极目中原草木荒"了。由于干旱,祷雨之举也逐渐多了起来。如大德六年温仁甫《应润侯祷雨灵应记》即述赴平遥超山祷雨。还有一些,不再列述。

三、明　清　民国

明清严重摧残乃至摧毁山林植被,干燥少雨、旱荒、贫瘠不毛之类记述比比皆是;各府州县乡村,普遍有祷雨活动及争水斗讼。有些在第八章已零散连带述及,兹概要述之。

雁北荒旱最甚。如:明中叶王越《关外咏》曰:"雁门关外野人家,不植桑榆不种麻,百里并无梨枣树,三春难得桃杏花,……狂风遍地起黄沙。"随后乔宇《登大同城楼》曰:"荒碛贫沙连塞远",谢榛《雁门》曰:"野望天何惨,……鬼火照寒沙",应州"干燥少树"等。清任举《塞外即事》曰:"极目平沙万壑干",王遵典《左云县》曰:"左云春色少,……日暮卷黄沙",邓少邵《登应州木塔》曰:"大漠苍苍一气连"等。

晋北次之。如明崔镛《偏头关》曰:"玉沙千里叹储恨(积储艰难),荒陬斗绝今如此",佚名《过河曲》曰:"崎岖沟涧多,……黄沙上下坡",王钥《楼烦城》曰:"楼烦喷疫唯荒丘,黄沙射园风飕飕,……一派寒溪空白流",贺贡《崞令袁侯去思碑》曰:"崞壤确瘠",李柄《寒塞篇》(岢岚)曰:"此地人贫却入骨",明万历《静乐县志》(佚)载:"未见繁华之茂,但闻萧条之风",杨维岳述忻州"水鲜少,待命于天,欠则逃亡离散",代州"多山而水少",繁峙"土瘠民贫"等。清朝荒旱更甚。岢岚"土田硗确,石骨凌峥,旱则易萎,涝则易冻",宁武府属四县更"四时多风,水泉淤浊,……既瘠而沙,……艰于民食"等;往昔雨水较多的五台县也"县城以北,得雨较易;大南路则得雨最艰,恒苦干旱"了。

晋西与晋北类似,同样"时忧旱",只不过风尘略少而已。不再列述。

晋东、晋中和太原同样也荒旱起来。如明谢榛《盂县北藏山》

曰:"悲鸟自荒榛",韩邦奇《次平遥夜望》曰:"漠漠荒城署",于谦(时任豫晋两省巡抚)《忆晋祠……致望雨意》曰:"愿将一掬灵祠水,散作甘霖遍九州",明末张泰治《晋祠观泉》曰:"晋阳依塞连沙碛"等。清朝更甚,也不列述。

晋南亦较干旱,尤其西山区多"土瘠民贫"、"率旱"之类记述。清朝平阳一带"喜雨苦旱"、"夏伏五、七日不雨,则有旱象;十日不雨,相率为祈祷之"、"亢旱则苦赔税"、"雨稍愆期,则苗立枯"、"十日不雨,则苗枯槁"、"原上之地,性少润泽"、"旱而多霜"等。万泉一带"田大半于山岗沙碛,……仰于天命,雨旸一失,则夏无麦,秋无禾;岁再不登,则人逃亡,土荒矣"等。

晋东南也较干旱,明朝已多"土瘠民贫"之类记述。清朝更多"山高土燥"、"多风少雨,多山少水"、"旱荒频仍"、"恒苦旱"之类记述;久旱逢甘霖则特作《喜雨记》、《喜雨颂》等庆贺文章。

民国时全省干旱状况依然。

整体上看,从南向北、从东南到西北,旱荒越来越重,但深山腹地林区例外。如沁源县就丰年多,欠年少,罕有旱荒记述;其南安泽"旱(中、南部)涝(靠近林区的北部)无常";岳阳(古县)"(远离林区的)西南三乡常苦旱,(林区和靠近林区的)北乡有时苦雨";其东沁县更"恒苦旱"了。①

第二节　喜湿润空气植物变迁

中古前由于山西省森林众多,大气潮润,故多种喜湿润空气的植物广布。随着森林减少至几近覆没,到近古多演变为旱生植物群落;喜空气湿润植物分布范围逐代缩小,有的濒危绝灭。兹列几种简述。

---

① 据民国《安泽县志·灾祥》卷十四;民国《岳阳县志·气候》卷二;乾隆《沁州志·山川》卷二。

一、高等植物

人参须在高度湿润的森林环境才能繁衍。直到唐末以前，山西省系全国野山参最主要产区，品质上乘，上党参系闻名精品，壶关紫团参最为精英。那时太行、太岳、中条、五台诸山区都产人参，长期列为皇室贡品。宋金元时明显减少，明朝时绝灭。

竹类喜温暖湿润气候，有的高山竹种也稍耐寒。唐朝以前，中部东西山并北延至五台山都有天然竹林；南部又多一些，尤其是最南端还产竹材。宋金元时缩减，但北到原平、定襄还有点天然竹和栽培竹；晋南和晋东南有关竹类记述较多。明清时分布范围显著缩小，数量也大为减少。如明末清初，祁县昌源河下游还“水经行处，人多种竹，云梢不碧而白”，即因空气干燥已不适于经济栽培了。此后除最南端偶栽培小片青竹等外，几乎形不成产品。但太原以南某些较湿润小环境的寺庙等胜地，还栽培点观赏小竹。

梅更喜暖而湿润，山西省古地方志记述很少。最北仅见定襄神山北宋时“有梅数株，……宋隐君爱之，……筑室于侧，因号梅坡。”① 据明万历《太原府志·物产·花属》卷十，还有少许梅；金朝时平遥东冀郭村麓镜台“宜雅冷映梅溪月。”② 据同治《洪洞县志·古迹》卷七，城西香雪亭（早废）有“新梅修竹”之载；光绪《蒲县志·艺文》卷十载元礼普化《寒翠亭》诗，述及梅竹等；皆说明往昔曾有梅。此外就少见有梅之记述。大概元朝前还有点观赏梅，明时偶见，再后即因空气越来越干燥而无。

其他较喜湿润的珍贵树种如檀、楸、梧（青）桐、梓（黄金树），以及漆树、椴、楝、栗等，也由于空气变干等因而分布范围大为缩小，数量也大减，有的（如檀）成了珍稀树种。

据乾隆《大同府志·物产·药属》，“金大同府贡黄连”，明朝濒绝，清朝更“今无”了。山西省不少山区古产贝母也几近濒绝。

---

① 光绪《定襄县志·艺文》卷十三引《名胜志》语。

② 据乾隆《汾州府志·艺文》卷三十一、光绪《平遥县志·古迹》卷十。

据宋《广清凉传》，“莓苔遍生，（山）葱、（山）韭物不闻臭气，有零凌香满台生茂，气香氛氲。”其他林区亦多。其他喜气湿的一般植物，也随着气候变干而大量缩减，仅某几高山林区少量分布。笔者在“文革”期间下放到沁源西端深山老林劳动时，常以山葱、山韭为菜。

二、低等植物

凤尾蕨科的山珍蕨菜亦喜湿润的森林环境。中古时山西省从北至南都有分布。明清时随着森林向高深山退缩而显著缩减。民国后只有太岳等高山林区少量散生，形不成批量产品。

食用菌类的蘑菇、木耳、猴头等喜湿的山珍，缩减趋势亦大体雷同。如今除天然蘑菇还稍普遍、但不成批量产品外，天然木耳已极少，天然猴头更极为罕见。

药用菌类的茯苓（与松林伴生，抱松根而出的茯神为极品）、猪苓（与栎林伴生）、灵芝、天麻（密环菌科）等亦喜湿润的森林环境，也随着森林退缩而显著缩减。其中天麻于清末几近绝灭，茯苓、灵芝濒绝，猪苓在太岳、中条、交城、管涔等林区，以及隰、左权等县还有零星分布。

另对人无用、苔藓类的绿苔更喜潮湿环境。如唐《五台山清凉传》卷上载:“莓苔漫生”、“软草莓苔，遍敷地上”. 温庭筠《清凉寺》曰:“竹影寒苔上石梯”等。宋《续清凉传》载“万年松径锁莓苔”、“古树无枝半是苔”等。又据明《清凉山志》，直到元末明初还有“行踏莓苔”、“枯木云蒸抽菌芽”等准原始森林潮湿环境记述。笔者于1984年深入到人迹难至的中条山主峰侧七十二混沟考察所谓“原始林”，曾看到类此潮湿景观。蒙初刘祁、麻革、元好问游雁北浑源龙山，亦有“络莓苔上”、“枯木翠蔓”、“苔花万锦”之类潮湿森林环境描述。元好问《读书山居》对系舟山也有“瘦竹藤斜挂，……苔滑泉无声，……山深竹港幽”潮湿描述。就连晋西临县，金萧贡《临泉道中》还曰“涧曲莓苔滑，松盘雾雨溟”，可见起码还是半森林湿润环境。中部、南部林区也有些“莓苔”之类潮湿记述，不再列举。随着森林被摧毁或破败，失去了湿润的森林小气候，明清时有关“莓苔”之类记述也逐代少了。

总之，从上述喜气湿植物的缩减乃至绝灭，也可间接推断摧毁森林而致空气变干概历，当然也与人们过度采掘有关（不包括莓台等无用者）。

第三节　旱灾频率和灾情

纵观历史，总趋向是随着森林被大肆摧残乃至摧毁，旱灾频率越来越快，受灾面越来越广，灾情越来越重。而且远离林区比林区和靠近的地方受旱较多，灾情也较重。兹概略分述之。

一、旱灾频率

据 1989 年山西科教出版社《山西自然灾害》第二篇、二章、一节，自有纪年可查的公元前 661 年“晋国大旱”记载以来，到 1985 的 2646 年中，山西省记载因旱成灾者共 622 个年头，平均四年多一遇。其中全省性一年以上大旱灾 142 年，局部地区旱灾或大旱灾 480 年。全省性一年以上大旱灾的 142 个年头中，一年大旱者 90 次，连续两年大旱者 13 次计 26 年，连续三年以上大旱者 7 次计 26 年。最长者为明末崇祯十至十四年（1637 ~ 1641）全省连旱五年，实际上 1633 年晋南已始旱，局部连旱达九年；清末前光绪元年至五年（1875 ~ 1879）全省又连续大旱五年，实际上 1874 年中、南部已旱，1875 年秋大旱，1876 年夏秋大旱，1877 全年特大旱，1878 年春夏大旱，1879 年春夏秋大旱，到 1880 年仍秋旱，连旱七年（局部九年），形成久旱/大旱/大旱/特大旱/大旱/大旱/旱的干旱系列。

又据该书第二篇、三章、一节，662 个旱灾年中，公元前 661 年至公元 1839 的 2500 个年头的古代，共 519 个旱灾年，平均 4. 8 年一遇（其中越到近古越频）；1840 ~ 1985 鸦片战争 ~ 民国 ~ 建国后的 146 年中，共 103 个旱灾年，平均 1. 4 年一遇。若按世纪划分，各世纪旱灾年数如下表：

世纪 旱灾	一	二	三	四	五	六	七	八	九	十	十一	十二	十三	十四	十五	十六	十七	十八	十九	二十
全省旱灾年数	8	7	4	10	16	13	16	5	8	20	19	16	33	46	48	71	72	59	74	59+11
其中：全省性旱和大旱	2	3	0	3	1	5	2	1	1	4	1	1	7	10	20	19	17	8	13	15+3

注:《山西自然灾害史年表》一书资料截至1985年。二十世纪旱灾年再据笔者1986~2000记录,加旱年11,其中大旱3(97、99、2000)。另本世纪2001年仍稍旱,02~04年不旱;05年全省大旱、久旱;06年全省旱,春尤旱;07年不旱,中秋节起,系几十年罕有的连阴雨半月,过涝,08年除伏天稍旱、冬无雪外,基本正常。

上表与竺可桢民国的《中国历代天灾人祸表》所列山西省各世纪旱灾大体增多趋势相同。但竺系据二十四史加清东华录统计，而张杰则再遍查山西省各地方志等而统计，故旱灾年数比竺本要多。看来无论旱灾年数和大旱年数，从13世纪蒙元进入山西省后大体逐世纪增多。

再据张杰1988《山西自然灾害史年表》，直到唐末前，山西省旱灾并不频繁，除个别朝代外，一般皆十年以上一遇；自五代十国北宋起，对山林破坏严重，旱灾始频，通常几年一遇；蒙元进入山西省后破坏山林加剧，进而三年一旱～两年一旱，到明中叶基本将省境山林摧毁，更加频到“三年两旱”乃至“十年九旱”了；民国至建国后虽然森林植被稍有改观，但工业发展，破坏环境，干旱仍很频繁。

尽管“年代愈远，记载愈疏”，有缺记或失记，成灾也不划一，通常越到近古，旱灾已司空见惯，可能一些小灾不于记载。故对上述旱灾年数不应绝对化。但随着人们严重摧残乃至摧毁山林，旱灾越来越频的总趋势却系无疑的历史事实。

二、受灾程度

历史上对旱灾轻重并无划一标准，同样也“年代愈远，记载愈疏”，还与社会综合抗灾力等相关。国泰民安时，官民粮储富裕，一般受旱，不易成灾；国衰民弱，特别是战乱频繁时，官民盖藏艰裕，一旦受旱，就易酿成饥荒之灾。姑且把历史上所载“赤地千里”、“岁大饥”、“饿殍载道”、“死尸相望”、“人相食”之类记述算作严重大旱或特大旱灾。据《山西自然灾害》第三篇、一章、二节和《山西自然灾害史年表》等，总趋势大致如下：

（一）先秦时期

偶有受旱之载，但过于疏简，不好判断灾情严重程度，故不列举。

（二）秦　汉至北朝

记载也较简疏，主要严重大旱如下：

西汉高祖二年（前205）“晋陕大旱，……人相食。”东汉永初五年（111）“并州连岁旱蝗饥荒，……人相食。”东汉兴平元年（194）“晋陕大旱，数月不雨，人相食。”后赵建武二年（336）“晋大旱，……百疫俱兴，民不堪命。”上述四次大旱的灾情加重，还与战乱创伤刚后和战乱有关。北魏对雁北森林破坏严重，该区旱灾较频较重。从411年后，几乎连年受旱。如神瑞二年（415）“云中、代郡民饥，人多饿死”；太和二年（487）前后连旱三年，“雁门及代郡大旱、牛疫，民多饿死”、“听民出关就食”等。详见《雁北森林与生态史》250～251页。

（三）隋　唐　五代十国

隋大业八年（612）“天下大旱，百姓流亡”，山西省南、中、北部亦旱，其灾情加重，主要系隋炀帝横征暴敛所致。唐朝记载较详，虽有旱年，但灾情多不严重。五代十国，山西省战祸十分频繁，民多无法正常耕种，且对山林破坏严重，社会抗灾力弱，天旱稍重，即发生饥灾，山西省后唐、后晋、后汉三个小皇朝，三十多年中就有十六个旱饥之年，但无“人相食”之类严重灾情记载。

（四）北宋　辽　金　元

北宋辽金无“民多饿死”、“人相食”之类严重旱灾之载。

元朝山林明显减少，质量趋于低劣，旱灾增多、加重，且有连旱两年、三年，甚至连旱四年（局部五、六年）的严重旱灾。如：1281年省南“旱饥，民流移就食，有饿死者”；次年有的地方“大饥，人相食。”1286年省南因已连续两年大旱饥，“民就食邻邦”；次年仍局部旱饥。1290年“山西河东道饥，民流移就食，有路毙者”；次两年仍因旱饥有“饿而死者。”1304年“连年旱蝗，人民流散。”1329年“连（三）年不雨，岁大饥，人相食，有杀子以啖其母者”；次年太原以南仍“赤地千里，民无所得食”；再次年“北边（仍）大饥，人相食。”1342～43年“大旱饥，人相食。”1246～47年“大旱，民多饥死，人相食”等。

（五）明　清　民国及当代

明朝山林进而减少，趋于残败，大旱灾又增多、加重，有十数次“饿死盈野”、“人相食”之类严重旱灾，甚至有连旱五年（局部九年）的特大旱灾。记载较详，仅摘其要。如：1427年“山西旱”；次年“大饥，流徙南阳诸郡不下十余万，民死亡甚多。”1456年“山西旱”；次年长治等地仍“大旱，人相食。”1462年泽州等地“大旱饥，饿死盈野。”1472年“山西旱饥，人多逃亡”、“人相食”；次年仍旱或大旱。1484年前已荒旱，是岁“晋陕大旱饥，人相食”、“饿殍盈野”、“多易子而食，死徙者不可胜数”、“死者枕籍于途”；次年中南部仍大旱，“民多相食”；再次年还持续旱或大旱，“人相食”；连旱四年。1521年大同、晋西北大旱，“春夏不雨，人有菜色，野无完树，死者枕籍”；次年偏关等地仍大旱，“五谷不能种，饿死盈野”；再次年大同、怀仁等还旱或大旱，“赤地千里。”1529年，去年已旱，“饥者相枕”；本年“旱蝗大饥，饿尸积路，人烹食之，有父子相食者。”1534年，去年已旱饥，“道殣相望”；本年仍旱大饥，“饿殍遍野，流亡载道，人相食。”1552年省北旱，雁北尤旱，“人相食”，左云“人死大半。”1561年，去年已大旱饥，“饿殍盈野，人相食，弃子女”；本年更旱大饥，“人民逃窜”、“死者枕籍”、“死者过半，人相食。”1579年省西南旱，永和等地连遭大荒，“野无青草，饿殍不知其数。”1585～87年全省又连续三年大旱饥，“赤地千里，饿殍盈野，死者枕籍，狼群噬人”、“民食树皮草根白土，死甚众。”1598年全省旱饥，“道殣相望。”1601年全省大旱饥，“流亡载道”、“野无青草”、“人相食。”1609～10年全省大旱饥，“死亡不知其数”、“徙者大半”、“饿殍载道，人相食”；局部延旱至1612年。崇祯三年（1630）晋西北河曲一带“大旱民饥，死亡甚多”；到崇祯五年临汾等地“秋大旱”，河曲及永和一带“大旱，人相食。”天灾人祸，纷至沓来，遂即开始了明末特大旱灾序幕。

崇祯六年已全省旱或大旱饥，“人食草根树皮（或白脂土）”、“人相食”，七、八、九年除省北部较正常外，南部连旱三年，多“人相食”等现象。如闻喜候村清初的《闲事碑》载：“崇祯四、五、六年，流犯乱夺财物，杀掳男女，及七、八、九年，荒旱不收，……草籽、榆皮、糟糠食尽，竟为母吃子，为子吃父，未能救民之生也。壮者走散四方，老幼死于道路。人中之数，十中去七。似此景象，……古来罕有。”十～十四年全省更连续五年旱、大旱或特旱，“焦火流‘金’，赤地千里”、“汾、漳、浍、伍姓湖（等）水竭”、“野无青草”、“米贵如珠”、“饿死甚众”、“饿殍遍地”、“骸骨满野”，多“人相食”乃至“父子相食”，甚至“人民死亡殆尽”、“闾邻皆虚”等。十三年起瘟疫大作，“豺狼遍野，白昼噬人。”如《闲事碑》又云:“崇祯十三年岁凶，……谷价一钱银一升，……野草罗、马兜兜挖食净尽，又遭狼恶，一群四十有余，……吃伤人无数。”十五、十六年，省中、北部仍持续旱或大旱，还有“人相食”现象，直至明亡。可以说，明末崇祯年间，几乎天灾人祸不断。重灾成因复杂，可能还与太阳黑子相对数下降段有关，但也与山林大减不无关系。

清朝山林植被更少而残败，大旱、特大旱不亚于明朝，记载更详，概要述之。

1681 年朔州自去年连旱“大饥，人食草根树皮，死亡甚众。”后康熙时渐富裕起来，故 1689～92 年，中、北部先旱，继全省旱，后南部旱蝗，有的连旱四年；也只一些县“饿殍载道”、“逃亡塞路”、“道殣相望”、“野有饿殍”，个别县“死徙殆半”、“民多饿死”等局部重灾。1697 年全省大旱，次年中、南部仍旱，只临县、平定、昔阳“人相食”，岳阳“野有饿殍”，永和“逃亡至尽”等。1720 年（康熙五十九年）起，虽全省连续三年（局部四年）大、特旱，“连遭荒欠”，但适值最盛之期，粮储富裕，社会综合抗灾力增强，也只“民多饥馁”，有些县“民食草根树皮”，极少县“民多流徙”、有“饥死”者，并未酿成“人相食”之重灾。1759 年（乾隆二十四年）全省旱或大旱，次年东半部仍春旱，只平定、昔阳“春大饥，瘟疫大作，死尸枕籍”等。乾隆末的 1791～92 年，晋东南旱、大旱，也只局部“饥殣相望”，个别县“人相食”而已。从嘉庆年起，国势渐衰，粮储艰裕，社会综合抗灾力弱，同样遭旱，发生严重灾情就多而普遍起来。如：嘉庆年间就有 1800、1802、1804～05、1808、1813～14、1817 等年，发生“民食草根树皮”、“民多逃亡”、“饿殍遍野”、“民多死”，甚至“人相食”的重灾。道光、咸丰、同治年间多有旱饥（如1846、1867年全省旱和大旱），未见因此饿死之类记载，却有1821年“大疫，死者无算”及1839年“亢旱酷热，人多渴死”之载。还有不少旱饥或大旱饥之年，不再列述。从同治末起，又揭开光绪三年前后特大旱灾的序幕。

同治十一年（1872）运城已旱；次年长治以东旱；再次年中南部久旱。光绪元年全省旱；二年全省大旱；三年（1877）全省全年特大旱，中、南部尤酷，“山童川竭，树死土焦”，西至陕，南至豫，“赤地数千里”，全省百余州县，重灾者九十多，普遍“人相食”；四年仍全省春夏大旱，“人相食”；五年旱情稍缓，不少县仍大旱，瘟疫大作，鼠狼成群；六年余疫未尽，鼠狼为灾，雁北偏旱。七年才全省丰收，旱灾解除。此次特大旱灾，被害特重。虽从外省调粮，远运艰难，杯水车薪。记载很多，仅摘其要。

“米珠贵”、“每石粮银三十二两，每斤面二百文”，而“十七、八大闺女不值钱一串，幼年妇白跟人无主照管”、“每亩田换面几两，二斗麦换一处全院，十斤米换一处美宅，五升米换楼房几间”等。“大饥”、“黎肠莼肚，人人愁眉，鹄面鸠形，个个枵腹，剥树皮而作食，挖坩泥以解饥”、“树皮剥尽”，又“食草根沙土石花”、“人人浮肿”、“饿死无数”；乃至“卖人肉”、“人相食”、“人吃人不分亲眷，吃人肉吃红了眼”、“易子女而食”、“父子相食，母女相啖”、“夫食其妻”，凡能下肚之物皆以充饥等。“民多逃亡”、“饥殣相望”、“死骸载道”、“壮者强夺人命”、“非结伴不敢独行”、“田园荒芜，庐舍多墟”，甚多“全家出逃”、“闭门绝户”、“阖村废墟”，有些县十去其八，“环城数十里逃亡后绝少居民，市镇十室九空”；如“汾西十二万人只余二万，安邑二十六万只余六万”等。全省“逃亡过半”、“饿殍遍野”、“惨不忍睹”。“瘟肆”、“传染”、“死于疫病者枕籍”、“有阖村全家病死无人问者”。“狼群食人，城关乡镇出没无常，所伤甚众”、“草舍茅屋固不足以避害，竟有深宅大院入室攫食小儿者”。“鼠劫”、“硕鼠成群”、“家伤物地，损苗翻遍”，有的“老鼠竟上炕吃掉婴儿之耳”等。

经此“亘古罕有之奇灾”，全省死亡近半，灾前1643万人，死亡（含逃亡）7、8 百万人，灾后半个多世纪，人口还未恢复元气。其中：南部“死亡过半”（晋南有的县达十之七、八），中部一半左右，雁北稍轻（东半部更轻），亦“食马粪尸肉”、“饿死盈途”等。

光绪十八年外长城以北大旱，涉及山西省北缘，“贩卖妇女”、“尸骸在地。”光绪二十六年，因去年已旱，本年全省大旱，又发生“树皮剥尽，草根吃光”、“饿死甚多”、“路尸遍野”、“人相食”的严重灾情。宣统年间（1909～1911）基本正常丰稔。

民国八年（1919）晋南旱，“糠菜充饥”；次年除晋南外均旱，60 余县“民流离失所，多冻饿死者。”以后 1928～1929 年、1935～1936 年，均连续两年旱和大旱，虽有“赤地千里”之载，但值山西省兴旺年代，无因旱而饥死者。1942 年晋东南旱，加之日帝对边区封锁，“饥死者举目皆是。”还有一些旱年，未成重灾。

建国后 1951、1955、1957、1960、1965、1972、1974、1978、1980、1986～87、1994、1997、1999～2001、2005～06 等年，全省性旱和大旱，有的连旱两三年，局部 1997～2001 连旱五年。因社会抗灾力增强，基本未发生因旱而饥死的重灾，但 1958 年盲目“大跃进”后所造成的三年困难时期例外。

第四节　林区与林区外灾情对比

大旱之下，显然林区受灾较轻。鉴于直到近古～当代，沁源还是山西省山林较多且分布相对较均匀，县城又在林区，为纯深山腹地县，故主要以该县为例，并与周侧对比之。

一、明末崇祯年特大旱灾

（一）沁源山林区

“崇祯十一年先旱后民饥”，灾情不重；“十二年又大雨雹”，受灾不广；随后也未见“大旱饥”之类重灾的之载。

（二）周邻诸县

灾情都很严重。记载较多，仅摘其要。

1. 其西：西南的洪洞“粟贵如珠”、“又大疫，卖子女仅易一餐，单孤人不敢独行”；西南侧霍县“蝗食禾如扫”、“大饥，人相食”、“豺狼遍野，白昼食人。”西侧灵石也是纯山区县，但山林较少且差，“崇祯十一年旱，十二年又旱，田园尽赤，榆（因剥皮作食）断种，饿死载道者不可数计，人亦相食”、“十三年旱，大饥，到处掘剥草根树皮充饥”、“十四年狼灾，豺狼遍野，白昼噬人，每群二、三十只不止，半年方息。”西北侧介休、平遥，“蝗食禾如扫”、“大饥，人相食”、“斗米四千（四钱银）”等。

2. 其东：东北的武乡“大疫，死者无算”、“人相食”、“巡抚魏光洁收养路旁弃儿，存活数千人。”东侧沁县“大饥，树根草皮剥掘既尽，人相食。”东南侧屯留及东南的长子，“干旱蝗灾，大饥，父子不相顾，人相食”、“漳水竭”等。

3. 其南：岳阳（含今安泽）崇祯十至十四年亦旱，“连遭饥馑，民饿死大半”等。

二、光绪三年特大旱灾

（一）沁源山林区

当全省大都连续数年大旱之下，沁源并未连旱，受灾较轻。据光绪《沁源县志·灾异》卷三，元～二年不旱，“三年春旱，三月微雨播种，夏复大旱，……二麦欠收，六月雨，苗稼颇全，积粟之家遇斗米价六百文，纷纷出粜（于外县），不料七、八月大旱，平地莠而不实，山地苗而不莠，九月中遭霜，空场无禾。四年春仍旱，夏雹，九月大雨”，旱情解除。又据光绪《沁州志·灾异》卷四，“沁源于光绪三年秋禾被旱成灾，绅民并未禀报州牧。（州牧）吴公于九月十六亲赴沁源，……至县城传集绅耆，详询被灾情节。……勘成灾（还与旱霜冻关联），据呈详报。”该县被动接受白给的救济粮，何乐而不为。随后也未发生因旱而致“大饥”、“瘟疫”、“鼠劫”、“狼灾”等大灾，更无“人相食”之类重灾。

（二）周侧各县

灾情都极严重。记载很多且详，概要略述。

1. 西南：据民国《洪洞县志·祥异》卷十八等，“光绪二年大旱，秋无禾；三至四年岁大祲，……树皮草根剥掘殆尽，人相食，饿殍盈野，目不忍睹”，还有“瘟疫”、“鼠劫”、“狼咬食男女”等重灾。据光绪六年《霍州志·饥祥》卷上等，“二年夏麦未收；三年颗粒无收”、“流亡载道”、“哀鸿遍野”、“人相食”等。

2. 西侧：据民国《灵石县志·灾异》卷十二，“尸骸满道旁，……饿殍填沟壑，……甚至父食其子，夫食其妻；……三年秋无寸草，四年夏成赤地，……流离失所，死亡相继，……至今（民国二十二年）凡六十年，灾情尤存，元气未复；五年鼠患，六年狼灾，……被狼伤者四千余人。”还有“光绪三年大旱，……山川焦灼，至秋颗粒无收”、“四年荒旱尤甚，民剥树皮　挖草根，研石为面，和土为饭”等记载。

3. 西北侧：据民国《介休县志·大事记》，“光绪二、三、四年民多断食，饿殍载道，人相食，有父子相食者；五年鼠患严重。”据光绪《平遥县志·灾祥》卷三，“光绪三、四年连岁大祲，颗粒不收，城乡男女死伤十余万，……从来未有之灾也。”

4. 东侧：据光绪《沁州志·灾祥》卷四，“如此奇荒，世所未见，且连岁空虚；三年已食树皮（茭杆、干草、白胶泥、坩子泥）等物，殒命者不少，到处草根木叶掘摘殆尽，……饿殍载道。州牧吴公饰绅董于城西北高原挖坑深广数丈，雇夫掩埋，仍饰各约，依照办理，遗骸始免暴露；四年仍大荒，……饥民日增。”又该志·艺文载《剥榆歌》亦述饥惨之状，“剥尽榆皮榆树死，荒村破屋半逃亡。”所幸沁县靠近沁源林区，且迎东南季风面，稍获森林地形偏雨，加之吴公治理有方，未发生“人相食”之类凄惨现象。

5. 东南侧：据光绪《屯留县志·祥异》卷一，“光绪二年大旱，秋收甚欠；三年大祲，……树皮草根剥掘殆尽；四年春不雨，夏无麦，……人相食，疫大作，……死者甚众；五年中稔，狼狈成群，伤人无数，鼠害异常”等。

6. 南侧：据民国《岳阳县志》、《安泽县志》灾祥卷十四，“光绪二年大旱，岁欠；三年大祲，人相食，道殣无数，……四、五、六年狼灾，鼠患亦重；七年欠。……之后，……地多荒芜，山猪……为害甚烈，……至今（民国初）山猪为灾，伤禾稼”等。

上述两次特大旱灾下，周邻县灾情都比沁源林区严重的多，远离林区州县则更为严重。除地形地势等因素外，也与林区获得森林偏雨有关。

（三）饥民往林区逃荒

在特大旱灾之下，饥民纷纷逃荒。如霍州（含赵城、灵石）由光绪三年灾前的“二十一万人只余六万”，介休“饥死逃亡近半”，平遥“逃荒在外者不计其数”，人口减少多半，屯留人口减半，沁县人也“半逃亡”等。该林区周侧诸县人口都减少近半、过半、大多半，其中除大多死亡外，也有不少逃到林区苟延保命，沁源人口反而一时大增。据《太岳林局四十年》，估计各地逃入该林区（包括今古县东北乡等地）约十几万户。虽然大多于光绪七、八年返回，但也有一些留居入籍，至今还有些逃入者的后裔。在大多州县人口锐减之下，沁源人口却几近翻番。据民国《沁源县志·户口》卷十三，由灾前约 4 万人到光绪四年为 44062 人（不含大量逃入不纳粮、无户籍者），宣统元年 71031 人，民国二十年 80222 人。

（四）其他林区

同样也有林区灾轻、林区外灾重、饥民逃往深高山林区的情况。但由于宁武山、交城山中条山东段林区的县城都在林区之外，多记载县城一带的灾情而乏林区之载，故不好对比。兹再列两小林区简述。

1. 和顺山：据该知县鲁燮元写于光绪七年《和顺县志·序》云：“日者（光绪三、四年）邢台以东皆告旱矣！榆（社）太（谷）以西亦告旱矣！北接平定（含昔阳），告旱尤甚；南距辽州（左权），经八、九十里，步祷亦无应日。吾和邑蕞尔一隅，雨旸应时，独保无恙。”该县志载：“光绪三年自春至夏不雨，六月微雨，七月雨雹；四年秋有获，民心稍安。”这是由于该县植被较好，还有些较好山林，而获得偏雨之故；当然还与地形地势，特别是该县海拔较高关联（寿阳海拔亦高，却因植被差，林稀少，旱灾严重）。其周各县都灾情严重。

2. 五台山：该山主脊线北侧、繁代南山深高山区，清后期森林已逐渐恢复起来，系一比较集中的小林区，该两县几乎未遭此次旱灾。如光绪六年《代州志·大事记》卷十一载："光绪三年，（雁门）关北诸村（今山阴新、旧广武一带清时属代州）秋旱伤禾；是岁省南大饥，州人输银八千五百六十五两助赈；四年大雨雹，七月水，峪河暴涨，毁民庐舍。"光绪七年《繁峙县志》也不记此次旱灾。五台受灾较轻，虽旱亦有几分收成；仅只"去天和驮炭者，（怕人抢）不敢露出干粮在灸兰炭火去烤。"这既与地形地势有关，更与大气环流关联。因此次连年大旱、特旱，雁北东半部受灾较轻，而繁、代又邻近该区之故。可是繁峙东的灵丘和代县北的山阴，光绪三年皆旱；特别是五台南侧盂县、西南侧定襄、西侧原平，都缺林少草，皆连旱而遭重灾。繁、代、五台则紧靠林区而不旱或受灾轻，也与森林偏雨有关。

附带说明：为节省篇幅，从全省宏观上对各州县历史干旱灾情仅摘其要而说述。若欲了解详情，还可参看吾著之太行山、管涔山、太岳山、太原、雁北、五台山等森林与生态史有关旱灾章节（后述雹、霜、风沙、水灾等亦同）。本章所述灾情史料，除必要时行文中说明出处外，余者主要据《山西自然灾害史年表》和有关方志灾祥栏摘录，不一一注明出处。

三、当代点滴见闻

光绪《沁源县志·灾异》卷三《备荒赈灾记》云："……嘉庆十八年平阳府属大旱饥，沁邑秋成约六、七分，因售粟出境太多，遂致斗米八百余文。……至今七十余年，大率丰年多，欠岁少；近二、三十年，土植之利，较昔似丰。"经民国至当代，该县仍基本粮食充裕，多有余粮售到外县。兹仅列当代大旱之下点滴记闻，可窥见一般。

1997～1998 年已局部旱，1999 年全省大旱，多半县粮食减产5～6 成，晋西北和雁北基本绝收，其他地区甚多旱田也几近绝收。笔者于 1999 年 8 月底至 9 月初以省政府参事身份赴晋东南等地调研，所见所闻如下：

8 月 30 日由太原经榆次、太谷、祁县、平遥，皆久旱不雨，庄稼枯萎，旱田枯黄。翻超山入沁源，显然大异，虽几乎都是旱田，但庄稼壮旺，不现旱象；到该县西端鱼儿泉乡，正值阴雨，乡干部反映“今秋雨多，致马铃薯烂秧”；下午顺路游灵空山，同样遇雨；到县城，农业局长汇报：沁源风调雨顺；98 年丰收；99 年前期微旱，秋反嫌雨多，预计与历史最高产年比，至少 9 成。次日到安泽，同样亦无旱象，因建国初期营造的数十万亩油松已长大成林，森林覆盖率大大提高，也风调雨顺；县农业局长汇报：98 年粮产创历史最高，达 1.5 亿斤，虽几乎都是旱田，但亩产达到千余斤；99 年仅 8 月微旱，预计与 98 年持平，至少也可达 1.4 亿斤。两县多年均有甚多余粮出售，全省大旱之下亦然。再日翻良马山到屯留，经长治，到壶关，又皆见久旱不雨、庄稼枯萎景象。返途经襄垣、沁县等，旱象亦然。

2000 年全省仍旱，次年又大旱，全省粮食总产仅 69.2 亿公斤，跌到 80 年代以来最低水平，减产八成以上者 30 余县，有的县几近绝收。但沁、安两林区县仍连年丰稔。

第五节　冰雹和霜冻灾

山西省除旱灾频繁、普遍外，其他气象灾害亦较常见。风沙害在下章专述，水灾将在水情章节中一并述之。本节仅概述雹霜二灾。

一、雹灾

山西省山多，近古后林少植被差，是全国雹灾较严重省份之一。有突发性，一时、局部遭灾重；“雹打一条线”，一般宽 3 ~ 5 公里，长 30 ~ 50 公里，或片状（3 ~ 5 个乡）、块状（2 ~ 4 个村）受灾，有的大雹灾较广，但与旱灾广泛性比，俨如小巫见大巫，故简要概述。

（一）森林可减免冰雹

因局部强烈热气对流，骤然升空，把水蒸气向上推移，遇冷低于

0℃，凝结成冰粒。若上升热气流很强，冰粒又被托上升，遇冷再凝结增大。上升气流越强烈，冰粒反复升降，如同滚元宵，越滚越大，至上升气流承受不住冰粒重量，即骤然落地，而成冰雹。大片裸地经太阳暴晒急剧增温，易形成上升热气流，故冰雹通常发生在夏季午后，但历史记载也有提前到早春或延后至晚秋者。若森林广布，植被良好，由于强大的蒸腾作用大量吸热，减免暴晒，可减缓强烈上升热气流的形成，因而也可减免冰雹灾害。

雹云形成后还随天空风向移动，有时移历一、二小时，移距达几十公里以上；移动速度视风力大小而异；移动迅速，临降暴前常伴有短暂狂烈暴风，使作物摧折倒伏；移动越慢，降雹时间延长，成灾越重。所以也有无林区形成雹云，有所偏离，雹降到林区现象。如明崇祯十年当山西省特大旱起始时，沁源林区于“闰四月癸丑降特大雨雹，大如象，次如牛”，系由于上升热气流过于强大，无数雹粒在雹云移动过程中汇聚成的特大者。清光绪三年前后当山西省更特大旱时，林区也降偏雨雹。如：沁源“光绪四年夏雹；……六年夏大雨雹”；和顺“光绪三年七月雨雹”；代县“光绪四年大雨雹，七月大水”等。当周边“赤地千里”时，林区降偏雨雹，或因复杂，但也与林区上空气湿度较大，上升热气流弱，托不住冰粒重量有关。故欲减免雹灾，不仅要森林植被覆盖度大，而且要分布相对均匀。

（二）山西省历史雹灾概略

同样也“年代愈远，记载愈疏”，远离府州县域的局部小雹灾更多忽略失记，本书也无需详述，仅列某些较大或特殊雹灾。

据《山西自然灾害》第二篇、三章、二节等，雹灾始记于东汉光武十二年（36），“七月平阳雨雹大如杯，坏政吏民舍。”后赵建平三年（332）“雹起西河介山，大如鸡子，平地三尺，垮下丈余，行人禽兽，死者无算，历太原、乐平、乡郡、赵郡、广平、钜鹿千余里，树木摧折，禾稼荡然（见上篇、五章、二节、一）。”北魏景明四年（503）“五月癸酉汾州大雨雹；六月乙巳又大雨雹；七月甲戌暴风大雨雹；起自汾州，经并、兖，至徐州，广十里，所过草木无遗。”元至元二十六年（1289）晋南、晋中及雁北大雨雹；此后到元末还有多次大雨雹。明清民国雹灾又增多加重，多次发生如鸡卵、如拳、如杯、如碗、如斗、如杵、“盈尺”、“积丈”之类的大雨雹，甚至前述如牛、如象的特大冰雹。如：明成化八年（1472）竟早在“二月长治雨雹大如鸡卵。”清顺治九年（1652）冰雹面很广，从晋西至晋中、晋东至晋东南及晋南闻喜等地，均遭大如卵、如拳、如碗的严重雹灾；如长治“四月二十连三日雨雹，大如鸡卵”；岚县“五月十六冰雹伤禾，尽成虀粉，八月初六又同前雹”；沁州“四月十八午至未（连续四小时），雹陡降，积地盈尺，竟日不消，五月初一未时，降雹雨盈沟壑，夏秋禾尽伤”；黎城“五月二十六未时冰雹，平地三尺”等。还有甚多类似较大雹灾，以及近乎年年有的局部小雹灾，皆不列述。

建国后也几乎十年九雹，至 2007 年阳曲等地还降大如卵冰雹。如 1982 年全省 80 多县降雹，400 多万亩作物受灾。83 年晋东南、运城又连遭严重雹灾。84 年吕梁离石等 7 县降雹 3 小时，大者重 0.8 公斤，砸死一人、伤 149 人，粮食减产 0.62 亿多公斤。85 年汾西冰雹密集，大如拳，20 分钟平地积雹 6 ~ 10 厘米，垄边、地塄达 1 米多等。其他诸年雹灾，也不再列述。建国以来平均每年受雹面积约占总耕地的 4% 多，其中成灾者一半以上。雁北、晋西北为多雹区，平均每年 3 ~ 4 次，多雹年 6 ~ 10 多次或更多；向南渐少，但晋东山区（如平定、昔阳等）多于晋西山区，平均每年 2 ~ 3 次；盆地少于山区，忻定、太原盆地、吕梁山西侧黄河沿岸及南段、晋东南较少，每年 1 ~ 2 次，多雹年 3 ~ 5 次；临汾盆地和运城最少，通常 2 ~ 3 年一遇。雹期 5 ~ 8 月居多。降雹在 12 ~ 20 时之间，个别连续至夜。

（三）雁北历史雹灾

由于雁北雹灾最多且重，故予专述之。据《山西自然灾害史年表》和有关方志灾祥栏，直到唐末前仅见：东汉永宁元年（120）“五月雁门雨雹。”西晋咸宁五年（279）“五月雁门雨雹伤禾，闰七月马邑雨雹伤禾”；次年“五月雁门雨雹伤禾苗三豆”；太康六年（285）“六月雁门雨雹”；永宁元年（301）“雁门雨雹。”唐太和元年（827）“浑源雨雹害稼”等。虽有所缺失，但雹灾频率不高，灾害不重，却是历史事实。何况西晋雁门郡治南移到今代县，那几次雨雹，是否雁北也降雹，不得而知呢？

辽金几无雹灾之载，起码雹灾仍少而轻。仅见金大定十一年（1171）“六月西南路招讨司（内蒙古的古丰州）苾里海之地雨雹三十里，小如鸡卵，大者广三尺，长丈余。”

蒙元大肆焚烧破坏山林植被，雹灾始频繁严重起来。单1253～1327年的75年中就有23个重雹灾年，其中大雹灾9次之多，不乏“大如鸡卵”、“伤人畜”、“积雹九寸”、“苗稼尽损”等记载。有的一年两次，甚至如1321年四次遭雹。蒙初期因地方政权不健全，元后期因军阀大混战而对雹灾可能失记，并非缺乏雹灾。

明朝摧毁山林植被，正统年后，雨雹已司空见惯，一般局部小雹灾多不记载。大雹灾如：正统五年（1440）“大同连日雨雹，深尺余。”成化十九年（1483）“朔州雨雹，大如鸡卵。”正德九年（1514）“应州、山阴、马邑大雨雹”、十四年“大同、左云、阳高、天镇、山阴雨雹为害”、十五年“大同府雨雹，大者如杵”、十六年“大雨雹”，大范围连遭雹灾三年而“民饥。”嘉靖二年（1523）“大同雨雹大如鸡卵，深四、五尺”、四～六连三年遭“大如鸡卵”雹灾、二十二～四又连三年“雹灾”、三十一年大范围“雹灾”、三十八年“左、右、平、朔雨雹，平地三尺，至深积丈。”隆庆四年（1570）“大雨雹，厚三尺”等；之后万历至崇祯又有几次“大如鸡卵”雹灾，不再列举；特别崇祯四年（1631）大司降“大如卧牛，小如拳”的特大冰雹。据不完全统计，类似以上造成“损禾甚众”、“禾稼尽伤”、“禾苗尽没”、“免粮”之类严重损失大雹灾达24个年头之多，较小雹灾更多。一年降雹两三次已不乏见，有些年份更多，则记为“连日雨雹”和“多雹”了。

清朝雹灾同样频繁严重，类似明朝那样严重雹灾也起码24个年头之多，不再列述。

雁北东南端的灵丘为南北两大高秃之山夹唐河窄川，近古后系著名“雹窝”。据清初《灵丘风土记》，“夏秋雨雹”已属常事。是山西省雹灾最频繁之县。又据高凤山1990《灵丘自然灾害纪略》，民国

二十一、二十九、三十五~六、三十八等年，均遭严重雹灾。其中三十五年雹厚三尺，打死4人、牛4头、羊704只。

建国后40年中有36年遭雹。小灾不述，严重大雹灾如：1954年5月下旬~8月底，39个乡连降雨雹，大者如拳，近12万亩作物受灾。55年19个乡遭雹10次，受灾近6万亩。57年全县遭雹6次，大者如车（7.5×7.5×4.4尺），次如锅台，城关镇降一大雹，入地三尺，消溶三天后还有500多斤；受灾近24万亩，绝收近4万亩，砸死大牲畜10头，重伤12头。59年遭雹8次，作物受灾达42万多亩。61年遭雹9次，大者如拳、重1斤，受灾10万多亩，绝收近万亩，砸伤9人，伤牛骡驴11头。62年遭雹11次，受灾6万亩，重灾万亩。73年遭雹4次，有厚三尺多者，成灾近26万亩（占全县总播种面积之近半），6万多亩严重减产。79年遭雹12万亩，打碎房瓦37万余块。82年遭雹10多次，受灾18万多亩，基本绝收近2万亩，砸死2人，重伤2人，毁房162间。86年遭雹10次，重灾13万亩，打坏果树1280株，1850间的126.4万块房瓦被打碎。87年19个乡镇、308村共遭大小冰雹44次，重灾13万余亩，绝收近4万亩，1350间的120余万块房瓦被打碎等。

总之，无论从全省或雁北看，随着山林植被显著减少、变差，大体上自蒙元后雹灾有越来越频、越来越重趋势。但雁北盆地丘陵由于建国后所造几百万亩散布的小叶杨等人工林逐渐长大，雹灾有减少、减轻趋向。如据山阴县气象资料，20世纪后半期年均冰雹由50年代4.2次，减到70年代后的2.6次了。

二、霜冻灾

夏秋后冷气团反常提前南下，使成长的作物受冻，称早霜（秋霜）；春季回暖，小麦返青和春播作物出土后，冷气团又反常延迟，使作物幼苗、果树花期受害，称晚霜（春霜）。前提是作物表面刚降到0℃以下，当晴朗风微夜晚和凌晨，水蒸气凝结成霜。有森林防护，可缩小昼夜温差，减缓散热，哪怕夜间提高1~2℃，即可某种程度上缓解霜冻，并延长无霜期，利于作物生长、成熟。山西省霜冻害次于雹灾，森林也不能左右冷气团，故仅概述。

据《山西自然灾害》第二篇、三章、三节等，山西省霜冻灾始载于西汉元光四年（前131），到1985年记载成灾者共158个年份。其中：秋霜灾87年，春霜灾61年，夏霜灾8年，同年有春秋霜灾者2年。成灾多连年出现，通常连续2～3年，最长连续9年。到近古有增多加重趋势。如：万历二十九年（1601）“山西诸卫、广灵，夏陨霜杀禾”，尤其是“保德七月二十六日霜甚，禾尽萎，民多流亡，鬻妻儿女者甚众，僵尸载道，夫妻不相顾。”康熙三十四年（1695）中秋节“保德陨霜”，并岚、临等县，南到永和，“忽降严霜，禾皆冻死，民大饥”等。建国后1953、尤其是54年4月19日夜至黎明，全省普降晚霜，小麦、春播作物、果树等被冻死、冻伤，单晋南小麦就冻坏1040万亩、冻死400万亩，致夏粮严重减产。建国后全省年均霜冻成灾者约占总耕地面积的1.9%。

再以雁北为例，同样也记载很不完全。

北魏建都平城前，未见霜灾之载。迁都平城后摧残森林严重，十几年后神瑞二年（415），始载“云中霜旱，民多饥死。”以后479、485、500、504、505等年，也有“大霜，禾豆尽死”之类重灾。北朝后期至唐末森林大恢复，未见霜灾之载。

辽代仅见统和六年（988）八月大同奏:“霜旱乏食。”金朝未见霜灾记载。

蒙元摧残山林严重，霜灾较频起来。如1253、1261～63、1290、1302、1304～06、1308、1313、1323、1330、1332、1335、1367诸年，均有“霜杀禾、杀稼”之类较重灾情。

明朝后山林残破，霜灾更频繁严重，有“七月陨霜”、“秋苦霜旱”等说。几近年年有霜害，一般小灾习以为常，多不记载；反而某年无霜害，倒专予记载。如乾隆十七年（1752）“大同府属秋无霜，岁稔”等。明朝主要重灾有：正德十五年（1520）“以霜灾免大同府及前后六卫秋粮。”嘉靖二十年（1541）“应州霜，饥”、“大同陨霜杀稼。”万历二十九年（1601）“广灵夏霜，大饥”、“朔州大饥，流亡载道”、“诸卫霜杀禾。”崇祯十三年（1640）“朔州霜，大饥”等。清朝重灾更多一些，主要有：康熙元年（1662）“朔州霜，次年大荒”；三年“广灵夏霜”、“朔平秋霜早，次年大饥。”乾隆二十四年（1759）全雁北“霜早，秋禾被灾。”嘉庆二十二年（1817）雁北普遭“霜灾，流亡甚众。”道光十二年（1832）大同、山阴、浑源等“秋霜成灾、大饥”；十六年朔等11州县“霜灾。”光绪三年（1877）怀仁等地“秋霜，五谷不登”；十八年全雁北“严霜早降，禾尽枯，颗粒无收，次年大饥”等。

整体上看，霜冻灾增多、加重，似乎与森林大减、残败有某种程度的关联。

建国后仍几乎年年有霜害，但未酿成重灾。主要有：1974年灵丘普遭秋霜，致粮食减产15%以上。76年怀仁夏霜严重，作物受灾一半左右；次年该县5月14日降霜，作物幼苗受灾80%左右。89年灵丘又严重秋霜，受灾36万多亩，重灾16万多亩，粮食减产22%。据省林学会1990《雁北小叶杨“小老树”考察报告》，霜灾有减轻、无霜期有延长趋势。如右玉无霜期由50年代的115天延长至80年代132天；山阴由152天延长至170天；怀仁也延长了12天；50～60年代大同因无霜期短不能种大日数玉米，到80年代无霜期延长，不但可种，而且亩产400余斤。当然主要是全球气候变暖，但也与大面积人工林逐渐成长有些关联。

第十二章　摧毁屏障　风沙大作

6~8 级以上大风（山西省有时局部达 10 级以上）可造成风灾，当代山西省作物因大风成灾者，年平均约占总耕地面积的 1%余。除雷雹雨大风、干热风，以及极少局部龙卷风外，主要是寒潮大风多，持续时间长，涉及范围广，有时夹带沙尘，形成沙尘暴（风霾），甚至使土地荒漠沙化。如山西省西北缘外鄂尔多斯，先秦时“森林分布于该高原北部、东部和南部”、“林草丰美，森林占一半以上。”① 北魏大肆破坏这一带森林植被，毛乌素沙漠始成雏形，但仅在今该沙漠腹地，并不连片，该高原南部还是美好的森林草原。据《横山县志·纪事》卷二，夏国凤翔元年（413），赫连勃勃游契吴山（今内蒙古乌审旗阿拉陶盖梁）云:“美哉斯阜，临广泽而常清流，吾行地多矣，……未有若斯之壮丽者。”于是建都于此，名统万城，那时该城人口 20 万。自辽宋西夏蒙元后，对这一带林草植被摧毁越来越烈，沙漠逐代扩展，并向东南推进，统万城淹没在沙漠之中（今白城子故址）。明清后毛乌素声沙漠已影响到晋西北及雁北。建国初该沙漠更扩大至 21564 平方公里。

森林植被的防风固沙作用更明显直观。摧毁绿色屏障，风沙害随之而来；长期失去绿色覆被，会造成沙荒，严重时成为沙漠。平川阶地农田林网，具疏透性和摆动性，比防风幛（墙）具有更大的防风沙效能，一般窄林带风背风面加上迎风抬高面，防护范围为树高的 20~25 倍、约 400~500 米，使风力、风速减低 40~60%，可大大减

① 史念海《两千三百年来鄂尔多斯高原……农林牧区分布及变迁》，载陕西师大《社会科学论文集》第 3 辑、《试论我国黄土高原农林建设方针》，载《人文杂志》1983 年 6 期。

轻风灾和积沙。

另小麦扬花～乳熟的5月中～6月中，若遭高温、低湿、大风天气，根系吸水赶不上叶面蒸腾，导致炸芒、青干、秕粒，轻者减产5%，重者10%～30%，甚至更多。据《山西自然灾害》第二篇、三章、一节、三，1957年始确定该灾名称，以后几乎年年发生；而以60～62、66～68、71～75、78等年受灾较重；尤其67年晋南（含峨眉岭旱原地）、晋中、长治三盆地及西部黄土丘陵到忻定盆地，持续干热3～12天，小麦千粒重比65年降低8～25%；75年忻定盆地也受害严重，千粒重比65年降低15～30%。干热风以晋南盆地出现最多，年均4次，受害最重；晋中、上党盆地较轻，年均1～2次；忻定盆地虽年均3～4次，但远比晋南受害为轻。同纬度丘陵区受害低于盆地。雁北和各山区不种小麦之处，基本不受干热风害，仅秋作物小苗萎蔫而已。由于森林树木强大的蒸腾等作用，使空气、土壤稍增湿，高温稍降低，大风稍减缓，可减免干热风危害，保障小麦少减产～不减产。20世纪60年代中，山西省林科所在夏县农田林网设点观测，也予充分证实。较多的“四旁”树也可起到类似林网作用。

鉴于山西省风沙害以雁北最重，越往南越轻，故以雁北为主，概述全省。

第一节　首次风沙严重期

山西省最早风沙记载系战国魏武侯九年（前387）“魏大风昼晦”，此后数百年未见风沙之载，不能算风沙期。

自北魏398年迁都平城，连续不断大肆破坏雁北及周边（尤其是西北缘外）森林植被，不久后风沙害频频发生。如：天赐四年（407）“正月元会大风晦冥”；次年“十二月代京大风，起自西方。”永兴三年（411）“二月代京大风，十一月又大风”；次年“正月代京大风昼晦，十一月又大风，起西方。”神瑞元年（414）“四月代京大风”；次年“正月代京大风，民饥。”太延二年（436）“四月代京暴风，宫墙倒，杀数十人”；次年“十二月代京大风，扬沙杀树”；六年“平城黑风竟天，坏屋，杀百余人。”和平二年（461）“三月代郡大风晦冥。”延兴四年（474）“平城赤风”；次年“五月代郡赤风。”太和四年（480）“九月朔、代京大风”；九年“六月司州、灵丘、广昌暴风折木”；十二年“五月代京连日大风，发屋拔树，六月又大风”；十四年“七月朔、代大风拔树发屋”等。493年迁都洛阳后，雁北骤然萧条，但森林植被一时还未恢复元气，十余年间，仍有风沙灾发生。如景明四年（503）“三月司州大风沙拔树”等。此后雁北更加荒僻，森林植被逐渐恢复，未见风沙害之载。

除上述外，有些未明显成灾或未致大“昼晦”的风沙就不记了。实际上这百余年中，风沙害已逐渐发展为连年不断。如北魏迁都洛阳后不久，王肃约公元500年稍前的《悲平城》曰：“驱马入云中，……荒松无罢风”了。

该风沙严重期主要危害雁北。查《山西自然灾害史年表》等，同期山西省其他诸州郡有几次“大风”、“暴风”为害之载，但无“黑风”、“赤风”、“扬沙”、“晦冥”、“昼晦”等现象。

第二节　风沙害基本休止期

从北魏末历东魏、北齐、隋，至唐末的四百余年，雁北森林植被恢复的越来越好，无风沙害之载。中、南部较繁华，但因山林植被基本良好，虽有时大风，甚至暴风，但未扬沙。如：乾隆《潞安府志·艺文》卷三十八载唐韩翃《送襄垣王居士归南阳》曰：“都门雾后不起尘”、贾岛《送卢秀才游潞州》更曰“风不起尘沙”等。其他府州莫不如此。仅见唐广明二年（881）太原一带“五月大风雨土”之载，系省西北外远方尘埃偶尔被大风吹来随雨而降。另隋仁寿二年（602）“西河有人骑驴在道，忽为回风所飘，并一车卷上千余尺乃坠，皆碎。”系极罕见的小局部强龙卷风所致（《山西自然灾害史年表》34页）。

从936年契丹占据雁北起至金亡的近三百年，雁北为辽、金西京重地，对山林植被破坏加重，但尚未摧毁，亦未见大风扬沙为害之载。五代十国、北宋对省中南部和晋东南山林破坏较重，风沙始稍多起来。如乾隆《潞安府志·艺文》卷三十八又载宋欧阳修《潞州城南》曰:“一路黄沙白日寒，……古墩残柳阅荒尘”，与唐“风不起尘沙”成了鲜明对比。此期段虽有些风沙，但不严重，未致明显危害。

第三节　再次风沙严重期

此次风沙害历期很长，从蒙古改国为大元后一直到民国末，甚至建国后仍有风沙害，延续七百年，并逐朝向东南扩展，沙灾也越来越重。

一、元朝

蒙元大肆破坏山林植被，风沙害又多且重起来。大风、暴风及一般风沙为害姑且不论，单大风沙严重危害者如：大德九年（1305）“八月大同路暴风大雨，毁民庐舍，次日雨沙阴晦，马牛羊多毙，人有死者”；次年“二月暴风大雪，毁民庐舍，人有冻死”，随即刮黄沙，天昏地暗，马牛羊等被卷死很多，据雍正《朔平府志·祥异》卷十一，该次风沙“毁民庐舍五千余间，压死二千余人。”到至治元年（1321）更系“三月大同路大风走沙，壅没麦田百余顷”的严重沙灾。无怪乎至元年间（1263～1294）刘秉忠《云内道中》已述“寒云漠漠际黄沙。”稍后大德年李光溥《将归云中……》更述“黄沙滚滚如前导”了。①

元末前风沙害进而扩及晋西北乃至忻州。据雍正《通志·灾异》卷一百六十二，至正三年（1343）忻州“三、四月风霾昼晦，（加去年大旱）大饥，人相食”；二十一年忻州西北“七月赤气蔽天”；二十三年又“八月赤气亘天”等（同期雁北更多类此现象）。

二、明朝

明朝基本摧毁山林，并大肆摧残灌草植被，风沙害进而频繁严

---

① 雍正《通志·艺文》卷二百二十四、正德《大同府志·艺文》卷十六。

重，并有积沙。除大风、暴风“杀禾”、“拔折树”、“发毁屋”等害外，单大风而致沙害，在雁北摘其要者如：成化六年（1470）“三月朔州风霾。”弘治十四年（1501）“四月应州黑风大作。”嘉靖八年（1529）“正月朔州雨黄沙，大同昼晦如夜”；二十六年“六月朔州、左云等地风霾昼晦，十一月狂风大作，遮蔽天日，白昼张灯，次年大荒”；二十九年“三月左云等地大黑风自西来，昼晦如夜，人物咫尺不见，房屋多毁，人畜亦伤。”隆庆二年（1568）“山阴风霾蔽日。”万历十三年（1585）“二、三月大同大风霾，伤人畜”；二十六年“四月马邑大风霾，无麦”；四十七年“二月大同左卫等地风沙忽作，日色渐昏，黄霾四塞，蔽天晦冥，风停细雨，衣着皆泥。后疾风怒吼，（风沙数日）从未听说罕见。”崇祯十二年广昌一带“大风昼晦”等。明后期已几乎风沙连年不断，因旱饥等大灾更多，一般风沙害已司空见惯，而不予记载。

明朝文人名士咏诗对雁北风沙述及甚多。如：明前期年富《采凉山》曰:“试将老眼观沙漠。”大体指外长城以北。到成化年王越《关外咏》、《朔州道中大风》已曰:“狂风遍地起黄沙”、“平地有沙皆走石，半空无海亦翻波。”陈颢《长城》曰:“黄沙漠漠万里城。”以后李梦阳《出使云中》、《送李帅之云中》曰:“黄沙古渡迷飞轮”、“黄沙北来云气恶。”还有他人曰:“荒碛平沙连塞远”、“极目平沙万壑干”、“沙砾飞扬露白骨”、“朔州城下沙如雪”等（以上多在《雁北森林与生态史》第七章、三节和本书十一章、一节、三述及，不再注明出处）。明后期左右平已多“荒碛沙漠。”如万历《朔州志·序》云:“云霏蔽天，风沙惨目。”其他县志亦多载“地土沙碱”、“沙碛尤甚”、“黄沙满目”、“风寒沙急”等。崇祯十年（1637），宣大总督卢象升云:“童山赭土，一望平沙。”据清初顺治《灵丘县志》，到明末连最东南端山区也“四时多风”、“风霏间作，黄尘蔽天”了。

晋西北和雁门关南一带风沙害亦较多起来，也有积沙现象。如：万历《偏关志·艺文》卷下载明焦琏《感怀》、三纶《巡边》曰：“漠漠龙沙一望平”、“眼前无地不吹沙。”嘉靖三十六年雁北大风沙，神池也“大风霾”，无怪乎光绪《岢岚州志·艺文》卷十二载明靳学曾《关山赋》云:“冬则风霾交作，尘埃四起。”明李谦《宁武关》曰:“边庭无日不吹沙。”王钥《楼烦城》（述原平一带）曰:“黄沙射园风飕飕。”明后期蔡子贵《楼烦》曰:“云开大漠风沙走。”[①] 乾隆《代州志・艺文》卷六载明王缓《代州道中》、谢榛《雁门》曰:“才霁苦风沙”、“野望天何惨，鬼火照寒沙。”明末董妙玉《从夫赴雁门》曰:“一片黄沙地”等。

明朝风霾已由忻州南扩至几及全省。如：弘治六年（1493）“三月忻州大风昼晦，颓屋。”正德十四年（1519）“三月洪洞、临汾、解州等昼晦，对面不辨。”嘉靖十七年（1538）“五月阳曲、太谷、盂县等黑气蔽空，昼晦雨沙”；二十一年“七月祁县等风霾昼晦”；二十六年“六月阳曲赤气自（雁）北来，天晦地冥，咫尺不辨”；二十九年“四月汾阳、文水、交城、保德、岢岚、崞县等风霾昼晦，黄尘蔽天。”隆庆六年（1572）“五月祁县等风霾，昼晦如夜。”万历十年七月又同上；十四年“春长治等风霾蔽天，经旬不止”；三十三年十二月至次年正月“闻喜大风雨黄沙，厚寸余”；四十七年二月从雁北到太原大范围“风霾昼晦”，“四月祁县等风霾昼晦。”天启三年（1623）“正月太谷等昼晦”等。据乾隆《潞安府志・艺文》卷三十八，连风沙害最轻的晋东南明于谦《余吾（屯留）驿》也曰:“黄沙滚滚迷官路”了。

三、清朝　民国

清朝进而扫荡残林，大毁植被，风沙害更频繁严重，积沙明显。清前期雁北已“风霾累月”、“四时风霾间作，黄尘蔽天”、“风猛沙急”、“沙碛横飞”等。[②] 清中叶后大风沙更难以数计，甚至如俗语所说:“一年一场风，从春刮到冬。”严重风沙灾如：康熙十八年

---

① 雍正《通志・艺文》卷二百二十七，光绪《崞县志・艺文》卷八，乾隆《宁武府志・艺文》卷十二。

② 据顺治《浑源洲志・艺文》卷下、康熙《灵丘县志・艺文》卷四、乾隆《大同府志・艺文》卷三十。

（1679）朔州及左右平“三月狂风大作，白昼张灯”；五十七年“二月大风昼晦，七月（龙卷风）将左云南门东巷丁姓者刮起数十丈掷地，骸骨如绵。”乾隆三十九年（1774）“三月大风昼晦。”嘉庆二年（1797）“三月大同风霾昼晦”；二十一年“三月大风霾。”道光七年（1827）“三月大同大风晦。”咸丰十一年（1861）正月左云“大风拔木”，沙埋许多农田。光绪五年（1879）大同、左云等地“大风飞沙，白昼如夜。”民国仍风沙不断，如1924年4月23～24日大风沙，天昏地暗，出入难行，毁房颇多等。因风沙已屡见不鲜，一般沙尘天气就不记了。左右平及朔怀山风沙害严重，土地沙化并形成雏形沙丘，年由西北向东南移5～10米。春天常刮大风，难以捉苗，有时重播几次，甚至将葵花杆捅空，逐穴插土溜籽。晋西北等地亦仿之。另雍正年设朔平府的右玉三丈多高西城墙，到民国积沙已与城头齐平；怀仁金沙滩腹地安宿疃等村，房后墙皆被积沙与屋脊齐平；其南黄花梁积沙甚厚等。

晋西北风沙害也加重、扩大。如：乾隆《宁武府志·风俗》卷九载:“四时多风，……既瘠而沙。”乾隆《五寨县志·山川》上集载:“常多大风，沙石飞扬，昼日尽晦”；该志·风咏下集载当时秦雄褒、朱观海《边风》曰:“卷枯茬，拔茅屋，天若为翻地为覆，……石走沙扬，人行迷径路，……狂风更加飚，尘土波涛扬”、“沙石相磨天地黑，排空散荡势奔崩。”光绪《神池县志·艺文》卷十载当时宫士式《风土》曰:“无边沙气入云黄，卷地风来压帽狂”等。从宁武府属“四县（宁神五偏）之地，既瘠而沙”记载看，积沙已较普遍。民国偏关西北端黄龙池乡和五寨北张家坪等地，已积成明显沙梁。神池、岢岚、河曲、保德也出现沙丘。

乾隆《代州志·艺文》卷六载清喻坦之《代州言怀》曰:“路行沙不绝。”

光绪《晋祠志·金石》卷十二载康熙朱彝尊《游晋祠记》云:“自云中历太原七百余里，眯眼不辨山谷。”可见大同～雁门关～代州～崞县～忻州～太原，一路风沙弥漫。但省中部、南部尚无明显积沙，风沙害还不严重。越往南越轻一些。皆不详述。

清朝雁门关以南记载的大风霾不下二十次之多，同样也几涉及全省，清前期省督白如梅疏云:“常有风霾之患”，比明朝有过之而无不及。如：康熙六十一年（1722）“沁州大旱风霾，整日大风，干苗被吹积路旁，民大饥。”乾隆十七年（1752）“五月十一日长子城北赤、黑云伏地而驰（可能是龙卷风），大树摧折或拔根而上，墙房自移，屋瓦、车轮吹至数里之外”；三十九年“武乡大风西北来，尘土蔽天，路上人马为沙所埋。”连省南端垣曲也同治十二年（1873）“十二月西北天赤”呢！民国十九年浮山“四月初大旋风，……牲畜被风卷去无踪，……破瓦被风卷数里外”等。其他多次大风霾，不再列举。

四、当代渐趋好转

建国初期雁北风沙仍较严重。如：20 世纪 50 年代初在黄花梁压条造林，头晚将剩余之条挖沟暂埋，当夜被风沙吹积埋没，次日怎么也找不到了。据气象资料，50～60 年代年均沙尘暴（风霾）为：怀仁 11 天、山阴 6.8 天。据《雁北国土资源》第六章，80 年代初风蚀模数还有 2000～10000 多吨/平方公里。1985 年山阴一次大风，轻伤 16 人、重伤 3 人、垂危 1 人。由于 300 余万亩小叶杨逐渐长大成林，植被有些恢复，到 80～90 年代初风沙害有所减轻。据 1990 年《雁北小叶杨“小老树”考察报告》，80 年代年均沙尘暴已减少为：右玉约 1 天、怀仁约 4 天、山阴 2.6 天；右玉 1984～88 年定点观测：全年有风 355 天，计 7598 次，其中可造成风蚀的五级以上大风占 7.3%，风蚀的 84% 发生在 3～5 月；小叶杨“小老树”林内比旷野风速平均减低 51.1%，风蚀模数林地仅 1200 吨，而农田则高达 12780 吨，林地表土吹蚀量比农田减少 90.6%，积沙量仅为农田的 1/35；由于树林和林网保护，粮食亩产增加 8.8%～25.5%，防风最佳处增产 55.6%～66.3%。怀仁金沙滩安宿疃村也由于流沙基本固定，1989 年耕地比 49 年扩大了 75%。粮食总产为 49 年的三倍还多。21 世纪初又大力实行国家投资的退耕还林、京津风沙源治理工程，沙害大体遏制。吾 2007 年旧地重访，生态面貌比十数年前又有了较好改观。

其他各地区也由于逐年植树造林，尤其是20世纪末~21世纪初大力实行国家投资的天然林保护（一律禁止砍伐）、退耕还林工程等，以及省投资的其他造林绿化等工程；加之山上农民多下山或往城镇打工，不少坡耕地荒芜，灌草自然复生，林草覆被面扩展，风沙害都明显减轻。

第十三章　水土流失　土地贫瘠

山西省山地、丘陵占80%多，黄土广为覆盖，森林植被少而差，是全国水土流失最严重者之一。据《山西自然灾害》第七篇、一章、三节，流失面积10.8万平方公里，占全省的68.9%、山丘区的86%。年均输沙4.56亿吨（近说2.95亿吨），年均水蚀模数3000吨/平方公里（近说1890吨），晋西近万吨（近说5910吨），湫水河流域达2万吨以上。① 主要危害：①跑水：据省水保所在离石王家沟坡耕地观测，70%的降水流失，亩均年流失50～60立方米。②跑土：年蚀表土0.5～3厘米；而自然分化形成1厘米土层约需二、三百年。③跑肥：亩年流失表土4.5吨，每吨以含氮1.2、磷1.5、钾20公斤计，亩年流失氮磷钾百余公斤。④切蚀耕地：使坡原面缩小，千沟万壑，支离破碎，难以耕作，直至弃耕。沟口处被大量砂石淤积成扇状，埋没良田。还有山洪泛滥，发生泥石流，淤积河道，加剧旱灾等。

水土流失重轻与降雨强弱、坡度陡缓、坡面长短、坡形直曲、土质抗蚀力、植被疏密等有关，但森林的抗水蚀作用，毋庸置疑。由于林木树冠和林下植物拦截，避免雨滴击溅土壤，遏制表土流失。林地结构疏松的腐殖质层，能吸收比其重2～3倍的水分，拦蓄地表径流。加之林地土壤团粒结构的粗孔隙率很高，雨水能顺利渗入土地深层，初渗量为裸地的数倍。林木根系深广成网，能将表土、底土、母质和基岩连成一体，增强固土力，有效防止冲刷和崩塌等。由于以上种种作用，使地表径流大为减轻，遏制冲刷，保持水土。一般林地侵蚀量

---

① 括号内为1956～2000年平均数据，因近20多年来，水土流失有所减轻，故输沙量、模数减少。

仅只草地的1/10、坡耕地的1%。据延安几个水文站观测，流经非林区河流的输沙量比流经林区者大数十倍，甚至百倍以上。山西省偏关县非林区1960年建成1000万立方米老营水库，仅7年即被泥沙淤满报废（类此不少）；而中阳县南川河中游建成3751万立方米的陈家湾水库，其流域残林占80%以上，却淤积很少，至今蓄水，大大超过设计使用年限。

另森林生物量大，光合作用制造的有机物多，大量枯枝落叶和腐朽根系，使土壤有机质增多。加之森林土壤透气性好，好气性微生物将腐殖质分解为植物有效营养成分，能积累、增高土地肥力。

第一节　土地渐趋瘠薄

森林广布则土壤朝着良性循环发育，这也是唐明以前山西省大地基本肥美的缘由。摧毁森林植被后，大地失去保护，肥沃表土流失，进而侵蚀到母质层，直至半风化岩石也被冲下。土壤发育远远赶不上侵蚀速度，土层越来越薄，肥力越益低下；终至使土石山坡岩石裸露，贫瘠不毛；黄土丘陵和和坂塬地力低下，耕作难极；平川盆地有的泥沙堆积，成为沙荒。

一、唐朝前土地肥美

《诗经·唐风》曰:“好乐无荒，良士瞿瞿”、魏风曰:“（黄）河水清且涟漪，……清且直漪，……清且沦漪”，可见几无水土流失。《左传·成公六年》载:“晋人谋去故绛，诸大夫皆曰‘必居郇暇氏之地（运城一带），沃饶而近盐’”，后折中迁都于“土厚水深”的新田（候马）。吕梁山南段石楼至吉县一带水草丰美。春秋后期至战国，华族逐渐向北开发，同样也土地肥沃，水草丰美。如《史记》载:“（魏）武侯浮西河而下，谓吴起曰‘美哉西河，此魏国之宝也’。”乾隆《代州志》卷三载：苏秦说秦王曰“北有代马之饶”等。

秦汉至北朝土地仍很肥美。如:《汉书·地理志》载:“河东土地平，有盐铁之饶。”雍正《平阳府志·风俗》卷二十九引《史记》语“土厚水深。”据雍正《通志·风俗》卷四十六，西晋时省中、西部等地“原隰沃野”，晋阳王与中都王皆夸其土地人物之美，不相上下。仅北魏建都平城后过度开垦，始感大同一带“地瘠”，据《魏书·太祖纪》，他临终前嘱咐诸弟曰“瀔北地瘠，可居水南，就耕良田，广为产业。”也仅系桑干河之北与其南相对而言。从北魏后期起，雁北土地又逐恢复的肥沃起来。

隋唐时还很肥美。如：洪武《太原府志》引《隋书》语：“人物阜殷”，即地美物丰，人民富庶。康熙《汾阳县志·风俗》卷四引《隋志》语：“西河土地沃，少瘠。”晋南河东等地亦同。2006年《永乐宫志·古代文献》卷八录唐《吕真人祠堂记》云：“大河之北，……土膏林郁。”光绪《闻喜县志·沿革》卷一载：“唐有美良川、中条山。”乾隆《潞安府志·物产》卷八引述唐时“上党山高地腴”、“地美水草。”光绪《通志·古迹》卷二十七载：“忻州西五里三涧沟，唐美良川。”唐《五台山清凉传》卷上载：“沃壤繁茂。”贾岛称崞县、应洲一带系“小江南。”唐朝称雁北广灵壶流河一带亦为“美良川”等。那时山西省物产丰富，有大批余粮接济京都长安等处，还盛产喜肥的桑麻，以及更喜高度肥沃土壤的人参等，是全国几个最富庶区之一。唐后期柳宗元《晋问》归纳为：“以稼则硕，以牧则畜，以渔则庶，而人用是富，而邦以之阜”的农林牧副渔皆兴旺发达之区。

二、宋金元向贫瘠过渡

北宋大肆砍伐山林，大辟山田，水土流失始明显起来。如：《续资治通鉴长编》卷二百七十五载熙宁九年（1076）权判都水监程师孟奏曰：“河东路皆土山高下，……每春夏大雨，众水合流，浊如黄河、矾山（挖剥铝土矿的烂山坡）水，……九州二十六县，计（淤田）万八千余顷（后奏请扩大淤田，帝）从之。”随后遣水监丞耿琬专管此事，在山西省大力推广“淤田法”。此期黄河出龙门大峡谷后，已堤岸屡修，“然不时圮”了。雍正《通志·水利》卷三十一载宋王沿云：“漳水一石，其泥数斗，古人以为利，今人以为害。”乾隆

《闻喜县志·艺文》卷十载司马光《重修圣宣王庙记》云:“草木日益稀，……物产日益寡。”据《永乐大典·太原府》卷五千二百零五，宋末已有“地寒而贫”等之说。

金朝进而扩辟山田，水土流失加重。如：据光绪《通志·名宦》卷一百二十，明昌年已“河东北路田多山坂硗瘠”。沁州“土隘而多瘠”。据民国《安泽县志·艺文》卷十五，金后期“冀氏小邑，介稠山中，土瘠”等。连山区也始载“土瘠”，可见贫瘠已稍普遍。

元朝贫瘠进而在山区扩展。如：光绪《平定州志·艺文》卷十载元后期吕思诚《风土记》云:“其土瘠。”据明初洪武《太原有志》等，省中部各县皆有“土瘠民贫”，以及宁武、娄烦、静乐、岚县“地多硗瘠”、岢岚“地土硗瘠”等载，元末山区“土瘠”已较普遍。

本期土瘠区逐代扩大，大体宋辽时土瘠与肥之记述参半；金朝硗瘠之载多于土肥；元朝仅某些人烟稀少的偏远山区比较肥良。如：光绪《垣曲县志·艺文》卷十载元宋景祥1289年的《沿革碑记》述中条山东段云:“民庐稼穑之地，……岗阜原隰，土田把良。”乾隆《大同府志·山川》卷四载：大德四年（1300）“发军民九千余屯垦（黄花岭），因滨（桑干）河土沃故也”；雍正《通志·山川》卷二十一亦载：元时“黄花岭土沃。”万历《偏关志·风土》卷上载：北宋、辽时“此皆良田”、“北宋固多出利，元朝当亦如之”等。

三、明清越趋瘠薄

明朝大肆摧残山林植被，在山坡大肆开荒；清朝更扫荡残林植被，陡坡开荒，轮种轮荒；水土流失越来越严重，坡地多被冲刷的岩石（或母质）裸露。诸府州县关于土地贫瘠之类记述比比皆是，有的已在第八章、第二、三、五节中连带述及，兹摘其要概述。如：

万历霍瑛《(大同）重镇军民交困疏》云:“民益凋敝，……时穷势极，……瘠土之民，非尽石田不可耕也”；成了“关外多石田，五谷半不生，……漫山冲白沙，石压禾苗茎。”① 实际成书于万历的

① 康熙《马邑县志·艺文》卷五；乾隆《大同府志·艺文》卷二十六。

《云中郡志·风俗》卷二总括云:“地瘠薄收”、“岁丰亩不满斗。”据雍正《通志·历代田赋》卷四十四,“大同府二州、八县,(万历)原额桑树八十三株”,可见已变瘠的不宜桑麻,与金末元好问述雁北“生民何处不桑麻”简直天渊之别。万历《偏关志·风土》卷上载:“昔年沃土,遂成石田。”光绪《繁峙县志·疆域》卷一载:明后期南山(五台山)一带,独多(晋藩)佃庄,“蓁莽遂尽拓,贫瘠乃益形。”乾隆《忻州志》卷一引万历志语:“昔腴,而今……渐瘠”、“物产鲜少,民贫。”雍正《岚州志·序·艺文》引万历志语:“岚多石田”、“昔淳庞,而今硗漓矣,……昔富实,而今靡耗矣,……民生日蹙。”万历《太原府志·物产》卷九载:“今反硗瘠,其所产不及三吴、百越之一大邑。”乾隆《祁县志·物产》卷四引明李毓疏语:“地瘠不毛者强半,……艰苦亦甚。”康熙《平遥县志·物产》卷四引万历志语:“物产独少,……硗瘠若此。”万历《汾州府志·物产》卷二载:离石、中阳、孝义等地“土瘠民贫(穷)。”乾隆《沁州志·风俗》卷八引万历志语:“其地硗瘠,……沁称至瘠。”嘉庆《长子县志·艺文》卷十七载明末王之相《蠲免疏》云:“谁云石田可耕,……尽是瘠土。”到明末上党也多成了“石厚土薄,地瘠人穷”、“土瘠民劳”、“山高土燥”等贫瘠状况。晋南乾隆《翼城县志·艺文》卷二十六载明王泰《平仓记》云:“多山而瘠,其民多贫。”连最南端中条山东段主峰一带深高山区也土瘠起来。如光绪《垣曲县志·艺文》卷十载明傅新德《赵公常平仓公山记》云:“郡东端万山中,地甚硗确。”其他诸府州县也莫不如此。

清朝“童山不毛”、“类皆石田”、“耕作难极”之类记述更多。如:

(一)雁北

各县“地瘠山硗”、“坂田硗确”、“高下皆硗”、“田土硗瘠”、“土薄粮重”、“终岁勤劳,浅种薄收”、“凋残之地”等载,不胜枚举。据乾隆《应州志·风俗》卷一,南部较好的应县一带,“值有年所收,亦以斗升计”,其以西、以北,亩产还低。康熙时朱彝尊已云:“雁门以北,……无田桑之饶、陶植之利,……民贫特甚”、“菜食草与糠”，“天时地利，两无所持，居民皆轻去他乡（走西口）。”清后期各县志更多载“其土尤瘠”、“生计特艰”等贫瘠状况；连东端最好的广灵县也“穷山穷水穷财主”了。由于难维持温饱，“牵车服贾于口外”者更众，外长城以北开禁后的12厅撂荒地，基本为雁北逃民所开垦。

（二）晋北

乾隆《宁武府志・风俗》卷九载：“四县之地，既瘠而沙，田在山上，……又无桑柘，艰于民食。”光绪《岢岚州志・疆域》引康熙志语：“土田硗瘠，石骨凌峥，……地瘠物无奇产”；该志・序・赋役・风土云：清后期更“山高土瘠，……苦无产殖”、“石田硗瘠，民则甚贫”、“瘠土之民多劳，……其耕石旁”等。河保偏贫瘠更甚，晋西北人民也多“走西口”逃荒。康熙《静乐（含今娄烦）县志・赋役》卷四载：因年被冲刷，“（昔）坡为原为阜，……多为壑为石矣”、“土瘠民贫，萧条万状。”乾隆《忻州志・物产》卷二载：“土狭人满，多分其少壮于口外，实养其老弱于家中。’光绪《定襄县志・物产》卷四载：“土瘠民贫，……物产甚少。”乾隆《崞县志・田赋》卷四载：“土风刚燥”、“民贫土瘠”；后也“东西两旁，类皆石田。”光绪《代州志・物产》卷三载：“麻布等皆唐常贡之物，今并无之；……昔桑蚕之利，……今则不知何物矣，风气之悬若此。”光绪《繁峙县志・风土》卷一载：“地瘠而无殊产。”光绪《五台县志・土田・生计》卷二载：“境内皆山，土仅十之二、三，……石多土少，……地性疏薄”、“生计之艰，至五台极矣”等。

（三）晋西及晋西南

厚黄土层广为覆盖，坡丘冲刷亦更严重。雍正《岚县志・田赋》卷四载：“土地硗瘠，物产凉薄，……地之所出，丰年足供正赋，欠则逃亡比比；或雨多浸，岸塌水冲不知其几”；卷十四载顺治知县张释通《请免岚县地丁钱粮文》云：“淫雨漂冲，尽成沟渠，寸土难耕，……高险陡窄之处，尽人作犁、石锄山，……山间耕作之苦，莫过于此。”雍正《兴县志・序》云：“地皆山坡石碛，地硗民瘠。”康熙《临县志・序》云：“民贫俗俭，穷山瘠土”；卷三・户口载：“晋多骨山，……临尤甚，……山峻地瘠。”光绪《永宁州志·序记》卷二十八载康熙志·序云：“土尤瘠薄。”康熙《宁乡县志》卷二载：“土瘠民贫。”雍正《石楼县志·序》云：“民贫赋重”，引顺治志·序云：“风土凉薄，人物鲜少”；卷三·风俗载：“瘦瘠之苦，汾属为最。”光绪《交城县（含古交大部）志·山川》卷二载：“沃壤少而瘠土多。”光绪《文水县志·物产》卷二载：“山林洿池树畜之利固无”等。光绪《汾西县志》卷首载康熙志·序语：“地瘠民贫。”康熙《隰州志·序》云：“荒瘠之地”、“多瘠而少沃。”光绪《蒲县志·艺文》卷十载同治知县邓琛《重修朱公祠堂序》云：“地皆沙瘠，户鲜盖藏。”康熙《吉州志·形胜·风俗》上卷载：“昔称乐土”、明朝已“土瘠民贫。”光绪《大宁县志·序》云：“土瘠民贫，……物产凋残。”康熙《永和县志·序》云：“山峻土硗”等。

（四）太原　晋中和晋东

道光《阳曲县志·方产》卷二和光绪《徐沟县志·风俗》卷五皆载：“土瘠民贫。”光绪《晋祠志·附柳子峪志》七载：“土田瘠薄。”光绪《寿阳县志·艺文》卷十一载《灾赈碑记》云：“素称瘠薄。”乾隆《祁县志·物产》卷四载：“山鲜草木，……硗瘠。”光绪《平遥县志·风俗》卷一载：“土瘠民贫”、“食麦者甚少，每岁收割后，贫民并谷亦不可得，杂以豆黍及羹菜度日。”灵石“土瘠，则农不给食。”① 光绪《榆社县志·序》云：“土薄石厚，素鲜盖藏”；卷一·山川按云：“榆之民，日以瘠苦，……昔巨家富室，大半转贫不得食，其贫者更无论矣。”雍正《辽州志·山水》卷二载：“土瘠民贫不堪。”据乾隆《和顺县志·序》、卷四·田赋，连最深远高山区的该县也“地尽沙石，……固瘠土也，生计民艰”、“终岁勤劳，丰年亩收数斗”等。阳泉一带更较贫瘠。如光绪《盂县志·序》引乾隆志·序语：“田乏膏腴。”光绪《平定州志·山川》卷二更说是“平定山皆石，乐平（昔阳）、盂县石强半”，早已成了“粮食恒艰，……一岁所入，不

---

① 道光《霍州（还辖灵石、赵城）志·艺文》卷二十五载乾隆灵石《翠峰山文昌阁请立条约记》。

足支半岁，……贫者不厌糟糠，恒食力于他乡”的贫瘠地区。

（五）晋东南

水土流失虽比晋东稍轻，但亦较贫瘠。如：乾隆《沁州志·风俗》卷八载：“瘠土之民吝而勤”、“山石瘠郡，州境较两邑尤贫（武乡类似，沁源较好）。”乾隆《潞安府志·物产》卷八载：“上党居万山之中，……土瘠民贫”、“今山川渐枯，牧养无利，民间生计日就薄矣！”卷九·田赋载：“山高土燥”；卷八·风俗还特指平顺等县“石厚土薄，地瘠人穷。”其府属壶关、黎城、潞城、长治、长子、屯留、襄垣诸县志，也有类此贫瘠之载，不予列举。泽州府属凤台（晋城）、高平、陵川、沁水，尤其是阳城又稍好，但同治《阳城县志·形胜》亦载：“土地硗瘠”了。

（六）晋南

除吕梁山南段外，水土流失亦较轻（比泽州稍重），亦稍贫瘠。如：乾隆《赵城县志·疆域》卷一载：“穷山僻壤，无不耕之土。”雍正《平阳府志·序》引康熙志序：“四匝皆山，土多硗确。”其辖县也多硗瘠。除（三）已述西山汾西等县外，如：民国《安泽县志》引雍正岳阳志语：“地瘠民贫，……乏沃壤，……多石田。”雍正《浮山县志·田赋》卷十二载：“地瘠民贫。”乾隆《临汾县志·艺文》卷十载清樊钱传《重修平水上官河记》云：“昔田肥美之区，（今）等于石田。”光绪《襄陵县志·户口》卷十载：“地狭土瘠”等。乾隆《曲沃县志·沿革》卷三追述古昔肥沃，“至沃而始有夷壤，……叹今土瘠民贫，（曲）沃也不饶矣！”乾隆《绛州志·风俗》卷二载：“土狭民贫。”其辖稷山、河津、闻喜、绛等县亦类似。光绪《垣曲县志·艺文》卷十三载清徐毅《省耕行》更曰：“沃土无寸尺，……平畦列石滩，雨暴冲无迹，……山坡远涧溪，土燥时崩析，……最苦陡之地，……扩地方半席，旱既成石田。”乾隆《解州志·风俗》卷二载：“少沃多瘠”、“其地硗瘠。”所辖安邑、夏县亦如之。据乾隆《平陆县志·物产》卷二、光绪该县志·风俗卷上，“土田硗瘠”、“完赋还债之余，所盈无几，食糠秕。”仅芮城稍“土田平衍，水利沃饶”（乾隆县志·风俗卷二）。蒲州府辖永济、虞乡、临晋、猗氏亦较好；但乾隆《万泉县志・贡赋》卷三载:“田大半于山巅沙碛，……雨旸一失，则夏无麦，秋无禾，岁再不登，则人逃土荒。”乾隆《荣河县志・序》引康熙志语:“贫瘠之地”等。

*　　　*　　　*

总之，到清朝除南部极少数县和几处深高山林区，以及平川的一些清泉水稳定灌区外，整体上从南到北，由东向西，越益贫瘠，成了贫困省之一。正如光绪《通志・赈恤》卷八十二所云:“地力既竭，盖藏艰裕，自乾嘉时不免仰仗邻省”了。

民国时陡坡开荒稍有收敛，亩产提高，未继续恶化，或微有减轻，土瘠状况并未改观。

四、近年来始趋转轻

建国初期水土流失仍较严重；近二十多年来由于所造之林逐渐长大，生物和工程治理措施起了一些作用，水土流失（包括沟蚀）始趋转轻，输沙量、水蚀模数有所减少（见本章开始所述）。如雁北建国初所造三百多万亩小叶杨，尽管土地恶劣长成“小老树”，林相很差，20 世纪 80 年代后期在右玉观测，林草覆盖率 90% 的东窑沟比相邻相似、覆盖率仅 26% 的西樊沟，输沙模数和冲刷深度均约减少了 80%。[①] 其他地区亦多类此实例。尤其是近十年来，坡田大量退耕还林，推行天然林保护，加大水土保持力度等，走向趋轻正路。但该恶果系千年积累而致，还有多半（约 6 万平方公里）未得到治理。欲遏制水土流失，尚任重道远。

第二节　沟壑纵横　支离破碎

土石山坡主要是面蚀，冲刷到岩石裸露后，再难以深切。而黄土坂（阶）地、高原、丘陵，都覆盖着厚十数～二百米、地史时期第

① 《雁北小叶杨“小老树”考察报告》山西林学会 1990 年。

四纪马兰黄土层，土体疏松、垂直节理发育，更易水蚀，除面蚀严重外，沟蚀（含因水蚀而致的滑塌、崩塌、泻溜、陷穴等重力侵蚀）亦很严重。浅、悬、切、冲沟等毛、支、干沟越冲越深，越来越多，直至沟蚀到硬底和接近分水岭处。中古时比较完整的坂、原、丘等坡面，逐代被切蚀的沟壑纵横，支离破碎。

一、黄土坂（阶）地

山麓缓斜坡地曰坂，全省都间插分布，而以各大盆地边缘山下为多，山间小盆地亦有，河谷两侧间有之。以中条山西段为例，北陡南缓，南侧山麓与黄河谷地之间，自古广布着大片较缓坂地。直到唐朝，山坡森林植被尚好，坂面还较完整。如平陆县西周封为虞国，春秋晋大阳邑，汉大阳县，北周河北县。唐天宝元年陕郡太守李齐物开三门峡，以利漕运，挖得篆文“平陆”古刃，且坂地还较平整，故改名平陆。北宋已显切蚀现象，但还留有南北长十四里、东西宽八里的较大塬面，其他坂面还不太零碎。再后大体与中条山东西走向相垂直、由北向南达黄河的冲侵沟壑逐代加多、加深，沟头延伸，并产生许多支沟，到清朝已成为“平陆不平沟三千”的破碎地貌。其西芮城也大体近似，只不过沟蚀稍轻而已。

其他地区的坂地，沟蚀和破碎状况亦大体类似，不再列述。

另平陆西端与芮城接界一带，上古有一著名的较大“闲原”。据乾隆《平陆县志·杂志》卷十六和民国《芮城县志·沿革》卷十二，西周“虞芮二君相（争）让闲田”即此；到清中叶已被切蚀的仅剩“幅员十里”的残塬（四周斜陡，顶面缓坦曰塬）了。

二、晋西南黄土高原

广平之地曰原，相对比山下低平“隰”地较高。临汾地区西山，尤其是吕梁山南段主脊线西侧，唐朝以前，大山之间多分布较大的广缓原地。后经历代冲刷，诸沟头不断延伸，到当代干、支、毛沟密度约 4 公里/平方公里；冲沟越来越深；当代年均下切 0.28 米，干沟深达 50～200 米；原面被切蚀分割，残塬与长梁相间，窄长梁再被支冲沟切蚀，变成散立不可耕的耸峁。古昔较完整高原，已变成深沟梁峁杂乱分布、地形地貌支离破碎的残塬沟壑区（当代年均水蚀模数｛含面蚀｝8000～10000吨/平方公里）。如光绪《吉县志·艺文》卷八载邑人白汝骥《游麦城记》大意说："吉州……皆穷岗绝巘，……麦城居州北三十里，苞山麓一带，……（古昔）车辙马迹纵横数百里之间，……无愧天府之区。（光绪初）皆为大沟，（残塬上麦城村发现周二十里古城遗址，疑为盘耿迁此建都｛误｝），为沟冲断，半倾沟壑。……（昔）陌阡平坦，无沟壑；……损年积代，……变为深沟，时易景迁。"尽管他考证有误，但古昔该广阔原面，被沟蚀的支离破碎、几无残塬即基本属实。笔者据《山西历史地名录》等考证，该都城系十六国末夏国败逃于河东时所建，北魏初期428年攻陷该城，擒其君主赫连昌，设擒昌郡于此；474年移治定阳（仍在吉县）而废；到清末前，该广阔平缓处都城，并连同城内皇城、宫城遗址，皆被冲刷沟断陷，地貌全非，破碎不堪。

另吉县中垛、乡宁潭坪、蒲县中山、大宁太德等原，唐朝时皆方圆近百公里，后被冲沟切蚀，到当代只剩残塬几公里，最窄处仅几十米；沟头年延伸2～10米。其中太德残塬，康熙时还有13000亩，当代再缩减为9000亩；其他十余个残塬更小，有的已小于5000亩了。

三、晋西　晋西北黄土丘陵

主要分布在吕梁地区主脊线西侧石楼（还有其南永和）至兴县，及晋西北河保偏等县。同样唐朝前坡面较为完整；宋金已显冲沟；明清已被沟蚀的"不成丘陵"，成了沟壑纵横，支离破碎，侵蚀强烈，残丘、耸峁、短梁杂乱散布的重灾沟壑区，比晋西南黄土高原有过之而无不及。每平方公里干、支、毛沟50～60条，总长4～5公里；沟壑占总面积的40～50%；年均水蚀模数（含面蚀）1～1.5万吨，还有约1/4超过1.5万吨，严重者如临县2万吨以上。但由于地形构造有些不同，冲沟稍浅（50～120米）而稍宽（100米以上），成"V"形，与晋西南黄土高原"U"型有别，故崩塌较轻而滑剥（塌）

较重。

此外其他州县还有些黄土丘陵，沟蚀相对稍轻，也不再述。

第三节　低平地盐碱

摧毁森林植被后，土壤另一劣变是较大河流交汇一带低平川、山麓缓坡下缘、山间洼地等处，盐碱加重，甚至斥卤不毛。地下含过量氯化钠、硫酸钠等盐类是形成盐土前提；富含碳酸钠、碳酸氢钠是形成碱土前提；两者兼俱，称盐碱土。河床淤塞改道而排水不畅，致地下水位升高（2～3 米以内）是其基本成因。土壤蒸发量过大，盐碱成分随着上升而滞聚于表土层，成为盐碱土。危害作物，甚至枯死；碱土危害更大，腐蚀根系，改变土壤理化性能，湿时烂如泥，干时硬如铁。严重者成为作物不能生长的盐碱荒滩。

森林广布，河道畅通，排水良好；强大蒸腾作用使地下水位不至于显著升高，地表蒸发少，可缓解盐碱成分在地表聚积；土壤有机质丰富，可中和土壤碱性；这些都是山西省直至中古土地并不盐碱的基本缘由。

山西省中部各大断陷盆地都有以盐为主的盐碱地分布，而以雁北最广而重，着重述之。

一、雁北盆地

元朝以前，未见土地盐碱之载。明前期还不明显；明后期已严重起来。据万历《应州志·田赋》卷三，“卤薄者十九”、“地多卤碱，不可植桑”，该州成化前有鱼课而未述盐税，到万历年土盐、土碱已成为大宗副业而专征其税。万历霍瑛《重镇军民交困疏》云:“斥卤不毛。”万历《怀仁县志·风俗》卷上和崇祯《马邑县志·土产》卷二皆载“地土沙碱”等。

清朝进而盐碱化。如：康熙《马邑县志·土产》卷二载:“起土而煮之，曰小盐；碱与盐同地起卤土而成之。”雍正《阳高县志·田赋》卷二载:“低土碱卤难耕。”据乾隆《应州志·田赋》卷三，“斥卤皆成盐碱”、“北路地多盐碱，水味苦咸，浇地反损田苗，……人不堪饮”；盐碱税为该州仅次于商税的大宗收入；因长期大量挖取卤土，形成“盐河”、“碱河”。山阴亦同。光绪《怀仁县志·物产》卷四载:“沙卤遍野，……盐碱……利有限而害随之，以土性不宜谷之故”、“斥卤不毛。”光绪《天镇县志·水利》卷二载:“多斥卤”等。其他府州县志也多有盐碱之载。由于明清盐碱业、盐碱地不断扩大、加重，至当代山阴还有大、小、西盐池村，怀仁有大、小盐坊、大、小盐丰营、鲁（卤）沟，大同有兼（碱）场、倍加皂（灶，即煮盐碱大锅），阳高有罗文皂等村乡镇名；还有与盐碱有关、带有“坊”、“圪旦（煮盐碱后堆成土丘）”、“圐圙”、“滩”、“湿”、“洼”等许多村名和地名。

抗战前煮盐仍盛。如：山阴年产盐 1200 万斤以上；应县盐坊 215 家，产盐 310 多万斤；怀仁盐坊 40 家，产盐 200 万斤；其他有些县亦产之；除售于雁北一带外，还远销于内蒙古、河北、河南。[①] 建国后停止土盐生产。当代共有盐碱地 323 万亩，占雁北全部盆地的 1/3；几乎各县都有分布，以大同盆地最多，占 43%；其中近 50 万亩为 PH 值 10 以上、含盐量 1% ～1.6% 的重盐碱土，“春天白茫茫，夏季水汪汪，有雨一泡泥，无雨硬如钢。”难以利用。[②]

二、忻定　晋中　晋南盆地

（一）忻州盆地

有关明清民国方志中未见盐碱害之载；看来远比雁北为轻。建国后普查，忻、定、原、代都有些轻盐碱土。其中忻定的滹沱河、牧马河及云中河汇流的平川低地，以及洪积扇前洼地较多。约共 140 余万亩，占该盆地的 46%。含盐量 0.2% ～0.4%，仅个别洼地达 1% 以上。

（二）晋中（太原）盆地

盐渍较早且较重。如：唐朝已见晋阳东城“地多斥卤，民不堪

---

① 据《雁北今古》1991 年 2 期 马良《应县盐碱业兴衰》、85 年 4 期 占秀琴《从地名考证雁北盐碱地分布及变迁》和《中国实业志》民国二十三年资料。

② 据 1986《雁北国土资源》第二篇、一章、一节。

饮”之载，后引晋水跨汾河架槽入东城，“以甘民食。”洪武《太原府志·风俗》载:“阳曲泻卤瘠薄”、“清源地多瘠卤。”乾隆《太原府志·风俗》卷十五引明成化户部尚书李毓疏奏云:“太原地瘠不毛者强半，……沥土取盐。”万历《太原府志·形势》卷四载：清源“土性泻卤”等。清朝进而加重。如：乾隆《祁县志·物产》卷四载:“地多斥卤。城赵、北左诸村，贫民取土煮盐易食，故祁邑……不食河东之盐”、“盐城（煮盐业而名）、赵北、左胡帐等村多卤地，不生禾苗，……远望似水，即之似雪”；又引李毓疏语，说明朝该县有“煎盐户五百六十八。”南至平介的汾河东低平处亦煮盐为业，如介休东北四十里至今还有南、北盐场等村名。光绪《徐沟县志·风俗》卷五载:“地多沙碱”等，也由于煮碱为业，而有碱场营等村名。建国后从太原南郊至祁平介的汾河两岸，以及交城、汾阳等支流下游两侧、灌区一带，多有盐碱地，约近120万亩，占该盆地的16%，含盐量0.3%～0.6%。其中近40万亩盐碱较重，如小店南含盐量达1%左右。

（三）晋南（临汾运城）**盆地**

有关明清民国方志，极罕盐碱害之载，仅查到雍正《平阳府志·序》引康熙志序述“四匝皆山，土多硗瘠”后，又述“荣（河）猗（氏）蒲（州）解（州）间稍平，又苦沮洳斥卤”，看来不太严重。建国后临汾盆地有盐渍地93万亩，占该盆地的12%，主要分布于洪洞至河津汾河两岸；其中7万亩较重。运城盆地约75万亩，占该盆地的17%；主要在姚逻渠、涑水河入伍姓湖一带，耕作土层含盐量0.1%～0.3%，盐碱轻微；其次为中条山麓洪积扇与平川交接处洼地，含盐量有的高达1～2%。

上党盆地高兀，未见盐碱害之载。其他山区县大河两岸偶有盐碱之说。如康熙《静乐县志·田赋》卷四载:“（昔）平为原、为坂，而年被冲决为沙、为碱。”

近三十年来，由于对盐碱地加以治理等，尤其在各大盆地到处多打深井，越打越深，随着地下水位降低，盐碱害有减少、减轻趋势。

第四节　山洪骤泻　水灾增多

山西省山丘众多，平地较少，河谷沟深，地势高下。故水灾远比旱灾面小而分散，多在平川盆地带状成灾，或河流出山口处扇状遭灾；次数也不太频繁，有突发性，短时内局部遭灾严重。洪水大小和是否成灾主要因日内暴雨强度、数日连降大雨多少而致，还与地形地势、河道比降及行洪力相关，人们不合理活动又加剧灾情。受东南海洋暖湿季风影响，山西省降雨主要在6～9月，占全年总降水的3/4，而大多又降在7～8月，并多集中于一至几次大暴雨过程。所以夏秋洪水灾占80%以上，又以夏末秋初居多。

森林涵养水源、保持水土的作用，可缓解洪水暴涨，减少泥沙淤积，从而河道畅通，一定程度上起着减免水灾作用，一般多雨不成灾，大雨、暴雨可减灾。摧毁山林后，当暴雨、多雨之际，山洪暴发，汹涌而泻，出山口处，易成小片水灾；若逐渐被沙石堆积则洪水漫流，扩大扇形受灾面。进入平川后，泥沙淤积，河床抬高，甚至淤塞改道，更易泛滥而大片遭灾。这也是宋金元（尤其明清）后山西省水灾逐代增多、加重的缘由之一。

从秦汉后对水灾多有记载，近古所载越多，通常对大或特大洪灾不会漏载；而一般县乡局部水灾多有漏载，或因不少古方志佚而缺失。战争分裂朝代多有失记，和平统一朝代失记较少。有的记载较详实，有的疏略，各朝又无划一标准，也年代愈远，记载愈疏；不便深入对比分析。兹只就总趋势大体概述。

据《山西自然灾害》第四篇、二章、二节择录汉～当代主要洪水灾害：东汉建宁四年（171）“河东五月山水大出，漂庐舍”，至唐光启四年（888）“太原六月大水”的七百多年，计十个大水年，约数十年一遇。北宋淳化三年（992）“大同、朔州七月桑干河溢，漂禾毁屋，溺人众”，至金大定十七年（1117）“七月，大雨滹沱河溢，盂、平定大雨河溢”的百多年，计五个大水年，约二十多年一遇。蒙至元四年（1267）“五月大同、朔、应大水”，到元至正十一年

（1351）“冀宁路平晋、文水七月大水汾河溢，漂没田禾数百顷”的近八十年，计九个大水年，九年一遇。明洪武十四年（1381）“交城夏大雨，河水冲毁城垣”，至崇祯十五年（1642）“九月，介休淫雨，绵水暴涨，漂没农田；蒲州大雨水骤涨，洗荡田地庄居殆尽”的260余年，计33个大水年，八年一遇。清朝大体如之。民国六年多一遇。建国后记载较详。1954～83年计13个大水年，两年多一遇。若从明成化十八年（1482）全省多处发生大水洪涝灾算起，以后涝害也计入的话，至1983的522年，共326个洪涝年，则平均1.6年一遇。不管怎样计算，元朝后水害逐代增多，却系历史事实。再分析各朝各地水灾状况，随着山林减少而后摧毁殆尽，大体上灾情也逐趋严重。

建国后逐年共建大中小型水库900多座，疏浚河道，增筑、加固堤防，以及小流域治理，植树造林，恢复植被等，都逐渐起了一些作用，水灾扭向趋于转轻，但尚未遏制。

另山西省降水从西北向东南渐增，洪水出现机率也随之加多。就以洪水害较少的雁北为例：北魏建都平城期间，大毁山林，水灾随之多而重起来。北魏末至隋唐森林恢复良好，水灾也明显转少而轻。辽金复破坏山林，又见“桑干河溢，漂禾毁屋，溺人众”之载。蒙元剧烈破坏山林，水灾明显增多、加重。明朝，特别是成化年后摧毁山林，水灾更多而严重起来，直至建国初期。详见第十四章清流变浊、河水恶化。近二十多年来，洪水稍有转轻趋势。如右玉林草覆盖差的樊泉沟，洪峰流量达5.9立方米/秒；而相邻相似、但小叶杨林覆盖良好的东窑沟，减少为2.9立方米/秒。① （详见《雁北森林与生态史》270～275页）

① 据1990《雁北小叶杨“小老树”考察报告》。

第十四章　清流变浊　河水恶化

森林涵养水源、保持水土作用相当明显。即使旱季，林区小溪也常涓涓细流，使大河水源充足，清水长流；雨季和大雨，又能拦蓄水流，缓解山洪，避免骤然暴发，使河水相对平稳安澜，水患很少，水利颇多。等于在山上到处都是“绿色水库”，起到“雨多它能蓄，雨少它能吐”的作用；体现为“山青水秀”。这是因为：①林冠层一般可截留 20～30% 的降水，初雨或雨少时截留比例更大；暴雨或连雨则相对减少。②林下有枯枝落叶及厚而松软的腐殖质层，加之林地土壤粗孔隙率高（一般 20% 左右，草地仅 4%，裸地更低），蓄水渗透量大。每亩森林年可蓄 100 多～200 立方米水，比无林地约增加 200 毫米渗透量，变成土层水或地下水缓缓流出，成为泉池溪河的不断源泉；森林涵养水源功能为草坡的两倍以上、裸坡的六倍以上。③使河流含沙量大减。据中科院西北水保所测定，如以山坡农田表土流失为 100%，则农田闲地为 189%，草坡为 26%，林地仅 1.7%；林区河流含沙量微不足道。还有过滤净化水质等功能。其他保持水土作用见十三章。

随着对山林植被的摧残至摧毁，极大地削弱了对山水的涵养、拦蓄和调节能力，暴雨、大雨则山洪骤然而泻，白白流失，雨后又很快缩流干涸，致河水暴涨暴落，洪枯流量悬殊。加之水土流失严重，河水浑浊，到平川后，河道越淤越浅，河床越冲越宽，进而迁徙改道，水利大受影响，水害不断增多，常泛滥成灾，益河变成害河。

据 2004《山西河流》，省内流域面积大于万平方公里、长 200 公里以上的大河 5 条，1000～10000 平方公里的中等河流 48 条，100～1000 平方公里的小河 397 条，短河和沟峪则数以万计。省内黄河流域面积占 62.2%，海河流域占 37.8%。

遍查山西省400多部古方志·山川·灾祥等，大体至唐末前，湍流众多，水源丰盛，水质清澈，河水安澜，很少泛溢成灾。宋金元向恶化过渡。明朝后越发恶化，水灾增多加重；大、中、小河流莫不如此，甚至小沟峪也常发生水害。兹以五大河流及其有代表性的支流，另加次大涑水河、黄河小北干流段，以及某些独自出省河流为例，概述其历史变迁。

第一节　汾　　河

系山西省最大、黄河第二大支流。源于宁武东寨管涔山南侧楼子山下雷鸣寺“汾源灵沼”及这一带三条主要涧流汇而成河。经忻州、太原、晋中、吕梁、临汾、运城的34个县（市），到万荣庙前入黄河。全长694公里，流域面积39471平方公里。据河津水文站实测，多年平均流量46立方米/秒，最大洪峰3320立方米/秒（1954年9月6日）；年均流量25.9亿立方米，最大44.1亿立方米（1969）；平均含沙27公斤/立方米（兰村站为44.2），年均输沙5900万吨，最大13700万吨（1958）。源头至太原兰村为上游，除静乐谷地稍宽外，多为峪峡型，含沙量大，但水灾不太严重。兰村至灵石南关（一说介休义棠或洪洞石滩）为中游；其中盆地段为宽浅形河道，易泛溢成灾，最不稳定，常迁徙改道；灵霍段为峡谷型，少水灾。霍县至入黄处为下游；其中霍至襄汾多为凹浅型河道，岸蚀较烈；新绛至入黄处为宽浅形河道，常受黄河倒流顶托，大量泥沙淤积，致入黄处也多迁徙改道。

一、汾河干流

（一）地史至先秦时期

地史时期上新世，它系河湖相连的串珠状河流，贯穿于今忻定、太原、临汾、运城四大盆地。滹沱河曾是其左上游，受新地质构造影响，石岭关隆起，南向河床抬高，袭夺太行山东麓河道转而东流单独出省。最下游亦分两股，除今一股由新绛西流入黄外，另一股从新绛东南流，经闻喜礼元镇，沿今涑水河入黄。中更新世晚期后，紫金山、峨眉岭隆起，切断南流河道，涑水河单独入黄。各盆地的串串湖泊，逐渐缩小、分割、消失。

传说时代，汾河早已闻名，汾者，大也（一说由“凤”演化为汾）。如《左传·昭公元年》载：“昔金天氏有裔子曰昧，为玄冥师，生允格、台骀。台骀能业其官，宣汾洮，障大泽，以处太原（一说在翼城），帝（颛顼）嘉之，封诸汾川。”“殁后为汾神”，后人建庙祀之。

春秋战国时，汾河流域森林遍布，水量充足，河流平稳，水质清澈，可以通航。如《左传·僖公十九年》载：“晋荐饥，使乞籴米于秦，……秦于是输米于晋，自雍（陕西凤翔秦国都）及绛（襄汾西南65里赵康古晋都）相继，曰‘泛舟之役’”；《左传文选》注云：“当从渭入黄、汾。”其时为前641年冬，连续到次年春，正值如今枯水期，可连续不断通行满载数万斤粮的重型船队，说明旱季汾水仍很充裕。《山海经·北次二经》载：“管涔之山，汾水出焉”，也说明先秦时其发源处已很知名了。

（二）汉至唐水情仍好

据道光《阳曲县志·文征》卷十五，汉高祖十一年（前196），“封靳侯国（静乐），积粟所在”、“羊肠山有羊肠仓。”该仓粮食，当系顺流而下至晋阳，说明上游可以通漕。西汉还在中、下游大兴水利，农产充裕，漕运到长安。如光绪《河津县志·山川》卷二引《文献通考》语：“汉武初，河东太守番系穿渠引汾，溉皮氏（河津）、汾阴（万荣）、蒲坂，……开拓水浇地五千顷，民种茭畜牧于其中，可得谷二百万石以上，以实关中。”又据《前汉书·食货志》，“河东、太原、上党郡谷，足供京师。”汉武帝于前113年巡幸河东，率大批官员、侍从、乐妓等乘大楼船队由渭入黄转汾，到汾阴脽（万荣县西端）祀后土，咏《秋风辞》曰：“泛楼船兮济汾河，横中流兮扬素波”，可见水深水足。以后东汉至唐，不少皇帝也乘楼船巡幸后土祭祀。汾水清澈，到唐末仍沿用为“素汾”。

《后汉书·郡国志》载：永平十年（67），“理滹沱、石臼河，自都虑（河北定州中山一带）至羊肠仓，欲令通漕。”《水经注·汾水注》亦载：“盖乘滹沱之水，转（太行）山东之资……将凭汾以漕太原，用实秦晋。”该跨越滹沱与汾两大流域的漕运，在分水岭开挖短小运河处有多种说法，笔者实地考证，当以忻州牛尾庄至阳曲北小店为宜。由于沿滹沱河逆水行船，十分艰险，“转运所经三百九十隘，前后溺死者不可胜数，……建初三年（78），……更用骡辇”；到建安十年（205），曹操又“差滹沱入汾，名‘平虏渠’。”[①] 看来还是利用原先所挖旧运河，漕运河北大平原之粮。皆说明该两河及其支流水量充足。

据乾隆、道光《太原县志》·风俗·人物引《世说新语》，西晋“汾水波涛浩瀚”；晋阳王武子云：“其水淡而清”、中都王孙子荆云：“其水押渫而扬其波”；水仍足仍清。西晋末建兴元年（313）才见绛州“汾水大溢”、北齐末天统三年（567）并州“汾水溢”之载。[②] 都与当时战乱等大毁山林有关，看来水害不重。

隋开皇三年（583）诏：“漕汾晋之粟，以给京师”，次年又诏：“控引汾晋，舟车来去，为益殊广。”[③] 可见中、下游仍大量通漕。又雍正《通志·艺文》卷二百二十五载隋大臣薛道衡《从驾幸晋阳》、李德林《从驾巡游》曰：“绝浦渡连旌”、“汾河汉豫游”，即隋炀帝率大批楼船队至晋阳游幸。

唐漕运规模更大。如《新唐书·食货志》卷五十三载：“益漕晋、绛……之租输诸仓”、“自太原仓浮渭，以实关中”、“凡三岁，漕七百万石。”乾隆《绛州志·艺文》卷十四载唐采访使崔佑甫《汾河义桥记》云：“自太原、西河、上党、平阳至于绛，达于雍，……具舟船之役，渡口如肆。”雍正《通志·艺文》卷二百十九载唐中叶修武后徐彦伯《汾水新船赋》云：“行舟乃乘素秋，镜清流，假道于河

① 道光《阳曲县志·文征》卷十五；雍正《通志·水利》卷二十九。

② 乾隆《绛州志·杂志》卷二十、乾隆《太原府志·祥异》卷四十九。

③ 康基田《晋乘搜略》卷十四、《隋书·食货志》。

伯，……负重以致远，泛波涛之不曲，……若来若往，无颠无波，……可以通河、渭，可以通泾、浐。”大船队从太原等地漕粮往关中，要过雀鼠谷险隘，据唐后期《元和郡县志》卷十三灵石条，“汾水在县北一里，深一丈、宽三丈。”嘉庆《灵石县志·艺文》卷十一载大中二年（848）《河东节度使王宰碑记》云：“汾水回奔而潺湲”、萧珙咸通四年（863）《高壁镇新建迎济桥记》云：“桥长百尺，宽丈五，下去水四十尺，……亦有舟船”，即平水期也可通高大之船。另如：李欣《送友人赴太原》曰：“孤帆几日悬，……水宿南湖夜”（晋阳城南十里晋泽，即台骀泽，唐时宽阔渊深）；李白云：“汾河镜开，张蓝都之气色”；唐后期欧阳詹《秋日登龙兴寺》曰：“片白指汾流”；姚合《送邢郎中赴太原》曰：“晋野雨初足，汾河波亦清”；薛能《忆汾上旧居（在汾阳）》曰：“素汾千载傍吾家，常忆衡门对浣纱”；五代阎选《河渎神》曰：“汾水碧依依等”等。①

唐朝前汾河东岸有晋阳东城，与西岸晋阳老城同样，长期均无冲塌现象。据光绪《晋祠志·故事》卷四十，贞观十三年（639），“引晋水入（西）城，（渡槽）流汾东，入东城，以甘民食，谓之晋渠。”武则天时跨汾河筑中城，合三城为一体，曰“连城”；雍正《通志·艺文》卷二百二十三载欧阳詹《登汾上阁》曰：“贯郭河通路。”据《新唐书·马燧传》卷一百五十五安史之乱后的783年，“北边数有警，河东节度使马燧念晋阳王业所基，宜固险示敌，乃引晋水架汾属之城，潴为东隍，……又沥汾环城，树柳固堤。”《引水行》曰：“十里暗声流不断，行人头上过潺湲。”水流安澜，一派“汾水风烟洽”景况。② 其他沿汾城镇也无冲圮之害。据雍正《通志·灾异》等，仅查到638年“太原河溢”、796年太原“大雨水溢”、878年绛州等大雨“汾溢流害稼”。约百年一遇，水患不重。

---

① 为节省篇幅，以上诗句皆不注明出处，见雍正《通志·艺文》卷223～226及《历代名人咏晋诗选》84、124页。

② 1983年2期《晋阳学刊》石凌虚《晋渠钩沉》；乾隆《太原府志·艺文》卷五十八。

（三）宋　金　元水情趋劣

北宋初水情劣变。如长五里、广二里、高十余丈的汾阴脽，自西汉建后土祠于上，到唐开元再重建，规模宏大，千多年安然无恙。宋开宝五年（972），大水冲塌脽之一部分，只好徙祠于稍南。① 航道也开始淤塞。如道光《赵城县志·杂志》卷三十六载："太平兴国元年（976），正月浚汾河，是时太原未平（灵石以北为北汉所据），所浚者自赵城以下。"系宋太宗为最后征服北汉而漕运大批粮物到前方大本营，才不得不疏浚汾河；是年绛州大水。979 年北汉投降，次年四月宋太宗又命壅汾晋二水，淹灭了被他烧毁的晋阳城。此前宋太祖于开宝二年三月围攻北汉，也曾用该二水灌晋阳城，未克。两次都在今枯水期，说明水量还大。此后甚至上游也发生水灾。如：雍正《通志·祥异》卷一百六十二载："咸平元年（998），汾水涨，毁北水门（979 年所建跨汾河宁化军城之水门），山石摧圮，军士有压死者。"据光绪《通志·名宦》卷一百零六，咸平（998～1003），腾甫知并州，"阳曲县旧在（太原）城西北，汾水徒城（今古城村），县废为荒田。甫使堤防如黄河，民复成肆，诸将驻列。"康熙《阳曲县志·名宦》卷十载：天禧（1017～1021），陈尧佐知并州，"汾水屡涨，筑堤五里，……名柳溪堤。"天圣二年（1024），"水大涨，……陈尧佐又筑堤捍之"，同年还在汾河上游静乐"筑堤"。熙宁元年（1068），"太原城西汾河大溢，（水冲入城）扰民，不知所存"；据光绪《通志·名宦》，时太原知府王素曰："若环平晋，遂灌州城矣，……筑堤以整之，一夕水至，民赖以安。"据乾隆《太原府志·堤堰·名宦》卷十、三十二等，接着熙宁八年，太原"水大涨"；九年，"沿河大溢"，又"筑堤捍之。"据万历《太原府志·杂志·灾祥》卷二十五、二十六，因汾水泛滥，将晋阳故城东十里、纪念宋太宗灭北汉功绩的崇圣寺（又名平晋寺、回銮寺）冲毁，很快于元丰二年（1079）重建，规模极大，"外筑堤防，首尾千丈，高丈有五，

---

① 据乾隆《绛州志·祥异》卷二十、《蒲州府志·古迹》卷三、《荣河县志·坛庙》卷二。

以防水患。”康熙《阳曲县志·文征》卷十三《英济祠感应记》，元丰八年，汾水大涨，将出冽石口外的兰村该祠冲毁，只得在距河稍远之较高处另筑新祠（窦大夫祠）。乾隆《汾州府志·祠庙》卷二十四，城东十里文湖庙堤令狐楚撰之唐碑，“崇宁间（1102～1106），汾水泛涨，碑没”；看来北宋末汾河泛滥，曾侵夺文峪河下游西徙改道；所以道光《阳曲县志·工书》卷十一追述：“汾河迁徙，由来已久，……宋明以来，为防御计，只以培筑堤坝。”即使如此，北宋汾河泛溢而较明显成灾者约十个年头，加快到十数年一遇，水患也较重起来。

北宋时除洪水期“浊如黄河、矾山水”外，平水期还不太浑浊。如雍正《通志·祥异》卷一百六十二载：“大中祥符三年（1010）十一月丁酉，陕州黄河清，十二月乙巳，再清，当汾水合流处，清如汾水”；晏殊特作《河清颂》；乾隆《绛州志·艺文》卷十八载北宋富弼《嵩巫亭》曰：“锈楣丹栏照清汾”等。

金朝仍有“清汾”之说。如雍正《通志·艺文》卷二百二十三～四载元好问《八月并州雁》、《游晋祠》曰：“清汾照旅群”、“乱后（金末蒙古铁骑烧西山后）清汾空自流”等。金朝山西省安定繁荣，罕见汾河泛溢成灾之载。如乾隆《宁武府志·艺文》卷十二载金《昌宁公（台骀）冢庙记》云：“宁化郭西南定河村，……咸赖汾水之利，并水涯而居，并无泛滥之灾。”中游有些冲侵。如洪武《太原府志》载：大定九年（1169），太原城西北三交村“汾水大涨，东岸崩塌，得（战国）古墓，有鼎十余”；其他有关方志·灾祥皆未载，说明并未成灾。下游也未见泛溢之载，起码遭灾不重。

宋金时，除新绛以西最下游通船、赵诚～新绛勉强通船外，中游仅小段偶通舟楫，上游更不行舟；故绝少船运之载。但却大量漂流木筏（材），顺汾入黄，至中原一带。

元朝水情进而劣化。如乾隆《汾州府志·艺文》卷三十二载元钮克让《（介休）义棠废桥》曰：“水石相挤撞，遭此汹水击，坐见病危图”；已有“汾河溢，害稼”、“汾河泛溢，漂没农田数百顷”等较重水灾之载。据雍正《通志》和乾隆《太原府志》等沿汾河方志·

祥异，以及《山西自然灾害史年表》，从蒙古改元后的1271～元末的1368年，有1288、1289、1296、1306、1307、1320、1321、1326、1330、1332、1342、1350、1351、1359、1365诸年，均发生“汾河溢”、“暴涨”等较大水灾，进而不到七年一遇，水也比宋金浑浊起来。

（四）明　清　民国水情恶化

从明朝山林已摧毁殆尽（残林已降到约占汾河流域总面积的5%，清朝又减少一半多，民国至建国初期缓慢升到近3%），植被也备受摧残，故水情严重恶化。主要体现是：暴涨暴落，冲决堤岸，侵啮农田城垣，河水浑浊，泥沙沉积淤塞，常泛滥成灾，河床冲宽（中游段有的竟达千多至三千米），水流更不稳定，迁徙改道，游荡明显。古昔益河已变成利少害多之河。兹大致按上、中、下、最下游段概述。

1. 上游段：水情也恶化起来。

据康熙《静乐县志·祥异》卷三～四，天顺八年（1464）、正德十二年（1517）、嘉靖三十二年（1553）、万历三年（1575）、十三年、四十三年，崇祯十三年（1640）等，皆发生过汾河溢之较大水灾；如万历三年，“汾水没演武厅并田地五百余顷，人畜死者不可胜计”、十三年，“汾水大涨，冲没农田三百余顷”；清前期进而“水患屡见，……泛滥为患”、“汾河静乐水势疾急，多冲决为患，无水利。”据同治《静乐县志·艺文·山河道路村镇志》，清后期更恶化成“汾碾地处上游，河高水陡，环城筑堤，以防盛暑暴涨；每大雨时行，众山飞瀑，黄流下移，时有冲刷禾稼之虑，并无引渠灌溉之利。”光绪十八年（1892），大水将最上游宁化西城阁淹毁，冲断静乐城墙。民国十八年，静乐亦发生大水之灾。但芦芽、管涔山一带木材，还在宁化编筏，秋季乘洪水漂流至太原、晋中发卖，抗战后停止。

2. 中游段：太原、晋中盆地汾河两岸多较平坦，冲侵泛溢、迁徙改道等灾害最多最重。

明中叶前水已相当浑浊。如康熙《介休县志·艺文》卷八载李梦阳弘治年《秋日过汾》曰:“太行西畔浊汾流，……汉代楼船今不见，雄歌诗罢使人愁。”俗称“淤泥河”。万历《太原府志·桥梁》卷二十四载:“其涸不及马腹，涨则暴至数仞，有冲城毁屋之患。”据成化《通志》，北宋初在古晋阳汾河东新筑的平晋县城，洪武四年（1371）被汾水淹没而废。傍汾河峡谷低小阶地之灵石，隋开皇十年（590）建县城，近千年安然无恙，嘉靖二十三年（1544），“汾水溢，西南城圮”，之后多次被冲而“增高，帮筑里城”、“补筑并砌城基堰”等以防，“明以来随圮随修者要也”；“古驿路沿汾河（峡谷）而行，明季以来河患，始改今路（韩信岭）。”① 唐时驿道口有些跨汾、下可行高大船之桥梁，因水流平稳，经久耐用；到明朝因水势暴涨，固定桥梁已难以久存。太原城西“汾河晚渡”，是明阳曲八景之一，“夏秋置船以渡之”；后鉴于“夏秋民每病涉”，万历末曾拟“创造石桥”，因水流极不稳定，无果而罢；天启六年（1626），“做舟十余只，以铁索为浮桥，（汾水暴涨）不逾年毁。”② 据嘉庆《灵石县志·桥梁》卷二，明后期因枯水期更浅（特大旱如崇祯十三年等断流），不能船渡，只好“汾河流经渡口，冬春木石为（便）桥，夏秋撤去”；盆地各大路口，河床宽漫乱流，更难以为桥，每年秋后多搭草木临时简易桥，“春泮撤之”。即偶有固定桥梁也常被冲毁。如汾河峡谷北端介休义棠跨汾永利桥，洪武年“架木为桥”，后毁；正德七年（1512），“易木为石”、“长七十余步”；万历十七年（1589），“水涨桥毁，重修”；崇祯二年（1629），又毁而“重修”等；该桥碑记云:“水性悍急，行潦暴涨冲啮”、“泛滥横肆……秋水时万顷一碧，地势冥迷，沉沙决裂，舟楫不远，深浅难测。”清康熙、乾隆、嘉庆等年又多次被冲毁而重修。③

明朝后已几不通船。如雍正《通志·水利》卷三十四引万历志

---

① 嘉庆《灵石县志·城池·古迹》卷二、十。

② 据万历《太原府志·山川·汾渡桥》卷八、二十四；顺治《太原府志·城池》卷三。

③ 据康熙《介休县志·桥梁·艺文》卷二、八及乾隆该县志·津梁卷二、嘉庆该县志·艺文卷十二。

语:“自洌石口涌出，……势如急箭，……土松水易决，……灵石南北百余里，汾河水中尽石矶，故介休以北运道难。”仅个别河段偶行小舟楫而已。

明朝已“汾河泛涨，历为民害”，虽不断筑堤，仍时有冲决为害。据有关方志·灾异和《山西自然灾害史年表》，明朝276年，中游段泛溢而造成明显灾害者共约四十几个年头，约平均六年一遇。洪水骤然暴涨，水害越来越重，故嘉靖《太原县志·祥异》卷三已有“汾河水怪”之说。兹以重大水灾为例简述（另有的与河道变迁一并述之）：弘治十四年（1501），“太原汾水泛涨，高四丈许，临河村落房屋禾稼，漂没殆尽”，还冲毁石坝，河东回銮寺颂宋太宗功业的大石碑“一夕没于汾”，水退后“半身入土”；淤塞了清源城东门，再不能从该城门出入；孝义、灵石等地亦遭大水之灾。乾隆《祁县志·艺文》卷十一载明《迁贾令驿记》云:“驿在（平遥）洪善之西，嘉靖十五年（汾河）大水，驿毁，迁于城内。”康熙《汾阳县志·山川》卷一载:“嘉靖年后汾河迁徙不常，废水利。”乾隆《介休县志·水利》卷二载:“汾河自（嘉靖后）不资灌溉，……万历三十六年（此前两年筑堤二十余条）才开渠”。嘉靖三十五年（1556），太原汾水大涨，“夺旱西门入，浸居民顷半，……初水逼（城西）校场，迤南撼水西门外桥，居民夜坐屋上”，至现代这一带还留有那时“躲在西城墙头上的人可伸腿洗脚”之民间传说；平遥等地亦更遭大水，该县“溺死七千余人”。万历三十一年（1603），“汾河溢清源东城下”；次年又大洪灾；三十三、三十五年，竟冲决1556年大水后花很大财力加“筑石坝七、土坝十，以捍卫省城”的堤防，造成“大水环抱省城”的重灾；三十三年大水，“汾河溢入孝义城，毁官民房无算”；四十一年，阳曲等地俱大水，平遥“漂没田禾房屋极多，溺死者甚众。”崇祯十四年（1641），平遥、介休等地俱“大水”等。

为节省篇幅，本书不详述诸河道古今变迁，仅简述摧毁山林后，泥沙淤积，河道阻塞，而致冲决，引起较大范围的迁徙改道。至唐末，汾河安谰，河水清澈，未见明显泛决改道之载。北宋末曾泛决西徙至文峪河河道。

明清以来，汾河改道显然增多，荡幅加大。① 明朝较大迁徙有：据万历《汾州府志·桥梁》卷三孝义（跨汾）太平桥条，“县东十五里卢家庄，（明初）洪武中河徙，其桥遂废。”中叶后改道增多。如：嘉靖《太原县志·祥异》卷三载：正德十六年（1521），“汾水溢，旧河在史家村东，一夕竟移（村）西。”嘉靖二十九年（1550），“汾河西徙”，与文峪河合流；三十二年，太原“汾水溢高数丈，死牲畜无数，冲没稻田”，文水“文、汾俱徙，害稼，毁官民庐舍大半。”据光绪《清源乡志·祥异》卷十六，万历二十九年（1601），“汾河迁徙十余里”；三十二年，平遥“城北汾水泛涨，流入沙河，夏秋二禾尽没”，孝义“泛溢入城，毁庐舍，伤人甚众”；据万历《太原府志·灾祥》卷二十六，“汾水由文水县西，徙至县城东，民多灾”；孝义“汾水溢入城，毁官民房无算”；三十九年，“汾水东徙，由（汾阳）县东南四十里齐南都入平遥”，不入孝义。因常改道，沿河民间说其村为“三十年河东，三十年河西。”

清朝更加恶化。成了“浑浊特甚，顿则起怒涛，乍澎湃，善迁徙，历为害，秋季危害尤烈。”如：康熙《平遥县志·山川》卷一载:“水势暴狂，迁徙不常，淹没农田，多被其害。”康熙《汾阳县志·山川》卷一载:“恒决改道，常成大灾。”雍正《通志·艺文》卷二百二十四载清刘允升《汾河怀古》曰:“颓波荡荡”；再也不提“素汾”、“清波”等字样了；雍正《通志·祥异》卷一百六十二述变成“河形纡曲，中隔沙滩，率多水患”的“乱水”。乾隆《汾阳县志·山川》卷二述“汾河在县东南转徙不常”等。清后期越发恶化。如：嘉庆《灵石县志·艺文》卷十一载李光达《夏门道中》曰:“沙寒流水急，石乱野桥新。”道光《阳曲县志·工书》卷十一述“夏秋暴涨，冲决之患，时所不免，……傍河各村，……恒被漂没，受水之

---

① 乾隆《汾州府志·疆域·山川》卷二、四及二十八·艺文《治汾说》；乾隆《汾阳县志·疆域·山川·艺文》卷一、二、十三及咸丰、光绪该县志·山川·事考；光绪《文水县志·山川》卷二等，皆对该段汾河改道及与文峪河下游分流或合流，记述较详。嘉庆《介休县志·山川》卷二，光绪《平遥县志·杂志》卷十二等，也述及汾河改道。为节省篇幅，仅略摘其要，一般不再引注出处。

利，亦受其害。”光绪《平遥县志·艺文·杂志》卷十二郭兴让《……救水灾文》、《汾水疏瀹考》曰：“每岁秋泛水怒涨，漂没田庐，淹毙人畜，不可数计，延袤百里间河，村落罕有宁宇”、“其利者半，害者亦半，滨河居民，不堪其苦”等。

据《晋乘搜略》卷十五，清前期一度欲“通舟于汾，制船如南式（改钝型为梭形）”，因“暴涨时山石俱下，河道有淤漫之患”，旱季水太浅，特旱时断流，而“不果于行”。如康熙《平遥县志·杂志》卷八载康熙后期《疏通粜粮文》云：“新造船只，理通舟楫”，并未见效，此后再也不通船了。

鉴于暴涨暴落，淤塞严重，挖河筑堤成了大事，官方民间都不断大力筑堤防洪。除康熙年增补明朝堤防外，又如：雍正七年（1725），太原段汾河大溢后大加疏浚，稳流了十余年；乾隆三年（1728）后，河床逐渐东移，威胁省城，又不断疏浚，增筑加固堤坝，“岁修银一千二百两”；道光初，“修堤防护宜急”，竟增至“岁四万一千三百两”；不但河东有“金刚堰”等几道堤坝，河西诸乡村也大筑堤防，单小东流村就筑土堤“三百七十步，……沿堤植柳护堤”（以上据道光《阳曲县志·工书》卷十一）。其他沿河各县也大体类之，只是筑堤防洪岁修银比太原段较少而已。

即使不断设防，仍常泛决成灾。清朝267年中，共近80个年头明显泛决（包括比明朝又多的显然改道），进而加快到约三年半余一遇。其中主要大灾如：顺治五年（1648），太原、文水等地“汾水大涨，伤禾，两岸树稍皆没”；九年，“汾水泛涨，（太原）城没大半，登城野望，四野茫茫，田禾房屋，尽被淹没倾圮，百姓随流而死者，不可胜数”，太原以下，也多泛滥成灾；① 后遭灾更重，如平遥顺治九至十一年，“沿河禾稼，淹没殆尽”，十一年，大范围改道，文水段“西徙二十里，西距县城二十五里”，但未与文峪河合流，大致改在今磁窑河西侧，至汾阳李家庄～西九枝～韩家桥～西河堡～北、南

① 以上据顺治《太原府志·诗文》卷四刘弘通《水灾请恤疏》、刘嗣美《水灾冰雹疏》。

船头入孝义东端，孝义段亦稍西徙，由原先西桥头～介休义棠入灵石，改道为从胡家咀～义棠西入灵石；十四年，文水等地“汾、文（峪）二河水溢，伤稼”等。康熙元年（1662），“汾河泛涨，淹没稻田无数，……太原等二十州县水灾”；二十二年，太原、文水、平遥等水灾，“漂没禾黍殆尽”、“淹没民房，多毁”等。雍正三年（1725），太原“汾河溢，平地深五尺，漂没东庄等村”；五年，平遥“河浸三里”；七年，太原“汾水溢”，文水“青高村～尹家社汾水溢。”乾隆十三年（1738），太原“汾河溢”，从西寨村东北改道，经北瓦窑～武家寨～东庄营等村东，至野庄村入故道；十九年，“汾、文交溢，入文水县郑家庄，淹没居民甚众”，汾河再西徙，与文峪河合流；二十二年，平遥“汾水冲决，沿河漂没数十村，官地村尤烈，水深丈余，屋宇尽塌”，介休“汾河溢，淹中羊街、辛武等八村田八十余顷，庐舍大半冲塌”；二十三年，又溢，“淹礼成、碱场等十八村田三百余顷”，文水段汾水“又东徙，文（峪）水徙”；二十六年，平遥“西、东堰（先后被冲）决，沿河村民，多受水害”，介休“大水”；三十二年，汾河又大范围东徙，“由平遥界不入汾阳境”，平遥“官地村水深丈余，月余方退”，孝义“汾河东徙十余里”，介休“汾河溢”，“先由平遥官地村入（介休）境，后由平遥卢村入境”，同年“文（峪）水经汾阳、孝义入汾。”该期段汾河与文峪河，甚至磁窑河皆袭夺改道较大，有时分流，有时合流，有时乱流。如乾隆三十六年《汾州府志·疆域》卷二:“汾阳东与平遥大抵以汾水为界，而汾阳境有在前汾水故道之东者，由汾水西徙故也；今汾水行平遥界，其境有在汾水之西者，由汾水东徙故也。孝义南与介休，当循汾川为界，而介休之南桥头、南岭北诸村，今皆在汾水之右，盖水道东徙故耳。平遥之西、孝义之东、介休北及西，为今汾水所经，其故道自汾阳韩家桥以上，西岸为汾阳，东岸为平遥。”该志及同期《汾阳县志》山川和艺文《治汾说》，及光绪《文水县志·山川》卷二对河道变迁叙述较详，均不摘录；三十六年又徙，“由平遥王乐入（介休）北盐场～北辛武～大棚～席村～那洪～桥头～霍家堡～罗王庄～小宋曲～义棠入灵石”；四十年，太原大水“漂没城西南诸村田禾”，介休“汾河溢，淹下庄等三十六村禾稼”；之后汾阳、文水皆“更涨溢为患”，文水县又于四十七年筑北起孝义镇，南至汾阳邓头槽长堤，（冲毁后）六十年补筑。

清后期水灾又多而重。如：嘉庆五年（1800），介休“汾河溢”；七年，又溢“淹禾稼”；十一年，再溢，“淹张家村等十八村禾稼”；十二年还溢；二十年，太原大水；随后介休跨汾虹济桥被冲毁。道光十五年（1835）的特大洪灾而致汾河大范围西徙改道，太原南“古寨等八十四村被淹没，……塌民房一千四百四十余间”，据光绪《文水县志·山川》卷二，当年“汾水从县南安村溢，与文（峪）水合，入汾阳境，数十里尽成泽国；二十一年，再溢；二十三年，……陡从本县麻堡村徙而东，四野漫流，淹没民田不下数千顷，补筑长堤以遏之”；咸丰《汾阳县志·山川》卷二载：同年“汾水从文水县南安村转西与文（峪）水合，横入汾境，自百金堡至西雷家堡为马跑河堤所阻，东西三十里成泽国。……堤水决奔，从宣乐堡跨潴城南亦成泽国，南至董家庄、西河堡迤西入孝义境；及冬，仍归故道，与文（峪）水分流，水患乃息；二十一年，汾水再溢，入县境，灾患如前；二十三年，水患益甚，……（东乡二十六村被灾）无田种艺，……经水患后，文水县武都至汾阳县百金堡，筑堰以遏其势”；二十四年，太原“大水”，清源“汾水由东入城，房塌甚多”；二十五～六、二十九年，太原段皆“汾河溢”。据光绪九年《文水县志·山川》卷二，此期段“汾水害（已）较远”，汾河又东徙至平遥西境。如同治元年（1863），平遥“汾水大发，西北乡禾稼淹坏，房屋倒塌，长寿尤甚”；四年，类之，“毁民房二千有余”；五年，又类之；十年，平遥仍类之，清徐“汾河涨”，孝义“大水”等。光绪四年（1878），阳曲等“水成灾，没禾，……较未荒前减一万一千余户”，平遥“大水汾溢，北门外水深数丈，房屋漂没殆尽，……河道流溢，西岸二十余村，尽成泽国，房屋田禾，淹没殆半，……（后）挖河筑堤”，介休“中街、北辛武等十三村，汾水淹没秋禾”；五年，清源“大水”，平遥“决堤大水”，介休“汾河出岸，淹没北辛武等十三村秋禾”，文水“汾水西溢，与文（峪）水合流，决堤伤稼”；

七年，太原“汾水大涨，西城倾圮，县文庙、满州城被水淹没”，汾河东徙，从西寨、监军庄改道，经柳林村、解里河至东洛阳入小（潇）河；九年，太原又发生“大雨河溢”之灾；据郝树侯《太原史话》，光绪十二年，汾河大泛，冲决堤坝，冲破城门，半壁西城，顿成泽国，满州城、县文庙、学府衙门、及众多民宅，荡然无存；元明以来一向最繁荣的大南关，从此一蹶不振，城西南隅满州城因之而废，次年在较高的东南隅另筑新满城；损失惨重后发展缓慢，清亡前，太原城（含关厢）人口不足三万；十四、十七年，太原又“大雨河溢”、“大水”；十八年，“汾水泛滥，淹没大、小东流、三给等三十余村田二十四万亩，淤高二尺以上”；二十七年，大水冲决改道，经温家堡～流涧～北格入小（潇）河等。

经明清22次较大改道，尤其是清后期改道，唐“太原三城”的跨汾中城及东城遗址，到了今汾河之西，或沦为河床，踪迹全无。

据民国二十三年《灵石县志·山川·诗》卷一、十，“上游各县开渠筑堰，……致汾水屡屡断流，……大雨后河水始至，……（沿河十九村）地不能浇，水不能饮，……恐慌万状。（呈阎锡山批）：文、祁、平、介、灵均水”、县长耿步蟾诗曰：“县西村落傍汾流，水涸时为居室忧，不向上台求放水，安能饮濯自优游。”可见枯水期已因缺水而相互争水，但雨季仍常泛溢成灾。如：民国元年，太原“汾河泛滥，淹没河东侯家寨等十三村、河西东营庄等十五村，禾黍漂没殆尽”，介休“汾河溢，淹没禾稼，北张家庄、南桥头等村尤剧”；二年，“沿河淹没农田160万亩，受灾村庄380多，……房屋倒塌，地尽泥涂，十室九空，惨无忍睹”，太原城南“八村淹没，西蒲村漂没”，介休“汾河出岸，淹没北乡桥头等、西乡师屯等……二十余村”；三年，介休又“汾河出岸，北张家庄等四十三村秋禾淹没”；六年，介休“汾水溢，席村等秋禾淹没”；十八年，太原“淤没耕地75万亩，旧河道淤平，局部改道”；二十一年，“汾水暴涨，兰村洪峰2298立方米/秒，冲毁堤渠，刘家堡、三贤等十四村被淹”，平遥等地“水灾”；二十二年，太原“汾河大涨，……淹没河东柳林等十三村、河西古寨、东营庄等十四村”；三十一年，“汾水大涨，洪峰3120立方米/秒”，太原及文、汾、平、介等均遭水灾；三十三年，太原“汾河泛滥，淹没河东大、小马等十四村、河西南屯、吴家堡等六村”；三十四年，“汾水涨，冲毁河西渠堰”等。① 计十个明显泛溢灾年，仍不到四年一遇。笔者亲见，民国后期，太原西城墙已被泥沙淤的很矮，旱西门仅露顶拱，只好另开一侧门。抗战前在今迎泽桥南建砖墩木梁汾河桥，日帝占领太原后次年，因原桥毁而在其稍北首建混凝土汾河桥。

* * *

总之，明清民国，中游段盆地水灾最多而重，遭灾面广，迁徙改道多，摆动游荡幅度大，故重点述之。

另据《山西河流》35页，1368～1948年，汾河共发生洪灾132次，平均4.3年一遇；因与本书期段划分、取舍标准稍有差别，供参考，但到近古水灾加频趋势却完全一致。

3. 下游临汾段：即今临汾市所辖霍、洪、临、襄河段。

汾水出灵石南流，经霍州峡谷，到赵城（建国后并入洪洞）进入临汾盆地，河床摆动，岸蚀强烈。据乾隆《赵城县志·艺文》卷二十二载明薛瑄《赵城县记》及山川·卷二，唐武德二年（619）滨汾东岸所建之城，明初后“为汾水所啮，渐不可居；宣德五年（1430），……更不数岁，遂渐悉为洪渊矣。……于城之东北另筑新城”、“后屡被汾水侵塌，正德十四年（1519）移筑稍东。”即该汾河段大约向东北摆动了三里。雍正《通志·水利》卷三十引万历洪洞志语:“汾河浑浊，夏秋水暴涨，两岸辄没；旧河不太阔，今（万历初）七倍于古。”雍正《襄陵县志·艺文》卷二十四载明王庆吉《新修汾河石岸记》云:“每值秋水泛溢，河岸辄冲，岁为襄患，自嘉靖三十一年来，洪流旁注，水患特甚，滨河沃地，悉没为巨津，后渐侵近民居，患及邑垣（今古城庄），（后述于溃决处筑袤二百

---

① 主要据民国十三年《介休县志·大事》卷三、刘大鹏民国二十一年《太原现状一瞥》卷三（手抄本）、1994年《太原南郊区志·水灾》卷三、1997年《太原北郊区志·水利水保》第六编（送审稿），并参照《山西自然灾害史年表》。

二十余丈巨石堤坝）”等。

由于河床淤漫，崇祯十三年春等特旱时水竭断流，故明朝本段无航运之载。如雍正《通志・水利》卷三十四引明志语：襄汾以下还通船，其上“史村（今襄汾城）南至柴村，……河胥石底，舟不敢行。”仅某些河段偶行舟楫。大涨大落，难以成桥，各大路口夏秋以船渡之，冬春则搭便桥。如民国《洪洞县志・津梁》卷八载城西汾水桥云：“嘉靖十五年改筑板桥，系以铁索，行人称便（后毁），二十九年架木束草（后常冲毁），……万历中，树桩架木如板桥制，冬建夏拆，习以为常。”其他各处，大体类之，或冬搭更简易的草木土桥。

本段河道多为狭浅型，河床稍低，水灾较少，虽局部决堤，但两侧多缓而稍斜，水灾面相对较小，灾情也不及中游段严重；且受地形所限，无较大范围明显改道，故简述主要泛溢之灾：正统十年（1445），洪洞“汾水决堤，移县普润驿，以远其害。”正德六年（1511），赵城“复大水，洪涛汹涌，城不没者三版”，洪洞亦“大水。”嘉靖七年（1528），平阳诸州县“大水”，“赵城圮”；二十二年，襄汾“汾水泛涨异常，小民淹没者众。”万历十年（1528）赵城“汾水啮城西隅”；十六年，赵城又“大水”；三十三年，襄汾“汾水泛涨，滩地皆尽溃，死者百数”；四十一年，襄汾“水灾”，赵城“大水”等。

清初水灾较多较重。如：顺治五年（1648），襄汾“汾水泛涨，两岸树梢皆没”；次年，平阳又“水灾”；八年，洪洞“汾涧两水暴发，浪高二丈，直冲城下，郊外西南房舍漂没无踪”；九年，襄汾等“汾流泛涨，民舍多漂没”等。康雍乾盛世，修筑堤防有些效果（延至嘉庆初），一百五十年来，水灾减少。主要有乾隆十六年（1751），平阳“河水大溢，河濡田皆崩”；六十年，“汾河决，冲毁田亩”等。但水情恶化并未遏制。如：雍正《太平（今襄汾）县志・山川》卷一载：汾水“夹岸居民，艳滩田之利，亦苦崩啮之患。”乾隆《赵城县志・河渠》卷二载：城北十里跨汾、往汾西的通济桥，“康熙五十六至雍正三年筑十七洞、高二丈五、阔四尺、长六十三丈石桥，旋被洪水冲毁；乾隆二年、二十三年重修，（皆）复被水倾圮”；后改为冬春以便桥代之。乾隆《临汾县志·桥梁》卷二载：城西二里西渡桥，“夏秋汾水涨溢，人以船渡，至寒则造桥以便来往。”其他各跨汾桥也都“冬搭夏拆，水涨船以济”、“冬春改草桥，夏拆卸。”嘉庆六、七年（1801～02），赵城又“圮于汾水者数矣（二十大几年后仍未修复）。”清后期数次泛溢之灾都不太严重。如：道光五年（1825），“襄陵大水，南关高屯里村被害尤重。”咸丰三年（1853），襄汾“汾水暴涨数尺”；十年，临汾“水灾。”同治八年（1863），洪洞“河暴涨”等。光绪三年（1877）大旱“汾水竭。”

民国夏秋洪水害仍较多；旱时则水几竭。如民国《洪洞县志·津梁》卷八载：县西二里汾水桥，“每秋冬水涸，架木为桥，束草填土于其上。”其他各地也类之。

4. 最下游运城段：新绛、稷山、河津、荣河（建国后合并为万荣）河段，地理上属临汾盆地，行政上今属运城市。

汾河南流入新绛，受峨眉岭台地所阻，折向西流入黄。沿河少引渠灌溉（西汉“穿渠引汾，溉皮氏、汾阴、蒲坂田”之渠，到明朝早废）。由于浍水汇入，水量增大，且比降小，河道较宽，水流平稳，故航运之利，仍较兴盛，新绛成了水运货物转运码头。据民国《新绛县志·序》，“晋南唯此有水运，每岁秋冬，陕船由渭入黄，转汾达绛，春初西返。”河津城南八里苍底，即船队汛期避洪峰或越冬维修之处；东八里马家河系返船运煤最主要码头。船队首尾相接，长达数里，往来船只，多达四百。有载重十万斤大船、七万斤行船、四万斤瓢船。沿河大道口有浮桥，船队行前一天告知，中间拆两只放行；两岸有丈八宽的拉纤“摆替路”等。民国二十七年，日军把马家河等木船大都烧毁，汾河航运，一蹶不振。1963 年 4 月，河津缺粮，最后一次调来木船，由新绛运粮 40 余万斤。之后公路发展，再不行船。①

该段河床为宽浅型，主要是漫溢为患，但两侧平坦处不多而渐缓

① 据《山西水利史志专辑》1988 年 1 期李作霖《汾河舟楫之利泛谈》。

斜，遭灾面不宽；又受地形所限，除河津西南至荣河西北入黄处狭长三角带外，无改道余地；故整体上水灾比临汾段稍重，却比中游段少而轻。

明朝水情虽已恶化，但到嘉靖中还基本无重大水灾。如：乾隆《绛州志·艺文》卷十六载明李彦《通津桥记》述洪武十七年（1384）在城东筑“桥四十八间，……期月间，厥工告成。”可见不太费劲，桥存多年。光绪《河津县志·艺文》卷十三载明谢萧约嘉靖中前《汾河鱼》曰：“汾河鱼，人不食，鱼跃鱼潜应自得，……即把钓竿临沮洳，掣得鲤鱼长尺许。”说明山西省早有不食鱼民俗，也旁证汾水相对稳流，可供许多大鱼繁衍。嘉靖末至隆庆进而恶化。如：据乾隆《绛州志·城池》卷三，城自开皇三年（581）建于汾河南折西流的西北岸之州城，近千年安然无恙；嘉靖末已被侵蚀，故“隆庆元年，筑石堤三百余丈，防汾水冲啮。”据光绪《河津县志·城池》卷三，县治原在西二里太阳村，因避水患，“元皇庆初，移筑今地，隆庆先后筑护坡水堤。”隆庆四年（1570），黄、汾皆大洪水；据光绪《河津县志》、乾隆《荣河县志》等有关方志，黄河东徙，从西汉以来一向著名的汾阴睢及其上后土祠、万岁宫、秋风楼、亭等古建筑，都“沦于河”；汾河大改道，由原向西南入荣河～庙前镇入黄，改为直由河津西二十里葫芦滩南入黄，原荣河县汾河段成了“枯渎”；“崇祯二年建葫芦滩堡”（清朝“没于河”）。隆庆后水患更烈。如乾隆《绛州志·艺文》卷十六载明后期赵桐《重兴关城记》云：“连岁汾水泛涨，崩西转北，而关之东，正当其冲，右岸倾颓，民舍圮坏，……今存其半，汾水之侵犹未已（后述在旧关之南、浍水之北，谋建新城关）。”此期已“水无定止”。后水灾更频。如：万历三十年（1602），“大水，平地高丈余，漂没北董等庄”；三十二年，“大水，辛安诸村水深数尺”；三十四年，绛州城“石堤圮，重修”；四十一年，“汾水涨溢入城，民舍倾圮”等。崇祯十三年（1640）春，“汾水干竭”。

清朝水灾进而加重。如：顺治六～八年（1649～51），“汾水屡涨，涌至（河津）南门外，高数尺”；九年，“汾水涨溢，冲（绛州）南门、桂安两坊，水深丈余，街巷结筏以济，房舍大半倾圮（北、西半城位处高坡，幸免），城西诸村，多遭漂没，范庄一带更甚”，还“泛溢至（汾北二里稷山）城下，漂没庐舍田苗无数。”康熙元年（1662），绛州等地“水灾”；三十四年，绛州、河津“汾水冲侵。”雍正三年（1723），稷山大水，“淹没田庐人口。”乾隆二十一年（1756），“水大发，毁（绛州）城百余丈，南门外旧堤亦圮，重修”；三十一年，“大水环（绛州半）城，石堤亦圮，重修；后又俱圮”；四十年，绛州“大水，平地深丈余，范庄等更甚”，河津“汾河水溢近城”等。嘉庆十一年（1806），稷山“大水，漂没房舍无数”；十九年，河津“大水，漂没房舍无数。”道光三十年（1850），河津“汾水屡涨。”咸丰六年（1856），绛州“汾水几竭，乘舆可济”（后光绪三年大旱更干竭）；十年，绛州“平地水深五尺，桥梁俱毁”，稷山“大水，坏庐舍极多。”据同治《稷山县志·山川》卷一，“汾河两岸滨河地旧无渠道，……河流泛涨，易致淹没，迁徙不常，难以设渠”；同治元年（1862），冲毁绛州城南石堤；二年，河津“河水绕县城。”继顺治小改道后，光绪初，汾河在河津与荣河间又一次较大改道；光绪六年《河津县志·山川》卷二载：“今黄河复西徙，汾水南至荣河夹旬渡入黄”、“近当入河之冲，夏秋水势独大，两岸滩田，每当成熟之日，骤被漂没而不获”，更利少害多。光绪四年（1878），绛州“汾水泛溢，冲毁桥梁无数’；十九～二十二年，绛州皆“汾溢伤稼”、“大水”、“汾水暴涨，溢入城内”、“河水大涨，倒灌入城”等。该州城南临汾河，石坝屡被冲毁，清朝重筑重修，近十次之多。河津城亦近汾，如光绪该县志·城池卷三载：“清，日久壕塞堤低，屡被水患；乾隆二十八年，坚筑堤防，甃以砖；又开浚长壕，引北山暴涨之水，下达于汾”；后又不断修浚。沿河各道口浮桥也常被冲毁。如光绪《稷山县志·建置》卷一载：“县西南旧有玉壁渡，搭建浮桥，因汾水涨发，船半没于水，光绪二年增修。”其他各道口多系“设船济渡，非冬月不设桥梁”、“冬建夏拆，岁以为常。”

民国九年，新绛“汾水暴涨，沿河一带几成泽国”；十八年汾河又一次较大范围改道，复流入明隆庆前的古河道至今；民国二十五年《荣河县志·山川》卷三载：该年“黄河西去，只留汾水傍岸东流，今在庙前镇西三里余入黄河。”但汾阴脽早已沦为黄河中几个不相连的沙滩，平时尚可勉强区分两河水道，洪水则混为一体；二十八～九、三十一等年，亦发生水灾。

（五）当代水患稍减

1960年在汾河上游娄烦建成山西省最大的7亿立方米水库，到2000年已被泥沙淤积了一半稍多。1999年又在其下尖草坪区北崖底与阳曲悬泉间的深山峡谷建成1.33亿立方米的汾河二库。还有其最大支流文峪河水库等。建国后～2000年，新建堤防343公里，加固堤防486公里，修建护坡417公里，以及植树造林、水土保持、疏挖整治等，均提高防洪能力，水灾逐渐有所减少减轻。但1954年（兰村洪峰1490立方米/秒，汾、潇等洪峰同时到达汾河二坝，竟高达4000立方米/秒）、1959、1988、1996等年，中下游都发生较大水灾；尤其是1977年平遥水灾，冲断铁路，死70人。

注：汾河上游及中游清徐以上干流水情历史变迁，还可参见《管涔山森林与生态史》140～143页、《太原森林与生态史》266～287页。

汾河有一级稍大支流55条，兹仅述几条之水情历史变迁。

二、潇河及津象二河

潇河为汾河第二大支流。源于昔阳西部沾上乡马道岭，经寿阳（支流还有和顺西北部）、榆次、清徐，到小店区洛阳村西南入汾。长147公里，流域面积3894平方公里。其中：石质山区占17.8%，土石山占11.5%，林区占7%，黄土丘陵占46.7%，平川及河谷阶地占17%。年均流量1.4亿余立方米（1956～2000），最大3.97亿立方米（1956），最小0.24亿立方米。一般洪峰500～800立方米/秒，最大2390立方米/秒，枯水季仅0.1～1立方米/秒，有时断流。年均输沙105.6万吨；侵蚀模数917吨/平方公里。榆次源涡大坝以上为峪谷型河道，几无迁徙，水患很少；从源涡出山后为平川区，河道冲宽至200～300米，游荡明显，故仅述平川河段的水情历史变迁，并连带述津象二河。

（一）金朝前及元水情

春秋时该河榆次至徐沟段与源于榆次黄彩乡杜家山的津（金）水河，及源于榆次、太谷界八赋岭等的象（蒋）峪河，统称涂水。如前514年，“分祁县之田为七县，……知徐吾为涂水大夫”，故城在榆次西南二十里，西汉为涂水乡，说明水稳水深。

《水经注》名洞涡水，西流过榆次南，又西南经武观城（榆次西南陈侃），再西入洞涡津泽（淳湖）；另涂水（津水河）与蒋谷水（象峪河）汇合后，西北流入该泽；出泽后为一水，西流至晋阳南，于晋水入汾之下口东岸入汾。“五胡乱华”～五代末，它是晋阳南阻敌天堑。如西晋刘琨与刘渊“合战于洞涡”等记载，屡见不鲜，足见河水仍深。

据雍正《通志・名宦》卷八十七，唐贞观二年（628），孙湛为榆次县令，“引洞涡水西流灌田，居民利之，……夏荷花盛开，稻田绿满。”

宋金仍引清水灌田。如康熙《徐沟县志・艺文》卷八载沈括《金河（此期前由于涂水水利兴盛亦名金水河）书院记》云:“自绍兴分治（1131年）后，……散（分支）为嘉平、秃尾诸（灌）渠，洞涡、象峪之水，分支不一。”徐沟一带成了米粮川；宋金有徐沟（川）镇，即因引涂水灌溉而形成粮产集散大镇，“涂”讹为“徐”而名；1189年升为徐沟县，系“城下数十里安然如故”的益河。

元朝已有“清水、洪水”之分，仅引渠灌田四万亩。后来水渐浑浊，河床淤塞，渠道湮废，淳湖淤没；该三河及其南乌（五）马河及其北涧河始散漫乱流。

（二）明朝水情

据洪武《太原府志》，明初已变成“遇山洪泛滥，漂没农田，旱则干涸绝流”、迁徙改道、游荡明显的害河。主要表现：洪武八年（1375），洞涡水暴发，“自榆次永康镇南奔决，北徙于太原蒲村入汾”，徐沟去年才挖通之两条新渠淤塞，金、象河直逼徐沟，绕城西流，自行入汾。永乐七年（1409），“金象二水涨发，入（徐沟）东门，淹没城内民畜，死伤甚众”；十三年，“金象二水涨发，淹溺甚众。”宣德八年（1433），“金水泛涨，从东门入，城宇民舍淹没倾颓，只北门尚存。”弘治十五年（1502），榆次大水，“害稼败民舍。”正德十一年（1516），“洞涡水出榆次西南，民屋俱沦圮无遗。”嘉靖十九年（1540），榆次“大水”；二十年，“涂水漫溢四十余里，没田禾，民多所垫溺”、“由永康更北徙至太原北格，西流入汾”，将太原南繁华大集市新街镇冲成两半，变成南格、北格村；二十六年，“涂水溢，淹田庐。”万历元年，筑堤开河，使（金象）水绕向（徐沟）城南；三十三年（1605），“洞涡水泛涨，水淤渠壅”，从永康奔决，南徙十六里，“移（徐沟）良隆～刘村～同戈～董家营～王答～龙（骆）家营～黑石屯”至长头村入汾，“象峪河涨，冲毁（万历初新筑的）南关堤堰”；三十五年，冲毁去年修筑的百丈堤堰，“入南关，淹没民房大半，牲畜财物，漂没无算”；四十年，象峪河北徙至（徐沟城）五里，成了“深秋涨发，多毁禾稼，春夏则涸”、迁徙无定、防不胜防的害河，金水河变成“秋水涨发，由徐沟集义村漫流”的“乱水”。

明朝，该三河有十多个年头明显泛滥成灾，单洞涡水较大范围改道三次。由于泥沙常常淤漫，徐沟一带人民称汾河、洞涡水等为“淤泥河”，洞涡水相对较小，又称“小淤泥河”。久之简称“小河”。

（三）清朝水情

据康熙《徐沟县志·水利》卷二，“不能挑浚，以至壅塞，踪迹仅存”；漫溢之灾，更频更重。如康熙元年、十三、十八、二十二、三十一、三十六、五十一等年，均发生“三河并发，平地水深丈余，直抵（徐沟）城根，四门淤塞，田禾尽没”、“冲堰毁民田”、“三河又发，冲入（徐沟）北门、（榆次）北关，官堂民舍倒塌”、“三河仍发，较前更危，地壅泥沙，田禾尽没”、“又发，将路冲断，（徐沟）城下水深数尺，万民受害”等严重水灾。据雍正《通志·山川》卷二十五，尤其是康熙三十二年（1693），洞涡水袭夺其支流涧河

（也多迁徙改道）部分河道，另派从榆次更北徙至“太原的北移村、王名都（西温庄）入汾。”

徐沟一马平川，遭灾最重。据康熙《徐沟县志·城池·水利》卷一、二，康熙五十一年起，重新挑浚，“大水其势可分”，花很大力气，挖“万安渠”分洪，该城才安然了一百三十多年。其上游却冲决大改道。如：雍正《通志·山川》卷十七载：雍正初“洞涡水经榆次永康，流入太原北格，合于汾。”乾隆初　又南徙至徐沟北境，“经良隆、辽西”等村入汾。① 据《太原南郊区志·水利》卷六，道光年间，该水又稍北徙，改道于张花营～南格～大代～石沟，南流至徐沟长头入汾。

之后“万安渠”淤满失效，水灾又多且重起来。如道光二十七年（1847），“二河大发，（徐沟）东关、小北关水深数尺，淹塌房舍无数”；二十九年，榆次“水溢西南乡，屋宇多圮”，徐沟“象洞二水大发，水深数尺，淹没房屋无数。”咸丰三年（1853），“二水又大发，水深五至七尺，淹没房屋。”同治元年（1862），金、象水“浸塌（徐沟）城垣”；二年，榆次“洞涡水涨，淹没民田数百顷”；五年、九年，皆“水灾”；尤其是十年，向南特大改道，据光绪《清源乡志·山川》卷三，“先小河（洞涡水）在长头入汾，河涨，（该年）另派南走，……经云支～穆家庄～西谷～罗白～碱场营～鹅池（城）～西堡～孟封等村，南流至祁县入汾。”金象两水成了其支流，连太谷乌马河、祁县昌源河也汇入该河，河道加长八十里，流域面积扩大一倍，成了汾河最大支流。之后金水河在徐沟东境外大常镇注入灌渠，成了无尾河；象峪亦向南大迁徙。光绪五年（1879），水灾；尤其是六年，洞涡水又向北回徙，据光绪《徐沟县志·河渠》卷一，改道从龙家营～蓬源渠口，历黑城、北里旺，又西南，辗转入汾（至抗战前），成了“大雨时行，河水泛涨，难免有漂溺之患”、“迁徙无常”、“旧志所载渠道，大半淹没”的残破状样；九年，榆次“（小）涂河涨发”等。

---

① 据同治《榆次县志》、光绪《徐沟县志》皆山川·卷一。

清朝泛溢大灾约二十多个年头，频率比明朝约加快一倍，灾情也更重；单洞涡水大决口改道六次，亦比明朝加倍，改道范围更大。清后期通称“小河”，仅官方偶用“洞涡水”。

（四）现代当代水情

据民国《徐沟（建国后与清源合并为清徐）县志·人生与自然》第四章、一，又改道“流于县之北境，有时不无淹没。”民国二年，榆次“涂水暴涨，五十余村被灾，秋禾一无所余”；十二、十八、二十八～三十一等年，皆遭较大水灾；尤其是二十四年，再次北徙，成为类今河道。① 民国十八～二十一年，重点开挖榆次城北“天一渠”（即唐“永济渠”，明清时废“黄龙渠”），计引水口二十四道，灌溉十余万亩，榆次、徐沟、太原县，大受其益。抗战后多淤废。抗战胜利后，用联合国救济总署财物重开该渠，于三十六年建成较现代化的源涡大坝及配套灌溉工程。鉴于“小河”并不小，故用其同音字，美名曰“潇河”，至今。

经明清民国十余次袭夺大改道：其南津水河（上古涂水，中古后亦称大涂水，金～清名金水河）仅剩长30公里、有头无尾、鲜为人知的小河；仅源于榆次东南八赋岭，东北流经长凝，至榆次东的北合流汇入潇河、长43公里的另一支流仍称涂水（亦称长凝河，曾名小涂水）；象峪河也改道南徙，仅剩长63公里，至罗村汇入乌马河，脱离了潇河流域。其北涧河原是潇河较大支流，今流到鸣李后，下游几近无尾，主河道仅剩长约20多公里，也脱离了潇河流域而独自入汾。1951年，冲毁源涡大坝；54年，漫溢南代家堡；62年，榆次大水，淹没太原南郊水花营田；66年，潇河暴涨，淹太原南郊18万亩秋禾；85年榆次张庆水灾等。64年，修复源涡大坝；78年，疏挖河道，筑堤导洪，造林固堤；1997～2000年，又疏浚治理，修筑堤防等，使水害有所减轻，灌溉面积增至25万多亩，但水源减少，年均

① 为节省篇幅，本目行文未引注出处者，可查万历、康熙、光绪、民国《徐沟县志》；同治、民国《榆次县志》；雍正、光绪《通志》；万历、乾隆《太原府志》等有关方志·祥异·山川·水利·城池等栏目，以及《山西自然灾害史年表》。

灌水仅一次余。该目详情可参见《太原森林与生态史》287～297页。

三、风峪砂河

源于太原西山的庙前山麓。仅系长20公里的泄洪干沟，虽直接入汾，却未列入汾河55条一级支流之中。为了说明连小沟峪也同样恶化，故列述之。

古称风谷水。自公元前497年建晋阳城，它正对西城，到五代末的1400多年，未见水患和危及城垣之载。如隋薛道横《从驾幸晋阳》曰："涧水寒渝烟"，看来清水长流安澜。

980年，宋太宗毁灭晋阳城后，到元朝未在此建城，记载极少。仅查到嘉靖《太原县志·集文》卷五载金崔昱《重修九龙庙记》云："庙在晋阳故城北郭，……皇统七年（1147），风谷河泛涨，怒涛汹涌，……祠屋漂溺，栋宇檐楹，扫地俱绝。"可见水情恶变，已有暴洪之灾。

明初洪武四年（1371），为避该水直冲，在晋阳故城南隅筑较小太原县城（今晋源镇）。不久，南徙"水涨，即毁城郭，……筑土堰障之"，成化年（1465～87），水冲堰"颓毁"。后进而南徙，"城西当风谷，值盛夏霖雨，诸山潦水汇出谷口，东下射城，突西门入，荡毁室庐，民恒为害，水渠缘废，民利弗兴，……遇旱则涸"，名曰"沙河"。正德七年（1512），改"筑石堤"，"数年𠕁（冲）毁。"嘉靖初，重筑"务求坚固，长五百余丈、高三丈五"的"固龙"石堰，嘉靖二十一年（1542）又冲毁；重新"用石垒砌，嵌以石灰，长二百余步。"① 该堤较坚固，逼水绕堤南流，漫溢之灾，转向乡村。

清朝更加恶化，出谷后扇状南北游荡，危害更烈。如：康熙二十二年（1683），"大水漂没禾黍殆尽"等。乾隆六年（1741），再筑石坝，"山水涨发，循石堰东北流，经罗城转东直下，达于汾河"；十七、十八年，"冲开四十余丈，城西南关厢及附近田庐，被害尤酷"，

① 以上据乾隆《太原县志·堤堰》卷十。嘉靖《太原县志·山川·沙堰·集文》卷一、卷五。

南徙漫流；三十三年，“冲塌西关尹公祠戏楼，居民庐舍漂没一空，冲毁西城墙四十余丈，南、北、东关及古城营一带，田庐受害严重”；四十年，“漂没城西南数村田禾，淹没西关、尹公祠，居民庐舍，为之一空”等；由于水灾越益严重，山西巡抚巴廷三上奏，奉帝命于四十一～三年彻底整治，石坝由“二丈余加厚到五丈，砌以石灰”，从风峪口至古晋阳城北大柳树“挑浚古河道一千六百余丈”，再“挖一千一百余丈新河道”达于汾，“共费六千三百余金”（据光绪《晋祠志·人物》卷二十四《杨斗映传》、道光《太原县志·祥异·水利》卷十五、卷三），太原县城才得以保全。

山洪夹带大量砂石，出谷后堆积成大片扇形乱石滩，民国称“砂河”。其他小河也同样恶化、浑浊，山洪砂石俱下，雨后不久干涸，也多称“砂（沙）河”，或在阶地冲成深沟，名“涧河”。为区别起见，冠以“××”沟峪等名，或“南”、“北”方位等。

1950、1956、1981 等年，多处决堤，漫溢为害。因系太原新工厂区，1959～1976 年着重治理，按最大排洪 348 立方米/秒筑堤开沟，后几无重大水灾。乱石滩改造成果树场。

汾河上游和中游清徐段以上其他一级支流和众多泄洪干沟等水情，可参见《管涔山森林与生态史》140～155 页（还含岚漪河、恢河上游）和《太原森林与生态史》297～322 页。

四、文峪河

古称文谷水、文水至清朝，后为与文水县地名有别，称文峪河。源于交城西北关帝山（孝文山）东南侧，出山后经文水、汾阳，于孝义梧桐乡南姚村入汾。长 158.6 公里，流域面积 4033.6 平方公里，为汾河最大支流。源头至文水北峪口为上游，长 93.9 公里，流域面积 1875 平方公里，森林植被较好，为山西省最大林区之一，清水流量大，输沙量少；但 1980～2000 年前，乱砍滥伐严重，在西冶川等地乱挖矿藏，输沙显然增多。文水～汾阳～孝义合称中下游或下游，计长 64.7 公里，流域面积 2158.6 平方公里，河水浑浊，年输入汾河泥沙近千万吨；年均流量 1.74 亿立方米，最大 4.78 亿立方米

（1964），最小0.6亿立方米（1987）；年均清水流量2立方米/秒左右，最大洪峰795立方米/秒（1959年8月19～20日，光绪十二年曾高达1200多立方米/秒）。上游横尖至山口，中古至民国为筏木出山水道，建国初期停止。中下游文、汾、孝百里平川（占流域总面积的16.4%）系山西省主要灌区之一，迁徙改道多而大，水害频而重，故着重概述。

（一）唐以前水情良好

汉《水经》载:“文水出大陵县（今文水东北二十里武陵村）西山文谷，东到其县，屈南到平陶县（文水西南二十五里平陶村）东北，东入于汾。”那时该水并不流入汾、孝，约在文水县北张镇上河头一带即直入汾。

《水经注》载:“文水……又南经平陶县故城东，西经其城内，南流出郭，……又南经兹氏县故城（汾阳南十五里巩村）东，为文湖，东西十五里、南北三十里（水注文湖，不至汾也），……（出湖后）又东经中阳县（孝义）故城东，……又东南流，与胜水（孝河）合，……又东南入于汾水。”可见北魏末前已由文水东折而南流，经汾、孝入汾河，河道向南延伸了近百里，大致与其东仅隔几里的原汾河道并列南流。该古河道在今文峪河之西，大体相当于近代开挖的七支渠。该期向南改道缘由难以考证，可能系北魏时开渠引灌，新渠代替了主河，或五胡十六国大乱期间，原东流河道淤塞，而逼向南流之故。从改道后“流经（平陶故城）内，南流出郭”推断，仍水流安稳。直至唐末，未见大水灾之载。

汉朝已在此始兴水利，引当地湖泊泉池等水，灌溉稻田。北朝进而在其支流开渠引灌。如魏《地形志》载：汾阳“薛颉（公）岭之水，……北涧名苦利渠，……歧有二，左渠东经阳城（今汾阳城村）之北，引资灌溉；右渠南流经阳城西，而东经其南，又东引以灌溉。”还引胜水（孝河）灌溉等。唐初武德二年～开元二年（619～714）更大兴水利，唐初即“引文水南流入汾（阳）”溉田，接着沿该河开挖灌渠数十条。又据宣统《文水乡土志·政绩》卷二载:“戴谦，开元初文水县令，于县东北凿甘泉、荡莎、灵长、千么四渠，引文谷水溉田数千顷，民以富饶”等。清水长流，系闻名于当地的益河。

（二）北宋后水情劣变

北宋皇家大肆砍伐孝义、汾阳等西山森林。金皇朝占领汴京后，又沿该河向上延伸砍伐。元朝已伐至其源流孝文山一带。如洪武《太原府志·山川》引元志语：“孝文山巨材，夏秋之际，乘水泛滥，结筏出之，岁以千计，循流入汾。”故该河水情比潇河劣化的早。如光绪《文水县志·祥异》卷一等有关方志皆载：北宋元符元年(1089)，文水大水，“古城（今旧城庄）沦塌无遗，（为避水患）迁于（西十里近山稍高处）章多里，即今城。”以后连同汾孝一带也发生几次泛溢之灾，水也始浑浊起来。文湖被泥沙淤积，缩小变浅，不再称“湖、泊”而称“西河泺（水浅之意）”，北宋转运使王沿“废湖为田”，后知杂御史刘述“请复之”。金大定年又“锄以为田”，该湖趋于消失（明万历全失）。文水县南二十里武涝泊（唐天授年改称朱雀泊）和东南三十里伯鱼泊，也被泥沙淤没干涸。

（三）明清该河与汾磁二河或分或合地乱流

据有关方志·灾祥等，明清该河中下游计明显泛溢（滥）之重灾20多个年头，还有些与汾河、磁窑河等漫溢之灾混为一起，不好区分。磁窑河源于交城塔棱村及清徐养天池，出山后经交、文、汾、孝等县，河道长86.4公里；其中平川区66.4公里，流域面积1069.8平方公里，系汾河较大的一级支流，也是水害最多而重的河流之一。整体上水害都比潇河还重，有些已在前汾河中游段连带述及，不再列举各次重大水灾，仅述较大决口改道。

因常受汾河西徙影响，该河及磁窑河等，也时分时合地散漫乱流。较大改道如：嘉靖二十九年（1550），“汾河西徙”，与文峪河合流；三十二年，汾、文俱徙，“文谷水胥从”；这几年也时而分散漫流，更“放溢民田”，常“大水伤稼。”继万历二十九年（1601）汾河东徙十余里后，三十九年，汾河又东徙，由汾阳“东南四十里入平遥。”汾河东徙后，该河并未稳流于合流时河道，仍时而辗转于文、汾、孝东部漫溢，泥沙淤积，“土人称之沙河”，“暴雨涨则弥原淹野，……旱则无补于灌”，成了“淤徙不常，废水利”的害河。

继清顺治十一年（1654）汾河“西徙二十里”，但未与文峪河合流后。乾隆十九年（1754），再次西徙，与文峪河合流，“汾、文交溢，入文水县郑家庄，淹没居民甚众”；二十三年，汾河“东徙”、文峪河“亦徙”；三十二年，汾河大范围东徙，直入“平遥县，不入汾阳（加孝义）境。”汾河东徙后，文峪河“随其所弃故道之通塞，或因溃决，亦遂无定”，或与磁窑河相互袭夺，散漫乱流。如嘉庆时文峪河曾一度“在文水县境入汾”，不入汾、孝，但历时不长。道光十五年（1835），汾河又大范围西徙，“从文水县南安村溢，与文水合，横入汾境，数十里尽成泽国”，遭灾面广而重；二十一年、二十三年，亦遭更大泛滥水灾。后汾河稍东徙，光绪五年（1879），文峪河从文水县“宜亭决口，……淹没甚众”，还淹汾阳裴家会、雷家堡等几十村，再迤南入孝义，“涨溢为患。”之后汾河又东徙较远，“文峪河……迁徙靡常，又有磁窑等河入汾者，皆流入（文水）县境，籍文浅水；每遇盛涨，为害滋深。”鉴于“两岸民皆防水患，筑堤堰”，又“屡次淹没”，光绪十年，清廷拨款，“由宜亭西，别开新河（又称文峪西河），经张家庄西、武涝泊东，迤西经苏家堡北、武度村南入汾阳，又西南经汾阳之东，转东南至董家庄与旧河复合；又东南经孝义东北，至桥头村入汾”，该河才基本稳定。但随后仍有局部冲决泛溢之灾。

民国设该河管理机构，疏浚河道，维修堤坝，虽有泛溢，但水灾较轻。开渠引水等，该河全流域溉田二十余万亩。

1954年，决口156处，189村、40万亩农田受灾，毁房3292间；59年，决口13处，樊家庄等8村进水，125村被水围困，淹没秋稼8万亩，其中5万亩绝收；1988年，汾阳318村遭水灾，1996村被水围困，毁房3600间，死49人，粮食减产4475万公斤，系建国后损失最大的一次洪灾。1959~1970年建成1.23亿立方米的文峪河大型水库（到2000年已淤积1780立方米），后又陆续在该流域建成14座中小型、计近6000万立方米的水库，配合部分井灌，溉田增至60万亩，水灾有所缓解。建国后50年来，磁窑河共发生洪灾20余次；在其流域建4座、计382万立方米的小型水库，平时下游几无流水，成了季节性泄洪河道。①

五、昌源河

源于平遥东南太岳山脉孟头山南麓北岭底，经武乡西北端，至祁县里村乡原西村入汾。长87公里，流域面积1029.7平方公里，其中子洪口以上山区576平方公里。年均流量3901万立方米（1956～2000），最大1.15亿立方米（1977），最小433万立方米；最大洪峰1740立方米/秒（1997年7月6日），旱时断流（1981年5月26～6月19日断流达25天）。《水经注》称侯甲水，唐称胡甲水、太谷水，五代名隆州水、盘陀水，明清名昌源河至今。

据乾隆《祁县志·水利》卷二，明洪武二年（1369），"浚昌源河，接水经河湾等村及刘家堡、高村、贾令镇，灌里村等田，达数千顷。"第八章、四节、一的嘉靖年《重修镇河楼记》已述及明中期摧毁该流域山林后，水情恶化。明后期进而泛滥改道于祁县北部至平遥北部，万历《太原府志·山川》已述"下流多沙，俗呼沙河"了。

清初期更"斛水斗泥。"如康熙《平遥县志·山川》卷一载："每夏秋泛涨，弥漫多至没庐舍田园，长寿村危害尤烈。"据光绪《通志·山川》卷四十，清中期后更恶化的"暴雨泛滥，涸可立待，无川泽之利"，成了"入汾无定处，……水涨时南北迁徙也（曾袭夺平遥长寿河、中都河道）"的乱水。光绪十八年（1892），祁县又遭该河泛滥"大水灾"。

民国十八年，决堤泛溢，淹没13村、7000多亩秋稼；三十年，又泛溢成灾。

1952、1963、1968、1977、1988等年，皆发生较大洪水泛溢之

---

① 该目史料主要据万历、乾隆《汾州府志》，康熙、乾隆、咸丰、光绪《汾阳县志》，光绪、宣统《文水县志》，雍正、乾隆《孝义县志》等有关方志·山川·祥异等栏目略摘，并参照《山西水利史志专辑》1987年2期王尚义《……文峪河变迁及水利……》、88年1期李龙元《……文峪河……农田灌溉》、88年2期刘正新《……文峪河……水文变迁……》及2004年《山西河流》91～97页、等。为节省篇幅，行文时一般不引注出处。

灾。因在其中游建成1600万立方米的中型水库，洪灾有所缓解。

源于太岳山的汾河一级支流，还有平遥惠济河（婴侯水、中都河）、介休龙凤河、灵石静升河（石桐水、绵水、洪山河等）和仁义河、霍县南、北涧河（彘水）、洪洞洪安涧河（涧河、宋金称通军水）等，其水情历史变迁，可见《太岳山区森林与生态史》296～311页。

临汾以下等其他汾河一级支流，受地形所限，迁徙改道泛溢之灾，虽不及潇、文等河严重，但中古后水情也照样恶化，也不列述。

第二节　滹　沱　河

属海河流域子牙河水系。源于繁峙东端泰戏山西麓小孤山桥儿沟的马跑泉（青龙泉、品字泉、三泉），西南流经代县，折南经原平，到忻口受金山之阻，转东流，经忻县（今忻府区）东北缘、定襄、五台西南，至盂县北部入河北。主河道在山西省大致沿五台山区北麓、西麓、南麓，成大半弧形，长319公里，流域面积18856平方公里；其中山区占61%，丘陵占20.4%，平川（主要在忻定盆地）占18.6%，为山西省第二大河（按河长则居第三）。定襄南庄水文站年均流量7.36亿立方米（1956～2000），枯水年还不及丰水年流量的1/10；最大洪峰1320立方米/秒（1959年8月），枯水季特别是5月，有时断流；平均含沙19公斤/立方米，因多石质山区，输沙较少，全流域年均输沙1460万吨，输沙模数仅774吨/平方公里（南庄以上1500吨左右），均低于全省平均1890吨。

《山海经·北山经》云："泰戏之山，……滹沱水出焉"，亦称滹池、乎沱，均有"大水"之意，先秦时已闻名。惜《水经注》有关滹水部分宋时已佚，难知其北魏前水情。

一、上游段

源头至崞阳为上游，长116公里，为忻定盆地向东北端延伸之宽谷型河道，河床宽100～500米。有些小型水利，但也有小范围冲侵泛溢之灾。

据乾隆《代州志·山川》卷一，“西晋……水有滹沱之浩瀚”，物产富饶；唐朝用其南山峨口、中鲜等支流“穿渠引水，教民灌田”；该志·艺文卷六载金赵秉文《代州即事》曰：“烟波虽在钓鱼舟”，稍后元好问《代州南楼》曰：“江树微茫岸草清，滹沱四月水泠泠。”光绪《繁峙县志·艺文》卷四载元至元二十二年（1285）《官水磨碑》云：“……昔碾磨焕然更新，滹沱水利，十分为率，北渠六分，南渠四分，官磨乃取四分耳；旬日之间，水行磨动，收物之多，一州之给有余，三处之供不绝。”据光绪《代州志·园林》卷四，南门外明初期筑南园，“凿池引滹流注之，环植杨柳，……泛舟其中，一时称胜”，明中期后淤废。以上都说明，直到元末明初，还系水量充足、清水长流、河水安澜的益河。

从成化起，摧毁繁代北山、南山森林植被，水情始恶化起来。据道光《繁峙县志·祥异·沿革·城池》卷六、一、二，成化四年（1468），“大水，……溢数丈，……木石俱下”；该“（县城）唐圣历二年（699）改建于滹沱河南岸，因聚宝寨为城”，数百年无水患，安然无恙，明中期“多被水冲”，不得不于万历十三年（1585）选“河北石龙岗”较高地，另筑新城，旧城废弃。南临滹沱河的砂涧驿（今砂河镇），系繁峙东比县城还大而繁华的著名大镇，中古时军民用水，一向“取济于河”，明中叶后“河水流溢无常，有时涸竭”，只好打井取水。据乾隆、光绪《代州志》艺文卷六、桥梁卷四，城南滹沱渡口，明前期仍用舟济，“一叶孤舟两岸青，早晚渡头人闹处。”后河床逐渐冲宽，深浅无定或枯涸，不能舟渡，故万历筑“更长七十五丈的普济桥”。成化后，代县也有“大水”、“涨高数丈”等泛溢之灾。

清朝更加恶化。据雍正《通志·水利》卷三十三，清初繁峙还勉强“筑堰输水，引以灌田”，接着“河身移徙不常，涨落无定，诸村渠道畸零”，雍正初，已变的“山水暴涨，旱则涸，滨河民田，不能设之渠道”、“沉沙蓄泥”；朱彝尊已述“乱水滹沱”。乾隆《代州志·水利》卷一引旧志语:“滹沱河，冬春仅一带耳，支渠患没散逸，不可收拾。”清中叶冲及繁峙新城南垣，不得不“环南城修石堤”防泛。据道光《繁峙县志·景致》卷二，清后期更“雨集诸谷，漂来乱石，入水辄没”，明朝“滹沱晚渡”美景，变成“滹沱落石”险景。光绪《代州志·山川》卷二引邑人郎长卿《滹沱河考》云:“……流无定所，或南或北，……屡迁，故两岸相距数里，……水急流浊，所至填淤，易于壅塞，每夏秋山水陡发，两山积石无大小，入水即没”、“滨河渠堰，时有淤塌”；又据该州志·桥梁卷四，因洪水太猛，只能“九月架木为桥，明春冰泮则解。”乾隆二十一年（1756）、五十年、光绪四年（1878）等年，都发生“田庐多塌没”、“塌没良田”、“毁民庐舍”等较大水灾。

民国二十八年，1956、82、87 等年，也发生较大洪灾。

二、中游段

崞阳至五台西南端济胜桥为中游，长 90 公里，为忻定盆地平缓型河道，摆动较大，河床宽 500～1000 多米（清乾隆崞阳河段已冲宽至三百九十丈），泥沙淤积，河床抬高，枯水期呈现沙洲。是主要灌区，水害亦较重。

（一）金以前及元朝水情

唐时引水灌溉，稻田颇多，如乾隆《崞县志·杂志》卷五引旧志语，贾岛誉之“小江南”。光绪《崞县志·艺文》卷七载《高万墓铭》云:“宋嘉祐、熙宁间（1056～1077），君始凿渠筑堰，引（长 73 公里、流域面积 972 平方公里、滹沱一级支流的阳｛扬｝武河）涨水，以灌瘠田，得膏壤数千亩。”据康熙《定襄县志·艺文》卷八元好问《创开滹水渠堰记》，宋仁宗（1022～63）后，定襄丘村人尔朱氏曾从忻口沿滹沱“开数十里渠道，灌溉本里田”，因乡人莫有助者，“自沮而罢”。至金末水情仍好。如元好问“常寓崞县，……佳山丽水”；其《创开滹水渠堰记》又云:“……西起（忻定原交界）汤头岭西之白村，迤六十里，至（五台）建安合流。”即基本按尔朱旧渠，于大定中（约 1175）重新扩延，溉定襄大量农田。

该段比上游劣化的早。蒙初，金朝灌渠被泥沙淤没而废。据康熙《定襄县志·艺文》卷八载元张唯善《重修通利渠记》，“中统～至元初（1260～64），寻其故迹，自县城引滹水，注东王，经神山东南，筑堰横截牧马河水，灌本里及邻近农田，……之后为洪水侵噬，渠道阻隔，民用工多而效益少，土益淤而水缩，……实与硗瘠无异；……至正壬午（1342），复寻旧踪通渠，……首尾五十余里。”不久到明初又淤没而废。

（二）明清水情恶化

明朝又开挖大河（中河）、官河等渠，引阳武河清、洪水灌溉，还挖17条引山洪的“乱放堰”淤田，灌溉扩大至20余村、约4万多亩；后水源缺乏，各村经常争水霸水而打架斗殴，万历至天启六年（1626）数十年间，官司从县州到省，一直打到京城，才初步了结。明中叶后，原平已有“山水暴涨”、“漫患田禾庐舍”等洪灾。滹沱河较大一级支流南、北等云中河，北魏称肆芦川（置肆州、肆芦县），隋唐名忻川水（置忻州），到明朝河水浑浊，泥沙淤漫，名“沙河”。该河次大一级支流、长118公里、流域面积1498平方公里的牧马河，亦水情恶化。如万历《定襄县志·桥梁》卷二引旧志语：“沱、牧两水，为邑之大利，然害亦不小，……雨暴涨发，冲决莫如之何，……春而冰泮，各处木桥，多为漂流，民之病涉，非一日矣”；各处“大小木桥，冬架春撤”；该志·水利载：“新旧渠……迁徙无常，沧桑迭变，……久经截断，……西营村屡经河决，凡五迁，距故址十有余里，昔浚而今淤，此通而彼塞。”据1982年《定襄县历史气象资料》，明中叶后，已多诸如“大水”、“田庐官舍多没”、“河水频溢”，甚至溺死人等记载。如万历四十二年（1614），“河水横溢，田庐漂没。”

据雍正《通志·水利》卷三十三，原平段“深浅无定如黄河，以沙为岸，难筑堤防，涝则患崩塌，旱则滋灌溉，……利害各半。”据光绪《崞县志·志余》，清中叶后，多诸如“沿河禾稼尽淹”、“冲毁民田无数”等洪灾。除继续引阳武河水灌上、下阳武、上、下申村等田外，又新挖天巨成等17条引山洪渠道，洪浇2万多亩。如乾隆《崞县志·山川》卷一载:"……出阳武谷，分渠浇灌南北二十一村地。"即挖甚多渠道分洪，还是发生洪泛之灾。如同治十一年（1872）八月，"滹沱、阳武皆溢，禾稼尽淹"等。

忻口以下水患更多而重。如：康熙《定襄县志·祥异》卷七载:"顺治七年（1650），滹沱河溢，西营、小羊坊、县城北关等地淤没，民皆流离。"该志·艺文卷八《广济渠碑记》，康熙二十一年（1682），疏挖被淤塞渠道"四十里，合工五万七千余名，折银几二千两。"据光绪《定襄县志·艺文》卷十二载乾隆樊先瀛《保泰提纲论》，更恶化成"利小害大，逢淫雨泛滥，流冲沙衔，……漂流男女。"该志·祥异卷一，嘉庆六年（1801），"河水涨溢，滨河地亩，水冲沙压"；有"八百里横行大王"俗称。据《定襄县历史气象资料》，从乾隆七年至清末的170年，计20余个年头发生洪涝水灾，已加速到八年一遇。据光绪《五台县志·水利》卷二，滹沱河入该县西南隅，成了"地高河下，有冲刷之害，无灌溉之益"的害河。

民国十四、二十八等年，也发生"滹沱河溢，冲毁民田不少"之类水灾。据民国《崞县志·工政志》，滹沱河"其利固多，然害亦不少。"阳武河水源减少，争水霸水更加尖锐，有时数村集结千多人斗殴，造成人命。如民国二至二十八年，共打官司22次，其中斗殴流血15次、人命3次，官司甚至打到北京、南京。民国十八年大水，阳武河决口，又分枝出一条中河；共约灌田（含洪浇）6万亩。滹沱河定襄段枯水期3个月，几至断流，而最大洪峰达2700立方米/秒（五台段曾高达2790立方米/秒），河床冲宽至1600米。

建国后的1953、1957、1983、1995等年，也发生洪灾。由于整治河道，修筑堤防等，并在其流域筑几十座中小型、总计1亿多立方米的水库，大洪峰减少，水害减轻。但灌溉等用水增多，河流水量有减少趋向。如阳武河灌区规定"以亩定水，节约归己，浪费不补，节省水量，合理灌溉"，减少了水利纠纷；还筑1070万立方米的神山、182万立方米槽化沟两座水库；延伸、加密干支斗渠，灌溉面积扩大到18万多亩（含井灌3万多亩），水浇地平均亩产由

250 多斤提高到 700 多斤，历史上“阳武流金富万民”的该灌区得以发展，成了原平的主要产粮区；但浇灌用水仍严重不足。[①] 忻定灌区亦类之。

三、下游段

从五台济胜桥流入山区，至盂县东北端出省为下游。长 113 公里，为峡谷型河道，河床宽仅 30～50 米，有不少陡坎。前述汾河上游段东汉永平和曹操曾漕河北平原之粮，经滹沱，转牧马河，到羊肠仓，说明河深水足。由于水流险急，以后再无行船之载。但明中后期还漂运木材，随后洪枯水相差悬殊，毫无水运。该段几无灌溉之利，也几无泛溢淤漫之患。但据咸丰《平山县志》卷一～三等，流到该县后，危害剧烈，因已出山西省，不予列举。

滹沱河左岸最大一级支流清水河（含其支流滤滮、虒阳等河），以及小银河等一级小支流，都源于五台山区，其水情变迁，可见《五台山区森林与生态史》188～192 页。

总之，该河除定襄段水灾较频较重，有所改道外，其他段受地形所限，只有河床摆动，水灾显然比汾河中游段少而轻的多。

附：桃河

晋东山区盂县南部、寿阳东部、阳泉、平定全部、昔阳大部诸河，东流出省，在河北平山汇入滹沱河，广义上属滹沱河流域。兹以桃河为例，述其水情变迁。

源于寿阳土径岭，东流横贯阳泉，经平定东北部，在娘子关前汇盂县来的温河后称绵河，很快出省。长 84 公里（含在山西省仅长 4 公里长的绵河），流域面积 1311 平方公里（不含温河），河床宽 300～500 米，阳泉水文站年均流量 0.61 亿立方米、输沙 2948 万

---

① 阳武河灌区历史详情，可见《管涔山区森林与生态史》149～153 页，并参照《山西水利史志专辑》1985 年 4 期李金柱《阳武河灌区新旧水规》、88 年 1 期邱生海《阳武河水利的发展》及《山西河流》412 页。

立方米、清水流量仅0.093立方米/秒，枯水季几乎断流，侵蚀模数2820吨/平方公里，暴雨时山洪凶猛，峰高流急，最大洪峰曾达3260立方米/秒，历时短暂，很快缩流。

四章、四节、三已述西汉初韩信于初冬在微水背水设阵，“置之死地而后生。”据咸丰《平山县志·山川·事记》，东汉永平在它等下游开“蒲吾渠”，沟通滹沱河漕运，水深水足。风光优美，水映如桃，《水经注》称桃水（江）。隋朝，仍水波浩荡，在娘子关置苇泽县，名苇泽关。据光绪《平定州志·山川》卷二，唐朝“承天山（娘子关西）下多水田，不减晋溪。”元后期吕思诚《五渡（在阳泉市）水磨》曰：“满塍曲屈水淙淙，喜听箩声自击撞，……看君高堰筑桃江。”至明前期，该渡口还系“风生浪卷湘潭瀁，月映波沉碧玉盘”的优美水景，“五渡平波”为州八景之一；娘子关下磨河滩“有水磨，资灌溉，（小段）通舟楫。”

明中后期摧毁这一带山林植被后，水情恶化。据乾隆《平定州志·水利》，清前期更恶化成“雨则水涨，雨止则涸，无长流渠道可疏引”、“今昔故殊矣”的害河；雍正年“浚导绵水，逢壑架木（渡槽），（仅）灌田四顷有奇”，与唐朝“多水田”，差之天渊。清后期，水患更重。康熙年仲冬时微水也已变浅的“濡足可涉。”据光绪《平定州志·祥异》卷五，道光二年（1822），“桃河暴涨，辛南庄五龙庙水高数丈，钟楼倾没，民屋倒塌无算”；光绪三年（1877），“柏井驿沟（桃河支峪）水暴涨，漂去车马客商数十人，娘子关及井陉冲毁水磨八十余盘，伤人甚众”等。又据雍正《井陉县志·城池》，明嘉靖后，绵水屡冲决该城南垣，因已出山西省，也不列举。

建国后，平均3~4年有一次灾害性洪水。如1963年8月大水，阳泉洪峰达1810立方米/秒，市区决口7处，损失巨大；66年8月又一次同样大水涌入市区，死57人，冲毁房屋、土地、粮食、物资甚多。鉴于阳泉系省主要工矿区之一，着重在干、支流筑堤144公里，市区筑高标准浆砌石堤28公里；筑合计3000万立方米的中小型水库，但淤积较重；另8座较小水库已淤满；以及植树造林等，水害有所减轻。因该河流经山谷，阳泉为新兴山城，故不可能有较大范围泛滥及迁徙改道。

第三节　桑　干　河

属海河流域永定河水系。源于宁武管涔山北侧庙儿沟，称恢河。北流到朔县（今朔城区）神头镇马邑村南，与其北源源（元）子河汇合后称桑干河，东北流经山阴、应县、怀仁、大同县，至阳高南徐出省。省境内长 261 公里，流域面积 16749 平方公里，均居全省第四。其中土石山区占 37%，黄土丘陵占 41%，平川盆地占 22%。至册田年流量 5.2 亿立方米；因册田水库下至省界有 795 平方公里水文空白区，至省界流量约 6.6 亿立方米，居第五，系因流域年均降水少之故，最大洪峰 2450 立方米/秒（朔县境）。由于神头泉群补给，年均清泉水流量 1.17 亿立方米，为常流河。水土流失较严重，年均输沙千余万吨，流域内年均水蚀模数 3067 吨/平方公里，远高于全省平均数。

先秦时华夏族越雁门西陉到雁北，先接触到今黄水河源累头山的“浴水”，误认系正源，称㶟水（治水），直到北朝。北魏鲜卑拓跋部原称“索头”，国都平城南有“干（甘）水”，由鲜卑语“索干”讹为汉语“桑干”，正写为“桑乾”，有其水来自天含意。但北魏“桑干水”仅指神头泉流下的一小段支流，全河段亦称湿水。如《水经注》云:“㶟水又东北流，左会桑干水”，即仍认今黄水河系正源。后因神头泉水量很大，“洪源七轮，谓之桑干泉”，又名“㶟川源”；加之北魏在山阴东南其河畔置桑干郡，“桑干”名声大振。到隋朝，该小段支流终于取代㶟水之名，而称桑干河至今。

一、最上游段恢河

系桑干河正源，即南源。长 77 公里，流域面积 1211 平方公里，河床宽 300 ~1000 米，年均流量 4900 万立方米，清水流量仅 0.35 立方米/秒，5 ~6 月基本断流，最大洪峰 1800 立方米/秒。泥沙量大，侵蚀模数 3000 ~5000 吨/平方公里。

《水经注》称马邑川水。因位于朔州之南，隋唐亦称南河。秦汉至五代，沿岸有古楼烦城、马邑城、寰州城（今马邑村西南西影寺村东二里恢河岸古城遗址，北魏、隋、唐、五代至辽，皆系重要城池）等，千多年来，安然无恙，说明水流安滥，水情良好。

宋辽战事破坏这一带山林和辽大“弛朔州山林之禁”，水情始劣，水色发灰，故辽代称灰河。金朝，寰州古城仍继续使用，说明尚不太恶化。元朝，因水浑浊而称浑河，寰州古城被水冲侵而废，故明初洪武三年（1370），只好在其东北另选稍高处，新筑马邑县城。

明成化起，大肆摧毁山林植被，水情明显恶化。据乾隆《宁武府志·城池·山川》卷三、二，成化二年（1466）在其上游北岸坡麓新筑宁武城，“灰河流经城南，每夏秋奔腾汹涌，迅如箭瓴，乃为大石堤，绕东南西三面，以卫城池，……岁加修治，往往费至八百余金”，后大石堤被冲毁，“城西半圮，城南尽废。”嘉靖末至万历初，在阳方口“筑埝垒石，（安远）桥长八十八丈，……后毁于水。”其下游连小支流也恶化了。如雍正《朔平府志·艺文》卷十二载明崇祯初卢时泰朔州《西关外古城碑记》云:“……雨后山水到处，胶泥随涌，……（昔）筑堤以杀其势，……岁久圮塌，……（又）筑十余道分水坝，使水南北分流，古城西设护城坝。”即已恶化的防不胜防、难以引灌了。因大多河水都已浑浊，“浑河”同名者多，又因在朔县梵王寺乡沙河村北形成潜流，到窑子头乡南才出地而恢复原流，故取“灰”同音字曰“恢河复流”，为朔州八景之一，恢河名沿用至今。

清朝水情更加恶化。据乾隆《宁武府志·城池·山川》，清前期已“堤尽崩溃”、“水每大作，冲城下，城址渐毁”；乾隆初，沿旧石堤址重新筑堤，屡筑屡毁，一再“补筑”；固定桥梁难以久存，亦改搭便桥，“夏日水发，桥将漂毁则撤之。”据咸丰该府志载《周武忠公灵异记》，“大雨时行，砂石俱下，堵塞河床，冲削河畔小山丘，逼河改道（左右摆动）”，危及“东门外山岗（周遇吉墓）。”光绪十八年（1892），又大水，直逼宁武城下，三官庙戏台冲失。据康熙《马邑县志·桥梁》卷二，恢河等“夏雨时行，秋雨暴至，颇有泛溢之虑，……春冰开合之际，往往陷人畜。”后更成了无灌溉之利、水患不绝的害河。

据1985《宁武县志·地理·水利水保》卷三、六，民国仍水害不断，冲没两岸农田房屋，漂流溺死人畜，亦不鲜见；阎锡山曾拟治理恢河，因抗战爆发而未实施。但民间利用清末光绪三十三年（1907）民办公司在阳方口筑的滚水坝，主要是引洪水，曾扩大至漫浇朔县60村40万亩田。建国后筑太平窑等小型水库，淤积严重；还整修灌渠，浇田18万亩。

二、省境桑干河干流段

恢河到马邑汇合北源源（元）子河、神头泉水后，称桑干河。横贯大同盆地，为宽浅游荡型河道。省境内长184公里，沿途汇雁北大半河流，水量大增，水害加重。

（一）唐以前水情良好

由于地史时期“大同湖”的残留，史前～上古，曾系多湖串流。

光绪《通志·山川》卷四十三载：“㶟水通漕，始议王霸，似东汉已尝用于实边。”北魏曾拟定都㶟川源，定都平城后，诸帝常“幸㶟水，观鱼”；那时都城粮物，主要靠灵丘直道从华北大平原中南部补给，未见漕运之载。但从其支流御河等可行龙舟推断，干流当然更水深水足。北魏迁都洛阳后，雁北大为萧条，直到唐末，森林植被得到长期良好恢复，水情恢复的更好。如雍正《朔平府志·艺文》卷十二载唐吕令问《云中古城赋》曰：“桑干之水，……何其壮也。”从出省后其最下游北京段及其以西，从汉至唐，大兴灌溉、多行漕运、无泛溢等灾害、隋朝称其为清泉河等推断，山西省河段也必定水情良好。

（二）辽金水情尚较好　元朝劣化

辽金为西京重地，山林植被破坏趋重，始有泛溢之灾。如康熙《马邑县志·灾祥》卷二载：“辽统和十年（992），桑干河溢，漂禾没屋，溺人甚众”；但常年水情尚好。如统和二十二年，辽帝率大批随员，“至桑干渔猎。”固定桥梁尚能久存。如光绪《天镇县志·

金石》载僧崇雅《重修桑干河桥（册田水库大坝附近）记》云:“桑干大桥，……夏月汛涨，损伤人畜，是大厄难，……太康三年（1077），……木质腐朽，过往甚艰（后述他募银购木建桥），只换木植，石仓未动，其桥四接（折算长22丈）。”此前该桥已用多年，重修后又多年未被冲毁，说明还较稳流。金朝大兴水利，稻藕绿满。如乾隆《大同府志·艺文》卷三十二载金蔡松年《西京道中》曰:“来时绿水稻如针，归日青梢没鹤深，……藕花相间柳荫荫。”

兴建元大都，沿桑干河大量筏运木材至北京，之后水情劣化。如雍正《通志·山川》卷二十一引《元志》语:“卢沟河源出代地，又曰小黄河，以流浊故名。”本段泛溢之灾十多年一遇。如至元四、五（1267、1268）等年，朔、应、大同等地都遭大水之灾。但还稍有水利。如泰定年（1324～1327），王守礼知应州，“修学开渠”等。

（三）明清民国水情越益恶化

明前期枯水季水还较深。如景泰元年（1450）正月，瓦剌由广灵圣顺川侵犯到大同东南，因“南阻桑干，敌不敢夜渡”；瓦剌怕半渡被击而北循，被明伏兵击败，即“土木之变”后次年“沙窝（村）抗击战”。据万历《应州志·课贡·艺文》，卷二、六，成化年（1465～87）“有水碾、水磨、鱼课，尚获水利，人民殷实，亦足征焉”；“桑干烟雨”为应州八景之一，描述为“渔舟如在雾中横”、“几点渔灯载客舟”、“桑干秋水万年清”等。据乾隆《宣化府志·杂志》卷四十一，御史宋仪望、李文进鉴于“尝架小舟，……从桑干水行千里，直抵大同”，于嘉靖三十二年（1553）奏请“诚疏凿，以漕宣大粮”；由于不合实际，“时不能行。”随后水情恶化。据万历《应州志·桥梁·课贡》卷二，“桑干河称畏津，湮淤不常，深浅无定”，固定木桥已不能存在，只好搭冬架春撤的便桥；以前的鱼课、水碾磨等皆“名存实废，闾邻萧条。”据乾隆《大同府志·建置》卷十二，应州西二十里位于南北要道的娘子村桑干河桥，“明时冬春水落建桥，夏秋水涨拆除”；前述册田石墩木桥，也常被冲毁，于嘉靖二十年，只好改建为铁索桥；清朝重修加固；建国后筑册田水库拆除。据乾隆《大同府志·艺文》卷二十七载明王珍《水利碑记》，明中叶前，朔与山阴共享桑干、黄水河灌溉之利，“行之数十年矣”，后常遭冲决，局部迁徙改道，“县民贫，……利害共之。”明后期，摧毁山林“净尽”，水利绝少而水害频繁。单以万历年马邑县段为例，二（1574）~三、二十六、三十三~三十六等年，皆遭诸如“毁城垣庐舍千余”、“禾苗尽没于水”、“禾皆漂没”等泛溢大灾，计七个年头，约均数年一遇。再往下游，当会更频一些。

清前期更暴涨骤落，冲塌河岸，河床淤塞，摆动明显，鲜少水利，率为民害，“过渡甚艰”。如康熙《马邑县志·艺文》卷五载顺治霍之馆《新建桑干河桥记》云:“夏秋水涨，怒涛惊天奔雷，……冬春……乱流，……桥长二十四丈”；随后该处河床竟冲宽至百丈，只好搭“冬春暂设，夏秋水涨即拆”的便桥；康熙朱彝尊述“雁门以北，……多凶旱泛滥之苦。”据雍正《通志·山川》卷二十一~二十二，该河已“怒涨则夺桥而去，缩流又浅不可方舟。”乾隆《应州志·艺文》卷九载时任知州吴炳《兴修水利等……》云:“浑、桑二河，雨缺则细流如带，连雨则惊涛急浪，或淹没两岸，或倒灌小溪，随涨随落，……不可为渠，鲜有收河之利者”；该志·风俗卷一载：“霖潦暴涨，恒患淹没”；据该志·桥梁卷二，乾隆七年（1742），前述娘子村桥，因“流沙彻底，（不得不）移于（东二十里）白塘村”，不久冲毁；吴柄《重修白塘村桥碑记》云:“奔流湍急，靡徙无常，梁木之制，冰合而成，而冰泮撤，霖雨暴涨，巨涛湃崩，转瞬缩流，沙砾漫衍，势不受艇，难以方舟。深秋架木填土为桥，春暮冰解拆撤。……戊子（乾隆三十三年），……暴涨，（岸）冲塌二十余丈，河面渐宽。”如乾隆《大同府·艺文》卷二十八傅修《创建河神庙记》云:“桑干巨浸，夏秋雨潦，奔徙无常，率为民害。”再单以马邑段为例，康熙三年（1664）、三十二、三十八、乾隆三十二（1767）等年，皆遭大泛滥之灾。因水害频仍，故嘉庆元年（1796）撤消该县，并入朔州，今为马邑村。

清后期冲塌加剧，河床冲宽。如道光《大同县志·水利》卷四载:“云中各县，近河者逐年坍没，……石压沙淤。（怀仁东端）海子洼村……属桑干与御河交汇之区，早年两河水涨，塌为河身，以致有赋无地。”从河床窄处的山阴安营（荣）桑干便桥长度折算，河床已冲宽至约四百米；大多河段则达千米以上，甚至更宽。全河段泛决之害进而加快到约均近四年一遇。其中单马邑段：嘉庆三、六年、道光九（1829）、十二年、光绪十八（1892）、二十二等年，均遭泛滥重灾。如：嘉庆六年六月，发生近古特大洪水，估算洪峰高达每秒7000多立方米（《山西河流》325页）；光绪十八年，恢河、桑干河泛滥，“村庄被淹，庐舍为墟，饥民啼嚎，嗷嗷待哺”等。其下流山阴、应县等地，水灾同样严重。

民国元年、十一、二十三、二十八、三十一、三十三等年，也发生大泛滥之灾。如民国元年，水势甚大至猛，朔县房屋牛马积粮损失无算，伤人百十余；十八年，普遍大水，致使盆地盐碱化更加严重。

建国后泥沙仍较严重。如1963年建成5.8亿立方米、山西省第二、为京津控水补水的册田大型水库，因泥沙淤积，1970～75又将坝加高，到2000年前已淤积2.1亿多立方米。干支流还筑3155万的山阴东榆林、1000万的应县薛家营、5430万的镇子梁、1168万的浑源恒山、8563万的大同赵家窑、1036万的文赢湖、1060万立方米的左云十里河等中小型水库，同样也淤积严重。由于植树造林，保持水土，以及修筑一些堤防等，灾情有所减轻；但防洪设施相对薄弱，水害仍较频繁。

三、黄水河

源于宁武薛家洼，流经朔、山阴，至应县藏寨西朱庄汇入桑干河。长100公里，河床宽180～750米，流域面积2490平方公里年流量410万立方米，清水流量仅0.1立方米/秒，枯水季常常干涸，最大洪峰423立方米/秒。含沙量大，山洪夹带砾沙，淤积严重，侵蚀模数3000～5000吨/平方公里。

北魏前水量很大，认系桑干正源，《水经注》亦称㶟水、治水。据《魏书·太祖纪》，天赐二年（406），在战国赵故沙丘异宫、汉阴馆故城佐近建南平城，“发八部五百里内丁男，建㶟南宫。……穿沟引池，广园囿，外城方二十里，分置市里，经涂洞达。”大兴仅次于国都平城、规模宏大的水利园林陪都。该河汇夏屋山诸水后，《水经注》亦称桑干支津，“长津委浪”，水丰波稳。李白曰“绿水向雁门”等，可见水源充足，河水清澈、安澜。辽在此设河阴县。金大定七年（1167），改名山阴县；金末贞祐二年（1214），升为忠州。说明从战国到金，一千几百年来，无冲城之患。

元朝，该河水浑如黄汤，俗称“黄水”。忠州城屡被冲淹，至元二年（1265），并入（应州）金城县，该古城成了废墟，今故驿村有古城遗址。元末再置山阴县，但已远向北移于今旧山阴城。明清因之。约元中叶后，该河向北较大范围迁徙改道，才流经旧山阴城北。

明成化起，山林摧毁“净尽”，水浊如黄河，官方将俗称“黄水”正名曰黄水河。正德《大同府志·山川》卷一载:“在山阴城北半里，流经应州西北八里入桑干。”正德末，冲塌河岸，危及城垣。嘉靖中，“河水泛滥”，山阴知县许光宗不得不“筑堤捍水”。据万历《应州志·山川》卷一，“涝则泛，旱则涸”。据崇祯《山阴县志·艺文》卷六天启知县刘以守《水利碑阴》，嘉靖时由山阴城北改道于城南；万历又改道北徙，逼城西北；天启（1621～1627），水害加剧，不得不“改河道，筑堤防，疏浚也”，使其再从山阴城南流；“迨后（又）奔溃北，折东直射去，……故非善，患且啮城。”据该志·山川卷二，“近（崇祯初）自上河西崩溃，北从，奔流城西及折北行，无济于城。”看来明中叶后，该河在山阴城附近及其以下，冲决改道频繁，危害严重，河床淤塞，地下水位提高，盐碱加重，“城民苦卤饮，远及城南（十里）石井担水”，苦不堪言。其上游也漫溢游荡，如朔、山交界的辛村～元英（营），无固定河道，散漫乱流，“后复聚于黑圪塔。”恶化成水利极少、水害不断的害河。

清朝更加恶化。如上游朔州沙楞河段，雍正时也成为“秋霖暴至，颇有泛溢之虑”的害河。其下山阴、应州段更常淤塞，不时疏浚。据光绪《通志·水利》卷八十六，乾隆中前，山阴知县叶丕保于“东门外开头道河，导之北流。”即此前又迁徙改道，逼近于山阴城东南；不久又淤塞，三十三年（1768），知县常恺又“奏文疏浚。”清中期，其各支流也恶化成“秋苦霖潦暴涨，恒患淹没”，筑堤开渠，“以防南山水横流。”

因山阴城仍屡遭冲决，盐碱特重，民国二十六年，县治又远迁于西北洪涛山前较高处的岱岳镇至今。抗战前，沿用清末光绪三十二年（1906）应县民办广济水利公司设施，扩浇至48村十几万亩；沿用宣统二年（1910）山阴富山水利公司设施，扩浇至几十村二十万亩；主要是引山洪漫灌。建国后，将该三公司（含朔县广峪水利公司）合并为桑干河上游灌区，新建东榆林水库等，共灌田二十几万亩。近年，山阴、应县段枯季常常无水，实际成了泄洪退水道。受桑干河顶托，洪水期淤积仍然严重，近15年河床抬高2.3米，几与岸平，行洪能力大为削弱，遇洪水极易泛滥成灾。

四、御河及十里河

御河源于内蒙古丰镇西北阳坡子，南流纵贯大同，至怀仁东端海子洼南汇入桑干河。全长155公里，河床宽100～300米，流域面积5002平方公里。其中省境内78公里、2558平方公里；孤山站年流量1.53亿立方米，最大1.85亿（1978）、最小0.58亿（1966）。由于采煤和过度开采地下水，枯季清水基本断流，几乎全是废污水。雨季洪峰1280立方米/秒。孤山以下流入大同盆地，为宽浅型弯曲河道，游荡明显。水土流失严重，水蚀模数4220吨/平方公里；年均输沙520万吨，最高2318万吨。十里河源于左云马道头乡曹家堡，东流经大同云冈，折东南至大同城南田村汇入御河。长89公里，流域面积1228平方公里，年均流量0.41亿立方米，洪峰905立方米/秒，旱季断流。水土流失严重，年均输沙246万吨。

（一）北魏至唐虽稍有伏起 但水情基本良好

据《雁北今古》1988年1期李乾太《……平城水利初探》、《水经注》和有关史料，及笔者多次实地考察，略述北魏利用该两河大兴水利概况。

建都平城，在方山、孤山下挖约7万平方米的灵泉池，引该水注之，“方湖反影，若三山之倒水下”，有方山宫等建筑群，帝王们常乘龙舟游幸；稍南从白马城开挖西支津，“水西出南屈，入北苑中，历诸池沼”；共同构成北郊最佳园林水景区。并整修原河道为东支津；皆为国都用水之北源。在东郊，沿河御道，“河干两湄，……垒石结岸，夹塘之上，杂树交荫”，直达方山宫。因两岸御道夹河，始称“御河”。东苑宫殿群，亦引该水。还引该水从东郊通西关，曰柳港，“楼台相接，……游艇如织。”

建都平城次年（399），从西山口小站“凿武周（州）川水（因左云汉为武州县而名，即今十里河），注之（鹿）苑中，疏为三渠，分流宫城内外”、“自山口支渠东去，灌诸园池”，即新开挖之北支津；次年又“穿城南渠，通于城内，筑东、西鱼池”；为宫城和都城用水西源。在西苑武周川北，有洛阳殿等和石窟群，“山堂水榭，烟寺相望，林渊锦镜”，为皇家崇佛园囿区，常乘龙舟逆水从北支津，入武周川至此礼佛；1993年云冈石窟前发掘出北魏石砌码头，便是实证（1994.1.3《山西日报》）。还整修武周川出山后的原河道为南支津，经都城西南，用于灌溉。为便来往，在城南“结两石桥，横水为梁。”

在南郊利用苑囿、都城用后余水，穿渠灌溉，系“远出郊郭，弱柳荫街，绿杨被浦，公私引裂，用周园灌，长塘曲池，在所布获”的一派江南水景。水利大兴，农产倍增，连江南使臣都惊呼，“北方金玉大贱，当是山川所出。”还有规模宏大的明堂，用水力转动观象仪器等。

上述四条支津为纵横骨架，城郭内外，水渠成网，园池罗布，桥梁艇舟，贯穿各处。那时平城系数十万人的北方最大都会，却从无缺水或另找水源之载，可见水足水深。

建都平城，破坏山林严重，故三十多年后，始发生“毁民庐舍”轻灾；八十多年后，武周川也发生“毁农舍”轻灾；数十年一遇而已。因水始有点浑，还不太浑，且已迁都洛阳几十年，故成书于北魏末前的《水经注》将御河改名如浑水。

493 年北魏迁都洛阳后，该处地位一落千丈，直到唐末，仍很荒僻；森林大大恢复，水情又良好起来。故辽建西京于此，仍以该两河为水源，未见水害之载。

金朝仍名如浑水，又称玉水，大同仍为西京。据顺治《云中郡志·山川》卷一载大定中《开元中碑》，东门外该水注的柳港，“郡人划小舟消夏于此，曰‘柳港泛舟’”、“折东南流，民资灌溉”，稻田绿满，莲藕相间。北魏～金，城东该河“率造桥以达”，安然无恙。金天会十年（1132），始冲毁“十之一、二”，稍修葺，又安然近 50 年；到大定二十一年（1181），才“坏十之七、八”，重修后，到金末并未冲毁。看来数十年才一遇较大危害性洪水。

（二）元朝水情劣化

因水已浑浊、游荡，故俗称浑河。乾隆《大同府志·艺文》卷二十七载泰定二年虞《兴云（玉河）桥记》云：“遇积雨，益横溢阻行者，……河流分合不同”；该桥于至大三年（1310），官家用石柱重筑；不久到至治元年（1321）被冲毁；泰定元年（1324），又重筑二十四间坚固石桥。元时两河泥沙大增，将北魏开挖的诸支津逐渐淤塞而废。元朝有好几个年份发生“大水河溢”、“漂民庐舍”等大灾，约近二十年一遇。

（三）明朝后水情恶化

明朝仍沿名如浑水。相传正德皇帝来大同，百官在玉河桥跪迎，美名“御桥”，之后就基本曰御河了。武周川水则因大量挖煤而称“黑水”，后因其下游“西南距大同十里，南又十里，东南又十里”，正名十里河至今。

据顺治《云中郡志·津梁》卷三，洪武十三年（1380），重修兴云桥，后毁；于成化十三年（1477），重筑宽三丈、长十一丈、高丈二的五孔石拱桥；之后“水潮无常”；万历七至八年（1579～1580），“山水暴涨”，坚固石拱桥被冲毁，重筑宽十余丈、长百十余丈、高三丈、更厚重的十九孔石拱桥；其宽、高增大三倍，长度增至十倍，可见河水暴猛，河床大为冲宽；到天启（1621～27），又被大水冲塌而重修。据该志·景物卷二霍鹏《重修兴云桥记》，明末前已变成“旋鸿（御河上游）出水流何急，夏潦秋霖涨城曲”的恶状，危及大同东关。明中叶后，更水利鲜少，水害大增；自嘉靖初到明末，大同计近十个年头遭大水灾，加快到约均十多年一遇。

清初进而“夏雨秋霖，奔徙无常。”如乾隆《大同府志·艺文》卷二十八载顺治傅修《创建河神庙记》云：“御河水势与桑干同，……尤患啮盎，……旧庙址在河西，今之流水处也。……（昔河）去（大同）城甚远，……（今）河趋于西，去城近也。”据雍正《通志·山川·水利》卷二十一、三十一，该河“枝津及泉池，大皆涸塞”，柳港泛舟，亦淤涸无存；前述坚固的兴云石拱桥，于嘉庆六年（1801）、十年，被大水冲圮，河床冲宽，“人苦病涉”，还冲毁南门吊桥。据道光《大同县志·山川·城池》卷四、五，清后期更“山水冲塞，河身益浅，涨溜益急”、东关“紧邻御河，……将东北角冲塌”；到城南汇十里河后，更“河砾平滩”；至与桑干河交汇处海子洼村，“十室九空。”清朝，单大同城附近计二十几个年头遭大水之灾，约均十年余一遇，水利绝少。如：道光八年（1828），河东“寺儿村、小南头间，淤出滩地一区（五顷半），……可引灌，两村争垦兴讼”；又光绪《通志·水利》卷六十八载郭传芳《守道曹秋岳去思碑》云：“龙沙只生寒黍，不知六谷有稻；先生开渠东阡，因御河下流，……立稻千畦。”仅几顷水浇地便予专载；少许稻田竟大书特书，可见水利罕少至极。

民国，有五次大泛溢之灾，不到八年一遇。民国四年，十里河下游有些灌溉，但1939年日人的《大同风土论》云：十里河“雨季黄泥汤奔流，平常则贫弱之水。”

建国后筑赵家窑、文瀛湖、左云十里河三座中型水库，开挖御河东、西干渠，灌田十余万亩。又整治河道等，水害有所减轻，但1949～85年，大同还发生洪涝灾害17次。

以上一～四，还有本节未述的一级支流源子河、木瓜河、浑河和许多二级支流，及桑干河干流出省后和永定河水情变迁概况，详见《雁北森林与生态史》277～313页。

整体上看，桑干河水害比滹沱河显然多而重，但还比不上汾河中游段那样十分严重。

附：南洋河 壶流河等

（一）南洋河

古称雁门水，清朝称今名。源于阳高朱家窑头乡随士营，阳高段称白登河，东北入天镇刘家庄后称南洋河，至永嘉堡出省入河北，到怀安与西洋河汇合后称洋河，再汇入桑干河后称永定河。省境内长95公里，流域面积近2200平方公里，年均流量0.84亿立方米，清水流量0.8～1立方米/秒。年均输沙388万吨。流域面积略大于唐河，为雁北第二大河。

（二）壶流河

古称祁夷水；唐称瓠（葫）芦河；至明朝称葫芦河，清改称今名。源于浑源、广灵交界的石人山，东流经广灵全境，至洗马庄出省入河北蔚县，再汇入桑干河。省境内长66公里，流域面积1256平方公里，为雁北五大出省河流最短、最小者。年均流量0.49亿立方米，清泉水流量近年减少至1立方米/秒，年均输沙117万吨。

该两常流河水情变迁，见《雁北森林与生态史》313～321页。

另唐河源于浑源枪风岭，东南流入灵丘，至下北泉出省。河长、流域面积与南洋河不相上下，但水量较大，年均流量1.14亿立方米，清水流量2.4～3.1立方米/秒，为常流河。年均输沙374万吨，出省境输沙293万吨。属海河流域大清河水系。还有苍头河，源于平鲁高石庄乡郭窑村骆驼山，东北流入右玉，又西北出杀虎口，入内蒙古称浑河，再汇入黄河。省境内长97公里，流域面积2124平方公里，为雁北出省第四大河。年均流量6157万立方米，虽系常流河，但枯季清水流量仅0.3～0.4立方米/秒，多泥沙，年均输沙462万吨。上两河水情变迁见《雁北森林与生态史》321～327页。

第四节 浊 漳 河

是漳河最主要支源，属海河流域漳卫河水系。在山西省分为出于长子的南源、出于沁县的西源和出于榆社的北源。南源与西源在襄源甘村汇合，为浊漳干流，又东北至襄、黎交界的合河口，北源汇入。入黎城后折东南流入平顺，再折东至马塔村出省，到合漳村，清漳河汇入，称漳河。其三源和诸支流扇状分布于除沁源外长治市所辖各县及晋中榆社。省境内长229公里，流域面积17141平方公里。其中：石质山区占31%，土石山占25%，丘陵占27%，平川阶地占17%。因省界一带为水文空白区，到河北涉县天断桥站年均流量7.9亿立方米，省内潞城石梁站5.22亿立方米。受潞、黎、平交界处河谷辛安泉（山西省第二大泉）补给，年均清泉水流量大，达10立方米/秒。水土流失稍轻，水蚀模数1000～3000吨/平方公里；含沙也少，年均输沙不足800万吨。

一、浊漳南源和干流

向以南源为正源，《山海经·北次二经》载："发鸠之山，漳水出焉。"源于长子西部发鸠山圪洞沟，东流转东北入长治，北流经潞城西入襄垣南甘村，浊漳西源汇入。源头至甘村长104公里，流域面积3580平方公里。其中：石山区占35%，土石山和丘陵占20%，河川阶地占45%。从长子申村水库以下进入上党盆地，河槽宽10～300米；至漳泽水库年均流量2.65亿立方米，年均输沙363万吨，侵蚀模数1143吨/平方公里；襄垣甘村至平顺马塔出省后入河南林州，经天断桥，到合漳村为浊漳干流（清漳河汇入后为漳河）。省境内长125公里，沿途又汇入平头河等支流，流域面积2695平方公里（含平顺露水河出省后又汇入浊漳的山西省面积），多为山谷河道，宽80～230米。

（一）唐朝前水情良好

《周礼·职方》云："冀州，其浸汾、潞"，《水经注》载："潞即漳水也”、“昔魏文侯以西门豹为邺（今河北临漳）令，引漳以灌，民赖其利。……（后）又堰漳水，以灌邺田，咸成沃壤，百姓歌之（后述城乡水利，连绵不绝）。”本书第四章、三节、三已述秦末项羽在其下游“破釜沉舟”而大胜等。都说明先秦时，该河早已与汾河并列为巨浸；战国时在其下游大兴水利至汉；水深水足。南源开发最早，西汉在此扩垦，轻度水土流失，始有“浊漳”之称。《后汉书·郡国志》注引《上党记》语:“潞水，浊漳也”；仅系与清漳水相对而言。乾隆《襄垣县志·山川》卷一引《后汉书》语：浊漳“呈洪淼之观”，水量很大。第四章、四节、三已述，曹操“取大材于上党”，营邺城宫室，引漳水供都城之用，还“枝流引灌，所在同溉。”后赵、东魏、北齐也在邺建都，更大兴宫殿苑囿等，同样引漳水，大兴水利（见第五章、二节、一和四节、三）。《水经注》称浊漳水，行文中通称漳水，偶称潞水；述它为“巨浸之源。”唐朝，潞、漳并用，仍水深水稳。如乾隆《潞安府志·艺文》卷三十七载:“景龙二年（708）八月，（唐玄宗任潞州别驾时）逐鹿于潞河，河深三丈，阔倍之，鹿逼而入水，……射获”，潘炎作《潞河逐鹿赋》颂之；次年二月，他巡“至襄垣渡，有赤鲤腾跃水上”，潘又作《漳河赤鲤赋》颂之；该志·艺文卷二十九载稍后张九龄《圣应图赞》云:“潞水之泓。”仅见唐元和十二年（817）始有一次“泽潞、平阳，水害稼”之载。

（二）北宋后水情劣化恶化

北宋初起大肆破坏本流域山林，遭致水土流失。如雍正《通志·水利》卷三十一长子县条引北宋后期太常博士、河东转运使王沿语：“漳水一石，其泥数斗，古人以为利，今人以为害（后述河北）。”虽有些夸张，且主要述出省后河北段，但也说明浊漳水情也劣化。元朝已有较大水灾。如乾隆《长治县志·祥异》卷二十一载：大德六年（1302），“漳水溢，坏民田两千余顷。”

明中叶前成化十八年（1482），潞州大雨连旬，发生“漳水溢，漂流民舍，溺死人畜甚多”特大洪水，估测洪峰8000余立方米/秒，也是漳卫河水系最大洪水（《山西河流》446页）。中叶后，较平坦的襄垣段已泥沙淤塞，局部改道于城北、城南。如唐武德元年(618）新筑襄垣城于甘水之南，金天会增筑水南外城，数百年安然无恙；到嘉靖已冲及县城，不得不一再重挖河道和筑堤。乾隆《襄垣县志·艺文》卷七载万历王基洪《重挖漳河记》云:“（昔）漳水环邑如带，……（近）滨河居者，虑冲塌之患，……水势复侵城，凿东北岗，今水经此而东下，不复回环。……万历丙申（1596），又开渠为引，筑堤为障，水复故道。辛丑（1601）之秋，河伯不仁，堤倏溃决，……（又重新挖渠筑堤）河渠长二百五十丈、广五丈、深半人，堤长四十余丈、广六尺、高三丈，堤帮石基。”之后仍不稳定。据该志·山川卷一，后任刘公“相继引渠筑堤，未几堤坏，水复直去；崇祯间欲修未果。”

清初，“复议，亦艰于修筑而罢。”据乾隆《潞安府志·艺文》卷三十五载康熙《襄垣修城记》，“漳水环其南，而络其东，北面又当甘水之冲”；即又徙于城南。乾隆中，“北门外漳水绕，渐复古道。”以后又南徙。如光绪《通志·山川》卷二之十二载:“浊漳，在襄垣南十里”；即已远离襄垣城，大体类今河道。此外，各段多河低岸高，无明显改道现象。据雍正《通志·水利》卷三十一，最上游长子段“漳河，……流细微，河身皆碎石淤沙，两岸田高，不能上引灌溉”；据嘉庆《长子县志·山川》卷一，县东五里河头村漳河桥，“明洪武敕建，……后没于水无存”；该通志同卷述长治段“西逼近漳河，鲜有渠道，……雨集则怒涛奔腾，桥梁时受啮焉”；乾隆《长治县志·水利》卷五亦述:“西南逼近漳河，东岸地高河低，不能上引灌溉；河西岸平，雨水多时，有淹没田禾之害，倘益以沟渠，则奔流冲决，势将其遏，故鲜有议及（引灌）者。”该通志同卷又述：潞城段“漳河流经，地势最阜，岸高百尺，不能作溉”；襄垣段“虽有漳河，鲜有渠道”；黎城段“虽漳河折入境内，两岸高，鲜冲决之虑，亦鲜渠道之利；漳河性湍急，中皆砂石，……雨发怒涛汹涌，数日不能没”；平顺段“漳河，……两岸胥石山，高岭峻壁，无繇引灌。”即受地形所限，水利鲜少。顺治八年（1651）、康熙元年（1662）、乾隆二十二（1757）、三十七年、嘉庆六年（1801）、咸丰元年（1851）、光绪十六年（1890）等，皆发生洪涝之灾，也为地形所限，仅某几河段局部泛溢。民国未见明显水灾之载。

1962 年，全流域暴雨洪水，入漳泽水库洪峰高达 5160 立方米/秒。建国后在南源干流 1960 年建成、1995 加固改造，扩大至 4.3 亿立方米的漳泽大型水库；在其上游 1958 年建成、1992 加固改造，扩大至 3381 万立方米的申村中型水库；还有其诸支流的屯泽、鲍家河、西堡、陶清河、庄头 5 座、计 1.4 亿立方米的中型水库；以及 37 座、计 4889 万立方米的小型水库；皆淤积不太严重。初步整修河道 80 公里等。开辟万亩以上自流灌区 4 处、万亩以上提水灌区 6 处、井灌区 10 余处，灌田达到 58 万亩。但流量有减少趋势。

二、浊漳西源

源于沁县漳源镇余岩村北，东南流经沁城，又东南入襄垣，至甘村汇入浊漳南源。三源中数它最小，长 80 公里，流域面积 1669 平方公里。其中：石山区占 27%，土石山占 34%，土山占 24%，河谷平川占 15%。两岸为一、二级阶地的农田，河床多沙丘，水势变化快，主流摆动频。至后弯水库年均流量 1.22 亿立方米，为常流河。年均输沙 134 万吨。

因春秋铜鞮邑及汉晋铜鞮县，皆在沁县南部、其最大支流今白玉河畔，故《水经注》称铜鞮水，将其北主流认作支流。隋唐认清主源后，称西漳河或西河，也统称漳河；铜鞮水改称小漳河。直到元朝，水情尚好，未见水患之载。

明中叶摧毁该流域山林后，水情恶变，已系“洪波”、“奔泻急”状。如沁城自北宋太平兴国二年（977）建，历金元到明初，安然无恙；嘉靖十九年（1540），“毁于漳水，……重修；立桩木，砌石堤，南北长百余丈。”源头水情也恶变。如《沁州水田记》云：“今（嘉靖）交口（漳源）等村水田绝少，盖沙松水悍，冲激难堤，村民入不偿出，是以虽成，（渠堤）复废。”以后全县更“民田多在山坡，无渠道”了。

清朝进而恶化。如顺治十七年（1660），“城西北石堤，久被漳水冲啮”、“漳水南来，洪波浊浪，日啮城下，旧有石堤捍蔽，岁久冲激，杳不可寻，若惊涛飙至，城与民俱尽，化为鱼鳖。”康熙元年（1662），“知州程宽瓮建石堤，长六十二丈，高丈五，……（随后被冲）于三年补修。”后漳水延伸南啮，只好再另筑城西南石堤。“蓄泄不受，驰悍湍急，不可活寸鱼即涸”，石堤复被冲塌。雍正七年（1729），“重瓮城西北石堤，长一千七百丈；二十一年，重瓮城西南石堤，长二十三丈”；西北堤比康熙初加长二十几倍，可见危害加剧。乾隆二十七年（1762），“又补筑城南石堤三十五丈、城北石堤四十七丈有奇”，真是防不胜防。漳源段也恶化的连贯通上党、晋中的大干道，也“时为飞湍所冲”了。①清后期至民国，更加恶化。如宣统三年（1911）、民国五、二十一、二十二、二十六等年，都发生过900立方米以上/秒的大洪水，最大洪峰达2600立方米/秒；而沁城段清水流量仅0.2～0.3立方米/秒；可见洪枯悬殊之大。好在基本系山丘区河流，两岸较高，虽难引灌，泛溢面也不广。

建国后，1960年建成1.3亿立方米的襄垣后湾大型水库，使洪峰由每秒2259立方米，削减为500立方米。还在流域内筑圪芦河、月岭山两座中型水库和12座小型水库，合计库容8330万立方米。既缓解了大洪水对下游为害，也开拓了本流域灌溉等小型水利。

三、浊漳北源

源于榆社最北端上白鸡岭，南流经榆城入武乡，折东南流，至襄垣东北合河口汇入浊漳河。长116公里，流域面积3797平方公里，虽比南源稍长稍大，但其入漳处靠下，算不上浊漳主源。榆、武接界

① 本目水情变迁，主要据乾隆《沁州志·形胜·山川·城池·艺文》卷一、二、十、《潞安府志·山川》卷四，及雍正、光绪《通志》水利·山川有关条目摘写，为节省篇幅，行文不注明出处。

的关河水库入口处，年均流量1.85亿立方米，清水流量0.25立方米/秒；年均输沙347万吨，侵蚀模数2387吨/平方公里。

《水经注》认其在武乡的最大支流涅水为正源，将其主源称武乡水。后来将浊漳北源称小漳河，俗称关河，也称武乡水，或统称漳河。北源比南源、西源开发较晚，元以前有关记载极少，故述明以后水情恶化状况。

（一）榆社段

众多支流扇形分布于县北、东、西境，石山区占40%，土石山占33%，黄土丘陵占27%。

河道摇摆，稳定性差。如：光绪《榆社县志·序》云："漳水冲击，每当夏潦苦涨，洪涛怒吼，田庐菽麦，瞬间漂没，一年数徙（摆动），种而无获，逮粮逃亡，为榆之害，数百年矣。"该志卷一·山川云："俗语传'开了和顺山，漂了榆社川'，……每淫雨洪涛怒浪，两岸膏腴之地，尽为河伯之乡，荒地空粮，皆由于此；……为邑之首害，损城东南……，筑石堤防，终于无成。"按云："漳水自社城南奔，一至平壤，漭湃冲击，势莫能遏，每岁盛夏，积潦洪涛怒浪，两岸田庐，随流漂没，不能为利，而贻巨害，榆民日以瘠苦，盖由于此；……道光初，修之数年，无成，此后，河流逼城，……数十年来，两岸民田，漂没者不可胜计。"该志卷一·城镇载："漳水日逼（县）城东南隅，几朝夕不保"；县北三十里"社城镇，即东汉涅氏故址，……今半没于河"；县南三十里"魏城镇，即唐偃武县（不久即废）故址，亦半没于河。"从为害"数百年"推断，明中叶后，水情已恶化。又从雍正《通志·水利》卷三十二榆社条引旧志语："漳河，每遇淫雨，洪涛怒吼，漂塌民田，地壤尽为河伯乡。"又从支流仪川河"泛溢为灾，任性漂塌"旁证，明清之际，全段早已恶化成无引灌之利的害河。

（二）武～襄段

主河槽宽150～300米，多穿行于"U"形基岩河谷中，摆动冲塌面窄，但局部较平缓处，危害也大。据光绪、民国《武乡县志·城池》卷一、卷三，自北魏太和十五年（491）徙武乡于南川亭，一直有治无城，并无冲侵之害；到明嘉靖时已泛溢为害，“病其秋溢激县”，二十一年（1542），“始筑南城（明清民国县城，今故县）”；万历五年（1577），“筑石堤三十余丈，以障漳河水，……十七年，西南城圮，重修，加筑护堤七十丈，三十五年，堤被水决，复加修筑，四十年，增筑石堤百余丈”；清顺治十六年（1659），“重修护城堤”；道光八至十一年（1828～31），“重修”，次年，“秋雨连月，壅水冲决，毁东城”；光绪三年（1877），“虑及河水暴涨，直射城根，又补修，沿堤植柳，约五里许，计几万株，……四年九月，淫雨经旬，河大涨，湍流直冲，一夜间悉数漂没，五年，夏雨大涝，河转南徙，……二十七年，补修”；民国元年、十二年，均“补修”，十七年七月，“漳河暴涨”等。看来也是越冲越烈，防不胜防。建国后，因水害县治避开该河干流，西迁于段村。

同样亦无引灌之利。如雍正《通志·水利》卷三十二武乡条载：“民田多在山坡，旧无渠道；水则迁徙（摆动）靡常，当暴雨骤发，平陆胥为河巨浸，而常日又不可灌溉。”清末前更系“山童童而莫供樵采，水发发而难资灌溉”了。

建国后，1960 年在榆、武交界处建成 1.4 亿立方米关河大型水库，同年在榆社建成 9870 万立方米的云簇河支流中型水库；还有 10 座、计 950 万立方米的小型水库。初步治理河道 70 公里。在涅河上游故城开辟万亩灌区；另以襄垣西营镇为渠首，穿行山崖畔，凿 102 公里的勇进渠，灌黎城田 11 万亩。

整体上看，由于多河底岸高，浊漳河水害比汾河、桑干河、滹沱河较少且轻。但出省后大平原段的漳河，唐时水情已劣变，北宋恶变，元明清更恶化的类似永定河。可参见《太行山系森林与生态简史》89～92 页。

附：清漳河

东源发源于昔阳西端沾岭山，南折东南流入和顺，又东南折南入左权东部，至上交村与西源会；长 112 公里，流域面积 1560 平方公里。西源发源于和顺西端八赋岭，东南流经和顺、左权，再东南至上交村会东源；长 107 公里，流域面积 1570 平方公里。两源会合后，《水经注》称清漳水，后名清漳河（也统称漳河）至今；南流入黎城东北端，至下清泉村入河北涉县，再东南到合漳村汇入浊漳，称漳河。主流长 146 公里（含西源，其中干流长 39 公里），省境流域面积 4159 平方公里。其中石山区占 46%，土石山占 31%，黄土丘陵占 12%，河床冲积区占 11%。年均流量 4.15 亿立方米，水量较大，为常流河。上游林草覆盖较好，干流多经石山峡谷，水土流失较轻。如：西源石匣水库，年均流量 6959 万立方米，清水流量 0.5 立方米/秒，年均输沙仅 31 万余吨；东源蔡家庄水文站，年均清水流量 0.33 立方米/秒，年均输沙仅 27 万吨，侵蚀模数仅 671 吨/平方公里。

山多川少，水低地高，历史上几无引灌之利；而左权、和顺两城等稍平缓处，也遭冲决漂没之害。如雍正《通志·水利》卷三十二辽州条载:“漳河两岸胥乱石，民田皆在万山中；旧志:‘漳河漂城漂地，率无宁岁，深为州害’。”据雍正《辽州志·城池·山水》卷一，“康熙二十二年，漳水漂城垣西南约半里，……浚漳河，防漂冲，诚急务也”、“水涨则漂荒之患多”、西源支流“枯河经州城东南，其河无水，遇雨暴涨，涸可立待，故名”；据该志卷四·祥异，顺治十一年（1654），“山崩蛟发，漂冲良田村落甚多”；康熙元年（1662），“漳水涨发，漂没民田无数”，继二十二年大水漂城后，次年又“漳水涨发，漂没民田无数”等。乾隆《和顺县志·水利》卷二载:“邑境皆山沟浍之间，雨集则盈，雨止则涸，无常流渠道可引灌。”民国该县志·水利仍云:“水不为利而为害。”可见从明后期起，水情越来越恶化了。因受地形所限，大多山区则少泛滥之害，无迁徙改道之载。

1963、1996 年，又发生 5660、4040 立方米/秒（刘家庄站实测）的大洪灾，直接损失 1.6 亿元。建国后在西源筑 5400 万立方米的石匣中型水库及高庄等小型水库，可灌田两万亩，减轻对左权（原辽州）城等水害。在东源辟海眼寺、拐儿、胡家温等小型水利灌区，1996 年洪灾后，大力整治河道，并筑护村坝等。

第五节　沁　　河

源于沁源县西北部二郎神沟，东南流至郭道后，汇北源赤石桥河、东源紫红河等，南流经沁源城东，再南入安泽，经沁水、阳城、泽州县，入河南济源五龙口（古称沁口、枋口）出山，东流到武涉南贾村汇入黄河。干流全长485公里，流域面积13532平方公里。其中山西省境内363公里、12264平方公里。是黄河较大支流，按河长为山西省第二大河，按流域面积则居第五。多流经石质、土石山区、山丘区，稍有点河谷狭小盆地。蜿蜒曲折，坡陡流急，山大谷深，河低地高，基本为窄深型峡谷河道，稳定性较好。出省处年均流量11.6亿立方米。干流和众多支流多为长流河；每平方公里流量居全省各大河流之首，人均水资源661立方米，为全省平均的1，6倍。阳城润城站实测，最大洪峰2716立方米/秒（1982），最小8立方米/秒（1997）。山林植被较好，水土流失较轻，年均输沙才131万吨（1997年最少，仅0.4万吨），输沙模数仅489.5吨/平方公里，仅为全省平均的1/4强，含沙量也仅4.8公斤/立方米；沁源至安泽段山林植被较好，输沙很少；沁水至阳城段略差，输沙稍多。

一、直到明前期水情尚好

春秋时黄河称（大）河，它是较大支流，称少水（河南段）。如《左传·襄公二十三年（前550）》："齐伐晋，封少水。"战国时其水清凉明透，全段称沁水。如《山海经》载："谒戾之山，沁水出焉，南流注于河。"三国时曹操在沁口筑木门拦引该水，大灌豫北屯田。《水经注》仍称沁水，述西晋时山西省段系"层岩高峻，天时霖雨，众谷流水，小石漂进，（枋口）木门朽败，稻田泛滥，岁功不成"，司马孚以"数万方石为门，……夹岸垒石，……（继引该水）灌田。"雍正《通志·水利》卷三十二载："隋大业四年（608），开永济渠，引沁水入御河，灌田两千余顷"，并资漕运和供炀帝乘龙舟游乐。唐朝更"尝济山南（河南）万顷田。"后历朝，河南仍予引灌，故有“浪及中州勤灌溉，但教邻省屡丰收”之说；就连最下游水灾也不多。据《武涉县旱涝灾害史》，东、西汉水灾3次，平均142年一遇；三国至隋唐水灾31次，20余年一遇；五代、北宋、金、蒙水灾30次，近13年一遇；元明水灾42次（多发生在明朝），11年多一遇。山西省段却“田胥在坡岗高阜，虽有沁河，向无渠道”；水害也少，仅见元至元二十年（1283）“沁水溢，坏民田”，二十七年“沁水溢”；后至元三年（1337）“沁河大溢，没人庐舍甚众”之载。明前期水情尚好。如光绪《沁水县志·艺文》卷十一载明初洪武徐贲由豫到晋廉访，咏《渡沁》曰：“奔腾走百滩，声远闻数里，……不意山坞间，偶得见清此，连朝尘沙目，豁尔净如洗。”为华北极罕见的水清水足之河。其水情劣变的晚，主要是该流域处于大山之间，重峦叠嶂，远离晋南、上党、晋中盆地，地僻人稀，交通不便，又无国道纵贯，河道曲折流急，采运木材困难，山林植被保存较好之故。

二、明中叶后劣化并不严重

明前期四周山林已砍伐殆尽，故翻山越岭到深山腹地砍伐，加之万历又“扩大屯垦”于此，“锄山为田”，对本流域山林植被破坏较重起来，故正德八年（1513）沁源段发生“大雨河溢，漂没农田千余顷”的大水灾；万历十九年（1591）又“大水，沁河溢，流没农田数百顷”；大几十年一遇而已，常年水情尚可。如雍正《通志·山川》卷二十五沁源条引《明一统志》语：“县南五里龟滩，……浅汀密苇，候雁多宿此。”下游河南段已发生泛滥冲决大灾。如明中叶后，有一次沁河决口，一直冲到临清附近，将山东运河淤塞一段。

清顺治八至十年（1651～53），沁河溢，沁源、沁水等皆局部受灾。如沁源“连年大水，毁民田数百顷”、“山岗尽成水泥潭。”据雍正《通志·水利》卷三十二沁源条引旧志语：康熙时“每当阴涝，山水泛涨，冲没良田，沿川一望，砂石遍野”，成了“至秋风激，波涛之声，砰湃奔腾，闻彻十数里外，春夏则寂无闻”的洪枯水相差甚大之状。又据康熙《阳城县志·山川》卷一，“沁河……冬以桥，夏秋以舟，……八景曰‘沁渡扁舟’。”即洪水太猛，固定桥已难以久存，只好搭临时便桥了。清中叶沁河尚“灌河南四县田五千余顷”，山西省段却仍系“沁河为巨浸，相传概不灌田。”光绪《沁源县志·艺文》卷四载清中叶后《沁水秋声》曰:“滔滔沁水不停流，一色同天声到秋，……一帆遇顺千波动，万籁含虚两岸幽”，水量仍大。因湍流水急，省境段除渡口外，几乎全“不通舟楫”。光绪时水灾稍频。如光绪八（1882）、十六、十八、二十二年，均发生“漂没沿河农田”等水灾；系因光绪三年特大旱灾后，邻近州县，甚至邻省灾民大量涌入本流域山区（沁源、安泽尤多），大肆毁林毁草、拓坡粗耕之故。后来不少灾民返乡离去，植被有所恢复，水灾减缓，三十大几年后的民国二十二年，沁源才又发生“漂没农田数十顷”的局部水灾。粗略统计，从明中叶成化起，到民国末的近500年，共13个年份遭局部水灾，约近40年一遇，除光绪特殊年段外，水灾并不频繁。除为地形所限外，主要还是山林植被较好之故。但河南段水灾却频而较重。据《武涉县旱涝灾害史》，清朝有水灾83次（特大1、大水17、一般水灾65），平均3.4年一遇；民国有27次（特大2、大水3、一般22），1.4年一遇。

山西省沁河几无冲决游荡现象。如沁源城自西汉建于沁河西岸的小河谷盆地缓坡上，两千余年并无冲决之载，主要是该河水情还未恶化之故；当然也与该城距沁河几百米、地势稍高有关。而沁水城自隋开皇三年（583）建于沁河一级支流沁水县河上游的桃河、杏河汇合处，至明中叶近千年来也安然无恙；明后期嘉靖时（1522～66）桃、杏河水情始劣。据光绪《沁水县志·堤防》卷三，“因城南临（杏）河，嘉靖筑石堤御之；顺治加修护堤；康熙三十三年（1694），河水复溢，筑石堤导河远流，又南筑石堤障之；雍正十三年（1735），冲塌，补筑；乾隆四十七年（1782，大水，西关临河房屋皆冲没），又冲塌，补筑加长三十余丈，五十四年，又修补，六十年，大水（大雨雹），又补筑延长；嘉庆二年（1797，大水），又补筑加长七十余丈。”以后虽有“大水环城”之载，也未造成严重大灾。从补筑石堤不频（乾隆中后稍频）、工程不大来看，该支流劣化的还不太严重。

到清末，沁源县才挖几条小渠引水，共灌田不过10余顷；民国又新挖10余条小渠，每条也不过灌田二～几顷而已，微不足道。安泽仍因“地多高壤，……间有沟壑余脉安澜，就道而灌注无几，其为利盖亦罕矣。”沁水、阳城，同样因河低地高，几无引灌。

1982年7月底～8月初，沁水、阳城连降暴雨，大水涌进沁水城，两县直接损失约2亿多元。由于该流域面积林草灌约占70%（林区占近50%，沁源山林一直保存较多，安泽建国后更大量造林），大大高于全省平均值，年均降水比山西省黄河流域多30%，所以在全省各较大流域中，单位面积流量数它最大，输沙量数它最小，水土流失轻，水情较好，水资源丰富。如沁源尽管筑坝造水浇地3万余亩，但每年各种用水仅占其水资源的9%，出县清水流量仍达3立方米/秒多；安、沁、阳也绰绰有余。2002年，从安泽“引沁济（临）汾”、年提水7300万立方米的巨大工程继续开工；2003年，“引沁济晋（城）”主体工程、3.8亿立方米的沁水张峰大型水库也立项开工；还计划在安泽马连圪塔建大型水库、调水到临汾地区东部的更大工程等。皆是利用沁河丰富水资源，弥补汾河下游和丹河水资源的严重短缺。

沁源至安泽段水情变迁，还可参见《太岳山区森林与生态史》321～326页。

附：丹河

系沁河最大支流。源于高平北端丹朱岭，南流经泽州县（即原晋城县大部），到西谷坨出省入河南，经博爱，至沁阳北金村注入沁河。省境段长129公里，流域面积2931平方公里；主要是中低山区，次为丘陵，少量山间盆地和宽谷。主河道急弯很少，河床宽百米左右，无自然改道。出省处实测，年均流量2.32亿立方米，除上游高平外，系常流河。植被较少而差，水土流失面广（占80%）且较重，侵蚀模数多在2500～5000吨/平方公里。

《山海经》载:“沁水之东有林焉，名曰丹林，丹水出焉。”汉在今高平置泫氏县，曾名泫水。《水经注》复称丹水。

唐后期，高平引该水入城。如顺治《高平县志·艺文》卷八载唐武少仪《移丹河记》云:“……贞元七年（791），……明济……领兹邑，始潴流而为潭，导渠浇郭，……脉分枝散，贯邑周间。……家开沼沚，户植菱荷，……垂钓可以煮鲜，岂直牛哇圃之沃壤，……人无荷担之劳，……”、毛渠更“穿街达户，……宛如锦城。”即在其西北上游筑水潭（库），挖渠改丹河流到县城；也可窥见，那时清流平稳，可行舟楫，水量充沛，颇受其益。

该流域山林破坏较早，水情劣变亦早。据雍正《通志·祥异》卷一百六十二，唐元和十二年（817），泽州“水害稼”。五代至元，进而摧毁山林植被，到明前期水已恶化。如永乐十二年（1414），“泽州、高平，淫雨害稼”；据乾隆《高平县志·祥异》卷十六等，成化十八年（1482），“大水，城近西山，时有水患，……水忽暴涨，西下城郭，几为荡浸”，可见水害已频，是年，“丹河暴涨，……漂流田禾民舍无算，溺死人畜甚众”；正德十三年（1518），“大水溢，临丹河村舍千间，多损坏”、“几坏城郭”，泽州亦“秋大水”等。明后期进而恶化。如顺治《高平县志·桥梁》卷二浚水条载:“邑逼西山，时有水患，（嘉靖）知县刘大实筑堤以御，而水泛土溃，居民苦之；……万历元年（1573），知县李桢凿濠引水，由南而之东，抵龙曲（渠）村，汇入丹河。”将原来河道小段改流于城东，县城水害才一时缓解。

清初顺治《高平县志·山川》卷一载：丹河“每遇暴雨，顷刻浪高二、三丈，滚赤土流急如丹色。”看来已进而冲刷到埋在黄土层下的红土层了。除高平个别支流外，几无引灌之利。如雍正《通志·水利》卷三十二高平条引旧志语:“长河在县东北，南流入丹河，可资灌溉”；凤台（泽州、晋城）条则云:“惟持雨则山水涨发，旋起旋落，无繇灌溉。”后来上游段已变成缺水的季节河，泽州段因有多处泉水补给，仍为常流河。如乾隆《高平县志·杂著》卷二十一李培荫《丹水源流说》云:“若论其势，则非值大雨时行，莫睹其激流，……常则波不盈尺，行不四十里，至春每涸，亦无灌田园之利。”出山后的河南下游段，虽多水灾，仍兴灌溉之利，汇入沁河后，还通舟楫，因在省外，不予详述。

建国后，在泽州高都镇筑任庄中型水库，在其支流陵川潞城乡、礼义镇筑上郊、申庄中型水库等，皆漏水严重。开辟灌区、电灌站等，共灌田数万亩和供工业其他用水，甚感缺水。

第六节　涑　水　河

是黄河一级支流，运城盆地最大河流。源于绛县陈村峪，长197公里，流域总面积5774平方公里，为典型的间歇性河，当代成了排污河道。年均清水流量仅0.27亿立方米。其中：自源头西南流至吕庄水库出山的54公里为上游，系“V”形河道；又西南经闻喜城、夏县水头镇，入运城（今盐湖区）上马水库的41公里为中游，系复式河床，宽窄相间，最宽达1600米；再西南经盐湖区、临猗东南，入永济伍姓湖的64公里为下游，经历代疏浚和元朝起几次挖新河，成了人工窄深式河道，一马平川，历史上水利水害、迁徙改道多发生于该段；伍姓湖至废蒲州城西南入黄河的37公里为最下游，受中条山、峨眉岭尾部渐收缩，相对稳定。

该流域在山西省开发最早，向来人口密度大，水情劣化的早而重。先秦称涑川。如《春秋》、《左传》载:“俘我王官”、“伐我涑川。”《水经注》称涑水。自古文化发达，有关记载较多，虽系山西省第六大河，却比上述五大河小的多，故仅摘其要概述。

西汉已兴灌溉利。北魏始“山水暴至，……横潦奔溢”，危及盐池，故“公私共涑水径，防其涅滥”，为输导洪水，开永丰渠，并“行舟运盐。”隋唐扩展水利。唐后期水情劣变。据雍正《通志·祥异》卷一百六十二，大历二年（767）、元和十二年（817），“河东大水，霖雨生盐”、“大雨，河中（永济）水害稼”等。唐末五代，已有淤湮。

北宋水害增多。如开宝三年（970），“解州水害稼”，庆历二年（1042），“解州水害民田”等；湮淤加重而大加疏浚。到元朝水情劣化，淤塞较重。据乾隆《蒲州府志·山川》卷二涑水渠条，元朝已人工大范围改道，“虑涑水河溢，浸没盐池，另开新渠，引水北行”；自运城“北相镇之西北开新道西行，经三里、高头里、原头水、南香落、何家庄、崔家湾，折南经祁、南、卿头等村，合姚暹渠，入伍姓湖（光绪《通志·山川》卷四十一）。”连中上游段也发生较重水害，如民国《闻喜县志·旧闻》卷二十四载：“至元二十六年（1289），大水环邑宅民舍”等。

明朝水情恶化，湮淤加重，“因害烈”多，又大范围人工改道。如弘治十六年（1503），“巡盐曾大有复虑害盐，疏请西浚新道八十里，自崔家湾引而西，经祁任、智光等村，历临晋（底胥、王霄吉、令城子等村，折南入伍姓湖），至蒲州孟们桥入（黄）河，是为涑水新道也”、“水所经，多资灌溉”；明后期进而泛淤，“隆庆至万历，屡修堤筑。”①“安邑以上，岸高河宽，不致淤塞”，但明中期起也常遭冲侵之害。如：乾隆《闻喜县志·艺文》卷十一载明李汝重《创建南桥记》云：“城南涑水，……平时深不及马腹，……夏秋暴涨，……奔冲崩湃，怒浪如山，汹涌数仞，两岸湍啮如壁，嘉靖元年（1522），成其南堤，贯铁瓮石，延袤八十丈，高三丈，广如之，……桥亦几成而复（被水冲）毁”；李汝宽《创建护城西堤记》云：“涑水自宋熙宁开渠溉田，至今……盖上山三十里而水几涸矣，……霖雨，……水势滋大，……匝涮，……万历筑堤，长一百六十丈，宽二丈二尺”；万历翟绣棠《创建西关石崖记》云：“西关，逼临涑水，时为暴涨冲圮，路几不通，随修旋圮，徒费工力（后述筑长五十丈坚固石堤），以敌水冲城，广大宽平，可并驱数车”，接着他《新修水路记》又述西门外局部人工改道；山阴王《重修董泽神院记》亦云：“近年（隆庆后）山石大水荡城郭，……民受其咎，……稻米不登，无以充实王禄。”看来水害已防不胜防。

清朝严重恶化。如雍正《猗氏县志·艺文》卷七载顺治十年（1653）《修涑水河记》云：“南流入硝池、碱海，不惟池受其害，

---

① 主要据光绪《通志·山川》卷四十一；乾隆《蒲州府志·山川》卷二、光绪该府志·艺文卷二十一《涑水故道考》、民国《虞乡县志·沟洫》卷二、雍正《猗氏县志·山川》卷一及艺文卷七《涑水故道考》、乾隆《临晋县志·杂记》卷六涑水渠及卷七《涑水考》等皆述较详。

（崔家湾）一带民庐田舍亦荡然无存（后述浚河道）”；不久又淤塞。雍正《通志·水利》卷三十二猗氏条载：“七年（1729），……挑浚河道，加筑堤堰，……石桥等村，……（暂）免浸溢之患”；同卷临晋条载：“永济民多壅孟津（门）桥侧滩为田，（伍姓）湖时溢，东及鸭子池，杨赵、申利诸营胥没。”后更“沙土壅淤”、“屡浚难以通达”、“崩决堤堰”。如乾隆《解州志·艺文》卷十六《开浚涑水、姚暹渠议》云：“国朝唯涑水浑浊，伏秋涨作，夹带泥沙，滞淤尤易；……乾隆十年（1745），河渠水怒发，数县农田，多被淹没，……”，十一年，自安邑以下“大浚之”，十四、十八～二十、二十六～七、三十六等年，皆因大水淤塞或溃堤，几次挖浚（含伍姓湖）、筑堤，或局部改道。安邑以上也严重恶化。如乾隆《夏县志》知县言如四序云：“涑水经行民间，……偶遇霖雨，一片沮洳，甚者如沙，……冲涨堰决，漂没无算。”连无名小沟峪也恶化起来。如光绪《临晋县志·城池》卷一载：“邑座峨眉坡下，……暴雨骤发，奔流夹城；乾隆十四年，坡水大发，直趋城下，官署民舍皆漂，溃城垣，……近口村庄，汪洋一片；次年，开渠筑堤障水，导之东流。……同治八年（1869），又开渠疏浚。”清后期水害更频繁严重，不再列述。但下游已常常无水。如：光绪《通志·山川》卷四十一载：“非大潦不通流。”光绪《临晋县志·山川》卷一载：涑水“近年上流雍塞，水不下行，仅存沟渠故址”，伍姓湖亦“干涸”。

民国《解州志·沟洫》卷一载：“冲没民田，……常泛之水，若水无之间，能灌溉者，寥寥无几。”民国《虞乡县志·图》卷一云：“涑水河在昔有水，傍河诸村尚能引水灌溉，近年水久不下，无利可沾矣。”民国《临晋县志·旧闻》卷十四载：“十六年，坡水害之，城关尽成泽国。”中上游也相当缺水，民国八年《闻喜县志》云：“旧志所载之水，今已十去其三；古人所开之渠，今或灌不及程，或流不周渠，甚者涓滴皆无”等。由于明朝后黄河床大大淤高，其入黄处也被迫改道。明以前该河流到蒲州城南后，再西南与黄河并行四十多里，至首阳山下入黄；清朝上移至蒲城南入黄；民国黄河床又高于该河口，它变成“死水河”。流水不畅，河床淤高，盆地盐碱进而扩展、加重。

据《山西河流》227 页，清后期初嘉庆三年（1798）~1989 的 191 年，共有明显洪灾 41 次，平均不到 5 年一遇；频率和灾情不亚于汾河中游盆地的文、潇二河。

1958 年特大水，洪峰达 6654 立方米/秒，汪洋二百里，淹没 225 村，毁房 23733 间，死 530 人，冲入盐池，损失巨大。1977 年又大水，冲垮闻喜晋庄水库，夏县水郭庙村荡然无存，死 30 多人，还冲淹水头镇，冲断南同蒲铁路 4 公里，太风公路被腰斩数段，农田遭灾数万亩。1982 ~ 86 年，下游淤塞严重，泄洪力仅 5 ~ 6 立方米/秒，单临猗段就 6 次决口，86 年秋，全段清淤。1958 年起，在其流域陆续筑闻喜吕庄、夏县中留、盐湖区上马、苦池四座、合计 9266 万立方米的中型水库，还筑陈村峪等 12 座、合计 1.12 亿立方米的小型水库；开辟新渠引涑水等，溉田扩展到 7.6 万亩。但流量不断衰减，主要水库已多年干涸，水源严重不足。基本靠泵黄河水和打深井灌溉。

附：姚暹渠

是涑水河最大支流，中古为保护盐池、运盐及灌溉而开挖的山西省最大人工河道。位于涑水之南，大体与之平行。源于夏县南端王峪口，穿苦池（人工渠起点），经安邑、运城，至永济入伍姓湖。长 86 公里，流域面积 2127 平方公里。

北魏“正始二年（505），都水校尉元清引平坑水，西注入（黄）河，以运盐，号永丰渠”，亦称盐水。北齐、北周废。“隋大业中（609 年），“都水监姚暹重开”、“民赖其利”，故名姚暹渠。唐末五代湮没。北宋天圣四年（1026），“漕臣（转运使）王博文等浚之，自安邑至白家场永丰渠，行舟运盐，经久不至劳民”、“渠长一百二十里（另安邑苦池以上 50 多里为天然河道，无需行舟运盐），……公私果利。”

明朝水情明显恶化。如：康熙《解州志·姚暹渠》载：“嘉靖元年（1522）重浚”；即此前已淤塞而曾多疏浚。乾隆《安邑县志·艺文》卷十三载明马兮《……修桥记》志按云：“古永丰渠，通舟楫，以达（陕西）渭之卑角湾；……穿县城，西南出，……既涑水移治，舟楫遂废；天时干涸，则壅灌上流而浅竭，水潦则怒放不可节制；弘治中（1496 年前后）改道城北，以杀其势。”该志卷二·姚暹渠亦载：“旧经县城内，隆庆四年（1570），（完全）改由城北”，“县境三十四里，渠南俱有堤堰，岁修。”可见已洪枯悬殊，不通舟楫，危害城镇，不得不人工改道，筑堤防泛。上游也恶化。如光绪《夏县志·堤堰》卷二载：“暴雨洋溢，堤溃渠决，水入盐池。（隆庆四年，山水涨发，水溢入城内，南流冲破盐池禁墙，数年盐花不生，次年）修筑堤，高厚坚固，有功盐池”等。

清朝严重恶化。康熙《解州志·姚暹渠》载：“山水暴漫，横流四溢，决堤溃堰。”乾隆该志卷二·姚暹渠载：“迄今湮没，水甚浅涸，舟辑不行，……屡塞屡浚。”雍正《通志·山川》卷二十四虞乡县条载：“原姚暹、涑水会归处，因涑水河上游村民私决灌田，任漫溢村庄，不由故道归（五姓）湖，今议疏浚河道，引水归湖。”乾隆《蒲州府志·山川》卷二载：“姚暹渠沙土壅淤，伍姓湖亦久遏塞，十年（1745）又淤塞涨害，大加修浚。”随后皆因大水淤塞与涑水同样多次大浚。清后期更加恶化。水灾频率与涑水雷同，不予叙述。

就连其上游清龙河等短小支流，明清时也恶化了。据光绪《夏县志·山川·堤堰》卷一和卷五灾祥，“白沙河（古名巫咸河）……溃决为患，万历十四年（1536），河决北堰，漂没南关居民无数，……修浚；天启间，水涨，复为民害，……再修；崇祯六年（1633），水南徙，不由故道；……顺治十年（1653），北堰复决，水入东门，……自是河高于地，势若箭瓴，决而南破李倬堰，害及盐池，决而北害及城关，余波延及附近村落，两旁有堰，易损；乾隆十九、二十七年（筑石堰五里），重修，后时损坏，岁加修筑，五十年，加砌石灰。”也防不胜防。此外，康熙十八年（1679）、乾隆十年（1745）、嘉庆二十四年（1819）、道光二年（1822）、十二等年，“皆大水灾”。

民国继续恶化。如民国《虞乡县志·图·沟洫》卷一载：姚暹渠“因久无水，渠堰率多颓塌；新河……汇东境各山峪水，流入鸭子池，溢归伍姓湖，近年河移、倒塌，水患堪虑”、“昔时（该）渠时流，民滋灌溉，今……沾利无几”等。

由于历代积累淤积，两侧屡筑堤堰，河床越抬越高。当代，该渠自苦池以下近60公里的平川段，成了山西省最长、最高的悬河，最悬处渠底竟高出地面25米。

建国后，平时干涸，遇大雨排洪。由于1957、60年分别建成1400万立方米的苦池、1195万立方米的中留两座中小型水库，上游还筑史家峪等10座、合计1800万立方米小型水库，故1961年后，未发生洪灾。

第七节　黄河干流禹～风段

黄河经内蒙古南流到山西省偏关老牛湾，又南经晋陕大峡谷，至河津龙门（禹门口）出峡，称黄河大北干流段，长630公里。其各支流绝大部分系水土流失严重的黄土丘陵沟壑区，是黄河泥沙主要来源。因连续流经峡谷，游荡受限，仅小局部有点水害，不述。从禹门口仍沿晋陕之界南流，至风陵渡的132.5公里，称小北干流段，本节将予概述。受秦岭余麓阻挡，潼关以下东干流沿晋豫界折而东，穿行于中条山与秦岭台塬阶地间，入三门峡水库，东出经中条山与岷山峡谷，至垣曲马蹄窝（近年筑成小浪底水库）出省的206公里，也河低岸高，不太游荡，即有局部水害，灾面不广，也不叙述。

小北干流段为典型的平原游荡性河道，素有“三十年河东，三十年河西”之称。淤积、淘涮、侧蚀、塌岸等剧烈严重，河道宽浅散乱，汊流串沟交织，主流摆动频繁明显。特大水时河底大片淤泥被洪水掀起，泥浪滔滔，数时后洪流归槽，水退滩露，称“揭河底”。河床浅滩密布，造成上百万亩河漫滩涂。又可分为：河津禹门口～万荣庙前汾河口的42.5公里为上段，河床宽从禹门100米（《史记》、《水经注》均载宽八十步），至今口下竟游荡冲宽到13公里。庙前～临猗夹马口的30公里为中段，受东岸峨眉塬、西岸少梁塬所限，河床渐窄，但还冲宽达3～5公里。夹马口～永济～芮城风陵渡（对岸为潼关）的60公里为下段，两岸平坦，河床更游荡冲至平均宽10公里，最宽18公里。

年均来水38.1亿余立方米，龙门站实测：最大洪峰21000立方米/秒（1967.8.11）；年均来沙13.6亿吨，最大含沙1040公斤/立方米（2000.7.4）。除本段淤积外，到风陵渡年均输沙11.9亿吨（至三门峡为16亿吨，含沙35公斤/立方米）。

一、直到唐末以前基本安澜稳流

先秦无黄河之名而称河（川则泛指平川次大河流）。如：《诗经·魏风》曰："河水清且涟漪，……清且直漪，……清且沦漪。"前641年，秦济晋"泛舟之役"相继的运粮船队，通过该段。战国《河激歌》曰："升彼河兮，而观清水扬波兮"等。可见水至清深而稳定畅流。黄河之称，始见于《汉书》封爵之誓云："使黄河如带，泰山如历"，但指下游，该名尚未通用。本段还较清而稳流，那时"引河水灌汾阴、蒲坂下，……得粮二百万石，以实关中"，还行大楼船。如汉武帝等乘楼船队沿该段巡幸，到汾阴脽（咀）祀后土，咏《秋风辞》曰："泛楼船兮济汾河，横中流兮扬素波"，接着他又四次幸此；随后宣帝、元帝、成帝、哀帝计七、八次乘楼船幸祀后土。东汉初光武帝又幸此。北魏《水经注》仍称河水。隋唐仍经该段将山西省大批粮食漕往长安，并行大船。如隋炀乘楼船幸晋阳，唐玄宗于开元十一年（723）起，幸祀后土三次，并重建汾阴脽上后土祠等。

先秦～至唐，该段冲侵淤漫并不明显，沿河城镇几不受冲，"不闻决溢之害。"如：

万荣汾河入黄口小坡上汾阴坂城，始建于战国魏文侯，汉为汾阴县治，北魏北乡郡治。隋开皇初移治于南九里的宝鼎，唐开元十二年改名宝鼎县，该城虽"西临河，东依峨眉（缓坡）"，也无水患。迁治后汾阴故城，依然安在；其北有隔汾突出部、"背汾带河，长四、五里、广二里、高十余丈"的汾阴脽，及脽上汉文帝后元（前163年稍后）始建、唐开元重建"规模壮大，同于王居，方奉祇宫"的后土祠，依然安存。黄河宽约百多米，两岸可以对舌。

战国至西晋，黄河东岸小坡上的蒲坂城，为著名大邑。北魏428年，更新筑周二十里蒲州治大城，北朝末在北门外加筑越城，北周在城西南临河阜上建鹳雀楼，唐河中府治，并一度为中都；直到唐末，均未遭水冲之害。城西五里河岸，自古为通塞中路最主要津口。公元前228年的战国时期，搭“绳东西岸，上结木板，以船支撑”的浮桥；汉称临晋关；北朝至唐也皆系“横桓百丈”的竹索浮桥；唐改称蒲津关，开元九至十二年，“两岸建东、西门，各铸铁人四、铁牛四，其牛并铁铸腹，入地丈余，前后铁柱三十六，铁山四，夹岸以（铁索）维浮桥”，经久耐用。可见基本稳流，河道并未冲宽。

其他如蒲城南三十六里、黄河折东流转弯处稍北涉丘下、春秋筑的羁马城，及临猗西端、战国魏筑的吴王城，皆背坡面河，先秦至唐，都未遭水冲。西岸陕西沿河古城镇，照样安在。风陵渡对岸，隋以前黄河紧靠南塬脚下，故潼关建在塬上；后河道继续下切，唐时南畔塬麓通行车马，为控制新的要道，迁于塬下河畔，新建关城等。

唐后期已有“河水黄”之述，但不浑浊。唐末前稍有泛溢，但未成灾。如蒲津桥佐近，已始筑堤防泛。

二、五代至元有所冲漫

经唐末五代和宋金元对山林植被的破坏，河水逐渐黄浊起来，黄河之名已普遍通用。如北宋中梅尧臣述本段《黄河》曰:“岁时忧漾溢，啮岸侵民壤”；程颢《游万古寺》曰:“条山苍苍河水黄”等。已不再漕粮，但仍多经本段漂流木材。水溢之害稍频稍重起来。如康熙《通志·祥异》卷三十载:“宋乾德二年（964），河中府河涨，坏军营民舍数百区；太平兴国六年（981），（大）涨，陷连堤，溢入城，坏营七所、民舍百余区。”以后水害又较频较重，都不列举。只概述侧蚀。

（一）河津段

唐末五代起黄河渐向东侧蚀，原在连泊村西，徙于村东，到北宋，原战国至魏晋皮氏、北魏至北宋龙门县城（今太阳村）已临近黄河；故北宋末宣和二年（1120）改名河津县。后黄河继续东蚀，“元皇庆初（1312），故城水圮”，不得不移治于其东北二里、九龙岗麓较高处至民国，即今河津城西边之城关村，约计东蚀十数里。

（二）万~临段

庙前镇以下，受两岸塬地所限，侧蚀较窄。如：宋开宝五年（972），大水冲塌汾阴脽北部，危及其上后土祠，故九年（太平兴国元年），只好“徙庙于稍南，宏巨为海内之首”；大中祥符四年（1101），真宗“幸汾阴后土”，刻制其御书特大碑，俗称“萧墙碑”（清初沦于河，建国后才挖掘出来），同年将已遭水害的宝鼎县，良好祝愿地改名荣河。北宋初汾阴故城尚在，不久后被黄河湮没，居民迁到小坡上，成为“庙前”大镇。金元继续为害，但汾阴脽及其上宋移建的后土庙仍存，“元以前葺于官”。如：金天会（1123~34）大修，刻“庙貌碑”；元大德十一年（1307），大修，并在庙前建高大秋风楼，刻汉武帝《秋风辞》碑于楼内，庙后建秋风亭，至元末明初，皆未遭水冲。黄河虽又渐东蚀，但庙前镇西走两三畛地（约千米），下小坡，才是黄河渡口。该段东蚀约计不过二里。

（三）蒲州段

冲漫较重，摆动较频。唐“黄河在城西五里蒲津门外，五代宋初距城仅一里”；“蒲津关……，宋大中祥符四年，改曰大庆关，在黄河西岸朝邑界；后石堤远去五里余”；唐黄河故堰，“北宋继有修缮，然不时圮”；“嘉祐八年（1063）秋水涨，梁（蒲津桥）圮，西（铁）牛沉没，得其三，而梁复成”；“元丰六年（1083），修浮梁堤，其为关、为桥，皆此津也。”“金承旧制，金末桥为元兵烧毁，始废”；“金末，哀宗正大八年（1231），……截蒲城东半，以防元兵，（留西少半）周八里三百四十九步。”元朝改用舟渡，“蒲津晚渡”为八景之一。“鹳雀楼旧在城西河州渚上，元初浸已就毁。”即唐时城西南临黄河阜上楼址，元朝前已被冲割为河中孤立地块，“不与州城相连”。左右摆动，由唐时河仅百丈，冲宽到约六里。

三、明朝后漫淤游荡越益严重

明朝摧毁山林植被，水土流失越益严重，河水越发浑浊，明杨登瀛《过黄河后土祠旁》已说是“滚滚黄流”，清朝更“泥沙壅塞”。

河水夹带大量泥沙，到本段后相对平缓，淤积严重，河床逐年抬高，侧蚀漫溢加剧，主流摆动频繁，河床越冲越宽，游荡幅度越来越大，大范围溃决危害。虽勉强有点货运，只能在平水期行船，既艰且险，民国后期，完全停运。

（一）河津段

明中期黄河西徙，后复“东徙”。隆庆四年（1570），黄河大涨，冲塌汾阴脽，汾河入黄口有所淤塞，河津南至万荣庙前与黄河平行数十里的汾河改道，改由河津城“西南二十里葫芦滩入黄”；崇祯三年(1630)，在“黄河渡”旁建葫芦滩堡。清前期河复东徙，滩、堡皆“没于河”。清初“黄河距县城二十五里，后河益东徙，县西距河十里”；“顺治九年（1652），河水涨溢，汾自双营西入黄河。”清后期，“河复西徙，汾水西南至夹甸渡入河”；“虽有黄河，难资灌溉”；“夏秋水势独大，两岸滩田，当成熟之日，骤被漂没而不获。”民国十八年，汾河又改道，复入隆庆前故道，“黄河西去，……汾水傍东岸流，在庙前西三里并入黄河。”经反复东淘西涮，如今竟冲宽至二十大几里。

（二）万～临段

隋唐时“西逼黄河，东高西低，周九里八步”的宝鼎城，至明前期，无水害之载。“明正德二年（1507），河水至城下，圮西北隅；崇祯二年别筑城于西门内，弃旧城于外。”清康熙又“黄河逼城”；雍正后，河西徙，城“至河岸二里”；乾隆中“计有八里”，“西滨黄河滩地，圮涨靡常，坍则民受赔粮之害”，随后复东徙，“四十八年(1783)，河水涨溢，三昼夜入城，漂没居民官署，几为泽国”；光绪三十年（1904），“黄河水涨入旧城”等。民国初“河身日高，县城日低，潮湿倾圮，修不胜修”、“屡遭河患”，故十年迁治于东北塬上、“高于旧城四十余丈”的冯村，新筑荣河城池。旧城名宝鼎镇，又屡遭水冲，“遗址颓垣，半多为茂草”，后被冲的只剩下东城墙和南城墙东部一段，城内街衢，沦入河底。建国后改名宝井镇（村），再移到东城墙之东。虽受峨眉塬等所限，但推算黄河在此摆动游荡，还达十多里。

明隆庆四年，河水大涨，汾阴脽几沦于黄河。其上北宋迁建于稍南后土祠后的“秋风亭没于河”；“万历来，……护堤侵剥，汾阴渐陷。”清顺治十二年（1655），“黄河决，后土祠为所沦荡”，仅残留门殿一座及其前的秋风楼；康熙元年（1662），“黄河决，再没秋风楼，脽上旧迹尽泯”，汾阴脽亦沦为河中之滩，次年，“移地重建”；同治元年（1862），“河决”、“又为黄河所陷，殿宇尽没”，九年，“河决，……啮挑（遗址）几尽”，“于东北（闫村北）岗阜上，基二十亩，重建祠”；光绪元年（1875），在庙后建秋风楼，十三年重修，“因过高被风吹倒，（由五层）易为三层。”建国后，1962 年整修秋风楼，64 年黄河夺汾河口，倒灌三十里，70 年后陆续修建长 5642 米临河防护工程，80 年又加固临河的秋风楼门洞，21 世纪初整修后土庙。今庙前村原系大镇，从明后期起，几次向稍东稍高处逐渐迁移于“势居高崖”的闫村，至今也几与黄河岸平，老庙前镇早已塌入河身。从汾阴坂城“故址无存”、汾阴脽沦没、后土祠自北宋起三次“移地重建”，以及庙前镇、村几次搬迁推算，黄河在此约计东蚀七、八里，河床约淤高约二十几米。

临猗吴王城遭遇也大体雷同。上有吴王寨，韩信渡河袭魏豹处。后名吴王渡，明朝置巡检司，今降为吴王村。其南夹马口，建国后建成山西省第一座扬程 70 米、流量 12.5 立方米/秒的大型提黄泵站，1968 年因河道向西摆动 2 ~4 公里，连同其南的小樊电灌站都脱流。

（三）蒲州段

元时黄河“去城五里余，明初复渐东移近城下。”洪武四年（1371）重筑高三丈八尺、坚固的蒲州城，“城西近黄河，无关；南、北有关无城；东关有城，即旧（金末）所截之余”；“明初，河崩城北，建石堤颇称坚壮，阻河（冲城）”；鹳雀楼已被冲塌，“明初遗址尚可，后为河冲侵。”成化又重新筑堤，屡毁屡筑。如“成化至正德（1465 稍后 ~1514 年稍前），……已六（次）兴役”，正德中“大筑石堤，……长二千五百尺；至嘉靖乙卯（1555），堤岸尽崩，河泛每涨入城”、“河没城西南鹳雀楼址，城危害待倾”、“重修”堤城，北门外越城也沦没于河。尤其是隆庆四年（1570），‘河大涨，浪高丈余，环侵蒲城，溢入西城门及南北古城门，……涌泥沙数尺，复筑堤三百余丈，以卫城郭，五、六年，水冲侵堤，半就圮”，同年，“河穿（陕西）朝邑南行，西岸大庆关，（被）移东岸，与蒲州接”，该年广域特大洪水，反复东西冲侵，摆动游荡极大，主流西徙三十多里，河床大为冲宽，危害剧烈，河身淤出许多很不稳定的滩涂。直至民国，两省三县（永济、朝邑、华阴）还常因河道左右摆动而闹争滩划界纠纷。该渡口地位随之大降，渐被风陵渡取代，清“风陵晚渡”也代替了元朝八景之一的“蒲津晚渡”，大铁牛等也逐渐淤没，羁马故城及其后涉丘也渐被洪水漂没。万历八年（1580），“河复东徙决堤，东啮城堙，复筑石堤五百三十四丈，……又筑新堤一千三百一十丈”（万历王崇古《重修黄河石堤记》对唐末以后河堤的变迁的叙述，较为系统）。“自后渐徙而西，去城十余里”、“无冲啮摧剥之患。”但对西岸危害却加重起来，不述。

清康熙三十四年（1695），“河复东徙，去城五里”；后吞并涑水河最下游与黄河并行的四十里河道，逼使涑水在蒲城南入黄。至乾隆甲辰（1784），“河濡久淤为陆”，铁牛沦于河底，淤没；随后“迭经西徙，渐徙渐远，（光绪初）去城十余里。”西岸冲塌加剧，不述。

民国元年至二十二年，黄河主流仍沿蒲城西二十余里“咸丰故道”南流；二十三年，特大洪水侵入永济（蒲州）城，岔流从七里渡东冲，毁东关，把城围在中心，“咸丰故道”被淤平，主流复东徙至蒲城西门，直到民国末建国初。涑水河变成难以入黄的死水。

建国初，永济县治迁于其东北28里、中条山下赵伊镇，蒲州城完全荒废绝人烟，明初高三丈八的城墙，到1960年被淤的仅残高六尺。同年三门峡水库建成，淤积十分严重，也使本段流缓，落淤加重，河床继续抬高，涑水河更不能入黄。黄河主流复渐向西远徙于唐蒲津桥以西，河道更宽（达36里）、浅、乱、散。铁牛被淤埋在20多米以下，其东明万历石坝顶距地表下18米。尽管筑长7381米蒲津大石堤，整治河道，还是防不胜防，仍多河决漫溢之灾（含上至河津段）。水情继续恶化，摆动游荡严重。如1983年，洪峰后主流远离蒲津大坝2000多米，接着再次洪峰后，主流又东返依堤淘涮，短时内摆动四里多。

推算从明万历至今，原蒲津桥段河床约抬高30米，全小北干流段平均抬高约25米，淤积有加快趋势。如：万历九年（1581）~1949年，年均淤高约5.5厘米；1950~1959，年均淤高约8.8厘米；1960~2000实测，泥沙淤积约40亿吨，年均0.61亿立方米，年均淤高10厘米。①

*　　　　*　　　　*

总之，从本节所述各条河流，以及笔者还几近查遍山西省其他众多河流的水情变迁来看，除地形地质等因素外，总概念主要是：哪个区域山林植被摧毁的早，哪里水情就恶化的早；哪条（段）河流域山林植摧毁的严重，其水情也随之恶化的严重；大河如此，中、小河也如此，就连短小沟峪也不例外。

---

① 康熙《蒲州志》、乾隆、光绪《蒲州府志》、光绪《永济县志》、乾隆、光绪、民国《荣河县志》、光绪《河津县志》、雍正、光绪《通志》·序·沿革·山川·关隘·水利·田赋·古迹·坛庙·艺文·祥异等，及当代《山西河流》等，对全段水情记述颇多；还有史念海《河山集·历史上黄河中游的侧蚀》、《山西水利史志专辑》1985年1、3、2期李春荣《黄河蒲州段淤积成因》、《民国蒲州河道变迁》、左来锁《从秋风楼搬迁看黄河塌岸》等也有论述。为节省篇幅，本节扼要略摘，行文中一般不引述出处。

第十五章　泉池减小　以至枯竭

森林下面聚集着厚而松软的枯枝落叶和腐殖质层，能吸收较多降水并积蓄起来。加之森林土壤富含有机质，粗孔隙率高，透水性强，又把积蓄的大量降水渗入深层，变成地下水。据测定：森林土壤粗孔隙率为20%左右，草地只4%，裸露荒坡更低；有林地比无林地一年约可增加200毫米的渗透量；森林土壤吸收降水能力比草坡大几倍，更比裸坡大的悬殊。林地约有35%以上的降水渗入深层，成为泉水补给之源。

直至中古，山西省森林广布茂密，水源丰盛，泉池众多，涌泉飞瀑，比比皆是，山区系“古树侵云密，飞泉界道流”（唐，恒山）、“参天老树森森茂，遍地飞泉处处流”（元，岚城西南七十里）等林多、泉多景象，俗称“有林泉不干”。如北朝至唐，山西省以泉为地名者，不胜枚举，单县邑以上就有龙泉郡（隰县）、桑泉县（临晋）、良泉（方山）、万泉、温泉（临猗、交口）、临泉（临县、兴县）、玉泉（天镇）、莎泉等。如今都几无踪迹了

随着摧毁山林植被，渗水力大为削弱，降水大多成为地表径流，骤然而泻，白白流失，地下水补给不足，泉眼数目减少，出水量减小。首先是难以数计的小泉枯竭；很多中泉渐变成小泉，乃至消失；许多深层岩溶大泉出水也逐渐减小，变为中泉。但由于地下水循环比地表水缓慢的多，摧毁山林后，泉池减小（特别是岩溶大泉），要经一段时期才逐渐体现出来。故清初顾炎武《天下郡国利病书》还云：“山西泉水之盛，与福建相仲伯。”顾祖禹《读史方舆纪要》记载了山西省二百多处较大泉水，单“引以灌田”、“溉田良沃者”就有六十多处。这是由于山西省系北方最大岩溶区而多岩溶泉之故。随后泉池减小或枯竭就较明显了。

据1999《通志·水利志·泉水》：建国后全省流量0.01立方米（以下皆简称立米）/秒的大中小泉只剩256处，总流量118立米/秒。其中：0.1～1的中泉143处；大于1的大泉仅24处。20世纪70年代后，工农业和城市用水大增，过度盲目采水，机井普遍越打越深，地下水位越来越低，以及采煤开矿等切断某些地下水脉，泉流量明显下降，甚至有的大泉也枯竭了。1990年据连续多年有可靠记录的12处大泉统计，流量减少50%以上乃至枯竭者4处，减少5～30%者7处，减少5%以下者只有1处。20世纪50年代全省大于0.5立米/秒的泉水，年总流量约30亿立米，到80年代已下降到20亿立米左右，成了贫水之省，要靠"引黄入晋"特大工程以弥补缺水。

本章并不列述全省诸泉状况，而是从森林与泉水关系，按流域以一自然地理区（雁北），按片以一山系（五台山），以及按诸泉以一较大区片（太原）和较小区片（平定）为例，概述泉水变迁。其他地区大体雷同，仅举某几历史名泉或大泉简述其变迁。

第一节　雁　　北

雁北（今大同、朔州两地级市）泉水减小～枯竭更较明显，故全面概述其变迁历程。

一、北魏前泉池众多　水源丰盛

据（日）前田正名《北魏桑干河流域自然地理》①、《水经注》等："黄水河（古称㶟水）源头一带，有许多大小涓泉和小池，其中以三泉最著名，水源丰盛。"《水经注》称雁北最大的神头泉群为"洪源七轮，谓之桑干泉。"即七个大泉腾涌趵突如轮，小泉不可数计，为桑干河最主要清水来源。北魏曾欲定都于此，系北魏诸帝王常游幸之处。朔州西南九十里今神池县杨泉（池），冯太后获三尺大鲤鱼，放回长至五尺。北魏末孝昌元年（525），"行台元渊北伐屯此，

① 为《平城历史地理……》第一章，译文载1988.2期《雁北今古》。

决池取鱼，鳞甲非常。”朔城附近，有南泉、平地、七里河源、泥河等泉近十处。山阴南夏屋山一带，众多泉水汇为“东湖西浦”，南平城、灅南宫用该水成为皇苑水景。应、浑南山，泉池更多。又浑源西北七里神溪泉，北魏大兴水利。大同北方山下白杨泉，挖成百余亩的灵泉池；大同西武周川涌泉很多，如云冈石窟泉等；魏都平城用水，绰绰有余。怀仁也有许多泉池，汇成古润泽；孝文帝在怀仁南筑早起、日中、日没三城。

壶流河流域广灵亦多泉池。有洒（滋）雨泉、滴水崖泉、百家泉、作疃池、集兴疃池等。县城佐近水神堂泉更大。古祁夷水（壶流河）即汇集这一带众多泉水而流，《水经注》云:“其水控引众泉，自成一川。”

南洋河流域天镇、阳高一带，也多泉池。《水经注》载有天镇东之神泉（比目泉）及托台谷水源头众泉等。

唐河流域浑源王庄堡汤头温泉，《水经注》云:“温热若汤，能愈百疾，东南流，……又东流，注于滱水。”北魏在此建温泉宫及学馆等。灵丘西莎泉，汉置莎泉亭，北魏升莎泉县，《水经注》云：滱水支流“东泉水……导源莎泉。”皆说明流量较大。

苍头河流域、旧平鲁城北有著名滴水崖，下众多泉水涌出，中古认其为中陵水之源。右玉老城南三十里大南山下“冬涌清泉”；杀虎口混元峰有泉流下，汇为“善无北陂”等。

还有不少缺记或失记，后来又载有一些新的名泉。

二、隋唐辽金元变迁不明显

隋唐森林大恢复，泉水有所增多。如：恒山系“飞泉界道流”。名士刘祁于金亡后回浑源南龙山隐居，作《归潜堂记》曰:“清泉涌其下兮”，第七章、三节、七已述，他和好友麻革等及元好问游龙山记、诗，有“碧沫尤佳”、流泉飞瀑“声如风雷震山，又如千人喧笑”、“苍藤赭蔓笼罩，下有泉源”、“崖间泉出”、“路侧皆暗泉行草间，沥沥如人语，……流泉一派，……雪练飞逐”、“有泉北流”、“树底有暗泉”、“时见谷中有泉出石罅，浪然”、“泉之泓，……激而为迅流”、“山泉谷口出迎客，石罅戛击琳琅球”等到处多泉之述；尤以石崖下玉泉较大，其上有玉泉寺而省内闻名。神溪名泉，辽金为观鱼胜地，到元后期，仍大兴水利。如乾隆《大同府志·艺文》卷二十七载后至元五年（1339）麻治《重修吕律神祠碑记》云：“浑源州西北七里小丘，其上吕律神祠，……创于元魏，修于李唐，……神溪水出其阳，泉以十数，趵突为最，……合而湍为碾磨，侧置纸坊，池沤麻枲，西引灌溉，其利无穷，流越远，利越大。”又如大同北采凉山与方山间镇川河，那时称“万泉河”，小泉密布。

南洋河流域天镇城附近有玉泉而隋置玉泉县，唐玉泉驿，县以泉为名，可见流量较大。唐太宗《饮马长城窟》及陪臣宋邕诗，有“旧是胡儿饮马泉”之述，后在此建龙泉寺，更加闻名。该窟泉在天镇西桦门堡（一说为大同北白道泉），说明那时这一带曾有大泉。

壶流河唐称瓠芦（葫芦）河，那时将流域内涌出泉池较密且多者，称葫芦河者不少，推断广灵泉池更密，水源丰盛。

据唐《元河郡县志》，唐河大跌瀑“水出（灵丘）县西，……悬河五丈，湍流之声，响动山谷，……巨木沦渚，乃久方出，或落石崖，无不粉碎也。”推断莎泉流量仍大。

其他处还有许多泉池，不述。

三、明清后甚多泉池逐渐枯竭

明中叶后，山林已摧毁“净尽”，随后泉池明显减小。据正德《大同府志·山川》卷一等，明中叶前泉池大体如下：

黄水河源头三泉和朔城西南杨泉仍在，流量皆明显减少；西北二十五里有三答巍泉；神头桑干泉群仍最大。井坪堡外西南角泉。旧山阴城西北四十里沙家泉，四十五里神泉，西南四十里桦皮岩“石罅滴水”。另雁门关西门外“平地突出，猛奋若兽”的趵突泉（乾隆《代州志·山川》卷一，当代已涓涓微流）。应州东二十里唐泉、东北三十里平地的圣泉，皆“冬夏长流”；西南四十里龙湾泉。浑源龙山玉泉仍在，但众多小泉多已枯竭；北岳观东南潜龙池，上建龙泉观；城附近秀丽岭下黑龙池；神溪泉流量明显减少，已不“趵突”，而变成“泉水混出”。怀仁灰泉，“元大德九年（1305）地震，地裂二所，涌水尽黑，漂出松柏朽木。”东十五里海子村“深不可测”的圣水泉。大同云冈石窟寒泉，渗水大减；西南养泉（口泉）也出水减小；北部白杨泉（灵泉池）已消失；万泉河小泉群泉眼多枯，改称镇川河。

壶流河流域泉池仍多，但水量明显减少。如作疃池原“方十亩，潜缩约五亩。”集兴疃池尚“水清湛，冬夏不竭。”城西南一里“乱泉涌出”的壶泉（水神堂泉）仍最大。还有：西三十里莎泉，五十里“源湍奔腾”的瑞泉；西南二十里“源自石孔，流数里出山，灌田数十顷”的洒雨泉，四十多里“自石罅中突出”的石夹泉；西北十五里滴水崖“泉脉自石中，出水成池”，三十里“一斗之微，可供百家之用”的一斗泉等。记载较详。

南洋河流域天镇城西百余步“万人用之不竭，终年不涌不溢”，原称涌泉，即中古著名玉泉，已变成不外流的静泉。东北十五里“不亏不溢，取之不竭”的二郎山泉，也系静泉。

唐河流域汤头温泉仍在，流量也减少。还有灵丘西北三十里圣泉和四十里白马泉，以及东北二十里龙泉等小泉。

苍头河流域除旧平鲁城西南一里“滔滔涌出，其济无穷”的洞泉和三层洞滴水崖泉群稍大外，右玉老城北的石温、红草、东流、三里诸泉，皆系小泉。

上述并不详尽，有些中小泉缺载，但有些较小之泉和岩层渗出水，却予记载。还载些已不外流的天然井坑，一般多不列述。

明中叶后至清末前的三百几十年，中小泉进而减小或枯竭，较大泉流量进而减少。雍正时已述“极目平沙万壑干”，清末前更成了众多山沟几乎常年无水的贫水区。据光绪《通志·山川》卷四十三、六十八，结合清后期有关方志概述如下：

黄水河源“平地涌出，方圆盈轮”的三泉仍在；另新载朔州北三十里山沟内尹家庄泉和东南三十里贾家庄沙楞河泉，皆可少量引灌。朔城附近除泥河泉和七里河源刘家口内有点微小山泉外，原好几处泉水，皆已枯竭。神头泉仍最大，据清郭守敬考证，“洪源七轮”

即上源、玉泉、司马洪涛、金龙、小芦、小浦，还有黄道泉等，“合而为一，为桑干之源。”井坪角泉已枯竭。

雁门关西趵突泉流量大减。山阴仅剩旧城西北四十里“一泉三眼，水往上流”的神泉。应州龙湾泉枯竭，已几乎无泉。浑源除“（池）周环泉涌，可资灌溉”神溪泉外，龙山王泉等也都枯竭了。

怀仁灰泉（含该村暖泉及寒泉）、圣水泉仍在。另新载西北四十里神泉（泉眼二）；南十里“涓泉南流”的泥河，南百二十里山下泉水汇成黑龙池；南、北沙河“昔皆无水，明后期始出泉”等小泉。

左云仅剩西北孤山之阳龙泉；东三十里云西堡境照天泉、温泉村的温泉等小泉。

大同除可资灌田的口（养）泉和“可资运磨”的镇川泉尚在外，新载东有大泉、立泉，西北有于家园泉，南有庞家山泉、孙家港泉，也都稍资灌田；还有百宝、青龙、龙湫、下马跑泉更微小泉池。云冈石窟寒泉已枯竭。

阳高南、桑干河北尉家小堡普涧泉，上有涌泉寺。东南源于天镇西南端的五泉河，“（汇）道回窝、小庙沟、金圪荅、虾蟆、龙泉”，灌安定营等六村田，“旧多争截，雍正七年（1729）定自上而下，循次按时轮灌法。”可见已水源贫乏。

壶流河流域广灵诸泉池虽大多尚在，但流量进而减少。如作疃池到清中叶成了“仅二亩”的小池。滴水崖泉已枯竭。原先丰水县已变成“无鱼虾”的“穷水”县。

南洋河流域阳高白登河源有黑龙池等小泉池。光绪《天镇县志·水利》卷二对泉眼记载较详。如：城东盘山涧底盆泉，东十里阳门山前小“泉孔数十，随地涌出”的兰陵沟水，张家河源黑龙背黑龙泉（即北魏神泉）和麻黄棱诸小泉；西里许涌泉（海子泉），其南“泉眼七”的七股泉；南三里“其水冬温”的温泉；西南孙家园冰泉；洋河北玉泉二眼（非隋唐之玉泉）；西洋河新平堡西马市泉、东厂泉；牵牛山（牛心山）龙泉，有龙泉寺；虽“间资灌溉，蔬园为多，既无渠道可辨，亦无亩数可计。”可见都很微小，中古著名玉泉已枯竭。

唐河流域汤头温泉水量大减。灵丘还有莎泉（随后枯竭）、白马泉、白龙池、马跑泉等泉，均无灌溉之利。

苍头河流域泉池大多枯竭。只剩平鲁老城西四十里汤溪河响泉和县北缘三层洞稍大泉群。右玉杀虎口混元峰下北魏时大泉，近古还称“混元流碧”之景，清末出水已很小；还有出于油坊沟的百谷神泉等小泉。

清后期泉池锐减，故将某些微小之泉也予记载，但还不完全，仍有些僻远泉水缺载。

当代更变成极贫水之区。如中古万泉河密布小泉群，如今仅剩镇川堡西南三里桥村一处泉群，总流量0.3～0.5立米/秒，系大同北郊唯一独特清泉常流之处（2004年《山西河流》359页）。又据1965年冬～66年春普查的《山西清水流量资料》：高于1立米/秒的大泉2处，0.1～1的中泉7处，0.01～0.09的小泉十数处，还有些低于0.01的微泉。分述如下：

（一）大泉

1. 神头泉群：据1999《通志·水利志·泉水》，由三大片泉组合成，只有流量最大的司马泊与古昔“洪源七轮”的司马洪涛名称相近。（1）司马泊有三泉湾、五花泉、莲花泉。（2）神头镇附近有东海、西海、二龙泉。（3）毛道至水泊段源子河谷中有神西泉等众多散泉。大小泉眼共100多处，都变的不突出外冒，而是涓涓细流汇集于红涛山下水潭。1958～84年平均流量8.69立米/秒，是雁北最广大的桑干河自流灌区主要清水来源，并供神头第一、二大电厂和平朔露田煤矿等用水。由于域内多打深井大量抽取地下水，85年突降至5.91，90年又降至4.5立米/秒。

2. 水神堂泉群：壶山四周涌出汇成七、八亩潭的壶泉主群，1966年前流量0.902立米/秒，加上毗邻的白步坑、枕头泉，共计1.27立米/秒。灌12村2.6万亩农田等。同样由于盆地过度开采地下水，85年降为0.62、90年又降至0.5立米/秒。变成了中泉。

（二）中泉

1. 浑源下韩神溪泉：原流量0.651立米/秒（1966年，下皆同，并省略立米/秒），后渐趋减少。

2. 灵丘红石楞干峪沟泉：因在极偏远的大山沟中，不能引灌，古方志未载。原流量0.433，90年降为0.31。

3. 灵丘落水河峪门口碾渠泉：同上因，古方志未载。原流量0.344。

4. 平鲁三层洞泉群：即古中陵水源滴水崖。两处原流量计0.319。

5. 大同县倍家皂窑子头坊城河泉：原流量0.178。

6. 广灵作疃村华山泉：为作疃池水源。原流量0.166。

7. 大同县西坪沟泉：原流量0.106。

8. 山阴南山水峪口、白草口、盆峪口、胡峪口诸泉，也勉强够得上中泉。

上述中泉到20世纪末，有些也变成了小泉。另镇川河小泉群流量合计，也算中泉。

（三）小泉及微泉

原流量0.01～0.1立米/秒的小泉只剩十数处。主要有：朔州神武南石磨村泉（黄水河源著名古三泉及众多泉之残存者）0.09。阳高许堡南水池村泉0.064；阳高东小村神泉寺泉0.058。大同县西坪水头村泉0.052。天镇三十里铺大厂沟泉0.046。还有0.04以下、0.01以上的小泉十余处。如右玉杀虎口五龙泉（古“混元流碧”名泉）仅0.03。余者不述。随后有些又变成微泉或枯竭。

还有一些小于0.01的微泉及更微小的毛泉。如历史著名汤头温泉（全省出露天然温泉才共7处，另十大几处为近年人工钻孔抽取地下热水），水温63℃，系全省唯一高于60℃的高热温泉，流量已降至仅0.001立米（1公升）/秒的微小毛泉，为全省温泉流量最小者，有一疗养院。天镇谷前堡乡六墩井温泉，水温23℃，勉强刚够低热温泉（20～40℃），居全省最末，流量3.9升/秒，全省倒数第二。其他微毛泉更不足言道。

本节还可参见《雁北森林与生态史》332～343页。

第二节　晋　　北

即今忻州市地区。重点述五台山区泉池变迁，简述管涔山区汾源等历史名泉、大泉。

一、五台县

（一）五峰内泉池

在县最东北端，处最高山腹地，泉池很多，系全国为首佛教圣地，记载亦多。如：

唐前期《古清凉传》载：“环基所至，五百余里，……壑谷飞泉，……数以千计。”唐后期日本圆仁大师来五台山朝佛，时值五月旱季，他《入唐求法巡礼行记》卷三述：中台“遍台水涌地上，……步步水湿，……处处小洼，皆水满中矣！”西台“台顶中心，亦有龙池，四方各可五丈许（《古清凉传》：为‘周回三十八步，水深一尺四寸’），……地上水涌，洼处水停，……有八德功池，水从大岩底漾。”北台顶“有龙堂，堂内有池，其水深黑，满堂澄潭，……临池水上，置龙王像，池上造桥。”五峰下泉池更多，到处“幽泉涧水，但闻流响。”

北宋嘉祐《广清凉传》载：东台东南二十里有“观海寺，内有明月池，方圆一里，水深八尺”的深阔大池，还有“温泉澡浴”等泉池。后元祐二年（1087）张商英游五台山后撰《续清凉传》述：上东台是“迢迢云水陟峰峦”，往南台是“人游灵境涉溪去”等到处多泉水景象。从金元名士等游五台山诗记看，大体还不失泉池众多景观。直到明初重刻《续清凉传》后序，松溪老人朱垓还述五峰内到处“池沼腾辉。”

明万历《清凉山志》成书之日，已值进而深入到五峰内几乎将山林摧毁之时，该志卷二载：中台一带有般若泉（两处）、甘露泉、清凉泉、玉花池；北、中二台间有万圣浴澡池，注云：“古有涌泉”，即已变成不外流的静泉；中台顶西北隅太华池，注云：“唐传，水深丈余”，说明水已变浅；西台“其上有泉，……岩谷潜幽”，附近还有八功德水等泉池；北台附近有白水池、玉泉、金沙泉、九女泉、卓锡泉等；北台顶有黑龙池；东台附近有温汤泉、马跑泉、洞泉、明月池等；南台附近有白龙池、“百道飞泉”等；台怀一带“倚林听炅声”。看来到明中期或稍后，只是有些泉池水量减小、变浅，泉池总数还不算少。该志着重述五台圣迹，捎带述些泉池，很不完全，仅名泉就载二十多处。

清朝明显减小。据清初《读史方舆纪要》，中台“西北有太华池，……正东左畔去台五里有雨（玉）花池，…… 西有甘露池”；东台“东南岭畔二十里有明月池，……台下有东谷池，又东有温汤池”；西台“西北有八公德水，东北岭下有文殊洗钵池”；北台“顶有黑龙池，南下二十里有白水池，其麓有七佛池，南又有饮牛池。”即只剩十余处较著名泉池了。后又变小、变浅或枯竭。据光绪《五台新志》，仅剩太华池、明月池、黑龙池等几个泉池。

当代，古昔著名泉池仅剩新台怀流量仅 1.9 升/秒的般若微泉一眼和太华小池一个，北宋方圆一里的明月池，残留下仅方数尺的石罅井坑。又据 1988《五台县志·地表水》，经 1958～82 年四次较详尽普查，连古方志从未载的小微毛泉也搜寻在内，五峰内台怀镇只剩细泉 19 眼，最大者塔儿沟流量 70.6 升/秒，最小者光明寺乙仅 0.12 升/秒，全是小微毛泉。平均 12 升/秒，总流量 231.6 升/秒。与中古相差极悬殊，但还算全省泉水最多地片之一。

（二）五峰南泉池

五峰南的五台县境，也处深山腹地，幅域广阔，古代亦泉水众多，但多在偏远深山峡谷，极少灌溉之利，故古方志大多缺载。仅举两处曾兴灌溉者简述。

1. 龙湾泉：在县中部豆村山间盆地南边山龙湾、西峡村，另一在小豆村南，为虒阳河西源主要清泉。据光绪《五台新志·水》卷二引旧志：明末清初“有大泉二，小泉近百，为县旧八景之一的‘龙湾烟雨’，源高流急，土人置水磨。”又据乾隆《五台县志·水利》卷四，“龙湾泉二池，引水三道，灌蒋坊、东峡、西峡村地。”已不提小泉、水磨，可见小泉多已枯竭，中泉水量减小。到光绪初仅提“龙湾泉……种稻米极佳，但田不足顷，……南流成河，蒋坊、东、西峡三村，可以灌田；然村在山坡，田亦多在高阜，仅附近河边之田可灌溉耳。”民国，只西峡村种稻三十亩。1966 年，西峡、龙湾泉流量 0. 225 立米/秒，小豆村泉仅 0. 04 立米/秒。后又继续减小。

2. 岩泉：在县西南缘郭家庄、岩泉村一带。据光绪《五台新志・水》改旧志:“小泉数百，出崖根山麓，汇而成河（岩泉河，又名小营河，今名银河)”；金代“知台州李华，劝民引水灌溉”，系全县引灌历史最久、最大之灌区。据乾隆《五台县志・艺文》卷八载智儿先《均平水道碑记》，明中期已感泉水不足，常有争端；万历年“县令李承祖亲行履勘，量地之多少，定分水日期，计灌郭家寨、大兴地、槐荫、东冶等村地共六十顷；十三日一周。”清朝进而减小，“各村按日分水，限以时刻，涓滴皆入田。”民国流量 0. 3 立米/秒。1966 年又降到 0. 288 立米/秒。

据 1988《五台县志・地表水》，全县中小微毛泉共 244 眼，总流量 2. 76 立米/秒，平均 0. 01 立米余/秒。除上述两处及东路上下峪有些灌利外，绝大多数皆泉低山高，而无灌利。

另最南端神喜乡清水河汇入滹沱河一带坪上泉，由水泉湾、段家庄、李家庄、水头、坪上五泉群组成，合计流量 4. 94 立米/秒（1984 年前多年平均)，1986 年降为 3. 45 立米/秒；系五台山区最大泉水。更处山峡深谷，从无灌利，古方志只载李家庄悬崖峭壁底、清水河边“石窟跃鱼”自然奇观，为县旧八景之一

总之，五台县虽灌利不大，但在全省却属多泉水之县。

二、繁代南山

（一）滹沱河源品字泉

先秦已始闻名。如《周礼》称滹池；《山海经》载:“泰戏之山，……滹沱之水出焉。”汉朝系“其地多卤”的大片池沼。从明中叶乔宇《滹沱河源记》看，还泉眼较多，尤以品字泉最大，“三泉涌冽”为繁峙旧八景之一。据雍正《通志・山川》卷二十三，清前期已变成“流甚细，涓涓如泻壶”的微小之泉。光绪《繁峙县志・山川》卷一载：泰戏山“滹沱水源潜其下，……其西北十里，……俗

名小孤山，两山之侧，地多沮洳，泉水浸注，若流若伏，悉为滹沱所源也。”已不提“三泉”，到清末更变成似有似无的潜隐状况。20 世纪 80 年代中，我曾访问附近老人，说该河源已无涌泉，古昔闻名的“三泉涌冽”早有名无实。最上游孤山段，1966 年前流量仅 0.17 立方米/秒，后旱季间歇断流。

据光绪《繁峙县志》等，清后期南山还有马跑、九龙、打鹰、七股、灵应、大海、凤凰等细泉及青龙、白龙等小池，后也逐渐更微小或枯竭消失。据 1999《忻州志·地下水》，小白峪、南峪口还有点泉水出露，最大者老水头也不过系 0.055 立米/秒之小泉而已。

（二）代县聂营诸泉

在代城东三十余里。乾隆《代州志·水利》卷一引旧志语：“成化年间（1465～87），州人孙凤视聂营（泉），教民……灌田万亩。”后泉水减小而自流灌田逐代减少。据 1988《代县志·泉水》，该乡黑山庄井神庙泉出水 72.8 吨/小时、佛爷湾泉 54 吨/小时，皆变成小泉，还有 7 眼更小的微泉。

（三）凤凰山一带泉池

在代城南三十里山上，系西北路朝台所经之处，记述稍多。如：光绪《代州志·山川》卷三载元好问述该山夹道‘水声激激，……有饮虎、王斗二泉，王母、洗药（参）、白虎、青龙、凤游池”等；到明天顺（1457～64）王钥已述凤游池变成“乱碧丛中有一小池，池差不见凤游兮！”即经二百多年，泉池明显减小。乾隆《代州志·山川》引旧志：清初更“水少，……其源甚微”；乾隆时只剩下“洗参（药）、饮虎”二池，其余名泉池已消失，州东南三十五里的离泉也“今涸”了。光绪初，上述泉池皆枯竭消亡，或过于微小，不值记载。据 2003 年《五台山志·泉水》，其邻近滩上乡有泉 7、新高乡 3、八塔乡 2，皆比聂营井神庙、佛爷湾泉更加微小。

三、原平东山　定襄北山 盂县北端温泉

（一）原平东山

据乾隆、光绪《崞县志》等，清中期还有崞阳东二十五里五峰

山（小五台）“曲涧潺潺喧瀑布”的圣母泉（白石泉）；东南百里福寿山温泉，明后期系“群山拥翠水周环”，清中期尚“灌溉田园，冬月沤麻”，清末前还“冬夏不涸，颇资灌溉。”同川河流域还有数泉，向资灌溉，称崞县“小江南”；但有些小泉已枯竭，如乾隆该县志述东南九十里另一温泉已“今无”了。后继续减小。据2003《五台山志·泉水》，只剩长落村东泉、白石泉，上神头村庙上神头泉，子干村泉，王北窑村西沟泉，东社镇寿山泉，北河底村泉7处微小之泉。

（二）定襄北山

据万历、光绪《定襄县志·山川》，县北龙头山麓暖泉，北宋题曰“廉水晴波”；明朝“夏凉冬暖”；后水量渐减，清光绪初仍沿为“廉水晴波”的县八景之一。后来枯竭，仅留上、下汤头两个村名。

（三）盂县北端温泉

梁家寨乡寺平安村滹沱河床北的温泉滩，古称“神泉”、“热河”，古有“浴疾亭”。隋《图经》云:“北齐济南王疾，……因就浴，疾旋已”而历史著称。今流量20升/秒，在全省7处天然温泉中居第五，水温54℃，居第二，属中热温泉（40～60℃），现有三座疗养院。

四、管涔山区主要泉水

该山区比五台山区泉水较少。兹只述某几历史名泉。

（一）汾源灵沼

在深山腹地宁武东寨镇雷鸣寺下，闻名于史。如:《山海经》载:“管涔之山，……汾水出焉。”《水经注》载:“泉源导于南麓之下，盖稚水蒙流耳。”隋炀帝在泉上建十几座精美壮丽、式样各异的高大亭阁，从麓到顶，故称“楼子山”至今。元好问诗曰:“只知晋阳城西天下稀，娘子关头更稀厥，……君不见管涔汾源大车轮，平泉丈八玻璃盆。”将该泉与晋祠泉和娘子关泉并提，可见流量仍较大。后题“汾源灵沼”石额，有清徐继畬《修建汾源庙记》等。最大流量曾约达1立米/秒?（2003《管涔山志》）。20世纪50年代0.4立米/秒（2006.7.31《山西日报》）；80年代降为0.2（1985《宁武县志》）；90年代又降至0.129立米/秒（1999《忻州志》）。古昔较大名泉，变成了如今之较小中泉。

（二）原平阳武下马圈泉

在管涔山区东侧阳武河峡谷，系该河主要清水来源，也是原平最大之泉。第十四章、二节、三，已述该河历史灌溉之情，兹再以泉为主，扼要述之。早在北宋中后，就引其水灌下游田数千亩，后扩展成为该县“阳武流金富万民”的最主要灌区。明朝，泉水渐减，灌区扩大，明后期至民国，各村争水而多次发生大规模打斗诉讼。据1999《通志·水利志》，1984 年前多年平均流量 1.3 立米/秒，1990 年降为 1.16 立米/秒。仍不失为大泉。

（三）石峡温泉

管涔山区南缘静乐及缘外娄烦（原属静乐）北端和岚县东南端一带，昔有温泉群。《水经注》述其上有“东、西温溪”。成化《通志》尚载静乐东十五里娘子神北山下石缝出温泉，入东碾河，后枯竭。据洪武《太原府志》，“石峡泉在（静乐）县南六十里周洪山东北，其泉温暖，流入汾水。”康熙《静乐县志·山川》载：“石峡山，……汾水穿流，……间多泉水，汇入汾河，二十里严冬不冰。”当代，流量0.2 立米/秒，水温 30℃，1966 年淹于汾河水库。1972 年划归太原市。附近还留已无泉的上、下龙泉、火泉沟、暖泉等乡村。

另管涔山区西缘外保德北端天桥六铺二十余里的黄河峡谷中，有泉百余，总流量 8.5 立米/秒，直接排入黄河，往昔皆不记载。

第三节　山西中部

主要述太原地区诸大中小泉，其次述平定娘子关大泉等，晋中、吕梁地区，仅举某几大泉、名泉为例述之。

一、太原晋祠　兰村及诸小泉

（一）晋祠三泉

为自古著名大泉，记述特多，仅摘要述其变迁。

《山海经》载：“悬瓮之山，……晋水出焉。”公元前 463 年，“智伯遏晋水灌晋阳，……城不没者三版，城中巢居而处，悬斧而炊；（城外）智伯乘舟以临赵，往来观水之所。”

《后汉书·安帝纪》载：“元初三年（116），修理太原旧（智伯）渠，灌官私田。”北魏又新开一渠（后称中河），故《水经注》述有南北两渎，共灌稻田万多亩。据《元和郡县志》卷十三，隋开皇四年（584），又开南渠，三渠计灌“周回四十一里”稻田。据《新唐书·地理志》，贞观十三年（639），用北派水架汾“入东城”；德宗时（779～804），“引晋水而属之城，渚为东隍。”即除灌溉和北都大量用水外，还有甚多余水注入晋泽、汾河和人工湖。李白赞曰：“晋水流水如碧玉，浮舟弄水萧鼓鸣，……百尺清潭泻翠娥。”北宋初，几次围攻北汉国都，又引晋汾二水，灌周四十二里的汾西唐晋阳主城。北汉投降后次年（980），宋太宗命壅晋汾二水，淹灭被他焚毁的晋阳城，一派荒凉。因汾水势低而晋泉高于城，故主要是用晋泉水灌淹。可见流量仍然很大。

据北宋秉良弼《重广水利记》，嘉祐五年（1060），县尉陈知白见“晋水奔流，灌田无多，……付诸东流。”于是“凿石七穴为北河，沿智伯渠达于古城（晋阳废城）；南渎凿石三穴，又分三派，南河一分半，中河一分，陆堡河半分，灌稻田三百五十顷，磨碾之具，鳞次而动。”熙宁八年（1075），“史守一修晋祠水利，灌田六百余顷”、“漫然于塍垄间”。金朝，仍系“满目江南乡，生民无旱年”的丰水景况。

到元至正二年（1342）《重修晋祠庙记》云：仅“灌田二百顷”，水磨只剩“六十区”；常常争水，“立水利禁例，其法始密。”明初期，北渠水尚“入（刚新筑的）太原县城（今晋源镇），流通街衢公馆。”明中期弘治时，水进而减少，城乡用水矛盾，天旱则“禁水入城”；到嘉靖三十年（1551），不再入城，“渠道俱存，而水不行”；但还“灌田二百余顷”。嘉靖初已“日见用水艰难”，常霸水、争水斗殴，嘉靖二十二年，再次申明《水利禁例公约》，轮流灌田。明清水讼案不断增多，不再列述。明末崇祯连年特大旱后，善利泉曾枯竭多年。清初期康熙在八角池畔“重建水磨坊院，有磨二，旋转鱼沼、善利二泉水，面商租居。”到雍正元年（1723）鱼沼泉“衰则停而不动，水浅不能自流。”清后期，该二泉“水落，磨莫能转，……遂就颓废。”在限制时日、轮流用水的严格约束下，才勉强灌田三百余顷，仅及北宋之半。①

民国，善利、鱼沼二泉近乎枯竭，只剩难老泉流量约2立米/秒。据1999《通志·水利志》等，20世纪50年代平均流量1.95立米/秒，灌田不足二万亩；60年代降为1.65；70年代又降为1.21，善利、鱼沼枯竭；后因更过度抽取深层地下水，流量急剧下降，90年仅0.18，94年断流，次年枯竭。只好用人工循环水，造点水景。

（二）晋源西山诸小泉池

古晋阳城内大明宫南龙泉，金《晋阳杂记》尚载:“龙泉出故城中，与晋水同流。”明初洪武《太原府志》已说:“无复有泉。”另晋源西山，古多泉池。据嘉靖、道光《太原县志》和民国初《柳子峪志》、《明仙峪志》等，还存：天龙山八景之一“龙泉灵潭”的白龙池，清初已变成“深可丈许”小潭，民国初剩“深五、六尺”；民国初，圣寿寺西便门外还存“不甚旺”、仅流灌该寺少许菜畦的细泉；“山南山北，仅潺潺微泉，……淅沥淙滴”；与五代末“怪石灵泉，……涧溜清泚，自激清音”还多泉水相较，差之远矣！蒙山石莲池，白龙庙“泉声清悦”小泉；明仙峪北谷“出白鱼”的白鱼泉；开化峪南谷“泉从石罅出”的龙泉“八角水池”；风峪口泰山庙小泉池。晋源西南五里王索村滴沥泉，十里尖山“清泉一泓”，三十里苇谷山青龙、白龙池，山下田村泉等。后大都断流、枯竭。只留田村泉，1966年流量仅0.019立米/秒，不久后枯竭。

（三）洌石寒泉（兰村泉）

上兰村汾河峡谷出山口洌石泉旁有约唐始建纪念春秋兴水利的窦大夫祠。该泉昔流量很大，“灌田利民”，亦为闻名大泉。如唐李欣《游洌石》曰:“泉分石洞千条碧。”北宋，更兴灌利，改名英济祠，后该泉为阳曲八景之一。到明后期仍灌上兰村至向阳店大片农田。干

---

① 宋金元明清泉水情况，主要据嘉靖、道光《太原县志》及光绪《晋祠志》。

渠自西往东，故称“横渠”，至今仍留横渠村。据雍正、光绪《通志·山川》，山脚约400平方米的洌石泉池，“池水徐徐而下，入于汾不相合，……流二十里始合。”泾渭分明、“汾得洌石泉水，其势汹涌。”足见仍然很大。据1999《通志·水利志》，20世纪50年代，平均流量6.32立米/秒（含其上汾河峡谷悬泉等）。后同样由于太钢和城市用水等过度超采其地下水，流量急剧减小，86年枯竭，空留一天然干石坑和“灵泉”石额。

（四）太原东西山诸小泉

北宋，太原府城西龙泉，除供柳溪水景用外，余水沿汾河东畔流至平晋县；明初洪武《太原府志》已说“不存”。明末清初还有：东南黑驼山“有泉一泓”，淖马村“岗前溪流如带，南行于汾。”方山，明中期还“上涌龙池，下瞰泉石”等。西北崛围山泉，唐后期在其上建多福寺；元朝，还流到山下呼延村，供王公贵族园林别墅用水；明后期，已不不流，称“怪石幽泉”；清朝更变成天然小井坑。西山西铭村峪口内五里、玉门河源“崖高百尺，瀑布悬流”的泉瀑，嘉靖阳曲名士王道行诗曰:“遥空珠瀑泻银河”；清中叶后瀑断，改称“峪口冰柱”。上述诸小泉，清末都断流、枯竭。①

如今，太原市所辖6区，都已无泉。

二、太原地区各县中小泉池

（一）清源平泉及其他小泉

在清源城西北五里，由不老池和无底二泉组成，虽系中泉，却历史闻名。早在公元前514年即置梗阳县，隋开皇十六年（596）因此清泉水改名清源（当代与徐沟合并为清徐县）。元至正二十四年（1364）建平泉寺，稻田绿满，“一年无日不看花。”明末清初尚“平地涌出，清可鉴发。”清末，流量减小，仅“灌田四百余亩，唯水性碱。”1965年前，流量约0.2余立米/秒。1966、76～78年，杀鸡取卵地打74～352米深的自流井多眼，出水量逐渐下降，且影响晋泉等

---

①　据雍正、光绪《通志》、万历、乾隆《太原府志》、康熙、道光《阳曲县志》等。

水，90 年封闭，后没于所筑清泉湖小水库中。此外，清末前旧城内有芹馥等细泉，城外白龙庙、水泉沟等小泉，20 世纪 50 年代全都枯竭。①

（二）阳曲诸泉池

1. 北崖悬泉：在汾河二库旁。北宋熙宁“泉从崖头出，额曰‘悬泉’。”元朝在半崖建上、下玄泉寺，筑栈道通之，称“玄泉”或“元泉”。明初为“晋藩园主柴炭庄香火院”、“前临汾流，后坐石壁，飞泉瀑布，其色如雪，其声如雷。”成化三年（1467），舍庄为寺，名悬泉寺。清康熙“北崖瀑布”为阳曲新增八景之一；后泉枯瀑失；道光时已变成干石崖。

2. 扫谷源泉：古扫谷水（今西凌井河）源头北小店石庄西北二里的清泉，古称“大泉”，其水流下，汇成“海子湾”，又南流入汾。东汉、曹操曾一度用此水通漕。乾隆三十九年（1774）庙碑载：还“大泉，清水常流。”当代，流量下降到仅 0.004 立米/秒，变成了微泉，但却算全县出水多之泉。北小店南蔓菁村井儿梁西古昔的小泉群，后只剩九，故名九眼泉，如今更极微小。还有扫峪村东泉水沟，天门关沟池家水等，皆于近代枯竭。

3. 三藏龙泉（长寿泉）：岔上乡西北龙泉村小泉群，北宋已载。后建三藏寺、龙山庙。清后期只剩“三藏寺在村西二里松山（长寿山）下，三泉环绕”的小股泉流。如今也极微小。

4. 桥沟龙池：在黄寨西南八里桥沟村西。今只剩长宽 180 × 150 米、深 3.5 米，算全县最大天然泉池，稍有养鱼、灌溉之利。

5. 莲花泉池：黄寨东北故县村东，古昔有较大泉群。北魏在此大兴屯戍；唐初在泉旁置洛阴县。众泉涌出，汇成广池，大种莲藕，称莲花池。明清泉水减小，但道光《阳曲县志·山川》尚载：“有清泉数十股，冬夏不竭，入南郑村，合洛阴水入于汾。”后逐渐枯竭，附近只留下大、小汗和大、小屯庄、水泉沟等村名。

还有县东南缘坂泉山，清中期后尚存黑、白龙二泉池等，近代也

---

① 据雍正《通志·山川》、光绪《清源乡志·山川》、1999《清徐县志·泉水》等。

都枯竭无存。如今，全县仅剩几处不足言道的微毛之泉。[①]

（三）古交饮龙湫等泉池

南山与交城山接界一带，古昔泉池尤多，明后期尚存一些，明末清初，渐趋枯竭。如雍正《通志·山川》卷十七载:“阳曲县西南有瀑布帘、……饮龙湫帘，……今水涸。”只留上、下白洋、水泉源、泉家洼等村名。据1996《古交志·地表水》，该屯兰河一带仅存少许流量0.001立米/秒以上微小泉池，最大者也不过0.014立米/秒；北山区则更几乎无泉。

（四）娄烦天城流水等泉池

县南临春山与古交毗邻的天池店一带，古昔泉水更多，汇成著名大池。据隋《图经》，北魏太武帝曾在此建避暑宫；隋开皇四年(584)“建庙于池上”。唐为著名“天池”马监，唐末改天池县。据洪武《太原府志》，天城村“下有流泉，由雁门（镇城底）入汾”，曰“天城流水”。清前期，只存天池痕迹。据1999《娄烦县志·泉水》，天城流水虽还算全县首要之泉，但流量已变小的不足言道。还有娄沟、渥洼等更微小毛泉近十。

总之，太原地区古昔众多大中小泉，近古后逐渐减小。当代，尤其是后三十年，由于过度超采地下水，更变成几近无泉的贫水地区，要靠“引黄入晋”特大工程弥补缺水。可参见《太原森林与生态史》323～334页。

三、晋东平定娘子关等泉

（一）娘子关泉

为山西省第一大泉，也是华北最大之泉。分布在桃河谷程家至苇泽关（唐以后称娘子关）长约14里的漫滩及阶地上，由大小32个泉眼组成，以水帘洞泉最大而著名。如：雍正《通志·水利》载：唐时“古今往来，源流不减”、“承天山下多水田，……不减晋溪。”乾隆《平定州志·山川》载元好问述水帘洞泉诗曰:“……娘子关头

---

① 据康熙、道光、1999《阳曲县志》山川、古迹、泉水、景区等。

更奇厥，……及于允渎争雄尊，平泉突出随前奔，汹如颓波射天门。”可见到金末蒙初仍趵突如射，汹涌急激，出水很大。明王世贞诗曰:“飞泉中泻九关开。”《读史方舆纪要》载:‘泉色青碧，突出平地，下赴绝涧，俗称水帘洞。”因流量很大，故元至民国，娘子关下大兴水磨之利，到20世纪末，还留些磨（燃）香面的传统副业。当代，该泉群总流量：1964年为15.75，1966年降为14.4，1973年又降为10.4，1984年跌到9.59，1990年跌至9.07，1999年更跌至7.9立米/秒，程家泉枯竭；阳泉地区地下水位下降十数至二十数米。再单以水帘洞泉流量为例，20世纪50年代曾高达3.2，66年降为2.4立米/秒，1985年笔者曾访问世居娘子关的老书法家李晏，他回忆，往昔泉趵水柱突高数尺，几十丈外可听其轰轰巨响，今只平静无声地流点水而已。1988年1月断流。①

（二）平定（含今阳泉市、郊、矿区）**其他诸泉**

据乾隆、光绪《平定州志》等，金元明时中小泉还较多。如：

1. 阳泉：州西十五里“泉眼有五，……皆平地涌出，本名漾泉，讹为阳泉。”元好问《阳泉西谷》曰:“推枕得溪声。”1907年在大、小阳泉村间设阳泉火车站，后成平定县大镇。52年升为省辖市。83年平定、盂县归其管辖。

2. 郗家泊：州北五里半崖涌数十丈瀑布，汇而成池，崖西南有平地泉数道．为郗氏世居处。元后期吕思诚述“势若白虹，下入桃江，圃、稼、纺、磨、辟晃者，凡可利用水者，罔不咸赖而事之宜。”明中期乔宇题“瀑布泉”，朱绘诗曰:“池上春风萍藻香，……依依风景入江乡。”清末前已变成小泉“水出半崖，悬泻如丝，……颇亦成潭”的怀潭。

3. 蒲台池：州西二十五里狮子（垴）山上，元后期仍“有池天成，蒲生于中，甚旱水未尝涸，蒲之丛郁，翠润可爱。”

此外，到明后期还载泉二十数处。如：州东八里王家庄南山下

① 据1966《山西清水流量资料》和90年代《通志·地理志　水利志》、《阳泉市志》、《平定县志》及2004《山西河流·绵河》等。

“逸泉，东流至乱流，入桃江”；三十五里仙人铁“泉声淅沥涧中流”的乳泉；柏井镇“冬夏旱潦不涸”的翠蛟潭。州西六里青龙岗“山下多泉”；八里嘉山“小溪流水声汩汩”的黑水泉；三十里蒙村山谷清泉池；西禅崖“崖垂瀑布，汇且盈池”的石泉池；五十里测石东“丹崖流出，泠泠有声”的温泉。州南二里涌泉；二十八里阳胜村纱帽咀“有泉数处，村民引灌”、西龙王山下“有二潭”、“五岗之间皆有水”；三十里马郡头村长寿山“流响泼泼”的泼泼泉；四十里左家村“方塘半亩，泉无定所，……直喷水面，散如珍珠”的珍珠泉。州北三十五里四角山“下出三泉”；四十里南姑堰“甘泉出焉，取之不竭”；五十里三都村“平地突起”的太清泉；六十里燕龛村龙泉。州东北五十里会里村“水深莫测”的石瓮泉。州西南八里冠山瀑泉，傅山题额“丰周瓢饮”；二十余里旧金山“甘泉流长，严冬不冰”的苇池甘泉，其西良浒村“山下数泉，旱潦不涸”。州西北鹊山，上有灵应池，下有平地泉。州东南十五里锁簧村喷珠泉；百四十里罗喉山乳母泉和营庄“甘美异常”的灵泉，龙凤山下“孤源泉，……清泉长流，产虾蟹鱼龟，入顺阳河”、“沿河开渠”，大灌河北省农田，系次于娘子关的又一大泉。

明末清初后，逐渐明显减小，有些断流或枯竭。20 世纪末只剩流量仅 0.185 立米/秒的营庄中泉一处，特旱时断流为天然井坑，供人畜饮用。其他都枯竭或涝出旱涸，变成了极贫水之区。1977 年启动“东水西调”工程，七级八站，总扬程 648 米，泵娘子关泉水 3 立米/秒，穿越 60 多里崇山峻岭，供阳泉城矿和该县用水。

阳泉市新辖的盂县，仅剩肖家庄乡兴道村 0.2 立米/秒一处中泉，其他更微小之泉不述。

四、晋中洪山　源涡泉

(一) 介休洪山泉

在城东 20 里洪山镇，北宋曰“鸑鷟泉”，自古名泉，记载较多。如：《山海经》载：“狐岐之山，……胜水出焉。”泉口高，水大流急，唐时即装“水轮”，捣碎矸石，磨沫制磁；至今，仍系山西省最大瓷器产地之一，行销于国内外。又用其水将柏树等枝木磨香面制神香、梅香、寿香等传统产品，也远销各地。还装水碾造草纸。尤多水磨（碾），该县粮食主要在此加工，成了介休最富庶大镇。至建国初，工商税收仍占全县的90%以上。

唐初已兴灌利。北宋康定一年（1040），“文潞公（彦博）始开三河（东中西三渠），引水灌田百顷；还引灰柳、溥籍、灰南、谢谷诸泉，可浇地六、七十顷”，获“宰相治水”、“三分胜水，造福乡里”誉称；再引入介休城东，建“甚广，泛舟如在江湖”的文潞公园池。

明中叶后，流量减小，“源泉今昔非殊”，争水纠纷案屡见不鲜，“不可胜言”。如：嘉靖二十五年（1546）知县吴绍增“厘正水法”，隆庆元年（1567）知县刘旁“将水程列为旧管新收，造册查报”，万历十五年（1587）知县王一魁“清洪山水弊”后，计浇地二百余顷，二十六年知县史纪实“限以定额”、“以地定水”，崇祯年知县李若星“定立水法”、后知县李云鸿制止“河民欲坏冬春水额（72村中有20余村夏秋无权浇灌）”等，几乎都是限制用水。

清至民国，流量进而减小，连年大旱则出水锐减。如康熙五十九至雍正元年（1720～23）、光绪二十七年（1901）、民国十年、十八～二十年，都出现“池水干涸，……后一、二分流出”、“池水小至六、七成”、“水又偏小”、“池水小到一、二成，……大小池竭”等。因“水源短缺”，“水利所在，民讼罔休”，冲突频繁，争端不绝，不再列举。民初，附近闷津泉更“其源甚微，七里泉、悬泉、谢谷泉、板戢泉、灰柳二泉、蒲池泉，……不提浇地”，灌溉面积缩小。因旧渠屡至淤没，民国七年新开余济、东张二渠，共浇地百十余顷。

1966年流量1.74立米/秒，1990年降为1.4，但仍不失为万亩以上中型自流灌区。18个泉眼在洪山村汇为大小二源神池，有约唐始建、宋重建、历代至民国重修的壮丽源神庙，1988年建水利博物馆，系该县次于绵山的又一胜景。附近还留连福乡东刘屯槐柳泉，1966年流量0.2立米/秒，1990年降为0.15；余者枯竭或更微。此外，该县还有些微小泉点，不述。①

（二）榆次源涡泉

在城东六里源涡村，泉虽不大却历史闻名。《水经注》称原过水，因水西阜上旧有赵襄子家臣原过祠（后改建为龙祠）而名。唐贞观年水“出（周五里、深三丈）鱼池，……引以灌田，南行半里许入洞涡（今潇河），夏荷花盛开，稻田绿满，亦胜地也。”明至民国，流量逐代减少。如今变成仅0.046立米/秒的小泉。②

此外，东山区11县够得上中泉者，只剩下左权县水坡村泉0.5、桐峪东石峻泉0.3、苇则西石峻泉0.25、热峪村泉0.1立方米/秒四处。其他各县还有些小微毛泉，不述。

五、晋西吕梁马跑　柳林泉

（一）汾阳马跑神泉

在城北二十五里峪道河镇神头村白彪山麓，虽系中泉，却历史闻名。汉朝始引该泉等水灌溉。北魏贺鲁将军屯此，“轮流浇灌”，《水经注》称原公水，有贺鲁祠。唐更兴灌利。北宋继之。“复于渠引三之一绕城壕入畔池。”崇宁间祠改称永泽庙，北宋末敕封润济侯，重建庙祀之。北宋，“马跑神泉”已是主要胜景，后为汾阳八景之一，所留诗记较多。如“泉流飞涌”、“林茂泉飞”、“濡田灌园”、“园林广茂”等。蒙至元二年（1265）冯钰《新润济侯庙记》尚云:“马跑泉又名原公池，疏流浚源，溉田数十顷。”明中叶后水量减少，嘉靖至万历，“渠堰为豪右侵决”，入畔池水断流，几次浚治，才勉强供城中用水。

由于水源断缺，故清朝减少入城之水，定十二天循环一次，头日供府县衙及文庙等用；次日供莲花等寺及富户等民用；余十日供农村轮灌，只能浇地三千亩。民国沿之。

---

① 据康熙、乾隆、嘉庆、民国、1996《介休县志》等，参考张俊峰1993《明清介休洪山泉域社会变迁》。

② 据同治、民国《榆次县志·山川》、1993《晋中地区志·泉水》。

1966年流量0.479，1970年代后逐年减小，1990年降为0.32立米/秒。

他处泉水也同样减小。如1970年代全县尚有中小微泉73处；到1990年仅剩13处，总流量0.666立米/秒。只城西三十里向阳村西流量0.15的石峡口勉强够中泉，余皆微小毛泉。①

（二）柳林泉

在1971新置柳林县城关（原为离石柳林镇）东六里三川河床十余里内，散片状分布泉眼32，其西南明朝有青龙镇，古称青龙泉，为吕梁地区唯一大泉。中古三川河流域茂林广布，清水长流，该泉与河水常年混在一起，故无记述。直到明末，遇大旱河道断流时，它出露于地面，才引起人们注意，《读史方舆纪要》始载："青龙泉在（永宁）州西六十里，平地涌出，西流入黄河。"乾隆《汾州府志》才有"众泉奋涌，引资灌溉"之载。但川窄山高，灌利不大，记述极缺。近代才有多座水磨。

当代，开挖北干、薛村、石西等渠及部分泵水高灌，共灌田数千亩和供许多工矿及柳林城用水。1966年流量计4.07立米/秒，1990年降为2.62。其他微毛之泉不述。

另：离石东南东川河源吴城村西流量0.2的石窟泉及其下王营庄乡0.17的油坊坪泉，皆勉强够得上中泉。吕梁地区13县还有些小微毛泉不述。

整体上，除柳林泉外，晋西吕梁山的泉水比晋中东山还差一些，都变成贫水地区。

第四节　晋南　晋东南

一、临汾地区龙子祠　广胜寺　郭庄泉

（一）临汾龙子祠泉

在临汾市西山麓，由南、北、东池等泉群组成，为自古著名大

① 据万历、乾隆《汾州府志》、康熙、乾隆、道光、光绪、1998《汾阳县志》等。

泉，记载很多。如《山海经》载:“平山，平水……出于其下”，入汾河。自古向称平泉，西汉置平阳县即因此而名，后历为平阳郡、平阳府等至清。五胡乱华初始兴灌利，刘渊始建龙祠，唐重建，俗称龙寺（祠）泉。《五朝志》、《水经注》等皆载。唐贞观元年(627)，尉迟恭督令开各长三十里的南横、北磨河两大干渠，后续开南北各八渠，“北泽临汾千顷地，南灌襄陵万亩田。”北宋熙宁八年（1075）封泽民侯，额“敏济”；崇宁五年（1106）升封灵济公；宣和元年（1119），再升封康泽王。金进士毛麾《康泽王庙记》云:“其源乱泉如蜂房蚁穴，泌沸于平麓，……忽惊湍怒涛，盈科南北，……动碾磨百余，东汇为平湖，……历代官民崇敬，庙制侵广，……清流白石，为州胜地，采莲捕鱼，泛画舫之舟。”特产软稻米等为贡品。

明中叶前还两县分水，“源规尚在，沟界井然”；后因水减小，上游临汾常截水，影响襄陵灌溉，万历四十三年（1615）平阳知府高登龙等会同两知县“因议立石，同守疆界，永绝侵陵。”清初孔尚任《清宜亭记》云：平水渠“由临汾下襄汾，灌田十万八千亩，春碓代力者，不胜数也。”后水更少，乾隆年减至“灌临汾、襄汾田三百六十余顷（指保浇水田)。”以后争水更尖锐激烈，分水岔口，日夜看守，若有动静，如临大敌，流传“浇地不让亲友”民谚，在下官河第一分水口铸“铁帮铁底”以均水。人民痛恨分水不均的道府县贪官，立“官圪瘩”坟，以示活埋。

1955～84年平均流量5.63（66年春7.72)，90年降为4.63立米/秒。变成乱泉散流溢地表，但仍不失为山西省几个著名大泉之一，自流灌溉8万亩。①

（二）洪洞广胜寺泉

在洪洞东北三十里原赵城县广胜寺下，由108个泉眼组成，历史著名大泉，位霍山南麓，向称霍泉，记载很多。东汉建和元年

① 据雍正《平阳府志》、乾隆、光绪、民国、2002《临汾县（市）志》及雍正、光绪《襄陵县志》等。

（147）始建俱卢舍寺，可能已兴灌利。《水经注》载："霍水……出霍太山，发源成潭，……不测其深，……西流入汾。"唐初贞观引霍泉水分南北二渠，洪洞三分、赵城七分，共灌田八百九十一顷，水利大兴；大历四年（769）改建成宏大的广胜上、下二寺，更加闻名。至今为国家第一批重点文物保护单位。

北宋初两县争水，不断哄斗争讼，开宝年于渠口立限水、逼水二石，使"水流有程，无缓急不均之弊。"后常毁石斗讼，庆历五年（1045）"立分水碑"。金天眷三年（1140）亘立分水碑；大定年还将一些村首渠头的"赃秽狼藉，……尽置于法"，仍难平息纠纷；乃至"洪赵争水岁久，两县不相婚嫁。"明朝"民争复起"，动辄两县人大斗，隆庆二年（1568）建"拦水三柱，……屡争屡讼，终无宁岁。"康熙三十一年（1692）共灌九百余顷。后泉水进而减少，雍正二年（1724）又相持争水，平阳府衙按前例，再立限、逼水二石；次年纠纷复起，知府刘登庸会同两县代表"重立禁口，……创建分水铁栅"等，短期"争端亦息"。清后期至民国，争水斗殴仍不时发生，流传"霍泉水，向西流，满渠血泪满渠愁，南北两渠结怨仇，千年仇恨不回头"的民歌。由于近千年来常争水殴斗，养成两县人强悍脾性。民国末灌田降为五万多亩，古昔水碾磨、水榨油坊等也明显减少。

1954年并为洪赵县，58年名洪洞县，统一合理用水，并建曲亭等水库，存储非灌期余水，溉田达到10余万亩，还供几个工厂等用。但工农用水等又产生矛盾，只好让维尼龙厂另辟水源。该泉流量：1950～85年平均4.03（65年冬4.48），90年降为3.44立米/秒，仍系山西省数处著名大泉之一。①

（三）霍州郭庄泉

在郭庄一带汾河谷，虽系山西省第三大泉，但岸高泉低，与汾水混流，仅道光《霍州志》载："方池，州南十五里，引源灌田。"当

① 据乾隆、道光《赵城县志》、雍正、同治《洪洞县志》及1987.4期《山西水利史志专辑》崔云峰《霍泉形成及利用》等。

代，东湾至郭庄长2.4里、东西河滩各3个泉组，共60个泉眼。流量：1956~84年平均8.17（66年春10.7），67年建电灌站，74年辛置电厂投产后大量抽水，90年降为6.2立米/秒。

（四）曲沃海头温泉

在县东北三十五里东、西海头村间，有七星海、八角池、龙王庙等，为县十景之一。据《新唐书》，永徽年县令崔翳引水灌田百余顷。《宋史》载：本属翼城，嘉祐三年（1058），曲、翼争水，绛州太守李复奉敕两县易田分水，以息其事。清朝流量减少，乾隆该县志载："七星海广逾数亩，……溉二十一村地数千亩。"当代，仍有温泉灌渠，并建温泉浴室。1966年春流量0.17，1985年降为0.13立米/秒，水温35℃，均居全省七处温泉中第四。另康熙该县志载：出绛县北缘的沸泉，流至县东南二十里"景明村，……明成化后争水数十年不息，后铁斛分水，至万历，奸民毁铁斛，复起争讼，更铸铁斛分水。""景明瀑布"为县十景之一。当代，沸泉干渠溉曲沃南部田。1965年冬流量0.727，1990年降为0.52立米/秒。

还有翼城东二十里南梁乡牛家坡村滦池泉（亦称晋水），也自古有名，"滦池秋月"为八景之一。1966年春流量0.615，85年降为0.55立米/秒，水温24℃（居全省七处温泉倒数第二，流量居第三），勉强够得上低热温泉，有干部疗养院，并灌田。

临汾地区泉水比晋中、吕梁稍多，还有些小微毛泉，不述。

二、运城地区鼓堆泉等

（一）新绛鼓堆泉

在县西北二十五里鼓堆山，因"水源充满堆下"、"人马践履，声若鼙鼓"而名，由龙王、琵琶、清、怪、一条腿等29个泉眼组成。隋开皇十六年（596），"内将军临汾县令梁轨……开渠十二，灌田五百顷"，并引水入城，筑园池。义宁元年（618）李渊伐隋临汾郡曾戍该泉旁；后"立神祠"，樊宗师作《绛守居园池记》而全国闻名。北宋司马光嘉祐元年（1056）《鼓堆泉记》及稍后薛仲孺《梁令祠记》云："水源数十，泉沸杂发，汇于其南，容为深渊，中多鱼鳖蟹虾”、“其下出泉，众流奔沸，古传‘神泓’。”除“灌田”和“入州城，使州民围沼之用”外，“余皆归于汾”。元至正元年（1341）张戴舆《梁令祠记》仍云：“灌田五百余顷，……民赖以饶，又引其余波萦带园池，以为拜侯游憩之所。”

明前期已感缺水，分为二渠；其一灌田一百四十六顷余，另一引入州城汲灌，北关寨里已无水灌溉；故天顺（1457～64）削减州衙用水，让利于民，重灌寨里之田。明中叶明乔宇《游古堆泉记》云：“自绛州西北其泉溉田最多利民久者，莫若鼓堆之泉；……其南平畴低野，资泉而溉，其东经连纬通，溉田至州城。”泉旁有圣母寺、神泓阁，“石鼓神涨”为绛州十景之一。后水源短缺，再次削减灵丘王府及州衙用水。张与行《绛州北关水利记》云：“嘉靖十一年（1532）重新翻牌，二十九日一周，……以第二十八日之王府水济寨里，第二十九日之州水偿王府。”后用水矛盾更突出。薛国民《白公疏通水利记》云：“自隆庆初郊田不沾水泽者二十年矣！万历十六年（1588）（新任知州白壁）……分疆界，定番次，每庄一人巡守，违法者绳之，……于是水利均通。”清朝至民国末，灌田逐渐减至百余顷。

1966年春流量1.2；1970年代上游打深井抽水，降为0.72；1990年更降到0.52立米/秒，由大泉变成中泉；近年仍呈下降趋势。建国后沿其流筑三座小水库，合理用水，灌溉面田才勉强恢复到中古水平。该泉还系山西省次大自然温泉，但水温仅23～25℃，勉强供疗养之用。①

（二）临猗吴王温泉

角怀乡至黄河岸吴王村约八百平方公里的地热点，该村黄河中有3立米/秒的山西省首大温泉，水温36℃，居第三位。但常在黄河水中，难以利用，往昔未载。

（三）古曾多泉的万泉县

近代晋南普遍流传“万泉无泉”谣谚，但古昔却有众多小泉。

---

① 据乾隆、光绪《绛州志》、1997《新绛县志》、1999《运城地区志》等。

如：唐武德三年（620）在北魏薛通故城（孤山下两大涧间古城乡）新置县，东涧“有泉百余区”、“城临山涧，地多涌泉”，故名万泉。以后，孤山顶下西峪壕至西涧还有满水井等泉，清水流至百帝、张瓮诸村，大兴灌利。孤山峪也还多泉，流近城，至山下芦邑、西解、解店（今万荣县城）、西贾等村，亦兴灌利。孤山东南柏林庙下二泉，北宋熙宁五年（1072）定名双泉；孤山阴黄家峪秦王（李世民）寨有数穴涌泉，明万历二十年（1592）刻碑曰和丰泉等；县东端稷王山下也有些小泉。到明中叶已大多枯竭，或变成不流的天然小井坑。如乾隆该县志载明中叶后乔宇《万泉券井记》云：“实水少也，城故无井，率积雨雪，……往返数十里担水（后述打井）。”但还留八景之一的“双泉流碧”，及和丰泉等几个微小流泉。清朝更“无溪流灌溉之利，……仰命于天。”民国，几乎全靠井汲饮用水，“井深绳重，非三人不能搅”，或远到天然小井坑“人畜担拉，不胜其苦。”如今几乎都靠从机井抽取人畜用水。①

还有：垣曲王茅乡五龙泉，泉眼15，1966年春流量1.04立方米/秒，1990年代降为0.37立方米/秒。绛县北端大交乡大郡、东贺水、水磨上、范壁诸村泉，1966年春流量分别为0.397、0.228、0.202、0.127立方米/秒，勉强够得上中泉，后逐渐变小。各县还有些小微毛泉，不述。整体上该地区比临汾地区泉水要少。

三、长治地区辛安泉及漳沁二河源泉

（一）潞城辛安泉

潞城、平顺及黎城交界处、潞城西流乡至平顺北耽车乡长30余里的浊漳河谷，散布泉眼170，其中辛安段>0.1立米/秒者有17处，为山西省、也是华北第二大泉。位处偏僻，岸高泉低，往昔未兴水利，古方志几乎未载，仅有唐宋时王曲、安乐、北耽车泉出现之载。

总流量：1984年前平均11.9（66年春11.8）；87年起山西化肥

---

① 据乾隆、民国《万泉县志》、1995《万荣县志·艺文》屈殿奎《万泉的泉》等。

厂、长治市和潞城、平顺等电泵抽水增加，90年降为7.1，95年又降至4.13立米/秒，该泉域地下水位也比86年下降了1.9米；还建八处电灌站，泵辛安泉水灌田千余亩（1995《潞城县志·泉水·水利》）。

（二）长子漳河源灵湫

在县西五十里发鸠山东麓，不算大泉，却历史较闻名。《山海经》载："发鸠之山，……漳水出焉。"《水经注》、《地形志》亦载。祀漳源神庙甚古。北宋治平元年（1064）重建，政和元年（1111）因灵湫敕额"灵湫庙"，祀灵湫圣女（炎帝女女娃），王大定《灵湫庙额记》云："浊漳源也"，后成为一方胜地。明王鉴《禹贡考》亦说"灵湫为漳河之源"；嘉靖八年（1529）大修；万历年题曰"四星池"，岁祭。清朝后逐渐减小而枯竭无存，庙亦毁圮。①

（三）沁河源诸泉

沁源西北至东北沁河诸源头深远高山，古代人迹罕至，无灌利，记载少而模糊。《水经注》载："沁水出……谒戾山，……三源奇注。"近古又有二源、四源等说。如雍正该县志所载四源中却漏载最远而偏僻的主源（河底泉）。民国才增补为六源。一在县西北端花坡乡土岭上河底庄，二泉出山麓；二在县北端庄儿上乡涧崖底村，崖上二孔涌出，其势甚壮；三在县北端景凤乡西沟庄，有泉涌出；四在县东端紫红乡活凤村沟中石崖下，泉水急湍；五在该村崖头庄北山麓，有泉一泓；六在县东端白狐窑乡马泉村香水沟，石岩下有泉涌出，水势甚旺。各泉下流成河，至交口汇合后，才称沁河。1966年春，河底东西二泉变成流量计0.061立米/秒的小泉；余五处更小一些。②

此外，长治地区还有黎城源庄乡源村泉，1966年春流量0.14，85年降为0.1立米/秒，勉强够得上中泉。其他各县再无中泉以上者，其他小微毛泉，不述。

---

① 据嘉庆、1988《长子县志》·山川·文物等。

② 据雍正、光绪、民国、1996《沁源县志》等。

四、晋城地区延河　三姑等泉[1]

（一）阳城延河泉等泉群

八甲口至西磨滩40里沁河谷，一系列泉眼散布于谷中，直接流入沁河，往昔无灌利缺载。1984年前平均总流量11.9立米/秒。其中以延河（马山村）泉最大，流量：1973～74年5.29，20世纪70年代末～80年代初降为4.5，85年降为3.97，90年代3～4立米/秒，仍不失为晋城地区最大之泉。另桑林乡蟒河自然保护区东西二泉，汇于黄龙庙前，够得上中泉；其东泉急水湍湍，尤添美景。该乡出水村泉，亦够上中泉。其他乡还有些小微毛泉，不述。相对而言，阳城为山西省泉水丰富之县，但多泉低岸高，往昔未兴水利。当代，始予利用，由于大量采煤，地下水位下降，泉水也逐年减小。

（二）泽州丹河谷排泄带三姑（股）等泉

在泽州县（析原晋城除城区和近郊外的绝大部分新置）南缘孔庄村丹河谷中，泉呈股状集中涌出，20世纪70年代初青天水库建成后，被回水淹没。其上沿丹河谷还有多处泉水排泄，以三姑泉村东者最大，三股涌出，又名三股泉。其次为郭壁村南北两泉，自崖而下，称“水帘洞”。再次为北寨村南白洋河泉。还有小会、台北泉，以及三姑至郭壁间石青、马尾等六个更小之泉。总流量：1984年前平均7.21，86年降为5.52立米/秒。20世纪90年代三姑泉3～3.5，郭壁泉0.533，白洋河泉0.05～0.5立米/秒。此外，够得上中泉者还有水掌村泉0.2～0.3、东洞水村泉0.4、赵良村泉0.5、栓驴泉村黑水泉0.5～0.8立米/秒。该县泉水亦较丰富，同样泉低岸高，往昔缺载。今泉水渐小，水环境相当脆弱，用水甚感不足。

另：陵川无大泉。如县东南横水乡十里河村泉，1966年春流量0.335，1983～1984年降为0.114立米/秒。其他如昆仑坝村泉0.5，李家坝村泉0.35，麻地滩、双头、台北三村泉皆0.2，河口、里庄二

---

[1] 据1999《通志·水利志·泉水》、《晋城市志·水文·泉》等。

村泉各 0.1 立米/秒，有的季节变化大，亦多泉低岸高，未兴灌利而往昔缺载。沁水县未载有泉。高平更无泉而严重缺水。

*　　　　*　　　　*

总之，近古后山西省泉池趋少变迁相当明显，20 世纪 70 年代后，减小 ~ 枯竭更显然加快。

第十六章　湖泽湮涸　几近无存

中古前山西省湖泽很多，尤以东北至西南的中部断陷盆地湖泽广大。大体上唐朝以前，森林众多，水源丰盛，水土流失轻微，湖泽变化主要是因水凿石穿、河道下切而湖水自然宣泄所致。北宋以后，则主要由于水源减少，水土流失加剧，泥沙淤积，而逐代切割、缩小变浅。近古后，几都趋向湮涸。当代，除运城盆地盐池和宁武高山天池有所残留外，余皆无存。兹以某些较大名泽为例，重点述其中古后的变迁。

第一节　大同盆地湖泽

距今百万年前地史时期第四纪约 9000 平方公里的“大同湖”，经长期水流切蚀，阳原石匣口下切，湖水排泄，露出盆地。上古桑干河及其支流的串串湖泽，中古尚载数处大泽，后皆消失。

一、弥泽

《魏书·刘罗辰传》载：道武帝登国二年（387）“讨显（罗辰从兄）于马邑，追至弥泽，大破之。”太和九年（485）“孝文帝幸弥泽”等。即距马邑不远，有一大泽。辽金后逐渐缩小变浅，约元末明初湮涸。其地望说法不一，《读史方舆纪要》、《清一统志》指在朔州西南，从地形看，不应曾有大泽。余以为朔州东北、山阴合盛堡一带大片洼地，倒似该泽遗迹，该村古名水上，其西南有海心子、海滩沿、海子路等地名，留下些蛛丝马迹。

二、南池（两湖）

《水经注》载：“桑干支水（今黄水河）又东流，……通结两湖，……渊潭相接，水至清深，辰凫夕雁，泛滥其上，黛甲素鳞，潜跃其下，……北对湟（汪）陶故城（今山阴东南故驿村北）南，故曰南池。”该两湖西起元营，南至夏屋山下南洲（古四周环水）庄，东北至故驿村西，北至老山阴城南，甚为广大。北魏南平城、灅南宫滨其东浦（涯），“穿沟引池”，入城入宫。元中叶后，金忠州城（故驿古城）被洪水冲淹而废，该湖也渐被淤湮。明朝几近干涸无存。清初，洪水在元营至黑圪塔段其故迹“侵漫散乱”，后踪迹无存。今故驿古城外西南不远残留俗称大海、小海的两个无水枯海。

三、繁畤泽

应县、浑源间，西汉置繁畤县。《魏书》载:“天兴元年（398）帝幸繁畤宫”，后置繁畤郡。“繁畤”有众多水环陆地群之意，姑且以“繁畤泽”名之。该处众多小泽泊后因泉源减小而退缩变浅，环水的众多小片陆地逐渐连接起来，“繁畤”之名在当地不复存在。辽初神溪泉西南神德湖，即该泽残留较大之湖。今浑源西仁和、东坊城、郑家庄、水磨诸村间滩洼地，即其遗迹。正德《大同府志·山川》载:“浑源川在浑源西南，……分流至西北，汇为大泽（此期府境已无大泽，故将它当作‘大泽’）。”明后期也湮涸消失。如今留有海村。

四、润泽

北魏怀仁东南润泽。辽金后分割为镇子海及两处较小的梨园等海。明初镇子海还系“周四十五里，产鲤鱼，大数十斤，……诸禽哺育其间”的大湖；正德年缩小为“周三十里”；万历年“水涸鱼竭，变为禾黍。”清朝进而盐碱，不宜农作，变成“近多产盐”。残留的两处梨园海及南的玉龙海，也随之湮涸。[1] 今只留上、下海子、海北头、高镇子等村。

---

① 据正德《大同府志》、万历、光绪《怀仁县志》·山川。

五、雁敦陂

《水经注》载:“雁门水又东南流，屈而东北，积而为潭，其陂斜长而不方，南北二十余里，广十五里，……敦水注之。”系雁敦两水汇流而成，姑且以“雁敦陂”名之。唐太宗《饮马长城窟》曰:“瀚海百重波”，亦可能指该陂。辽末金初变浅，称白水泺。约于元末明初湮涸。光绪《通志·山川》追述按云:“其后所积之潭渐湮，雁门水愈徙而南，(雁敦)两水遂隔绝。”今阳高东北夏场、马庄、柳林、杨家堡、孤山庙、谢屯、李官屯诸村间大片洼地，可能即该陂遗迹。作湍池、集兴湍池等小湖泊，第十五章、一节已述，不再重复

本节和第四节善无北陂可详见《雁北森林与生态史》343～349页。

*　　　*　　　*

忻定盆地，古方志未载有较大湖泽，仅崞阳西七里蟾酥池较为有名，明中叶后湮涸；定襄南山下吕布池也稍有名；皆够不上湖泽，不述。

第二节　太原盆地湖泽[①]

一、昭余祁

地史时期第四纪，太原盆地曾系烟波浩瀚大泽，由于汾河切蚀，水凿石穿，灵石峡谷河道下蚀，湖水逐渐宣泄，有“打开灵石口，空出晋阳湖”传言。该湖大体北起太原北格，南达介休、孝义，东到榆次、太谷、祁县、平遥西境，西达清徐、交城、文水、汾阳东境，呈烟斗形，约1150平方公里。到上古，逐渐退缩至晋中盆地中南部。《周礼·职方》载之并州薮及《尔雅·释地》载全国九薮之一的昭余祁，呈长带形，约700平方公里。春秋时。狄人称太原曰“大卤”，沼泽广布。秦汉，分割为沿汾流的串串湖泽，大者有九，《汉书·地理志》邬县条载:“九泽在北，是为昭余祁，并州薮。”清

① 主要据1999《通志·水利志·古湖钩沉》及有关古方志等。

《汉书补注》释云:“陂泽连接，……总名昭余祁。”十六国时，九泽大体尚在。如乾隆《祁县志·杂记》载:“苻氏末，祁县王仲德战败，……路经大泽”，说明该县还有大泽。《水经注》也载祁薮。唐《元和郡县志》虽载祁薮，实际已成了浅水沼泽。北宋，祁薮缩小为约 50 平方公里。金朝湮涸，变成祁县西的一片洼地。元朝无存。又该县志·山川载:“昭余祁，……泽久涸，元至元十一年（1274）土人（在县东七里祁城村）凿得细泉，谓‘昭余祁’，岁灌民田。”实际该泉在古祁薮之东，系借用古昭余祁之名，元末该微泉也枯竭消失。

西汉九泽总名之昭余祁，到北朝有的已消失，故《水经注》只载五泽，再加上隋唐所载几处次大湖泽，简要述之。

二、邬泽

在介休东北，汉、北魏在泽旁置邬县（介城东北 27 里邬城店）。后逐渐变成芦苇丛生的浅水沼泽，故《元和郡县志》改称邬城泊。北宋缩小为约 150 平方公里。金朝又缩为东湛泉至张兰，以北辛武为中心数十平方公里的聚涝泊洼。另：介休东北二十里水桥泊、平遥西北三十里张赵泊等，系邬泽、祁薮分割后残留的聚涝泊洼。乾隆《汾州府志·山川》邬陂条追述云:“平遥、介休间，至祁县西，地势低下，……而昔泽名，亦因汾水（东西）徙流或改为川，或淤为平地，非复旧迹也。”多变成河滩盐碱地。

三、淳湖

在榆次西南陈侃乡、洞涡水与津、象二河汇合处，再出湖入汾。亦为自古著名大泽之一，《水经注》又称洞涡津泽。宋金缩小变浅。元朝湮淤严重。明初期后，三河多次迁徙改道，该湖消失，全无踪迹。可参见第十四章、一节、二。

四、文湖

在汾阳东十里，“世谓之西湖”，西侧有以水为名的潴城，北魏、唐上元后，州、县“又以西河为名”。《水经注》载:“东西十五里，南北三十里。”隋“湖盛比之江陂”，炀帝在此建行宫，成为胜地。唐建文湖神庙于堤上，有宰相令狐楚撰碑，《元和郡县志》载文湖“多蒲鱼之利”；又称西河泊。北宋“文湖渔唱”为汾州胜景，赵瞻诗曰:“湖光潋滟泛莲舟，款乃渔郎惯此过，……放浪扁舟适兴多。”因继续变浅，又称西河泺。《宋史·河渠志》载:“西河泺周四十里，……以溉民田，又有蒲鱼菱芡之利。”曾一度“废湖为田”，熙宁元年（1068）又“复之”。金大定间“废泺耕于其中。”明朝称潴城泺，又一度聚水，明后期万历年“宣泄”而消失。其南孝义境还有胜水陂（元象泊），金朝后也成了低浅洼地，后亦消失。

五、汾陂

在文水县沿古汾河道西。《水经注》载:“东西四里，南北十里。”后分割为县南二十多里武涝泊（唐天授年改称朱雀泊）、县东南三十多里伯鱼泊。宋金因汾文二水迁徙改道而湮涸，故明成化《通志·山川》述该二泊皆“涸”，名武涝村、伯鱼都。今该二村尚在。

以上四、五还可参见第十四章、一节、四。

六、晋泽

在晋祠东南五里王郭村北，上古亦称大泽、台骀泽。隋《图经》载该泽。唐玄宗《过晋阳宫》曰:“林塘犹沛泽”；李欣《送友人赴太原》曰:“孤帆几日悬，水宿南湖夜”；唐《晋阳杂记》载:“泽广二十里”，建台骀神祠。五代封昌宁公。北宋《太平寰宇记》、《元丰九域志》仍载该泽；《重修昌宁公庙记》云:“渊渟神瀵，洪波浩渺，蒲苇蕃芜，鱼鸟游泳，力田生聚，赖遗其利。”湖稍变浅，故提出“无伐林麓”；后改封感灵元应公，改曰宣济庙。元朝“为汾水所没。”明洪武《太原府志》载:“今不见矣!”成化《通志·山川》载:“台骀泽……即晋泽也，源出晋水，……久湮涸。”后“尽为民田”。今踪迹全无。

当代，在晋源北金胜村东挖9770亩的热电厂冷却池，亦名“晋阳湖”，非古晋泽，更非远古晋阳湖也。

另据《魏书·地形志》、《隋书·地理志》和《图经》等，太原城北阳曲镇旁有阳曲泽，又称阳曲川。后洛阴水泥沙淤积，金代已“湾湾一泓”，称阳曲湾。元朝消失。

详见《太原森林与生态史》335～339页。

*　　　*　　　*

临汾盆地：洪安涧河下游、洪洞东南范村，上古有杨泽，西周封文王庶子伯侨为杨侯国。汉杨县治此。国、县以该泽为名，可见较为广大。候马西南浍河下游一带，先秦有著名王泽。晋平公建虒祁宫于其上。《水经注》载:“背汾面浍”。中古后逐渐消失，俗称湾里。另曲沃城北十里上古有相传晋太子申生泛舟的湖择。后代人怀念他被骊姬谗害而建祠，因泽已涸，称太子滩。以上诸泽均因汾、浍等河道下切，湖水逐渐宣泄，大约到汉魏消失，故古方志多不载。

第三节　运城盆地湖泽

上古前涑水河流域也有串串湖泽，因黄河下切，逐渐宣泄，到中古还留几大湖泽。

一、董泽

在闻喜东镇北偏东，相传舜封其官董父“豢龙之所”，故称董泽，又称豢龙池，自古闻名，今该县仍以“龙乡”为誉。晋文公六年（前631）“搜于董泽”，《左传》亦载该泽。两汉又称董池陂。《水经注》载:“东西四里，南北三里。”隋称董泽陂。《元和郡县志》仍载；裴晋公建午桥庄、绿野堂滨其东，湖园滨其北；五代后周建董父庙，为一方胜地。其地有董泉，引以灌溉。金县令贾葵《修董泽神庙记》云:“澄澜浩渺，……原下居人数十家，临水而居，……种麻殖稻，……，或织蒲而席，或鼓棹而渔。”看来变浅，芦苇丛生。元在其北建董泽书院。明后期隆庆年山阴王《重修董泽庙记》已云:“近年来山石大水（淤积），……稻米不登，……无以充王禄。”后渐湮涸。现称白水滩，有官庄、湖村等遗名。①

二、晋兴泽　张泽

中条山西北麓，上古有大片连串湖泽。如《史记·魏世家·赵世家》载：惠王元年、成侯六年（前369）“韩、赵合伐魏，战于涿（浊）泽”、“伐魏败涿泽”，在今解州镇西、永济东部、临猗南一带。北魏还留几大择。《水经注》载：“东谓晋兴泽，东西二十五里，南北八里；……西即张泽，……东西二十里，南北五里。”今东、西朝阳村北的东陂因“凫（野鸭）群集”，后称鸭子池；西陂又称张扬池，后湖旁有伍姓居之，称伍姓湖，有时连同鸭子池也合称伍姓湖。明襄垣王子俊禁在湖旁建别墅，达官贵人争相建造，“烟波渺弥”、“楼台环绕，烟树云影，长堤相属，渔舟穿梭”，虽缩小变浅，但还“荷花尽发，烂若霞锦，绿萍红蓼，渔人罟师，水凫沙鹭，……为胜观。”“伍姓渔舟”为虞乡八景之一。后渐被涑水、姚暹渠等水泥沙淤湮，变成沼泽，称伍姓滩。乾隆十八年（1753），连降淫雨，复又积水，后又涸，成了常年干涸、雨涝聚水的泊洼。1949年秋雨连绵40天，又汪洋一片。68年建渔场，后涸，改为农场。今遇大雨，偶或少量积水。鸭子池先行干涸，已全垦为农田。另猗氏（今临猗）南二十里王寮村，古有对泽。据《水经注》，即春秋猗顿故居。元王思诗曰：“对泽空城在，桑泉孤邑荒。”后该泽消失。②

三、运城盐池

古称河东盐池，又称解池或“百里银滩”，记载特多。兹主要从湖泽变迁，扼要述之。上古泽面广大，诸池大体连片。如：周穆王“幸安邑，观盐池。”《山海经》载：“盐贩之泽”；春秋“猗顿因盐起（家），……与王者埒富。”《左传》载“郇瑕氏之地（临猗南），沃

---

① 据雍正《通志·山川》、乾隆、光绪、民国《闻喜县志》等。

② 据乾隆、光绪《蒲州府志》、光绪、1991《永济县志》、光绪、民国《虞乡县志》、1999《运成地区志》等。

而近盐”等。西汉初，司盐都尉治先秦盐氏城，后为盐县（运城）。北魏称盐县故城，分割为东西两大池；《水经注》载：东池“东西七十里，南北十七里。……池西又有一池，谓之女盐泽，东西二十五里，南北二十里，味苦。”《元和郡县志》载：安邑县南“（东）盐池东西四十里，南北七里。”柳宗元《晋问》云：“猗氏之盐，晋宝大者也。”北宋沈括《梦溪笔谈》云：“解州盐泽方百二十里。”即唐宋又有所缩小。唐初“岁得盐万斛，以供京师。”大历十二年（777）赐“宝应灵庆池”。北宋崇宁四年（1105）封池神东曰“资宝公”，西曰“惠康公”，澮泉神曰“普济公”，盐风神曰“嘉完侯”；后又升封为公、王等多种尊号；历代祭祀不绝。元至元二十二年（1285）将司盐城扩建为周九里多的凤凰城，俗称运城，后取代正名至今。虽隶属于解州安邑县，盐官品级却远比州县为高，经济地位也重要的多。

成化《通志·山川》载：盐池“东西五十五里，南北七里，周百四十四里。”女盐池“又名硝池，味苦淡，不可食。”附近分割出苦、金井、圆、南北、灰凹、苏老六小池，“水皆鹹”；万历《重刻盐池图记》云：东“池广五十里，袤七里，周百十四里。”明朝年产盐（基本靠东池）按“引”折算为6080万～28814万斤。清朝盐池稍缩小，硝池明显缩小，六小池名称与明朝不完全相同，可能是有的湮涸，有的再分割之故。康熙年勘测，按大小排序有：贾凹、永小、金井、乔家沟、苏老、东稍六小池，最大187亩，最小仅10余亩，总共才440亩；清后期硝池及六小池皆变成不产盐的苦水荒滩。民国年产盐23363～151900吨。

当代，运城升为县、专区治所，现为省辖运城地级市盐湖区。原其上级安邑县、解州降为其下属乡镇。盐池为山西省盐化工基地，80年代中，年产盐3万吨、水芒硝150万吨、化工碱3.7万吨，以及其他硝化工产品等。今盐池东西长50多里，南北宽6～10里，合130平方公里，水深0.2～3米，海拔320米，为山西省最大、最低典型闭流湖泊；硝池大部湮涸，只剩17平方公里；其附近还残留苏老、贾瓦、金井、熨斗、永小、夹凹六个微小泊洼。两池东北、北、西南三面，按地望排序有：三家庄乡汤里、龙居镇长乐、解州镇与车盘乡间北门、车盘乡北贾、金井乡西王、席张乡南贾六处滩洼，总计4.9万亩，盐碱严重，涝年偶有积水，即上古完整大盐池经历代分割缩小湮涸后的遗迹。

历代为了防止客水冲淡卤水、淤积盐池而大筑堤堰。如：《水经注》载："公私共遏水径，防其淫滥。"北魏沿涑水河南，引平坑（苦池）水，开永丰渠；隋扩为姚暹渠；后历代筑堤、加高，成了悬河；一直发挥阻堵运城盆地客水进入盐池的骨干作用，至今效益优存（详见第十四章、六节、姚暹渠）。北宋崇宁四年又在池东南西三面，筑护宝堤等十一堰围之，长百余里，南侧又筑外垣。历代加筑，到清朝增加到七十二条。1990年可考者还存60余条。又为防偷，唐宋以来还临池四周筑禁墙。明朝又于拦马墙外筑禁垣一周围之，共2500余堵，长17422丈，高1～1.3丈，厚0.8～1.3丈，垣外挖壕，也起近距离阻堵客水功能。当代尚存117里，墙内面积92平方公里。历代接连不断屡筑堤垣，成了墙外留滩，滩外有堰，有些堰外又有滩、堰的严密防洪体系。即使层层设防，还时被大洪水冲决。如乾隆二十二年（1757）大"客水入池，夹带泥沙，……淤埋（池底）"等。由于成了"四塞之池"，才留下该山西省诸盆地唯一大池。但近古后对硝池放松设防，淤积较为严重，池面大为缩小。①

另，《水经注》载："汾水又过皮氏（今河津）南，……汉之方泽也。"因临近汾河入黄口，早已消失，古方志不载。

第四节　山区诸湖泽

东西两山湖泽较小而少。兹举数历史名泽简述之。

一、雷泽　濩泽　平潭

雷泽在永济西南雷首山下，相传"舜渔于雷泽。"泽虽不大，却

① 本目主要据成化《通志·山川·艺文》、乾隆《解州安邑县运城志》、1999《运城地区志·盐池》等。

历史闻名。因临近黄河，约于中古前因黄河下切而消失。今舜南村似乎为其遗迹。

濩泽在阳城西三十多里老鹳岭下，亦历史闻名。《墨子》载:“舜渔于濩泽。”《穆天子传》:“天子四日休于濩泽。”战国魏在其下设濩泽邑。两汉、西晋置濩泽县。北魏兴安二年（453）县治东迁于凤凰城（今县城），孝昌中（526）复在泽下置西濩泽县。北齐废。自后至今虽设泽州（清升为府）、泽州县，但治所越来越远离该泽，可见其影响久远。《水经注》、《元和郡县志》、《元丰九域志》均载。金朝凿开石门口，泽水宣泄，瀑布顿失。清初已变成“潴水一泓，深阔盈丈，澄莹不竭”的泉池；清后期“泽久废，岸畔不可复识。”当代只留长30里的季节性濩泽河，旁有泽城村，并筑沙坡小型水库。①

平潭在阳泉市桃河北岸，众水汇此，平衍光鉴，古曰平潭，系山间小湖。据乾隆、光绪《平定州志》等，战国初赵简子在此筑城，清末“遗址尚存”。北宋熙宁敕建圣寿寺。明嘉靖前“潭亦为山水激没”，改名平坦村。当代已扩入市区，毫无踪迹。

二、五台茹湖

在五台县东茹乡，古昔系晋东北山间湖。汉朝名文湖，水面广阔，水至清深。后称茹湖。明嘉靖六年（1527）冲淤为二；明末清初“环茹诸川，皆山水聚为湖，周五里，水草布涯，……雁多集此。”为县八景之一。清中期更变浅缩小，成了半浅泊、半沼泽状；光绪初“湖淤渐平，大半犁为田矣!”。民国初完全淤平湮涸。今东、南茹二村，即其遗迹。②

三、善无北泽

在苍头河流域右玉老城北、杀虎口南。《魏书》又称善无北陂；“天兴五年（402），太祖入参合坡，……北至善无北泽。”原先很大，

① 据康熙、同治、1994《阳城县志》等。

② 据雍正《通志·山川》、乾隆、光绪、民国《五台县志》等。

约明朝前消失，成化《通志》、正德《大同府志》已不载。今海子湾村，即其遗迹。明正德载其东南、似该泽分割后残存的羊圈海，万历尚载，明末清初湮涸，今羊圈坪村西北，似其遗迹。①

四、神池

在神池县西门外，俗称西海子。北魏称杨池（泉），广渊闻名（见第十五章、一节、一）。明初，还由城东五里温岭泉、北二里紫龙池、东南二里东泉、南一里南泉及南七里青龙泉五小泉汇流而呈“五龙捧玉盘”，“池周五里”以上，“湛然清澈，若有神焉”，故曰“神池”。成化五年（1469）建神池堡，嘉靖十八年（1539）设神池营，扩建堡；雍正三年（1726）升为神池县至今；皆因该池而名。明中叶，溪断源绝，缩小变浅，水不外流。如刘养志《神池堡文昌祠记》云：“水一泓，来无源，去无踪，旱不涸，涝不盈，鱼藻不生。”雍正《通志·城池》更云：“池水一区，……即神池古迹。”乾隆三年（1738）李识蒙《神池清界碑》云：“环池之地，岁久淤湮，农民耕种，多半侵矣！澄泓浩淼，已失其数，……闯侵地三百一十五亩（清淤植柳），……居然一邑之胜。”过了十年，魏元枢云：“枉为大池，年久淤塞，……乾隆三年，……按旧界稍理淤壤，然已不能尽复。”清末常年干涸，仅淫雨偶或聚水。后湮涸无存。②

五、宁武天池

在县西南六十里东庄乡汾河、桑干河分水岭一带。北魏诸帝避暑娱猎的楼烦宫在此。北齐继之。《水经注》载：“汾阳县北燕京山之大池在山原之上，谓之天池，……无能测其渊深。……池东（北）隔阜，又有一池（元池），……不异天池。”隋炀帝于天池旁建宏大的汾阳宫，避暑大猎，而更闻名。唐初废。后再无大建设。北宋、辽以

① 据雍正、光绪《通志·山川》、正德《大同府志·山川》。

② 据乾隆《宁武府志·山川·艺文》、光绪、1999《神池县志·山川·沿革·神池遗址》。

天池为界。金元好问《游天池》诗赞之。元明缺乏记载。清乾隆初载:“天池方广十余里，元池方圆五、六里。”如今，天池（鲜卑语称天为祁连，故北朝又称祁连池｛泊｝，位马营村北，近代又称马营海，俗称母海）水面 0.8 平方公里，深 8～10 米；元（玄）池（俗称公海）0.36 平方公里，深 11～15 米，还有琵琶海、鸭子海、老师傅海及里、外、前、后干海等 13 个更小池泊，总加起来才零点几平方公里，有的已成为牧坡，遇涝年才聚成水洼。尽管比古昔缩小变浅，但系山西省山区所残存的唯一湖泊群。之所以未完全湮涸，主要是由于位处深远高寒山区，海拔 1800 米左右，不宜农作，草被保存较好，水土流失较轻，加之池群流域面积小，无稍大之河夹带多量泥沙明显淤湮之故。①

*　　　　*　　　　*

总之，湖泽湮涸比泉水枯竭更来的早而显著，主要是露于地表，摧毁山林植被后，水土流失，更易直接被泥沙淤湮之故。

---

① 据乾隆、1985《宁武府（县）志》、1999《通志·水利志·天池湖群》、2003《管涔山志·天池景区》等。

第十七章　草坡退化　牧业衰落

良好的大森林环境，有利于草坡繁盛质优。林多草多，草茂土腴，土沃草繁，草丰畜旺，生态就良性循环。唐朝前，山西省森林众多，生态优越，水草丰盛，那时火烧森林后，随即自然生成繁茂草场，故牧业兴旺。北宋后，山林渐少，质量降低，生态变劣，草坡退化，牧业趋衰。明朝后，由于大肆陡坡开荒，滥垦滥牧，致使山林残败，渐趋消亡，缺林少草，草疏土瘠，土瘠草矮，草劣畜衰，生态越趋恶性循环，牧坡越来越零星分散，越来越向深远高山退缩，载畜量越来越低，牧业越来越衰。

兹主要以牧马业为例，推述山西省草坡的历史变迁。因为马是古代最主要的战略和交通运输物资，也是与牛并差的最主要耕作役畜。但马对牧草质量和水的清净度之要求比牛驼羊严格的多，草坡广阔，水草丰美，是牧马业兴旺的先决条件；反之，它必然逐代衰落。

第一节　唐以前牧马业兴旺

早在传说时期的新石器时代，山西省先民已驯化野马，为人所用。

春秋，山西省主要牧场在晋南盆地，牧马基地在晋西南黄土高原（那时坡面完整）。如：第三章、二节、三、（二）已述，“孟春焚牧”；“鲁之穷士猗顿……，大牧牛羊于猗氏（西汉建猗氏县，建国后与临晋并为临猗县）之南，……其息不可数计……驰名天下。”吉县至石楼那时称屈（南屈、北屈），“产龙驹”体大膘美，《春秋》誉之为“屈产之乘”，石楼县黄河一级支流屈产河，其源头城东南四里有屈产泉，“晋人屈产之乘即此。”这一带成了晋国战车马的主要来源。战国晚期，赵武灵王变法，“胡服骑射”，骑兵代替了车兵，牧马基地向北部盆地拓展。如《左传》载：“冀北之土，马之所生”，《战国策》载：“北有代马之用”、苏秦对秦王云：“北有代马之饶”，以及偏关沿黄河丘陵区（那时同样坡面完整）“骐骥牧之成云”等。可以说先秦时牧场基本未上山坡。

由于首先在平川盆地不断扩拓耕地，牧地顺理成章地转向丘陵山区。

秦朝始由平川或高原向边山过渡。如：秦大将蒙恬还在朔州一带大量牧养军马，筑城曰马邑（朔城西北隅）；秦末，匈奴南下，牧地转向浅山区，那时“班壹避地于楼烦（今宁武），致马牛数千群，值汉初定，与民无禁，值孝惠后时，以财雄边，出入戈猎。”西汉牧马规模很大，据雍正《通志·历朝屯田》卷四十四，景帝“发车骑材官屯雁门”，武帝又“发车骑材官三十万匿马邑旁谷中。”太原、西河等边郡也有皇家牧马基地，牧场基本转向边山。如：“太原郡有家马官（说明那时山西省还有野马，到唐朝云中都护府还贡野马、野牛，常贡马皮；又据嘉靖《通志·物产》卷七，到明中期，四府四州还俱出野牛），臣瓒曰：‘汉有马厩，每厩万匹’”；清徐西十五里边山的马名山、二十里印驹城，“文帝时牧马于此，专筑此城（为马驹烙标印）”；汾阳西北边山有牧师城，“汉边郡皆置牧苑，此即西河郡牧苑。”此外如石楼西南“牧马川（今义牒河，下游有马治村），多产名驹，骏同滇池天马”等。所以《史记·货殖列传》大致划农牧区界，在山西省沿勾注山南麓，再沿吕梁山东麓，下至龙门；此线以北、以西，“多马牛羊旃裘”、“代（河北蔚县）、石（吉县石门山）以北，地边胡，不事农桑。”但也有零星插花现象。如前述春秋猗氏大牧场，西汉时“民茭牧其中。”东汉晚期，塞外各族南下或东进，官方牧马基地被迫向东南浅山区转移。如在阳曲、盂县间新辟大牧场，置广牧县；又如雍正《通志·物产》卷四十七载唐中叶李翰《名马记》云：至曹魏黄初年（220～226），“上党泽马”非常闻名；到西晋初，并州（含上党）还系“劲弓良马，勇士精骑之所在。”本段还可参见第四章、二节、三。

五胡十六国，各族在山西省混战不已，大片牧场荒废，“荆棘成林”。唯游牧为主的鲜卑族拓跋部自西晋末进入雁北，建立代国，安定了近70年，牧马业大发展起来。如《北史·燕凤传》载：373年，代王派他出使前秦，秦王问“人马几何?”凤答曰:“……士数十万，马一百万，……云中川自东山至西山二百余里，北山至南山百有余里，每岁孟秋，马常大集，略为满川。”虽有所夸张，但也说明雁北平川，基本复为丰美草场。北魏统一北方、建都平城后，雁北人畜猛增，平川和缓坡丘陵又基本拓为农田，故牧场向境外山区转移。如：《魏书·尔朱荣传》载：道武帝封契胡部尔朱羽健于南秀容川（今岚县一带）方三百里放牧，至其曾孙（尔朱荣之父）成了“马驼牛羊，色别为群，谷量而已”的特大牧主；又封功勋越豆眷于“善无（今右玉）之西腊汗山地，方百里以处之”，也成了大牧主。后太武帝在内蒙古伊克昭盟设皇家大牧场，有马至二百万匹，牛羊无数。这一带水草丰美，誉为“风吹草低见牛羊”。并州、西河、上党等地，也有广阔丰美草坡。如雍正《通志·历代马政》卷五十六载：北魏迁都洛阳后，“恒置戎马十万匹，以供军需之备，每岁自西河徙牧于并州，以渐南移，以其习水土而无死伤故也”、“迁洛后，石济以西，河内以东，距黄河南北千里为牧地（含山西省上党山区），魏齐时马场故也。”北齐除上党牧坡外，皇家牧马基地主要在古交及阳曲西凌井一带。据康熙《交城县志·建置沿革》卷四，北齐在古交镇“置牧官”，专管这一带诸皇家马场，其附近马兰城、板栅等地都系大牧场；太原西北上兰村附近，隋称“故白马府”，约为北齐“牧官”府第。忻代盆地边山，也系皇家牧马基地。如光绪《繁峙县志·杂志》卷四载：北齐河清三年（564），“突厥入侵，代忻二牧，悉是细（精）马，合数万匹，在五台山北谷中避贼”等。

唐皇家重视牧养军马，“西起陇右（甘肃西部），又东止于楼烦，皆畜养马地也。”山西省的皇家牧场再向后远山转移。贞观至麟德（627～665），边境养马七十万匹，“色别为群，望之如云”，共四十八监，“监使虽分，而统系于楼烦（直属朝廷的上州级）”；后又在岚州置内外厩都使，统领楼烦（今娄烦）、天池（娄烦东南天池店）、玄（元）池（静乐东南）三监，后又增设宪州（今静乐）监，以蕃马政。安史之乱前，“安禄山以内外厩都使兼加楼烦监，阴取甲马归范阳（今北京），故其兵力倾天下而率反。”那时誉为“楼烦骏马甲天下”；唐后期白居易诗曰：“并州好马应无数”；柳宗元《晋问》云：“晋国多马。”唐末前的882年，李克用“数争楼烦监”，他掌握了该处马政后，也具备了敢与朝廷抗衡而争天下的资本。至今这一带（含方山北部、岚县、静乐及忻府区西山）还留下许多以马为名的乡（镇）、村、山等地名。山西省另一大牧马基地在上党西屏一带。“山高地腴，……唐李万红（吐谷浑某部首领，降唐后赐姓李，改名万红）往牧津梁，畜马蕃息，……谓之‘津梁种马’”、“唐（潞州）津梁寺（屯留）县西九十里，……地美水草，……良马寨（建国后划为安泽的良马镇）驻此。”本段还可参见第六章、二节、三。

除上述诸大牧场外，各地还有很多丰美草坡，所以至唐末前，未见缺马、缺饲草之载。

第二节　五代至元牧马业衰落

后唐初，娄烦等地牧坡多已垦为农田，故废监置县，征收田赋；上党西屏等牧马基地也因战争频繁而废；到五代末的北汉国已缺乏马匹，不得不在五台山一带与契丹人以物易马。后逐渐形成五台山六月骡马大会。

北宋初，仅某些深远高山还有点牧坡。如咸平（998～1003）王嗣宗奏：“汾州（高山区）地凉，……请就地放牧；帝从之。”北宋中，因扩辟山田，草坡进而退缩退化。如嘉祐（1056～63）欧阳修《论监牧答子》云：“唐养马地，或陷于夷狄，或已为农田，皆不可复得，唯闻岚石之间山荒甚多，及汾河（上游）两岸草地亦广，……今马政全少，……访求草地，兴置监牧。”由于草坡不广，未能施行；仅在汾河源头宁武东寨的头、二、三马坊，圈养些军马而已。虽然治平四年（1067）一度“置马监于交城（山）”，但草不够用，仅次年即废；接着熙宁八年（1075）又“废黄河南北诸监。”[①] 至此，山西省已全无皇家马场。由于马匹太缺，不得不在晋西北某几关隘，以物易物，从辽国进口军马，到北宋后期元丰三年（1080），才因故“罢市马，岢岚、火山二军市马，自是罢之。”

金朝草坡越发退化，更无皇家马场，但还有些零星小片牧坡。如雍正《通志·名宦·朔平府》卷九十五载：金天会初（1123 年稍后）“衣食岁滋，畜牧蕃息”等。

虽然南下建立元朝者系蒙古草原游牧部落，但山西省已无连片较好草坡，故牧马业明显衰落。据《大元马政记》，仅吕梁山北段的兴州东山有稍大片稍好草坡，牧马也不过一、两千匹而已。又据雍正《通志·历代马政》，包括山西省中部和晋北的偌大冀宁（太原）路，至元时（1264～1294）官方尚勉强分散“岁饷诸色驼马一万四千匹”，由于草坡少而零散，草质低劣，供养不起，到成宗（1295～1307），经河东山西廉访使程思廉奏请，恩准“只饷千匹”；与唐时相较，差之天渊。乾隆《潞安府志·名宦》卷十七周干臣条载：“至元中守潞州，时亲王小薛奉命牧马沁潞间，牧人有夺民田为牧地者，干臣诣王启其事，王令悉还其田。”说明已无固定牧马场所；即有零散草坡也不足以供稍具规模的牧马之用了。虽然该府志·物产卷八载：元末尚书长治荫城人李惟馨之子，亦“谷量牛马，富甲诸州”；也只是元末军阀混战特殊条件下“昙花一现”罢了。在某些偏远山区，民户利用零散草坡，少量牧养杂畜。据雍正《通志·风俗》卷四十六，元时朔州一带农户“勤于耕耘，务于养牧”；又雍正《岚县志·艺文》卷十四载元该知州刘源《高光堡道中》曰：“民生多养牧，乳酒酪牧茶”等。

---

① 该段除《论监牧箚子》据雍正《通志·艺文》卷一百八十六外，余均据该通志·历代马政卷五十六。

第三节　明以后牧马业一蹶不振

从明朝起，山西省草坡已退化的极零碎残败，牧马业一蹶不振。虽然明初期曾在紧邻山西省东北缘外的今河北阳原县（当时属山西省）一度利用元末荒芜之地“置九马坊于圣顺川，……马大蕃息”，不久即因“庄田日增，草场日削，军民皆困于孳养”了（同治《西宁（阳原）县志·杂志》卷十）。军马极度缺乏，骑兵锐减，边军总是处于被动挨打守势；连驻于深远山区岢岚的“军宪靳学曾，……（也）常怪乏马”（雍正《岚县志·艺文》卷十四）。即使少量必需军马，也不得不在大同边隘开马市，用丝绸、布、茶等生活用品和工具与敌方俺答诸部交换马匹。就连为数不多的军马饲草也甚感缺乏，只好由晋南平阳、上党等处远途艰难地提供；如雍正《平阳府志·艺文》卷三十六载:“岁给大同镇承办军马饲草三十五万束”等。所以巡按康丕扬奏云:“查得山西边镇，地脉沙碛，非牧马之所。”内地也仅最远高深山有点稍像样草坡，多被藩府霸占。如吕梁山中段主峰孝文山麓汾、黄分水岭（俗称官地里）的一些草坡，为晋藩牧马之处；附近也产一些良马。民间只能利用田头地角或零星杂草坡养牧少许粗饲的牛羊，骡马极少。据乾隆《潞安府志·物产》卷八，弘治至正德（1488～1521），仅远深山区的壶关县“尚有万羊千马称”，唯因“冬月草少，不得不移牧于南方，及夏而还，若鸿雁之往来南北焉。”到明后期也因大为衰落而不载了。

清朝绝大多数山坡更恶化的“有草无树，草亦不繁”，再无官方牧马业之载。民间运输骡马也极端缺乏，多用牛车或骆驼代之，连官方徭役也不得不征牛车，亦难征足。如乾隆《太原府志·艺文》卷十五载顺治刘嗣美《请免牛车疏》云:“晋民凋残已极，车牛累难堪仰，……牛车一事，久为晋民大患，……（乞请皇帝恩准）免征。”接着康熙七年，某大员又上《请停车牛苦累疏》。又如乾隆《潞安府志·物产》卷八引旧志语:“今（清初期）山川渐枯，牧养无利，民间生计，日就薄矣。”虽然康熙初交城知县赵吉士尚说交城山（与娄烦相接的）米家沟、钟家沟等十几村“多产良马”，也仅局部深远高山有点稍像样草坡，民间少量牧养而已；与唐时这一带放牧十几万匹骏马相较，微不足道。看来到清朝除很少富户及以运输业为主户能养得起骡马（车），少数中上户养得起牛驼（车）外，多数农户连耕牛也供养不起了，有些山区甚至“尽皆人作犁”代劳；农户少数羊只（含更粗饲的山羊），往往数家合成小群，就近放牧，也多因草太缺乏，多交由牧羊头人，于夏季集中成大群，到深远高山放牧养膘，冬初返还宰杀。这些都是因为草坡太缺、太劣之故。

民国初虽然阎锡山提倡畜牧，因草坡仍少而劣，牧业并未发展起来。如民国《崞县志·民政》卷四载：“无畜牧之余地，每年夏间，……往往合二、三十户之牛马，寄牧于宁、朔、偏关等处，至秋将近，着人牵回，因本地无长林丰草故也。”上党等诸县农户之羊，仍合而成群，于夏秋远往沁源西端高山放牧。五台山仍有六月骡马大会，多系蒙人牵骡马朝圣时发卖。骡马昂贵。如抗战前我家买一头驾辕好骡，竟花费四百银元，约合如今十几万元。

据1987《山西农业志》（初稿），建国后稍像样的天然草坡，几乎都退缩到不能生长树木、也不宜耕作、通常海拔2400米以上的最高寒山头。如五台、芦芽、孝文、太岳、太行、恒山等山脉的少数最高峰，都有一些亚高山草甸，总计约556万亩，只占全省总面积的近2.4%，为夏季主要临时牧场；但产草量不高，每亩年产鲜草仅九百余斤，要四亩草坡才能供养起一只羊。其中亩产鲜草一千六百斤以上的较好牧坡，共计不足百万亩。此外，基本系混杂矮灌的稀疏草坡，亩产鲜草数十~数百斤不等，草质低劣，要大几亩甚至几十亩才能供养起一只羊。因饲草严重不足，始着手建立若干播种和半人工改良草场。

由于科技进步，现代交通运输车辆逐渐取代了骡马，且马肉又不可口，除某些特殊用途外，养马业近于消亡，养驼业在山西省也几乎消亡了。又由于现代动力机械逐渐取代了牛驴等役畜耕作，驴牛变成供肉、奶之用，基本改为圈养。肉、毛羊也渐变为半放牧、半圈养状态。尤其到世纪之交，陡坡大量退耕还林、还草，人工种草增加，牛羊也增多，更逐渐变为以圈养为主了。

第十八章　珍稀生物危绝

中古前，山西省森林植被良好，生态环境优越，野生动植物种类丰富，数量众多。随着人们活动地盘扩大，活动程度频繁，森林被摧毁殆尽，植被亦残败不堪，生态恶化，使它们失去优越栖息繁衍场所。加之人们滥捕滥猎，滥采滥掘，到近古后，逐代减少，有的变为稀有，有的濒危、濒绝，有的绝灭。应注意保护，使之有一定种群数量，以维护食物链平衡和自然和谐，供人类现在或将来所需。兹主要据山西省各古方志·物产（行文时一般不再引注）等，重点以某些野生动植物为例，概述濒危或绝灭历程。

第一节　野生珍稀动物

据20世纪80年代初普查，山西省有野生兽类65种、野生鸟类（含候鸟）316种、两栖爬行类32种。兹以某几已绝灭者和某些珍稀种概述之。

一、熊

中古，山西省南北都有分布，数量不少。如：东汉建安十一年（206），曹操经壶关太行山大峡谷北伐，咏《苦寒行》曰："熊罴对我蹲，虎豹夹路啼。"雍正《通志·山川》卷二十一载：北魏道武帝天兴元年（398）建都平城初，在白登（小白登山，今大同城东马铺山缓坡）"见熊（大熊猫领几头小熊），皆擒获。"《元和郡县志》载：开元岚州"贡熊皮"；《唐书·地理志》、乾隆《大同府志》载：蔚州、兴唐郡"贡熊鞟（去毛之皮）"；《云中古城赋》曰："伏熊斗虎"；成化《通志》载：唐河东道楼烦郡"贡熊鞟"。《太平寰宇记》

载：岢岚州“贡熊皮”；据同治《榆次县志·山川》，北宋初在与寿阳接界边山猎熊而名“杀熊岭”（明朝改名王胡岭，今称要罗山）。辽重熙五年（1036），兴宗猎于黄花山，“日射熊猫三十六只。”金朝大同府“贡熊胆”等。由于它个体高大，行动笨拙，易被捕杀，到元朝已明显减少。

明初期，大山中还有少量分布。如：洪武《太原府志》载：岢岚州贡“熊皮”；成化《通志·土产》载：“熊，（全省）三府五州大山中出”；正德年大同府还产些熊皮、熊胆；《大明一统志》卷二十载：大同府（蔚州、广灵、广昌）产“熊皮”；嘉靖《通志》还载有熊。明后期万历年已极稀有，仅见太原府（含晋西北岢岚等广大地区）、应州、马邑等山区还有熊之载，大多州县已不载有熊了。

清前期趋于绝灭。仅朔州、五台、阳曲、黎城、隰县等偶有熊之载；雍正《通志》仅载吉州有熊，“穴处山谷。”清中期已极罕见。如乾隆《潞安府志》提到熊时按曰：“不恒有，有则惊之为异，在深山绝巘避人迹。”山西省野熊约在清中期稍后先予绝灭。

二、虎　豹

中古，山西省南北都广泛分布，记载较多，仅摘其要。如：万历《清凉山志》载：“（东）汉明（帝）以来，……（至北魏）虎豹纵横。”唐河东道雁门、定襄、马邑、兴唐等郡和朔、代、忻等州“俱贡豹尾”，蔚州“贡豹皮”；乾隆《潞安府志·名宦》载：唐贞观长子县令崔珏“遣使追虎杀之”；据康熙《灵丘县志》，唐末晋王李克用在灵丘大涧村围猎遇虎。北宋，五台山仍多虎，康熙《定襄县志·艺文》载宋张商英《增修真容院记》云：“打地和尚……隐定襄间，往来深山，与虎豹群居。”乾隆《汾阳县志·事考》载：“宋嘉祐中，汾中横山有虎，……道士深入，驱出七虎，……伏地而死。”乾隆《潞安府志·仙释》载：宋“黎城岚山麓有双虎为患，师到即驯之”，人称伏虎先师。辽开泰五年（1016），“帝射虎”。金朝大同府等“贡虎骨”；金末蒙初，元好问《过石岭关》曰：“厌逢虎豹欲安逃”。乾隆《祁县志·艺文》载元初王恽《过鹿台山》曰：“疑有虎豹变”；万历

《偏关志·山川》载:“大虫岭，在关东百里，昔多茂林”，虎俗称大虫，元朝尚多虎，故名。虎豹系自然食物链顶级食肉大兽，此前易捕到足够其食之有蹄类等野兽，极少伤害人畜之载。

明中期前，显然减少，已不成贡品；因食物不足，也偶伤人畜。如：据万历《应州志》，弘治时“南山有虎患”；正德《大同府志·土产》已不载虎豹产品；民国《霍山志》载：正德时“虎下山为害”。《大明一统志》仅载太原府代、岢岚二州及大同府蔚、广灵、广昌尚产“豹尾”；嘉靖《通志》已不载该产品；从各方志看，南北诸多后山区还有些虎豹。如乾隆《代州志·祥异》载：嘉靖七年（1528）“南山多虎豹，啮樵采人”等。明后期进而减少，更向深远山退缩。如万历《应州志》、《马邑县志》、《大同府志》（清初印刷改名《云中郡志》）、《清凉山志》、《太原府志》、《汾州府志》等，还载有一些虎豹；但平川浅山县，如万历《太平县志》等已不载有虎豹了。人们继续猎杀；如雍正《通志·艺文》载明王稚《登虎苑》云:“山西人有善搏虎者，蓄一弓劲，出必自随。”明末崇祯《山阴县志》等，已不载有虎豹；乾隆《凤台县志·艺文》载明末徐芳《太行虎记》云：县西九十里太行绝顶“天井关……虎……啮人，往来行旅，伤害甚众。”可见已退缩至高山绝顶，因缺乏食物而伤害人畜。

清前期，渐更稀少，但多半山区县还有少许虎豹。如：康熙《灵丘县志》载：南山“虎伤人畜”，还载《南山有虎行》文。李燧《管（涔山）游日记》云:“山径多虎，往往为其所伤。”据乾隆《代州志》、《五台县志》，“去台（怀）数十里，……曰射虎川”，康熙幸台，御射殪虎而名；五台东北五十里深高山区吞域沟“多虎豹”。吕梁山中段交城山等有虎豹。太行山中段如康熙《寿阳县志》载那时县令吴祚昌《……驱虎文》云:“闻有虎伤边山之畜。”太岳山虎豹还较多。如民国《霍山志》载：康熙十五年（1676），“虎又下山……为害，……数虎被获”；乾隆《沁州志·灾异》载：康熙三十七年，“沁州多虎患”；据嘉庆《沁源县志·仙释》，康熙二十七年，楮国旺“至（沁源北端）涧崖底村……适野遇虎”；到雍正初，

“（灵空）山前有虎窝，人不敢行”；因该县山林较多而好，虎还易捕到有蹄类等野兽，故无伤人畜之载；但长子邻近上党盆地，有虎为害，该县志载《打虎行》诗歌，述打虎英雄冯振孩事迹。太行山南段远深山区仍有虎豹。如：乾隆《凤台县志》载康熙陈廷敬《樊山射虎记》云：“伏弩杀二虎。”同治《沁水县志》载康熙赵凤诏《……驱虎文》云：“虎在深山。”中条山之虎几乎都退缩至东段深高山分水岭一带，如顺治《绛县志》载当时《横岭关祭山神文》、《祭紫家（及陈村）青凌山神文》、《城隍驱虎文》云：“横岭关南邻垣邑，多虎为害，……商民阻隔”、“山虎肆虐，伤人众多，……樵采黎庐，屡受虎害”、“猛虎显踞，商贾乏足”；《垣曲县志》也载《驱虎文》。吕梁山南段如乡宁康熙时“深山虎豹多”、“多虎患”等。由于人将其逼到绝境，饿的发慌，才冒险伤及人畜而多予记载，所谓“多”，系横向与无虎或绝少之地相对而言。故雍正《通志·物产》只述潞安府有虎豹，其他地区，不值一提。

清中期，已近濒危。如：潞安府虎豹“不恒有，……在深山绝巘避人迹”；乾隆《大同府志》载：仅“浑源、灵丘山中间有之”；乾隆《代州志》《射虎川碑文》注云：“旧多虎，今垦田艺殖，猛兽避迹”；乾隆《沁州志》说虎豹“俱出沁源”等。光绪《沁水县志·志余》载：“乾隆庚寅（1770），……虎噙某氏去，……（县令）集猎户克期捕虎，连杀两虎。”尤其是乾隆后期，乡宁县令葛清大规肆猎杀虎豹，几近杀绝，他《新建山神土地庙碑记》云：“……乾隆四十七年（1782），邑虎竟白昼啮人于路，……选猎户七、干役三，人日给银七钱（约折今二百多元），获一虎赏银三十两，劳以花酒，受伤者月米三斗调养，不幸遇害，棺木银四两，……统计两年，共获虎十、虎子六、豹十二。”

清后期，又有不少山区县虎豹绝迹；光绪《通志·物产》也不载虎豹，仅偶有之。民国初，在五台山南台之南打死一虎，此后虎在山西省完全绝灭。国家二级保护动物猞猁也随后绝灭。豹比虎小巧灵活，至今某些远高山区还偶有，而以太岳山主峰一带稍多，笔者“文革”期间下放到将台、绵山林场，即亲眼目睹。已近濒绝，为国家一级保护动物。

三、猿　猴

较喜温暖，在山西省分布偏南，以上党一带（尤其是晋城地区及垣曲）为多。有关记载不多，有的古方志将它等混为一谈。

中古时亦较多。如顺治《高平县志·艺文》载西晋末刘琨《长风歌》曰:“暮宿丹水山，……麋鹿游我前，猿猴戏我侧。”民国《榆次县志·艺文》载榆次长凝东魏《龙骧将军杜佂拔墓志铭》云:“山猿晓思。”李白《送……魏万还王屋》曰:“百里行松声，……松风和猿声”；嘉庆《长子县志·艺文》载天宝《白鹤观碑阴诗》曰:“猿声出樛葛”；韩愈《题（晋城）西白涧》曰:“群猿见之走绝壁。”雍正《沁源县志·别录》载金薛练真人寓沁城西边太清观，“见西北松枝上，有一山猴”等。

明朝，山林已摧毁殆尽，分布范围缩小，数量大减，但万历《定襄县志》尚载有猴（分布北线）。太行山中段平定州、辽州，吕梁山南段隰州和中条山解州、绛县等地还少许猴。太岳山猿猴稍多。如：嘉庆《长子县志·艺文》载明初王臣《春游发鸠山赋》曰:“峻岭猿啼”；同治《洪洞县志·艺文》载嘉靖刘承宠《皋陶兆宅论》说霍山“猿啼虎啸，山声也”；民国《岳阳县志·记》载明贾橘升《霍山道中》曰:“探穴青猿啸，环山麋鹿游”等。太行山南端及中条山东端猿猴又多一些。

清朝，更向南、僻远山（非高寒山区）退缩，渐趋濒危。如：乾隆、光绪《平定州志》还载有猴，昔阳至清末乃间或有之。乾隆《赵城县志》载有猴、猿（长臂善攀），清后期太岳山已不记载。康熙《隰州志》还载有猴，之后吕梁山南段也不见记载了。中条山西段仅见民国《虞乡县志》载有猴，可能沿用旧志资料，或偶有之。乾隆《武乡县志》载有猴，到民国该县志按云:“嗣以林木日稀，其种遂绝”，约于清后期绝灭。乾隆《潞安府志》虽载有猴，但查其所领诸县清志，除长治有猴外，余皆无猴，接近濒绝。泽州府除高平无猴外，余四县猿猴还稍多一些。如：雍正《泽州府志》载有“猴

(山民腌食之)、獑猢(猿类一种)、猿属(头有发,腹以后黑),陵川亦多猴种。”乾隆《凤台县志》载:天井关“地多猿猱,接河南界”,仅深远山有之。光绪《陵川县志》有“猴、獑猢(猿属,头有发,腹以后黑)。”光绪《沁水县志》有猴。康熙、同治《阳城县志》均载有猿猴;清后期只“猿猴唯莽山、蒙山有之”;该志《胜记》云:“莽山之南,……树木翳蔽,猿猴傍处山间,人多捕得,脯而食之。”另顺治、光绪《绛县志》、乾隆《临汾县志》皆载有猴。到清末,以阳城南部为主,及绛县东南端和垣曲东端一带,接河南界,是山西省猴类还略多之区。

由于人们捕食,山西省猿类约在民国初绝灭,仅剩少许猴。如今仅阳城漭(蟒)河和阳、垣接界的云蒙山、陵川东南端(皆接河南界),以及沁水,还有少许猕猴,约共数百只,系我国猕猴分布最北线,为国家二级保护动物。

四、麋　鹿　麝

为森林草原食草动物。中古在山西省南北广泛分布,成群结队,数量众多,记载亦多,仅略述之。如:雍正《通志·人物》古弼条载:北魏道武帝“猎河西,……获麋鹿数千头。”隋炀帝率“从骑千余”,在天池猎娱,“大获麋鹿。”唐景龙二年(708)《潞河逐鹿赋》曰:“帝逐鹿于潞河”;光绪《代州志·杂记》载:“唐长庆年,林景元侨居雁门,……得麋鹿狐兔甚多”等。从汉至唐,帝王将校富豪等大猎(麋鹿)之载甚多。主要如:光绪《河津县志·艺文》载初唐王绩《答冯子华处士》曰:“山麋野鹿相牲畜。”乾隆《潞安府志·艺文》载唐中期张九龄《应圣图赞》云:“深山鹿之挺走驰骋。”唐后期殷尧蕃述灵石南《韩信庙》曰:“咫尺长陵又麋鹿。”吕令问《云中古城赋》曰:“腾鹿聚麋”等。唐朝,雁门、定襄郡、太原府及岢岚、代、辽、沁等州皆常贡“麝香”等。

北宋,它等有些减少。主要体现在吕梁山中北段较远山区成了麝香主要产地,及改由保德、岚、宪(静乐)、忻、石等州“贡麝香”;代、岢岚二州仍“贡麝香”。辽金帝王将校和王公贵族等,在西京雁北一带大猎麋鹿麝等，腌制“腊肉”。金朝，大同府等“贡鹿茸、麝香”，勾注山以南山区，它等还不少。元朝，其数量显然减少而分散，未见统治阶层大猎之载，但民间还有一些猎户，继续分散捕杀，忻、岢岚等州还“产麝香”。

明朝进而减少。但据成化《通志·土产》，“鹿茸，三府五州（大山中）俱出”、“麝，忻、代、岢岚、辽州、翼城诸山上出”，五台、安邑各“贡麝香等药五十五斤四两”、太平“贡麝香等药十斤四两”；嘉靖《通志》载“土产麝香”的州县同成化，但贡量大减，如“平阳府贡麝香二斤十五两、鹿茸二两”、“太原、潞安府各贡麝香一斤六两、一斤五两”。不少州县还“贡鹿皮”。随后麋已濒危，鹿麝也锐减，难以再贡。如：万历《应州志·课贡》载:“旧贡鹿皮二十三张，万历年废”；光绪《平遥县志·土贡》载：明“贡鹿皮五十七张、麝香四两三钱”；雍正《洪洞县志·食货》载：明“贡鹿皮十张”等；明后期皆废。

麋体形较大，故濒绝的较早。遍查山西省清方志，仅康熙《解州志》载:“州五县俱出麋”；康熙《永宁州志》载有“麋”；乾隆《五寨县志》载:“南山（芦芽深高山）出麋”；以后皆不见有麋之载，约清中期在山西省绝灭。

清前期，不少山区县尚有鹿麝之载，但数量已很少。清中期后，草坡更加残败，加之少数猎者进而搜寻捕杀，越发稀少，趋于濒绝。如：乾隆《大同府志》等已说“今无”。乾隆《代州志》等也说“麝今无”，但深山区环偶有鹿。乾隆《宁武府志》、《忻州志》、《太原府志》、《蒲州府志》、《解州志》等，皆不提有鹿麝；乾隆《乡宁县志》载:“鹿皆他境之难得而可贵者也”；同期许多州县志，也不提有鹿麝。清中期后仅某些深远山偶有。如：道光《阳曲县志》载：“鹿，间或有之，在西山交城界。”就连明中期还主产麝香的翼城，到光绪该县志载:“麝，山中间有，今亦绝少”了。鹿为国家一级保护动物，体型居中，在山西省于清末（至迟民国初）完全绝灭。近二十年来，个别农户为取鹿茸而圈养些鹿，其原种系从东北引进。麝比鹿又小巧灵活，清末至民国，近于濒绝。如：民国初《大中华·

山西地理志》载岢无鹿有麝。民国初期《闻喜县志》亦说无鹿，但“民国三年获麝一头”。至今，中条山、吕梁山，其次太岳山、恒山等深高山还偶有麝，极稀少，为国家二级保护动物。

五、鼯鼠等小动物

鼯鼠亦名飞鼠，俗称寒号虫，粪便为较名贵中药五灵脂，故方志多载。以柏松籽、橡栎等果实，乃至柏叶等为食，栖息于林区峭壁缝隙小洞，靠皮翼滑翔，昼伏，晨、昏外出觅食，古昔凡有峭壁（或枯树洞）的林区，多其分布。据乾隆《太原府志》，金朝“贡五灵脂”。随着山林缩减，其食物短缺，数量和分布也减少缩小，明清雁北各方志未见有鼯鼠之载。成化《通志·土产》载:“五灵脂，太原、平阳、汾、潞、汾诸山上俱出”；嘉靖《通志》同成化；万历《太原府志》载：五灵脂“出太原诸山上”，并着重指出“飞鼠出岢岚”。雍正《平阳府志》载：五灵脂“诸山俱出”；光绪《蒲县志》载:“出五灵脂”等。看来，中条山（平陆以东）、太行山、五台山、太岳山、吕梁山，都有些鼯鼠分布。当代，分布范围又有所缩小，中条山（东段）、绵山、石膏山、太行山、五台山、宁武山等林区，零星分布，基本不成批量产品。笔者“文革”期间下放到绵山林场，目睹有人冒死吊绳在峭壁掏采五灵脂，有摔死者。数量已少，为山西省重点保护动物，且与山林关系密切，故予简述。

水獭皮毛珍贵，关其记载极少。仅查到雍正《兴县志》有獭；民国《闻喜县志》“獭（间有）”；民国《武乡县志》载:“近年县东发现水獭，本属仅有。”可见近古后山西省越益干旱水少，它也十分罕见而多缺载。如今，野生者仍极零散稀有，为国家二类保护动物。

大鲵俗称娃娃鱼，栖于山溪常年清流边石洞。近古，山西省适于其生存环境极少，故极罕见。仅查到同治《阳城县志》载:“青萝河、西冶河有娃娃鱼。”如今，这一带及其邻近的垣曲东北端中条山主峰下还偶有，为国家二级保护动物。

另还有豺、貂（扫雪）、青鼬、青羊、黄羊等国家二级保护动物，如今也越益稀少。

六、褐马鸡等珍禽

褐马鸡系山西省特有鸟种。“性果勇”、“被侵直往赴斗，虽死不置”，赵武灵王（还可上溯到轩辕黄帝）用其羽饰武士，以示勇猛刚毅。随后历代多用其“毛饰武士”、“武冠……加双褐尾，竖左右，为褐冠。”即用其尾羽为翎，做将校头饰，以示雄威。它与山鸡等都是“半飞禽”，较易猎获而捕杀过分，随着山林殆尽而越向深远高山退缩。近代，全球仅山西省吕梁山及河北小五台山林区间有之，为国家一级保护动物，1984 年定为山西省鸟。

到中古，山西省南北诸林区广为分布，数量较多。如：隋《汉书音义》云:“上党猗氏县（今安泽南冀氏）出褐鸡。”成化《通志》载：唐河东道雁门、马邑、云中等郡“贡雕羽”；北宋初《太平记》载:“云州贡雕翎”等。

明朝虽然减少，但据正德《大同府志》，还产褐鸡，万历仍之。勾注山以南还稍多一些。如：成化《通志》载:“褐鸡，石州出”；嘉靖《通志》载：太原府、平阳府贡翎羽“二万一千根”、“四万根”；万历《太原府志》载:“褐鸡出宁化”；潞安府等也产褐鸡。雍正《沁源县志》还载有褐鸡，清后期绝灭。除吕梁山深远山至清末还间有外，其他诸山都约于清中期稍后绝灭；唯光绪《沁水县志》还载有之，随后也绝灭。

据 1980 ~ 82 年调查，仅芦芽山有千只左右，孝文山五、六百只，另蒲、隰交界的五鹿山也有少许。1980 年设芦芽山、庞泉沟（孝文山下）两处以它为主的自然保护区，到 1990 年分别发展到两千多只、千多只。93 年又建五鹿山保护区，数量也有所增加。可详见 1990 年《珍禽褐马鸡》一书。

白冠长尾雉到中古在山西省南北也有分布。如：成化《通志》载：唐雁门、马邑郡“贡白雕翎”；乾隆《平定州志・艺文》载唐末天祐（904 ~ 907）王缄封《白鸡山记》，说州西北二十五里（今阳泉郊区）山上，白鸡多“睆苍翠之侧，于翳荟之中。”当代，仅中条山偶有，濒绝或已绝灭，为国家二级保护动物。

另：雕（鹰科，非鸡雉也）、鹤、鹳、鸢、鸥、枭、鹭、天鹅，鸳鸯等，中古时也不少。明清方志所载鸟种较多，它等数量虽然大减，但还不乏记载。当代更加稀少，20 世纪 80 年代将它等列为国家一、二级保护动物后，略有增加。古今鸟名有的不同，古志也多未细分其种（如古志所载雕，今山西省就分为六种等），笔者对鸟类知识欠缺，故不列述。

第二节　野生珍稀植物

据 1998《山西珍稀濒危植物》一书，山西省维管束植物有 197 科、722 属、2731 种。其中裸子植物 6 科、12 属、24 种，被子植物 151 科、724 属、2614 种，蕨类 22 科、36 属、93 种。该书计述濒危植物 126 种，但未述及低等的苔藓、藻菌植物。

本节并不按照该书，而只举一些为人熟悉、古方志有载者，概述其濒危、濒绝、绝灭历程。有的已在各章节，特别是第十一章、二节喜湿植物变迁连带述及，兹再按诸方志・物产等，系统略述，一般不再引注出处。

一、檀等珍稀树木

据 2001《山西树木志》，有木本植物 481 种。其中乔木 242 种、灌木 229 种、竹类 10 种。仅以某几种为例，概述其濒绝或濒危历程。

檀树：属榆科，稍喜温和肥沃土壤。先秦分布于恒山以南，尤以中条山众多。如前已述及：《诗经・魏风》有《伐檀》，芮城、平陆接界处有檀道岭；战国，魏王赠赵王大批檀材，在邯郸筑宏伟“檀台”；《山海经・北山经》载：“北岳之山，其上多枳棘（柘）刚木（檀）”等。材质坚硬细腻，紫檀尤美，向为宫殿、装饰、车辆、高级家具等名贵木料，很早就砍伐过甚。如乾隆《蒲州府志・识余》载：“河东独头山（中条山西端）多青檀，可为良弓（用幼树干），唐时做弓者多在河东。”说明到唐朝紫檀已少，但还大伐青檀幼树；沁州、壶关有檀山等。后更多砍伐，元末明初，分布及数量皆明显缩减。

明朝，显趋大减，有些地区已不产檀木了。如：正德《大同府志》已不载产檀木，但还残存少量檀树。成化、嘉靖《通志》只说“檀，平定州出”，接着亦遭大肆砍伐而残存无多。万历《汾州府志》、《灵石县志》、《定襄县志》等尚载有檀，但同期《太原府志》、《太平县志》等已不载有檀；中条山西段更早已不产檀了。

清中期前，更渐趋稀少。如：乾隆《潞安府志》虽载有檀、椴等名贵树木，但接着引顺治该府志语：“后历代砍伐，……非盆中之景则神栖之禁物耳，……渐凋矣。”康熙《解州志》述檀“唯夏县独盛”，系与该州其他四县已几乎无檀相对而言。已几乎形不成批量产品，所以雍正《通志》只说“檀，吉州出。”遍查清各方志，到清中期，浑、灵、繁、崞、定、平定州、榆社、辽州、交城、宁乡、永宁州、汾阳、孝义、介休、灵石、沁源、屯留、襄垣、壶关、长治、泽州（陵川、凤台、阳城）、翼城、岳阳（含安泽）、隰州、吉州、永和、垣曲、夏县、闻喜等山区，还有少许檀树。清后期，又在不少州县绝灭，故光绪《通志》已不再提檀；但还留十数个县的远深山区间有之。因紫檀最美观，约于清后期绝灭。民国时偶有青檀。如：民国《崞县志》载：“檀分黄白紫数色，……县境只有白（青）檀，惜不甚多”；《安泽县志》载：“白（青）檀也，山中有，皮青而泽肌，细而腻，体重而坚，材宜车轴”；《沁源县志》载有檀，“白色者”，并售车轴往外县；还有襄垣、陵川、晋城、阳城、垣曲等县深远山偶有青檀；其他一些清后期尚残存点青檀之县，也多绝灭。

当代，仅最南端的垣曲七十二混沟、阳城莽（蟒）河及横河、晋城衙道、陵川磨河，偶见不成材的小青檀。20 世纪 80 年代中，在灵丘西南端深山三楼乡又发现极少更不成材的矮小青檀，为国家三级保护植物，在山西省特稀少，几近绝灭，以一级保护对待。

柘树：属桑科，对生境要求和分布与檀类似而稍宽。先秦分布也至北岳，往南更多。如：《山海经·北次三经》载：“发鸠之山，其上多柘木”，上党北部有“柘山”；中条山和吕梁山中段以南等处亦多。

成化《通志》载:"柘，太原、平阳、汾、沁、辽、潞、泽境内俱出。"材质坚韧，古代为制弓主要原材。从战国至清中期，弓系普遍用之武器和猎具，砍伐过甚，且生长缓慢，近古渐危。当代，仅中条山的阳城、垣曲、夏县、闻喜、翼城等零星分布，濒危。

漆树：先秦在山西省中部，尤其是南部广泛分布。如:《诗经·唐风》曰:"山有漆"；《山海经·北次三经》载：上党"京山多漆木"等。先人越来越多地割漆。如:《新唐书·食货》载：河东道"贡漆"；北宋《元丰九域志》载：蒲州"贡漆匣"；那时中条、太岳，及太行、吕梁两山中段以南的中浅山区，漆树还较丰富。由于长期滥肆割漆，导致枯死，加之它对温湿肥要求严格，适生地越来越少。如：万历《太原府志》只说"漆，出盂县"，光绪该县还载有漆；乾隆前，昔阳也产点漆；雍正《通志》只说"漆，吉州出"；雍正《吉州志·货属》也载产漆，但光绪该州志虽载有漆树而货属不载，即已形不成商品；同治《阳城县志》载:"漆树资割"，还产些漆。此外，盂县、孝义以南的少数县尚载有漆，分布零散，树小量少，清后期渐趋濒危，割漆困难，几无商品。民国还残存少许小漆树，更几乎不再割漆。如民国《安泽县志》明确指出漆树"未利用"。所用"大漆"从陕西秦岭一带购进。

当代，仅中条山、太岳山，以及太行山和吕梁山的中南部有零星分布，几无大树。

椴树：较耐寒而喜肥润，山西省是其分布南线。中古，中部以北广泛分布，太岳山、太行山南段亦多。材质虽较软，却很细腻，柔复性良好，系细木工、衣箱、柄把等上选材料，亦较名贵而砍伐过甚。加之到近古，随着气候变干，土壤变瘠，大多山地已不适其繁衍，越渐锐减。成化《通志》载:"椴，太原府、泽州俱出。"正德《大同府志》、嘉靖《太原县志》载有椴，万历《定襄县志》载东北四十里有段木山等。清朝，大多州县已不载有椴，少数载有椴者也数量稀少，几无大材。如：清初顺治潞安府已罕有椴树。乾隆《沁州志》载：只"椴出沁源"。同治《阳城县志》载:"椴木利斧"，看来也只产些柄把之类短小用材。另，除中条山西段外，恒山以南诸大高山，也间有几不成材零散椴树，渐趋濒危。当代，主要分布于五台山，太岳山也有少许，其他高山偶有，已濒危。

另：楸、梓（黄金树）、梧（青）桐、楝等喜温湿肥树种，古方志也多有记载，也因历代砍伐过甚和近古生境劣化而大为减少。尤其是竹类更喜湿润，中古，北至五台山还多野生竹林，太原以南，兼多栽植。隋朝，竹是山西省五大燃料之一；唐朝，晋南还大量生产竹材。北宋以后，明显缩减。明前期，南部还产少量竹材，成化《通志·土产》载：“竹，襄陵、洪洞、蒲、泽州间出。”后更向南退缩，如民国《芮城县志》载：还产“竹器”。当代，除晋南芮城等县还偶栽点小竹材、太原以南偶或点缀栽点观赏小竹外，野生者极罕见。前某些章节已连带述及，不再列述。还有些古方志未载，或记载笼统，现已濒危珍稀树种，也不列述。

二、人参等珍贵药材

据1972《山西中草药》，共447种（含五灵脂等少数非植物中药），仅以几种珍贵者为例，概述其绝灭、濒绝、濒危历程。

人参：必须在高度阴凉湿润肥沃的森林环境下才能繁衍。中古，除雁北以外的东山区皆有分布，而以太行山南段为多，壶关紫团山者尤佳，有“自古人参出太行”之称。如：南朝梁陶弘景《本草集注》云:“上党人参品质佳，供不应求。”《晋书·石勒载记》云：其家园（武乡、榆社）“生人参，……悉成人形。”《隋书·五行志》载:“开皇中，上党有人宅后……里许，见人参一本，……其根五尺，……谓之‘草妖’。”随后产参鼎盛，系常贡之物。如：《冀州图经》载：“产潞州者五叶真人参”；《通典》载:“上党郡贡人参二百两，乐平郡贡人参三十两”，紫团山参园沟之最佳人参，特向皇帝专贡，称“南极园”；雍正《泽州府志》载：人参“唐常贡，高平岁贡三十斤，味与潞产同”，乾隆《阳城县志》载:“唐宋时，上党吾乡贡人参”；太原府“贡人参五十斤”，乐平郡亦贡人参等；此外，太岳山的沁州、平阳府、太行山中段的辽州、盂县等地、中条山（含西段解州）、五台山也多产人参。吕梁山南段间而偶有，交口县北二十六里高峰之人参疙瘩，古昔产人参，故名。因采掘过度，唐后期，其分布向远高山退缩。如：大历韩翃《送客之潞府》曰："佳期别在春山里，应是人参五叶齐"、周繇《以人参遗段成式》曰："人参上品传方志，我得精英紫团（壶关最边远高山）"、陆龟蒙《……谢友人惠人参》曰："五月初成椵树荫，紫团峰外即鸡（五叶如鸡爪）林"等。

北宋后，明显缩减，已难采掘到足够所贡人参，故《元丰九域志》载：太原府、潞州、泽州各减为贡"人参十斤，乐平郡十两"，辽州也"贡人参"。又自北宋初，官方在太行山南段大肆砍伐山林，紫团等山首当其冲，破坏了森林环境；加之该山系上乘人参产地，不论大小，皆都挖掘，先予濒绝。如道光《壶关县志》载苏东坡《紫团参》还曰："此生羊肠岭。""参园，古贡人参，自（北宋末）徽宗政和（1111～1117）遂绝"；明嘉靖，"参园已垦为农田久矣。"据雍正《通志》，金朝潞州还"贡人参，大者近尺，小者六寸"，其他府州不见贡参之载；但据《金书·地理志》等，平阳府、泽州、太原府，以及五台山等地，还产些人参。元朝，虽未见产参、贡参之载，但据《大明一统志》，潞安、泽州、辽州、太原（府境出）"产人参"、明初朱元璋云："朕闻人参得之甚艰，……今后不必进用"、嘉靖《通志》"人参（昔）出太原、平阳、潞安、泽州，……今亦难得"等推断，还产少许人参，潞州仍贡点人参。

明朝，全省失去大森林环境，进而远往深高山搜索寻掘，故逐渐绝灭。明前期已极稀少，只太原、平阳、潞、泽偶出。稍后即"高崖绝壁，也不多见"、"人慕虚名，……索者犹未已，……尝饰人于深山掘得，……根株鲜获"，层层转剥，越极昂贵；明中叶"吏尤暴横，……横索参钱"，偶尔得参，"未睹其益，必蒙其害"；故万历李时珍《本草纲目》云："民以人参为地方害，不复采取，今用者皆（东北）辽参。"约明末在山西省完全绝灭。如：雍正《泽州府志》载："人参……今绝无。"乾隆《潞安府志》也说"古有人参"，即入清以来已早绝灭。

党参：属桔梗科，由于五加科人参稀少昂贵，渐用药效差的它代之。一段时期曾两者混名，皆称"人参"。如雍正《平阳府志》将党参称“人参”，而将真人参称“紫团参”。后来才逐渐区分。如：乾隆帝云：“昔陶弘景称人参上党者佳，今唯辽阳、吉林、宁古塔者神效，上党人参，直（根直，不具人形）同凡卉矣。”道光《壶关县志·物产》按云：“紫团参为古今珍贵所知，然今……则无之，即有，也不过蔓草之类耳，按名索实，失之远矣。”“蔓草”正好概括了党参藤本形态。随后嘉庆吴其濬《植物名实图考》云：“党参，今系蔓生，……俗以代人参。”① 才正式定名，并与人参区别开来。另明清较闻名的五台山“台参”与党参同种，民国《崞县志》已说“今不易得”。它也要求肥沃土壤，但对气候适应性稍强，除上党、五台山外，勾注山以南诸山区也有分布。如光绪《岢岚州志》载：“有野党参。”后也因挖掘过度，如今，野生者也极零散稀少，濒危。好在已有较多人工栽培。

贝母：属百合科，其鳞茎入药，亦较稀有名贵。至明中后期，吕梁山中段以南、太行山南段、太岳山，及中条山东段等湿润凉爽的后远山林间，尚有出产。如：嘉靖《通志》载：“贝母，平阳府俱出”，万历《太原府志》载：“贝母，出交城山”等。明末，沁源仍多“出贝母”；潞城等县亦“出贝母”。清朝，分布继续缩小，出贝者仅剩沁源、岳阳、潞城、沁水、交城、隰、临汾等县；清后期，又有一些县贝母绝灭。民国，只沁源、安泽、沁水等县尚出些贝母。由于越来越稀少，约从清始起，山西省所用者渐被川贝、浙贝所代。如今只沁水下川、西峡口稍有野生者，沁源西端接绵山界偶有，濒绝。好在已有少量人工栽培。

天麻：为兰科腐生异养珍稀药材，靠密环菌从木质取得营养，对生境要求特苛，必须在阴湿森林下、极肥沃土壤才能生存。随着砍伐殆尽而失去大森林环境，加之因它珍贵而人搜采过度，与人参近似，到近古已渐稀少而趋濒绝。如：成化《通志》载：蒲州、赵城、岳阳各“贡天麻等药一千二百四十六斤、一百二十一斤五两、二十

① 明清用党参替代人参，主要据光绪《通志·物产》等，为节省篇幅，不逐一引注出处。

斤”；嘉靖《通志》载：天麻“俱平阳府境出”。雍正《平阳府志》已不载该产品；可是乾隆《临汾县志》载有天麻，约偶或有之。万历、乾隆《汾州府志》皆不载天麻；可是光绪《文水县志》载有天麻，也约偶有。万历《清凉山志》载有天麻，之后五台山一带各州县志皆不载有天麻。此外，明清民国诸多方志，也不见有天麻之载。因它比不上人参昂贵，未搜寻净尽，于明后期濒危，清朝濒绝，清末几乎绝灭。当代，极难见到野生者；近年，有人从陕西秦岭引进原株栽培，无果而罢。

茯苓、猪苓：都属多孔菌科，药性类同。茯苓只生于松林根上，较为珍贵，抱根而生者曰“茯神”，尤其名贵。猪苓生于橡栎类及桦槭林根上，药效稍差。中古，山西省南北诸山区多有分布，而以中部以北产者“个大味甘”品质佳。如：北宋《广清凉传》载：五台山盛“产茯苓”。乾隆《大同府志》载：金朝“贡茯苓、猪苓”。明洪武《太原府志》载:“盂县产茯苓、茯神”，说明直到元末明初，茯苓还较多。

明中期前，首先大毁松林，茯苓锐减，已形不成贡品而只贡猪苓。如成化《通志》载:“茯苓，太原迤北、大同俱出。”正德至万历，雁北还产些茯苓（偶有茯神）、猪苓，但已不提进贡。嘉靖《通志》更明确指出，只太原、平阳、潞安三府各“贡猪苓三百三十斤、二百九十斤、五十斤”，平遥、辽州、沁州等亦贡猪苓，而不提山西省贡茯苓了。看来已渐趋稀少，但尚未濒危。如：万历《太原府志》载:“茯苓，太原迤北俱出，唯出五台者大而味平，其抱根而生者为茯神。”因继续搜挖，到清中叶前，只某几深远山区尚产少量。如：康熙《通志·山川》载：忻州西北八十里云中山“产黄芩、茯苓之类”；雍正《通志》、《辽州志》和《沁源县志》载:“茯苓出五台”、“产茯苓”；乾隆《五台县志》、《崞县志》还载：产“茯苓”。其他各方志不见产茯苓之载。看来已极稀少，清中期后濒绝。如今，茯苓仅沁源山（含古县北山）零星稀有，五台山间或有之。虽然松林被摧毁殆尽，但还有一些次生、再生栎类残林，故清朝北起恒山，南至中条山东段，还有为数不多县产少量猪苓；清后期它又在一些县消失，处于濒危。当代，宁武、五寨、神池、岚县、交城、隰县、左权、沁源、安泽、霍县、沁水、垣曲等深远山残杂林区，尚有少量零散分布，近于濒绝。好在安泽等地有点人工培殖。

灵芝：亦属多孔菌科，对生境要求苛刻，只在阴湿森林内，腐生于阔叶树桩之旁。随着森林殆尽而相当稀少，濒危，故山西省明清民国方志中仅某几深远山县偶有记载。当代，更几近濒绝，仅管涔、关帝、太岳、中条之深高山林区偶或有之。好在已人工室内培殖成功。

另：乾隆《大同府志》载："金大同府贡黄连"，并注明"今无"。再查明正德、万历该府志，也未见有"黄连"之载，因它喜湿润，约于明中后期在雁北绝灭。当代，五台、吕梁、中条等山谷湿润处有些分布，濒绝。还有一些濒危、濒绝或绝灭药材，不再列述。

三、蕨菜等山珍

蕨菜：属凤尾蕨科多年生草本，嫩茎是山野菜上等珍馐，并系高血压、头昏失眠等良药。生于阴凉湿润肥沃的林间空地和林缘。中古，山西省南北诸山多有分布。近古，同样因森林殆尽、气候变干、土壤变瘠而向深远山退缩，加之人们采割过分，逐渐稀少。清前期，北自岢岚州，南至隰州、浮山一带的后远山区，还产一些蕨菜，如雍正《平阳府志》载"蕨，翼城等山俱出"等。清后期，更趋稀少，已形不批量商品。当代，只太岳、吕梁、五台，及中条山东段有零星分布，太行山、雁北偶有，已近濒危，应予保护，并试验人工培殖。

猴头：属低等植物菌类，为更高级的珍馐佳品，严格要求湿润的橡栎林生境，近古已很稀少。遍查清诸府州县志·物产，仅康熙《黎城县志》载：出"猴头"；雍正《平阳府志》载："猴头，（只）岳阳出"；清后期同治《阳城县志》更说："猴头……生于悬崖绝壁"等。当然还有的深山绝巘偶或有之，已不值得记载了。看来到明朝已濒危，清朝濒绝。当代，只中条山东段林区偶有野生者，更趋濒绝。外省已有室内培殖成功者。

另：各种蘑菇、木耳、地花、羊肚等食用菌类，至清朝、民国有些方志还有所记载，而以五台山产之天花、地花、芸台、金茎、银(营）盘（吕梁山中北段亦产)，统称“台蘑”而闻名。如光绪《通志》引《归绥识略》语:“……台产之胜他处者，……蒙古僧俗……诣山拜佛，……每食，……特肥美，此间所谓‘口蘑’更可知也。”野生味佳蘑菇，皆逐渐减少而稀有。如今，人工室内大量培殖食用蘑，几乎替代了野生者矣。野生木耳生于栎类林中树干上，今亦十分稀少，市场商品，大多是东北的人工培殖木耳。

还有优良干果栗子树，喜湿润气候，尤其喜肥沃的微酸性土壤。中古，中条山一带还是其主产区，雁北东南山区也产栗。随着气候变干，土壤变瘠，碱性增重，其分布范围明显缩小，产量大减。如：金朝，应州等地还产栗；到明正德已少（清朝濒绝)；故嘉靖《通志》载：栗“垣曲、夏县、蒲州俱出”，已不提雁北产栗了。稍后明许维新云:“夏县宜木，……栗其一也。”即只夏县为栗主产区。清中期前，仍以夏县为中心，西至解洲，东到晋城，北达平阳府（主要在东山)，还产少许栗；后期，只光绪《夏县志》载:“栗，原出县东，小者（似指茅栗）最佳。”当代，除夏县外，垣曲、闻喜、平陆、翼城、阳城、沁水、陵川、左权等地还有些板栗、茅栗树，虽未濒危，但已几乎形不成商品。

本章有些省略者，还可参见管涔山、太行山、太岳山、太原、雁北、五台山等森林与生态史有关珍稀生物危绝章节。

结　论

森林孕育着人类，也孕育着万种生物。但在历史的长河中，由于先人认识的局限，在维持生计等活动中，有意或无意地破坏着森林。上古时期，森林众多，人类鲜少，烧毁一些森林，前烧后生，无关大局。由于社会发展、人口繁衍和生活、生产等需求，毁平川、坂地、缓丘之林，拓为牧场和农田等，也属社会前进之需要，无可非议。随着人类活动范围逐代扩展，进而破坏及山区森林；但唐朝以前，山林还基本完好的前提下，在城乡附近山地进行些农牧等活动，也不算过分。以后就越来越过分了，破坏频度已超过森林再生恢复能力，山林明显退缩，数量趋少，质量趋差，生态劣化，始受毁林之苦果。近古以后，更大肆毁林，乃至殆尽，质量低劣，残败不堪，灌草植被也备受摧残，生态恶化，更受毁林毁草的恶果。由于山林受到不合理对待，乱砍滥伐，乱垦滥牧，焚山粗耕，陡坡开荒，轮种轮荒，最后更毁及深远高陡处之林。经连续不断反复地大毁林草，致其绝少获得喘息恢复之机，古昔大范围天然林区，被切割得支离破碎，十分残败，几近覆灭；大体沿着原始森林→次生林→再生林→残矮杂茅林→蓁莽灌丛→灌草→稀矮草灌，终至童山不毛、岩石裸露、难以再生地逆行演下去。

森林是陆地生态系的主体，在自然生态良性循环中起着主导作用。当一较大范围内（例如一个省或大地区），大体上森林覆盖在三分之一以上，且分布相对均匀，生态环境即处于良性。若降到三分之一以下，再加上林分质量降低，总生物量明显削弱，生态环境就随之劣变，某些生态灾害也相继发生。随着森林越趋减少，质量越趋低劣，总生物量过度削弱，生态环境就更转向恶性循环。当森林几近消亡，总生物量极大削弱，一系列生态灾难就极度严重，终至荒漠、沙漠化，毁了人们赖以生存的适宜自然环境。这就是人们摧毁森林后，大自然反过来给予的严重惩罚，也是古人所未料及给后人带来的严重恶果。这一深刻的历史教训，一定要牢牢记取。

具体到山西省，直至唐末森林约占总面积之近半，质量良好，生态环境优越，即使对森林有所破坏，也易于自然恢复。宋辽金元山林逐代降到20%以下，质量渐趋低劣，已构不成大森林环境，自然生态系统失衡，多种生态灾害也随之较频较重起来。明清山林又逐代降到5%以下，林草植被皆残败不堪，自然生态系统严重失调，越趋恶性循环，跌向低谷。虽然尚未荒漠化（雁北、晋西北始有之），但气候变干，旱、水、雹、霜、风沙等灾害更趋频重，草坡退化，水土流失，土地贫瘠，平川盐碱，水源减少，河水恶化，泉泊湮涸，不少物种危绝等生态灾难越趋严重，人们的生活和生产环境已相当恶劣。又由于受东南季风和地形等影响，越往西北越恶劣，丘陵浅低山区比深远高山区恶劣，大山系的背东南季风面比迎风面较恶劣，阳坡又比阴坡恶劣一些。民国短暂，仅能说是再未继续跌向深渊。当代，比民国更着重植树造林，绿化大地，但受某些政治运动的影响（如“大跃进”全民土法炼钢、“文革”等）和改革开放后受经济利益的驱使，也不免毁些林木。1998 年夏秋，长江中下游和松花江、嫩江等发生特大水灾后，国家更重视保护天然林和绿化等事业，加大投入，以保护和改善生态环境。紧接着实行天然林保护（至 2010 年一律不准砍伐）、陡坡退耕还林、京津风沙源治理等工程，继续大搞“三北（西北、华北、东北）”防护林、太行山绿化、平原绿化等工程建设。如今，全省森林覆盖率约上升至 13%，灌草植被也有所恢复，但总生物量还不大，只能说是对已恶化的生态环境初步治理，稍予扭转，尚未明显改观，生态灾难还未得到有效遏止，还没有从根本上扭转到良性循环的轨道上来。欲使山川秀美，生态系统基本走上良性循环，尚任重道远，仍须坚持不懈地长期努力。

欲减免自然生态灾害，使生态系转向良性循环，首要在于恢复和重建以森林为主体的绿色覆被，这应作为改善生态环境的主导方略。要按科学发展观，以生态学理论为指导，遵循自然本身演替规律，并非完全复古，而是要加大人工措施力度，加快向良性转变，要有计划的装点山西省河山。除保护好现有森林植被、陡坡退耕还林（草）外，更要继续加大植树造林力度，争取再用四、五十年达到生态平衡。

山西省山地、丘陵、平川约为 4∶4∶2，若山地森林覆盖率达到 70%，丘陵达到 30%，平川（“四旁”和城乡村等绿化化折算）达到 10% 的话，全省森林覆盖率就可达到 40% 或稍高。成林后若质量良好，就会形成无山不绿、有水皆清、气候调匀、环境优美的良好生态。这既是可持续发展的长远战略，也是利于当代，尤其是造福子孙的千秋功业。要以“咬住青山不放松”的坚忍不拔意志，实现该宏伟大业。

建国后近六十年，绿化成绩较明显。但也不可否认，常常急于求成，以致单纯追求数量，忽视质量，甚至浮夸虚报，弄虚作假，影响到绿化实效不够理想。今后务须实事求是、扎扎实实、好中求快地长期坚持下去。历史上千年累积破坏成残败林草、生态恶化的状况，我们用百年再治理恢复良好，也是了不起的成就。

另：当今与抗战前相较，虽然全省人口由 1936 年的 1147 万余人增加到 2007 年的 3360 万余人，但粮食作物播种面积即由 6079 万亩降为 4700 万亩，粮食总产由 67 亿多斤增加到 207 亿多斤，人均有粮由近 600 斤增加到近 610 斤，即粮食增产略超人口增长速度；平均亩产由 110 多斤增长到近 440 斤（其中：小麦 412 斤、玉米 680 斤、谷子 184 斤、高粱 316 斤、大豆 167 斤；1936 年见第九章、二节、一），更大大超过人口增长。历史上长期陡坡开荒、广种薄收进而扭转，人口由远深高山向近浅低山、丘陵，甚至平川流动，由偏远山村向城镇转移，这些都为陡坡退耕还林还草、植被恢复奠定了前提。

参考文献[①]

1 山西通志．成化，嘉靖，康熙，雍正，光绪．
2 朔平府志．雍正．
3 朔州志．康熙，雍正．
4 应州志．万历，乾隆，光绪．
5 怀仁县志．万历，光绪．
6 山阴县志、明清民国山阴县志稿（手书残本）．崇祯．
7 马邑县志．万历，康熙．
8 正德，万历（顺治刻印，改名《云中郡志》），乾隆《大同府志》
9 顺治（附《恒岳志》），乾隆，光绪《浑源州志》
10 恒山志．乾隆，光绪．
11 大同县志．道光．
12 天镇县志．光绪．
13 阳高县志．雍正．
14 左云县志．光绪．
15 灵丘县志．康熙，光绪．
16 广灵县志．乾隆，光绪．
17 宁武府志．乾隆，咸丰．
18 偏关志(万历原本)．道光．
19 五寨县志．乾隆．
20 神池县志．光绪．
21 保德州志．乾隆．

① 本书参考古籍和当代文献约千种，不下万卷（篇），兹主要将有关古籍，尤其是山西省古方志列目。为节省篇幅，将同地古方志按朝代顺序归纳，有些州县志前加新修、续修、补修、校补，或曰××乡土志等，皆归为××州县志。至于当代百多部方志和有关专志、有关文献等，有些与主题较密切者，在行文已引注出处（一般则不），除最主要者外，大多不再列目。

22 河曲县志．同治．
23 岢岚州志．康熙，光绪．
24 忻州志．乾隆，光绪．
25 静乐县志．康熙，雍正，同治．
26 定襄县志．万历（残本），康熙，雍正（残本），光绪
27 代州志．乾隆，光绪．
28 崞县志．乾隆，光绪，民国（手书残本）．
29 繁峙县志．道光，光绪．
30 五台县志．康熙，乾隆，光绪，民国．
31 五台山清凉传．唐调露．广清凉传，续清凉传（洪武补）．宋嘉祐，元祐．清凉山志．万历．
32 太原府志．洪武，万历，崇祯，顺治，乾隆．
33 阳曲县志．康熙，道光．
34 太原县志．嘉靖，道光，光绪．
35 徐沟县志．万历（残本），康熙，光绪，民国．清源乡志．光绪．
36 明仙峪志，柳子峪志，太原现状一瞥（手抄本）．民国．晋祠志．刘大鹏光绪．
37 太原文存，太原指南．民国．
38 平定州志．乾隆，光绪．
39 盂县志．光绪．
40 昔阳县志．民国．
41 寿阳县志．康熙，乾隆，光绪．
42 辽州志．雍正，光绪．
43 和顺县志．康熙，乾隆，光绪，民国．
44 榆社县志．光绪．
45 榆次县志．同治，光绪，民国．
46 太谷县志．乾隆，咸丰，光绪，民国．
47 祁县志．乾隆，光绪．
48 平遥县志．康熙，光绪．
49 介休县志．康熙，乾隆，嘉庆，民国．
50 灵石县志．万历，康熙，嘉庆，光绪，民国．
51 汾州府志．万历，乾隆．
52 文水县志．光绪，宣统．

53　汾阳县志．康熙，乾隆，道光，光绪．
54　孝义县志．雍正，乾隆，光绪．
55　临县志．康熙，民国．
56　永宁州志．康熙，光绪．
57　宁乡县志．康熙．
58　石楼县志．雍正．
59　岚县志．雍正．
60　兴县志．乾隆，光绪．
61　交城县志．康熙，光绪．
62　沁州志．乾隆，光绪．
63　沁源县志．雍正，光绪，民国．
64　武乡县志．乾隆，光绪，民国．
65　潞安府志．乾隆．
66　屯留县志．雍正，光绪．
67　长子县志．嘉庆．
68　襄垣县志．乾隆，光绪，民国．
69　黎城县志．康熙，光绪．
70　康熙，光绪，民国（残本）《潞城县志》
71　平顺县志．康熙．平顺乡志．光绪．
72　壶关县志．道光，光绪．
73　长治县志．乾隆，光绪．
74　泽州府志．雍正．
75　高平县志．顺治，乾隆，光绪．
76　陵川县志．光绪．
77　凤台县志．乾隆，光绪．
78　沁水县志．光绪．
79　阳城县志．康熙，同治，光绪，民国．
80　霍州志．道光，光绪．
81　霍山志．民国．
82　隰州志．康熙，光绪．
83　蒲县志．乾隆，光绪．
84　永和县志．康熙．
85　大宁县志．光绪．

86 平阳府志. 雍正.
87 岳阳县志. 民国.
88 安泽县志. 民国.
89 乾隆，道光《赵城县志》，雍正（残本），同治，民国《洪洞县志》
90 浮山县志. 乾隆，光绪，民国.
91 翼城县志. 乾隆（残本），光绪，民国.
92 曲沃县志. 康熙，乾隆，光绪，民国.
93 汾西县志. 光绪.
94 吉州志. 康熙，雍正，光绪.
95 乡宁县志. 乾隆，光绪，民国.
96 临汾县志. 乾隆，光绪，民国.
97 太平县志. 万历，雍正，乾隆，道光，光绪. 襄陵县志. 雍正，光绪.
98 绛州志. 乾隆，光绪.
99 稷山县志. 同治，光绪.
100 河津县志. 光绪.
101 顺治，乾隆，光绪（六年、二十五年两套）《绛县志》
102 垣曲县志. 光绪.
103 闻喜县志. 乾隆，光绪，民国.
104 解州志. 康熙. 解州全志，解州安邑县志，解州安邑运城志. 乾隆. 安邑县志. 光绪. 解县志. 民国.
105 夏县志. 乾隆，光绪.
106 平陆县志. 乾隆，光绪. 平陆图志歌. 民国.
107 芮城县志. 乾隆，咸丰，光绪，民国.
108 蒲州志. 康熙. 蒲州府志. 乾隆
109 永济县志. 光绪. 虞乡县志. 光绪，民国.
110 临晋县志. 乾隆，光绪，民国. 猗氏县志. 雍正，乾隆，同治，光绪，民国.
111 万泉县志. 乾隆，民国. 荣河县志. 乾隆，光绪，民国.
112 大明一统志(山西部分).
113 东缘外有关主要方志，如乾隆《宣化府志》，同治，民国《阳原县志》、光绪《蔚州志》，光绪《广昌（涞源）县志》，同治《阜平县志》，咸丰《平山县志》，雍正《井陉县志》，民国《林县志》等
114 二十五史.

115 资治通鉴.
116 元和郡县志(山西部分). 唐.
117 (日本) 圆仁. 入唐求法巡礼行记. 唐.
118 元丰九域志(山西部分). 宋.
119 顾祖禹. 读史方舆纪要(山西部分). 明末清初.
120 郝懿行. 山海经笺疏. 清.
121 王国维. 水经注校. 民国，谢鸿喜. 水经注山西资料辑释. 山西省人民出版社，1990.
122 大中华·山西地理志. 民国.
123 民国《山西林业调查录》，(美国) 罗德民《山西森林之滥伐与山坡土层之关系》和《五台山土地利用史》，(日本) 宫都宇嵩《山西森林资料及造林》，另 (日本)《山西产业与贸易》，《华北通览》，《大同风土记》，《山西学术探险记等》等，1987 年省方志编委会译，名《山西历史辑览》
124 陈高庸. 中国历代天灾人祸表. 民国.
125 竺可桢《中国近 5000 年的气候变迁……》1973《中国科学》2 期
126 李裕民. 山西古方志辑佚. 山西省方志编委会，1985
127 赵文琳. 中国人口史. 上海古籍出版社，1985
128 中国历史大事年表. 辞书出版社，1983
129 陈嵘《中国林业史料》中国林业出版社 1983，印嘉佑对该书勘误与存疑中国林业史学会通讯 7 期 1992.
130 张钧成. 中国林业传统引论. 中国林业出版社，1992
131 张钧成等《中国古代林业史》第一分册 (先秦) 北京林业大学林史研究室，1994
132 熊大桐. 中国近代林业史. 中国林业出版社，1989
133 史念海《河山集》三联书店 1983 ，重点参考历史时期黄河中游的森林和侧蚀
134 《中国森林史资料汇编》中国林业史学会 1993，重点参考山西周边省区
135 文焕然《几千年来中国森林分布及变迁》中科院地理所历史地理组 1979
136 林鸿荣. 绿韵钩沉. 三峡出版社，2002
137 历代名人咏晋诗选. 中国社科出版社，1980
138 山西概况. 山西省人民出版社，1985
139 温贵常. 山西林业史料. 中国林业出版社，1988
140 《山西森林》中国林业出版社 1988，重点参考第二章罗宝信《地质历史时

期的山西森林》
141 张纪仲. 山西历史政区地理. 山西省人民出版社，1992
142 刘伟毅《山西历史地名录》《地名知识》编辑部 1979，《山西历史地名通检》省教育出版社，1990
143 山西国土资源. 山西省计委，1985
144 杨纯渊等. 山西经济史纲要. 山西省人民出版社，1993
145 吴体钢等. 山西山河大全. 山西省方志编委会，1987
146 山西植被. 中国科技出版社，2001
147 山西农书. 山西省经济出版社，1992
148 张杰. 山西自然灾害史年表. 山西省方志编委会，1987
149 山西自然灾害. 山西省科教出版社，1989
150 山西河流. 山西科学出版社，2004
151 山西水利史志专辑. 1985. 1 期（季刊创刊号）~1988. 2 期
152 山西陆栖动物. 山西省科技出版社，1993
153 上官铁良等. 山西珍稀濒危保护植物. 中国科技出版社，1998
154 山西中草药. 山西省人民出版社，1972
155 山西风物志. 山西省人民出版社，1985
156 山西国营林场概览. 山西省林场管理局，1992
157 钮钟勋. 历史时期山西西部农牧开发，地理集刊. 7 号，1964
158 田世英. 历史时期山西水文变迁与耕牧业更替，山西大学学报. 1981：1.
159 于希贤. 北京地区天然森林植被破坏过程及其后果. 北大地理系《研究生论文集》，1982
160 森林与生态史. 翟旺. 阳泉，恒山，管涔山，太行山，太岳山，太原，雁北，五台山等. 1986~2009
161 《山西通志·地理志（1996）·林业志（1992）·农业志（1994）·水利志（1999）》中华书局
162 近二十数年来山西省各地区（市），县（市，区），山等方志，共百余部
163 台湾中央研究院历史语言所邱仲麟《明长城沿边的森林砍伐……》，《明（沿边）烧荒考……》2005，2006

后　记

多年来，笔者从事林业科技工作，时常通过考察各县的山川地貌，关注残林境况，在调查，访问其历史变迁的同时，收集，查摘我省现存古方志的相关资料，从历史变迁的角度对山西省森林和生态的变化进行了一系列的整理和总结，写成了《山西森林与生态史》。

本书上起地史时期，下至现代，系统叙述山西省森林的历史变迁，分项列述摧毁森林植被引起给主要生态因素至今的变化和生态灾难的恶果，并揉入有关方舆和人文史料，是历史地理学范畴，也是自然科学与社会科学相结合的专著。

本书广征博引，论述有据，编撰系统，考据渊深。当人们更加关注绿化和生态环境之际，该书的出版发行具有资治，教育，存史价值。这种价值，不仅体现在学术探讨上，更体现在对于山西森林与生态在历史发展进程中发生的变化所产生的经验和教训的认识与总结上。历史是一条川流不息的长河，这本《山西森林与生态史》包含着山西历史变迁的丰富内容，诚然，该书的出版，也无疑较为重大并具相当难度，如果本书的出版能够起到抛砖引玉的作用，将是笔者的愿望。

本书的编撰，参考征引了学术界的有关资料，并从中多受启发和教益。笔者对学者们的研究深表敬佩，也深表感谢！

本书也是翟旺老师编撰的众多书籍中的一本。翟老师学养深厚，对本书的编撰给与了满腔热情和辛勤劳动，特别是方法论上的指导。事实上，本书也直接参考了翟老师主编的《山西地方森林生态史系列丛书》。谨以此书的出版作为对已逝世的翟旺老师的纪念，对于翟旺老师给予的指导和扶持，笔者深致谢忱！

由于知识有限，本书难免存有粗疏谬误，诚恳地希望得到读者的批评赐正。

米文精

2009 年 7 月